中国国家标准汇编

550

GB 28813～28830

（2012 年制定）

中国标准出版社 编

中国标准出版社

北 京

图书在版编目(CIP)数据

中国国家标准汇编:2012年制定.550:
GB 28813～28830/中国标准出版社编.—北京:
中国标准出版社,2013.9
ISBN 978-7-5066-7280-1

Ⅰ.①中… Ⅱ.①中… Ⅲ.①国家标准-
汇编-中国-2012 Ⅳ.①T-652.1

中国版本图书馆CIP数据核字(2013)第183917号

中国标准出版社出版发行
北京市朝阳区和平里西街甲2号(100013)
北京市西城区三里河北街16号(100045)

网址 www.spc.net.cn
总编室:(010)64275323 发行中心:(010)51780235
读者服务部:(010)68523946

中国标准出版社秦皇岛印刷厂印刷
各地新华书店经销

*

开本 880×1230 1/16 印张 35 字数 1070 千字
2013年9月第一版 2013年9月第一次印刷

*

定价 220.00 元

出 版 说 明

1.《中国国家标准汇编》是一部大型综合性国家标准全集。自1983年起，按国家标准顺序号以精装本、平装本两种装帧形式陆续分册汇编出版。它在一定程度上反映了我国建国以来标准化事业发展的基本情况和主要成就，是各级标准化管理机构，工矿企事业单位，农林牧副渔系统，科研、设计、教学等部门必不可少的工具书。

2.《中国国家标准汇编》收入我国每年正式发布的全部国家标准，分为“制定”卷和“修订”卷两种编辑版本。

“制定”卷收入上一年度我国发布的、新制定的国家标准，顺延前年度标准编号分成若干分册，封面和书脊上注明“20××年制定”字样及分册号，分册号一直连续。各分册中的标准是按照标准编号顺序连续排列的，如有标准顺序号缺号的，除特殊情况注明外，暂为空号。

“修订”卷收入上一年度我国发布的、被修订的国家标准，视篇幅分设若干分册，但与“制定”卷分册号无关联，仅在封面和书脊上注明“20××年修订-1，-2，-3，……”字样。“修订”卷各分册中的标准，仍按标准编号顺序排列(但不连续)；如有遗漏的，均在当年最后一分册中补齐。需提请读者注意的是，个别非顺延前年度标准编号的新制定的国家标准没有收入在“制定”卷中，而是收入在“修订”卷中。

读者配套购买《中国国家标准汇编》“制定”卷和“修订”卷则可收齐由我社出版的上一年度我国制定和修订的全部国家标准。

3.由于读者需求的变化，自1996年起，《中国国家标准汇编》仅出版精装本。

4.2012年我国制修订国家标准共2 101项。本分册为“2012年制定”卷第550分册，收入国家标准GB 28813～28830的最新版本。

中国标准出版社

2013年8月

目　　录

ICS 29.240.20
F 23

中华人民共和国国家标准

GB/T 28813—2012

±800 kV 直流架空输电线路运行规程

Operating code for ±800 kV DC overhead transmission line

2012-11-05 发布　　　　2013-02-01 实施

中华人民共和国国家质量监督检验检疫总局
中国国家标准化管理委员会　发布

前　言

本标准按照 GB/T 1.1—2009 给出的规则起草。

本标准的附录 A、附录 B 为资料性附录，附录 C 为规范性附录。

本标准由中国电力企业联合会提出。

本标准由全国高压直流输电工程标准化技术委员会(SAC/TC 324)归口。

本标准起草单位：国家电网公司运行分公司、湖北超高压输变电公司。

本标准主要起草人：王国满、涂明、杜勇、董晓虎、龙飞、常乃超。

±800 kV 直流架空输电线路运行规程

1 范围

本标准规定了±800 kV 特高压直流架空输电线路、接地极线路及极址运行工作的基本要求、技术标准，并对线路巡视检查、检测、在线监测、缺陷管理、维修、运行标准、技术管理等提出了具体要求。

本标准适用于±800 kV 特高压直流架空输电线路、接地极线路及极址。

2 规范性引用文件

下列文件对于本文件的应用是必不可少的。凡是注日期的引用文件，仅注日期的版本适用于本文件。凡是不注日期的引用文件，其最新版本(包括所有的修改单)适用于本文件。

GB/T 2900.51 电工术语 架空线路

DL 409 电业安全工作规程(电力线路部分)

DL 436 高压直流架空送电线路技术导则

DL 437 高压直流接地极技术导则

DL 558 电业生产事故调查规程

DL/T 626 劣化盘形悬式绝缘子检测规程

DL/T 741 架空送电线路运行规程

DL/T 763 架空线路用预绞式金具技术条件

DL/T 810 直流棒型悬式复合绝缘子技术条件

DL/T 864 标称电压高于 1 000 V 交流架空线路用复合绝缘子使用导则

DL/T 1069 架空输电线路导地线补修导则

DL/T 5092 110～500 kV 架空送电线路设计技术规程

DL/T 5235 ±800 kV 及以下直流架空输电线路工程施工及验收规程

中华人民共和国电力法

中华人民共和国电力设施保护条例

中华人民共和国电力设施保护条例实施细则

3 术语和定义

下列术语和定义适用于本文件。

3.1

线路本体缺陷 deviant item in electric line

组成线路本体的全部构件、附件及零部件，包括基础、杆塔、导地线、OPGW 光缆、绝缘子、金具、接地装置等发生的缺陷。

3.2

附属设施缺陷 deviant item of ancillary facilities

附加在线路本体上的线路标识、警示牌及各种技术监测及具有特殊用途的设备(在线监测设备、防雷、防鸟装置等)发生的缺陷。

3.3

外部隐患　external risks

外部环境变化对线路的安全运行构成某种潜在性威胁的情况，如:在保护区内违章建房、种植树(竹)、堆物、取土以及各种施工作业等。

3.4

一般缺陷　general deviant item

缺陷情况对线路的安全运行威胁较小，在一定期间内不影响线路安全运行的一类缺陷。此类缺陷应列入年、季检修计划中加以消除。

3.5

严重缺陷　serious deviant item

缺陷情况对线路安全运行已构成严重威胁，短期内线路尚可维持安全运行。此类缺陷应在短时间内消除，消除前须加强监视。

3.6

危及缺陷　crisis deviant item

缺陷情况已危及到线路安全运行，随时可能导致线路发生事故，必须尽快消除或临时采取确保线路安全的技术措施进行处理，随即消除。

3.7

特殊区段　special section

线路设计及运行中不同于其他常规区段或运行中环境有重大变化的线路区段，运行维护必须有不同于其他线路的手段，运行单位应根据线路沿线地形、地貌、环境、气象条件及气候变化等情况划分出特殊区段，并应根据不同区域(区段)的特点、运行经验，制定出相应的管理办法保证线路较高的健康水平。

3.8

线路保护区　electric line protection area

±800 kV 直流架空输电线路保护区:导线边线向外侧水平延伸 30 m 并垂直于地面所形成的两平行面内的区域。在厂矿、城镇等人口密集地区，架空电力线路保护区的区域可略小于上述规定。但导线边线延伸的距离，不应小于导线在最大计算弧垂及最大计算风偏后的水平距离和风偏后距建筑物的安全距离之和。

4　基本要求

4.1　±800 kV 直流架空输电线路的运行工作必须贯彻“安全第一、预防为主、综合治理”的方针，严格执行 DL 409 有关规定。运行单位应全面做好线路的巡视、检测、维修和管理工作，应积极采用先进技术和实行科学管理，不断总结经验、积累资料、掌握规律，保证线路安全运行。

4.2　运行维护单位必须建立健全岗位责任制，运行、管理人员应掌握设备状况和维修技术，熟知有关规程制度，经常分析线路运行情况，提出并实施预防事故、提高安全运行水平的措施，如发生事故，应按 DL 558 的有关规定进行。

4.3　运行维护单位必须以科学的态度管理±800 kV 直流架空输电线路，结合日常线路巡视、技术监督及在线监测等工作对设备运行状况进行综合评估，以指导线路状态检修的开展，确保±800 kV 直流架空输电线路的健康水平和安全运行。

4.4　运行维护单位应根据线路沿线地形、地貌、环境、气象条件等特点，结合运行经验，逐步摸清并划定特殊区域(区段)，如:大跨越段线路或位于重污区、重冰区、多雷区、不良地质区、微气象区等，并将其纳入危险点及预控措施管理体系。

4.5 ±800 kV 直流架空输电线路必须有明确的维护界限，应与换流站和相邻的运行管理单位明确划分分界点，不得出现空白点。分界点按有关规定执行。

4.6 ±800 kV 直流架空输电线路正常运行情况下，对应换流站极Ⅰ的直流线路编号为Ⅰ号输电线路（简称极Ⅰ），该线的极色为红色；对应换流站极Ⅱ的直流线路编号为Ⅱ号输电线路（简称极Ⅱ），该线的极色为深蓝色。

4.7 ±800 kV 直流架空输电线路必须装设线路故障测距、定位装置及分析系统，线路的杆塔上必须有线路名称、杆塔编号、以及必要的安全、保护、极性等标志，同塔双回应有色标。所有标志和警示要符合相关规定。

4.8 运行单位应充分利用高科技手段对线路进行在线监测，对于新型器材和设备必须经试验、鉴定合格后方能试用，在试用的基础上逐步推广应用。

4.9 运行维护单位应严格遵守执行《中华人民共和国电力法》、《中华人民共和国电力设施保护条例》、《中华人民共和国电力设施保护条例实施细则》，防止外力破坏，做好线路设施保护及群众护线工作。

5 工程前期和建设阶段要求

5.1 运行单位应积极参与±800 kV 直流架空输电线路工程设计审查工作，了解工程概况和设计情况，依据有关设计规程、上级文件，结合线路沿线的自然地理条件、经济发展情况和运行经验，提出意见和建议。

5.2 为确保±800 kV 直流架空输电线路工程的建设质量，工程建设阶段，运行维护单位应成立组织机构，适时介入线路工程的终勘定线，并参加工程设计的审查、设备选型、招标等各项工作。

5.3 为加强±800 kV 直流架空输电线路建设期间的全过程管理，运行单位应选派熟悉线路设计、施工及验收规范，并掌握±800 kV 直流架空输电线路工程质量检测方法的人员作为运行方代表进驻施工现场，做好工程质量检查工作。

5.4 在施工过程中，运行维护单位派出代表应熟悉设计图纸、建设管理文件，熟悉线路途经区域地质地貌、气象水文等自然条件，逐步熟悉设备结构特点参数等技术指标。运行代表应抽查技术文件、材质证明、施工记录等需要移交的资料，深入现场了解通道处理情况。

5.5 运行维护单位参加线路图纸会审和工程验收会议，在验收中严格按照有关规定进行分部工程验收和隐蔽工程检查，认真做好中间验收和阶段性检查工作。

5.6 运行维护单位在±800 kV 直流架空输电线路的中间验收、生产验收中，对不符合设计、施工及验收规范或不满足线路安全运行要求的工程项目，督促相关单位限期整改，缺陷消除前线路不得投入运行。

5.7 工程竣工验收后，运行维护单位应及时派专人负责技术资料、备品备件以及专用工具的交接。

5.8 ±800 kV 直流架空输电线路启动投运前，运行维护单位对线路进行全面巡视检查，送电过程中运行维护单位进行现场监视和夜间巡视，实时监控线路投运情况。

5.9 运行维护单位应在生产准备阶段积极开展检修和带电工器具的研制和开发工作。

6 运行要求

±800 kV 直流架空输电线路设备运行状况超过下述各条标准或出现下述各种不应出现的情况时，应进行处理。

6.1 基础

6.1.1 基础表面水泥脱落、钢筋外露、基础周围环境发生不良变化；周围土壤有明显下沉或显著变化，出现水洞、塌方、沉陷等不良情况。

6.1.2 塔脚与保护帽接触处有积水现象，保护帽或基础面无散水坡度，无法保证自然散水且表面光滑。

6.1.3 杆塔基础上方或周围有取土现象或水土流失情况，影响基础稳定。

6.2 杆塔

6.2.1 杆塔的倾斜、横担的歪斜程度超过表1的规定。

表1 杆塔倾斜、横担歪斜最大允许值

类　别	杆塔倾斜度(包括绕度)	横担歪斜度
100 m以下杆塔	0.25%	1%
100 m及以上高塔	0.15%	1%

6.2.2 耐张塔受力后向内角倾斜，终端塔受力后向内角或线路方向倾斜。

6.2.3 杆塔相邻节点间主材弯曲度角钢铁塔不超过1/750；钢管塔不得超过1/1 000。

6.2.4 塔材丢失或锈蚀严重，铁塔螺栓松动或缺损，脚钉丢失。

6.3 导线与地线(含光纤复合架空地线)

6.3.1 导、地线由于断股、损伤减少截面的处理标准按表2的规定执行。

表2 导地线损伤处理一览表

<table>
<tr><th colspan="2">导地线损伤状况分类</th><th rowspan="2">补修方法</th><th rowspan="2">具体情况</th></tr>
<tr><th>损伤类型</th><th>损伤程度</th></tr>
<tr><td>Ⅰ类</td><td>占总截面积的7%及以下
镀锌钢绞线19股断1股</td><td>采用A型补修材料补修
(金属单丝、预绞式补修条)</td><td rowspan="4">一般导线凡未伤及钢芯的损伤，可选择A、B、C三类补修材料进行修补；而凡伤及导线钢芯的损伤，则可选择接续管或接续条进行补修；一般地线损伤为Ⅰ、Ⅱ、Ⅲ类损伤，可选择A、B、C三类补修材料进行补修，而为Ⅳ类损伤，应切断重接；金钩、破股使钢芯或内层铝股形成无法修复的永久变形，则应将导线切断重接</td></tr>
<tr><td>Ⅱ类</td><td>占总截面积的7%～25%
镀锌钢绞线19股断2股</td><td>采用B型补修材料补修
(预绞式护线条、普通补修管)</td></tr>
<tr><td>Ⅲ类</td><td>占总截面积的25%～60%
镀锌钢绞线19股断3股</td><td>采用C型补修材料补修
(加长型补修管、预绞式接续条)</td></tr>
<tr><td>Ⅳ类</td><td>占总截面积的60%及以上
镀锌钢绞线19股断3股以上</td><td>采用D型补修材料补修
(接续管、预绞式接续条、接续管补强接续条)</td></tr>
<tr><td colspan="2">光纤复合架空地线</td><td colspan="2">光纤复合架空地线在同一处损伤，在确认光纤单元未受损，强度损失不超过设计计算拉断力的17%时，应用光纤复合地线专用预绞丝补修，不得采用补修管进行修补</td></tr>
<tr><td colspan="4">注1：铝、铝合金单股线的损伤程度达到直径的1/2及以上，则视为断股；
注2：钢芯铝绞线导线应未伤及钢芯，计算损伤截面时，按铝股的总截面积作基数；
注3：铝绞线、铝合金绞线导线计算损伤截面时，按导线的总截面积作基数进行计算。</td></tr>
</table>

6.3.2 导、地线表面腐蚀、外层脱落或呈疲劳状态，应取样进行强度试验。若试验值小于原破坏值的80%，应换线。

6.3.3 导线出现松股、抛股、金钩、背股、扭伤现象。

6.3.4 导地线上挂有异物等。

6.4 绝缘子

6.4.1 瓷质绝缘子伞裙破损，瓷质有裂纹，瓷釉表面闪络烧伤。

6.4.2 玻璃绝缘子自爆或表面有闪络痕迹。

6.4.3 复合绝缘子伞裙、护套损坏或龟裂，粘接剂老化，均压环损坏，连接金具与护套发生位移。

6.4.4 RTV 或 PRTV 涂料涂层厚度小于 0.4 mm，涂层破损起皮或憎水性丧失。

6.4.5 绝缘子钢帽、钢脚出现弯曲变形，钢脚、钢帽、浇装水泥有裂纹、歪斜、变形或严重锈蚀，钢脚与钢帽槽口间隙过大。

6.4.6 绝缘子锌套腐蚀。

6.4.7 盘型绝缘子绝缘电阻小于 500 MΩ。

6.4.8 盘型绝缘子分布电压零值或低值。

6.4.9 绝缘子的锁紧销锈蚀、变形。

6.4.10 除设计考虑的预偏外，直线杆塔的绝缘子串顺线路方向的最大偏移值不得大于 300 mm。

6.4.11 线路最小空气间隙及绝缘子使用最少片数，不符合附录 B 的规定。

6.5 金具和附件

6.5.1 金具发生变形、锈蚀、烧伤、裂纹，金具连接处转动不灵活，严重磨损。

6.5.2 屏蔽环、均压环出现倾斜与松动。

6.5.3 接续金具出现下列任一情况：

a) 外观鼓包、裂纹、烧伤、滑移、端部径缩，弯曲度大于 2%；

b) 接续金具测试温度高于导线温度 10 ℃，跳线联板温度高于导线温度 10 ℃；

c) 接续金具过热变色或连接螺栓松动，有相互位移；

d) 接续金具探伤发现金具内严重烧伤、断股或压接不实(有抽头或位移)。

6.5.4 防振锤移位、疲劳、脱落。

6.5.5 间隔棒松动、扭转、线夹松脱。

6.5.6 线路标示牌和警示牌等缺损、丢失；线路名称、杆塔编号字迹不清，色标模糊不清，标识不规范。

6.6 杆塔接地装置

6.6.1 接地电阻大于设计规定值。

6.6.2 接地引下线断开或与接地体接触不良。

6.6.3 接地装置外露、损坏或腐蚀严重。

6.7 导线、地线弧垂

6.7.1 一般情况下设计弧垂允许偏差为±2.5%；跨越通航河流的大跨越档弧垂允许偏差为±1%，其正偏差不应超过 1 m；导、地线弧垂超过上述偏差值。

6.7.2 一般情况下极间弧垂最大允许偏差值为 300 mm，大跨越档极间弧垂最大允许偏差值为 500 mm，导、地线弧垂超过上述偏差值。

6.7.3 同极分裂导线的子导线弧垂允许偏差值为 50 mm，同极子导线弧垂超过上述偏差值。

6.7.4 导线对地距离及交叉跨越净空距离不符合附录 A 的要求。

6.8 接地极

6.8.1 回填土沉陷，渗水孔堵塞。

6.8.2 接地电阻值超标。

6.8.3 接地极锈蚀和温度超标。

6.8.4 观测孔水位严重下降或土壤严重干燥。

6.8.5 电感、电容元件检测参数超标。

7 运行管理

7.1 巡视

线路的巡视是为了掌握线路的运行状况，及时发现设备缺陷和沿线情况，并为线路维修提供资料。

7.1.1 巡视种类

a) 定期巡视：掌握线路各部件运行情况及沿线情况，及时发现设备缺陷和威胁线路安全运行的情况。定期巡视一般一月一次，也可根据具体情况适当调整，巡视区段为全线。

b) 故障巡视：查找线路的故障点，查明故障原因及故障情况，故障巡视应在发生故障后及时进行，巡视区段为发生故障的区段或全线。

c) 特殊巡视：在气候剧烈变化、自然灾害、外力影响、异常运行和其他特殊情况时及时发现线路的异常现象及部件的变形损坏情况。特殊巡视根据需要及时进行，一般巡视全线、某线段或某部件。

d) 夜间、交叉和诊断性巡视：根据运行季节特点、线路的健康情况和环境特点确定重点。巡视根据运行情况及时进行，一般巡视全线、某线段或某部件。

e) 监察巡视：工区（所、输电公司）及以上单位的领导干部和技术人员了解线路运行情况，检查指导巡线人员的工作。监察巡视每年至少一次，一般巡视全线或某线段。

f) 其他巡视：有条件情况下可采用直升机巡线。利用航拍和航测等先进技术，掌握线路的运行情况和设备状况，由专业人员对拍测情况进行分析。

7.1.2 巡视要求

a) 运行单位坚持做好一月一次的定期巡视，特殊时期应适当增加其他巡视次数，必须对每个巡线员明确巡视范围、内容和要求，不得出现遗漏段（点）。巡视到位率通过有效手段进行考核。

b) 巡视工作必须由有经验的人担任，山区、夜间、故障或风雪等特殊天气情况下必须由二人进行，并配备相应的巡视装备（GPS巡视仪、望远镜、对讲机、数码相机及个人防护用品），确保巡视质量和巡线安全。

c) 运行人员在巡视时应做到“四到”（走到、看到、听到、宣传到），“三准”（缺陷判断准、记录填写准、图表资料准）。

d) 线路发生故障时，不论再启动是否成功，均应及时组织故障巡视，必要时需登杆塔检查。发现故障点后应及时报告，重大事故应设法保护现场。对所发现的可能造成故障的所有物件应收集带回，并对故障现场情况做好详细记录，作为事故分析的依据和参考。

7.1.3 巡视主要内容

a) 检查沿线环境有无影响线路安全的下列情况：

1) 向线路设施射击、抛掷物体；

2) 攀登杆塔或在杆塔上架设电力线、通信线，以及安装广播喇叭；

3) 在杆塔内（不含杆塔与杆塔之间）修建车道；

4) 在杆塔与杆塔之间修建影响线路安全的道路或房屋等设施；

5) 在杆塔基础周围取土、打桩、钻探、开挖或倾倒酸、碱、盐及其他有害化学物品；

6) 在线路保护区内兴建建筑物、烧窑、烧荒或堆放谷物、草料、垃圾、矿渣、易爆物及其他影响输电安全的物品;
7) 在杆塔上筑有危及线路安全的鸟巢以及有蔓藤类植物附生;
8) 在线路保护区种植树木、竹子;
9) 在线路保护区内进行农田水利基本建设及打桩、钻探、开挖、地下采掘等活动;
10) 在线路保护区有油气管道、电力线、高速公路、铁路以及超高机械进入或穿越的情况;
11) 在线路附近危及线路安全及线路导线风偏摆动时,可能引起放电的树木或其他设施;
12) 线路附近存在施工爆破、开山采石情况;
13) 线路附近有人放风筝;
14) 线路附近河道、冲沟的变化,巡视、维修时使用道路、桥梁是否损坏。

b) 检查杆塔和基础有无下列缺陷和运行情况的变化:
1) 杆塔倾斜、横担歪扭及杆塔部件锈蚀变形、缺损;
2) 杆塔螺栓松动、缺螺栓或螺帽,螺栓丝扣长度不够,铆焊处裂纹、开焊;
3) 杆塔基础变异,周围土壤突起或沉陷,基础裂纹、损坏、下沉或上拔,护基沉塌或被冲刷;
4) 基础保护帽上部塔材被埋入土或废弃物堆中,塔材锈蚀;
5) 杆塔与基础之间绝缘层损坏或失去绝缘性能(接地极址附近杆塔);
6) 防洪设施坍塌或损坏。

c) 检查导线、地线、光纤复合架空地线有无下列缺陷和运行情况的变化:
1) 导线、地线、光纤复合架空地线锈蚀、断股、损伤或闪络烧伤;
2) 导线、地线、光纤复合架空地线弧垂变化、相分裂导线间距变化;
3) 导线、地线、光纤复合架空地线舞动、脱冰跳跃,分裂导线鞭击、扭绞、粘连;
4) 导线、地线接续金具过热、变色、变形、滑移;
5) 导线在线夹内滑动,释放线夹船体部分自挂架中脱出;
6) 跳线断股、歪扭变形;跳线与杆塔空气间隙变化,跳线间扭绞;跳线舞动、摆动过大;
7) 导线对地、对交叉跨越设施及对其他物体距离变化;
8) 导线、地线、光纤复合架空地线上悬挂有异物。

d) 检查绝缘子有无下列缺陷和运行情况的变化:
1) 绝缘子脏污,瓷质裂纹、破碎,钢化玻璃绝缘子爆裂,绝缘子钢帽及钢脚锈蚀,钢脚弯曲;
2) 复合绝缘子伞裙及护套破损、烧伤,金具、均压环变形、扭曲、锈蚀等异常情况;
3) 绝缘子有闪络痕迹和局部火花放电留下的痕迹;
4) 绝缘子串偏斜。

e) 检查防雷设施和接地装置有无下列缺陷和运行情况的变化:
1) 放电间隙变动、烧损;
2) 避雷器、避雷针等防雷装置和其他设备的连接、固定情况;
3) 避雷器动作情况;
4) 绝缘避雷线间隙变化情况;
5) 地线、接地引下线、接地装置固定以及锈蚀情况。

f) 检查金具附件及其他设施有无下列缺陷和运行情况的变化:
1) 金具锈蚀、变形、磨损、裂纹,开口销及弹簧销缺损或脱出,特别要注意检查金具经常活动、转动的部位和绝缘子串悬挂点的金具;
2) 刚性跳线铝管、重锤片连接、固定以及锈蚀情况;
3) 预绞丝滑动、断股或烧伤;
4) 防振锤疲劳、移位、脱落、偏斜、钢丝断股,阻尼线变形、烧伤,绑线松动;

5） 极分裂导线的间隔棒松动、位移、折断、线夹脱落、连接处磨损和放电烧伤；

6） 光纤复合架空地线引下线、接续盒等设备有无损坏和异常；

7） 均压环、屏蔽环锈蚀及螺栓松动、偏斜；

8） 防鸟设施损坏、变形或缺损；

9） 通信设施损坏；

10） 各种检测装置缺损；

11） 标示牌、警示牌等标志字迹不清、缺损、丢失；

12） 导线防舞动设施如极间间隔棒、防舞设施等运行情况变化。

7.2 检测

检测工作是为了发现日常巡视工作中不易发现的隐患，以便及时消除，也是为检修提供依据，是开展预知维修的重要手段。

检测方法应积极采用和推广新技术、新方法并不断完善和更新，检测数据可靠、准确、完整，对检测结果做好记录和统计分析，检测计划应符合季节性要求，要有针对性。±800 kV 架空输电线路基本检测项目与周期规定见表 3。

表 3 检测项目与周期

项目		周期 年	备注
杆塔和基础	杆塔塔材锈蚀情况检查	3～5	对杆塔进行防腐处理后应做现场检验
	杆塔接地装置锈蚀情况检查	5	抽查，包括挖开地面检查
	杆塔倾斜、挠度及基础沉降测量		根据实际情况选点测量，每年一次
绝缘子	瓷质绝缘子绝缘电阻测试	3～5	参照 DL/T 626 相关规定执行
	盘型绝缘子等值盐密、灰密值测量	1	根据实际情况定点测量，5～10 km/点
	绝缘子金属附件检查		投运后第 5 年开始抽查，按照 DL/T 626 相关规定执行
	复合绝缘子憎水性检查	3	挂网后第 6 年开始抽查，按照 DL/T 864 相关规定
	绝缘子外观检查 （1）瓷绝缘子裂纹、钢帽裂纹、浇装水泥及伞裙与钢帽位移 （2）玻璃绝缘子钢帽裂纹、闪烙灼伤 （3）复合绝缘子伞裙、护套、粘接剂老化、破损、裂纹；金具及附件锈蚀 （4）RTV 涂层破损、脱落		登杆检查或每次清扫时
导地线	导线接续金具的红外测温： （1）直线接续金具 （2）跳线连接板、压接式耐张线夹	 4 1	应在高温天气或线路负荷较大时检测
	导线、地线烧伤、振动断股和腐蚀检查	3	抽查导、地线线夹必要时打开检查
	导线、地线振动测量： （1）一般线路 （2）大跨越	 5 2	对一般线路应选择有代表性档距进行现场振动测量，测量点应包括悬垂线夹、防振锤及间隔棒线夹处，根据振动情况选点测量
	导线、地线舞动观测		在舞动发生时应及时观测
	导线弧垂、对地距离、交叉跨越距离测量		线路投入运行 1 年后测量 1 次，以后根据巡视结果安排在夏季进行

表 3（续）

<table>
<tr><th colspan="2">项　目</th><th>周期
年</th><th>备　注</th></tr>
<tr><td rowspan="4">金具</td><td>金具锈蚀、磨损、裂纹、变形检查</td><td>3</td><td>外观难以看到的部位，要打开螺栓、垫圈检查或用仪器检查</td></tr>
<tr><td>间隔棒检查</td><td>2</td><td>投运 1 年后检查 1 次，以后进行抽查</td></tr>
<tr><td>防振锤、阻尼线</td><td>2</td><td>在舞动发生时应及时检查</td></tr>
<tr><td>架空地线放电间隙检查</td><td>1</td><td>结合停电检修进行</td></tr>
<tr><td>防雷及接地装置</td><td>杆塔接地电阻测量：
(1) 一般线段
(2) 雷击多发区
(3) 变电站所进出线段 3 km 及特殊地点</td><td>
5
2
1</td><td>发生雷击事故后，对事故地段逐基测量</td></tr>
<tr><td rowspan="4">其他</td><td>防护设施检查</td><td>1</td><td></td></tr>
<tr><td>气象测量</td><td></td><td>根据运行发现的问题选点进行</td></tr>
<tr><td>无线电干扰、噪声测量</td><td></td><td>根据运行发现的问题选点进行</td></tr>
<tr><td>感应场强测量</td><td></td><td>根据运行发现的问题选点进行</td></tr>
<tr><td colspan="4">注 1：检测周期可根据本地区实际情况进行适当调整，但应报本单位总工程师批准。
注 2：检测项目的数量及线段可由运行单位根据规程和实际情况选定。</td></tr>
</table>

7.3 缺陷管理

7.3.1 运行单位应加强对设备缺陷的管理，做好缺陷记录，定期进行统计分析，及时安排处理。

7.3.2 ±800 kV 直流架空输电线路对不同级别设备缺陷的处理时限，应符合如下要求：

a) 一般缺陷的处理，不宜超过 6 个月；

b) 严重缺陷的处理，不超过 7 天；

c) 危急缺陷的处理，不超过 24 h。

7.3.3 运行单位应建立完整的线路缺陷管理程序，形成责任分明的闭环管理体系，并利用计算机管理使线路缺陷的处理、统计、分析、上报实现规范化、自动化、网络化。

7.4 维修

7.4.1 维修是线路运行管理的重点内容之一，必须贯彻“安全第一、预防为主、综合治理”的方针，坚持“应修必修、修必修好”的原则。维修项目应按照设备状况，巡视、检测及在线监测的结果和反事故措施的要求确定。

7.4.2 维修工作应根据季节特点和要求安排，要及时落实各项反事故措施。

7.4.3 维修工作应遵守有关检修工艺要求及质量标准。要求更换后新部件的强度和参数不低于原设计要求。

7.4.4 抢修与备品备件要求：

a) 运行维护单位必须建立健全抢修机制；

b) 运行维护单位必须配备抢修工具，根据不同的抢修方式分类配备工具，并分类保管；

c) 运行维护单位要根据±800 kV 直流架空输电线路的运行特点研究制定不同方式的抢修预案，抢修预案要经过运行维护单位总工程师审核报上级单位批准，按照相关标准执行。

7.4.5 线路维修检测工作应在管理、技术等各项条件均已具备,可确保万无一失的情况下,积极稳妥开展带电作业,以提高线路可用率。

7.4.6 需要改变运行状态的线路检修工作,应按有关规定向调度部门提出申请。

7.5 接地极运行维护

7.5.1 接地极线路

运行单位应定期对接地极线路进行维护和检查,维护检查的项目和周期与该系统的直流输电线路相同。

7.5.2 接地极极址

运行维护单位应做好接地极极址电流分布、检测孔水位、温度、湿度的在线监测工作,掌握重要设备的运行情况和参数,以便及时发现设备存在的隐患。

7.5.2.1 电流分布测量

运行中接地极线路和元件馈电电缆的电流应定期进行核查,核查的周期为每两个月或半年进行一次,周期的长短根据系统是否单极大地回路运行来确定。

7.5.2.2 汇流排接触电阻测量

在每次极址停电检修期间,对极址入地端的汇流排接触电阻进行测量。

7.5.2.3 接地电阻、跨步电压和接触电势测量

高压直流接地极在有单极大地回路运行的年份,每年进行一次接地电阻实测检查及跨步电压和接触电势测量。

7.5.2.4 温度、湿度测量

在需要单极大地回路运行的年份,接地极在旱季或夏季进行一次温度测量或加装温度报警系统,温度报警整定值宜设在 80 ℃以内,同时应加强检测孔湿度测量工作。

7.5.2.5 水位检查

定期检查观测孔水位下降情况或土壤干燥情况。

7.5.2.6 元件检测

定期检测接地极极址电容、电感元件。

7.5.2.7 外观检查

a) 回填土的沉陷情况。若回填土有沉陷情况,应继续回填,以保证接地极元件离地面的高度。但回填土也不得高于附近地面,以免影响雨水在接地极表面土壤的汇聚。
b) 检查接地极的砾石渗水处,发现有污泥等杂物堵塞渗水孔,应及时清除。
c) 检查入地电缆及接头、杆塔基础及安全警告标志等是否完好,发现异常,应及时处理。

7.5.2.8 开挖检查

接地极在设计寿命内每 10 年,设计寿命外每 5 年需进行一次局部开挖检查,以确定腐蚀程度。

7.5.2.9 周围环境与生态影响

在有单极大地回路运行的年份，注意对周围环境与生态影响的资料收集。

8 特殊区段的运行管理

8.1 大跨越

8.1.1 大跨越指档距超过一般使用档距的跨越，应根据运行环境、设备特点和运行经验对大跨越段制定专用现场规程，运行维护的周期应根据实际运行条件确定；要定期向当地水文、气象、地质、环境部门收集大跨越段有关资料，做好分析工作。

8.1.2 设置专门维护班组，在洪汛、覆冰、大风和雷电活动频繁的季节，专人监视，做好记录，并装设自动检测设备。

8.1.3 应加强对杆塔、基础、导线、地线、绝缘子、金具及防洪、防舞、防雷、防振等设施的检测和维修，并做好定期分析工作。

8.1.4 大跨越段应定期对导、地线进行振动测量。

8.1.5 大跨越塔的升降设备、航空指示灯、照明和通信等附属设施应加强维修保养，经常保持在良好状态。

8.2 多雷区

8.2.1 多雷区的线路应做好综合防雷措施，降低杆塔接地电阻值，适当缩短检测周期。

8.2.2 雷雨季节前，应做好防雷设施的检测和维修，落实各项防雷措施，同时做好雷电定位系统的检测、调试工作。

8.2.3 雷雨季节期间，应加强对防雷设施各部件连接状况、防雷设备和观测装置动作情况的检测，并做好雷电活动观测记录。

8.2.4 做好被雷击线路的检查，对损坏的设备应及时更换、修补，对发生闪络的绝缘子串进行更换，必要时检查相邻杆塔接地装置。

8.2.5 组织好对雷击事故的调查分析，提出有效的防雷措施，并加以实施。

8.3 重污区

8.3.1 重污区线路外绝缘应配置足够的爬电比距，并留有裕度。

8.3.2 应选点定期测量盐密、灰密，且要求检测点较一般地区多，必要时收集该地区污源物分析，以掌握污秽程度、污秽性质、绝缘子表面积污速率及气象变化规律。

8.3.3 污闪季节前，检查防污闪措施的落实情况，污秽等级与爬电比距不相适应时，应及时调整绝缘子串的爬电比距、调整绝缘子类型或采取其他有效的防污闪措施，线路上的低、零值绝缘子应及时更换。

8.3.4 防污清扫工作应根据污秽程度、积污速率、气象变化规律等因素确定周期及时安排清扫，保证清扫质量。污闪季节中，可根据巡视及检测情况，及时开展清扫或带电水冲洗。

8.3.5 做好污秽测试分析，掌握规律，总结经验，针对不同性质的污秽物选择相应有效的防污闪措施。

8.3.6 积极研究、应用新的污秽监测技术，做好线路防污闪工作。

8.4 重冰区

8.4.1 处于重冰区的线路要在冬季进行覆冰观测，研究冰层厚度和形成原因，制定反事故技术措施，加强巡视，采取手段降低导线覆冰对设备造成的损坏。

8.4.2 覆冰季节前应对线路做全面检查，消除设备缺陷，落实除冰、融冰和防止导线、地线跳跃、舞动的措施，检查各种观测、记录设施，并对防冰装置进行检查、试验，确保必要时能投入使用。

8.4.3 在覆冰季节中，加强巡视观测，做好覆冰和气象观测记录及分析，研究覆冰和舞动的规律，随时了解冰情，适时采取相应措施。

8.5 不良地质区

8.5.1 处于沉陷区、不良地质区的线路，应根据线路所处的环境及季节性灾害发生的规律和特点，因地制宜地采取相应的防范措施，避免发生倒塔、断线等事故。

8.5.2 对处于采矿塌陷区(采空区)的线路，应向矿主单位了解矿藏分布及采掘计划、规划，及时进行杆塔基础处理，或与其签订有关协议。

8.5.3 要定期对沉陷区杆塔的结构倾斜和基础沉降情况进行观测，以便及时发现问题采取相应措施。

8.5.4 对可能受到水土流失、山体滑坡、危石、泥石流冲击危害的杆塔与基础，应提前设防。

8.6 微气象区

8.6.1 深入了解±800 kV线路经过地区的气象情况，做好现场微地形及微气象的调查工作，准确划分微气象区。

8.6.2 对于微气象区做好气象观测工作，收集气象数据进行分析，根据微气象区的气象特点因地制宜地制定防范措施。

9 线路走廊保护区管理

9.1 生产管理部门和运行单位应遵照国家法律法规、电力行业标准以及地方政府出台的有关保护电力设施文件的规定，做好特高压线路保护区内设备的保护工作，防止线路遭受外力破坏。

9.2 对保护区内使用吊车等大型施工机械，可能危及线路安全运行的作业，运行单位应及时予以制止或令其采取确保线路安全运行的措施，同时加强线路巡视和监护。

9.3 对保护区内发生的一般性外部隐患，巡视人员应向造成隐患的单位或个人进行《中华人民共和国电力法》和《中华人民共和国电力设施保护条例》的宣传，发放相关的宣传材料并令其整改，同时做好记录。

9.4 在防护区进行作业的施工单位，运行单位应主动向其宣讲《中华人民共和国电力法》和《中华人民共和国电力设施保护条例》的有关规定，与之签订保证线路安全运行责任书，同时加强线路巡视和监护。

9.5 在易发生外部隐患的线路杆塔上或线路附近，应悬挂禁止、警告类标志牌或树立宣传告示。

9.6 在线路保护区内严禁种植超高或影响线路安全的植物，线路防护区外的超高树木也应及时处理。

9.7 在形成线路保护区后不能在防护区内建房，运行单位应对违章建筑及时制止并下发违章通知书。

9.8 电力线路对跨越或临近的房屋、电力线路、通信线路、公路、铁路等要满足规定的交叉限距，具体数据参考附录A。

9.9 电力线路杆塔周围因挖坑、采矿等原因出现裂纹或下沉时，应及时制止。

10 技术管理

10.1 运行单位应积极采用生产管理信息系统，使技术管理工作规范化、标准化、网络化、现代化。

10.2 运行单位应做好运行人员的技术培训工作。

10.3 运行单位应建立线路单基杆塔、通道、运行状态的运行档案，档案每年修订一次，保证运行资料的准确性、完整性，提高运行管理水平。

10.4 运行单位必须保存有关资料，并保持完整、连续和准确。

10.5 运行单位应有下列标准、规程和规定：

a) 中华人民共和国电力法；

b) 中华人民共和国电力设施保护条例；

c) 中华人民共和国电力设施保护条例实施细则；

d) 电业安全工作规程(电力线路部分)；

e) 电业生产事故调查规程；

f) ±800 kV 直流架空输电线路运行规程；

g) ±800 kV 直流架空输电线路检修规程；

h) 架空输电线路带电作业规程；

i) 电网调度管理规程。

10.6 运行单位应有下列图表：

a) 电力系统线路地理平面图；

b) 直流线路极性图；

c) 特殊区段图；

d) 污区分布图；

e) 设备一览表；

f) 设备评级图表。

10.7 运行单位应有下列生产技术资料：

a) 线路设计、施工技术资料：

1) 批准的设计文件和图纸；

2) 路径批准文件和沿线征用土地协议；

3) 与沿线有关单位订立的协议、合同(包括青苗、树木、竹林赔偿，交叉跨越，房屋拆迁等协议)。

b) 施工单位移交的资料和施工记录：

1) 符合实际的竣工图 (包括杆塔明细表及施工图)；

2) 设计变更通知单；

3) 原材料和器材出厂质量的合格证明或检验记录；

4) 代用材料清单；

5) 工程试验报告或记录；

6) 未按原设计施工的各项明细表及附图；

7) 施工缺陷处理明细表及附图；

8) 隐蔽工程检查验收记录；

9) 杆塔偏移及挠度记录；

10) 架线弧垂记录；

11) 导线、避雷线的连接器和补修管位置及数量记录；

12) 跳线弧垂及对杆塔各部分的电气间隙记录；

13) 线路对跨越物的距离及对建筑物的接近距离记录；

14) 接地电阻测量记录；

15) 绝缘子参数及安装位置记录(每基杆塔对应的绝缘子型号等)。

c) 设备运行记录台账：

1) 杆塔基础沉降、杆塔结构倾斜测量记录；

2) 瓷质绝缘子绝缘电阻值测量记录、复合绝缘子外观检查记录；

3) 导线接头测试记录；

4） 导线、地线振动测试及断股检查记录；
5） 导线、地线弧垂、限距和交叉跨越测量记录；
6） 钢绞线及地埋金属部件锈蚀检查记录；
7） 杆塔接地电阻测量记录；
8） 杆塔坐标定位记录；
9） 雷电观测记录；
10） 绝缘子污秽测量记录；
11） 导线、地线覆冰、舞动观测记录；
12） 绝缘、保安工具检测记录；
13） 特殊区段检查记录；
14） 设备缺陷记录；
15） 设备检修记录；
16） 线路跳闸、事故及异常分析记录；
17） 事故备品备件清册；
18） 对外联系记录及协议文件；
19） 线路运行专题分析报告；
20） 线路年度运行工作总结。

附 录 A
（资料性附录）
线路导线对地距离及交叉跨越

A.1 导线与地面、建筑物、树木、道路、河流、管道、索道及各种架空线路的距离，应根据最高气温情况或覆冰无风情况求得的最大弧垂和最大风速情况或覆冰情况求得的最大风偏进行计算。计算上述距离，应计算导线初伸长的影响和设计施工的误差，以及运行中某些因素引起的弧垂增大。大跨越的导线弧垂应按实际能够达到的最高温度计算。线路与铁路、高速公路、一级公路交叉时，最大弧垂应按导线温度为+70 ℃计算。

A.2 导线与地面的距离，在最大计算弧垂情况下，不应小于表A.1所列数值。

表A.1 导线与地面的最小距离

线路经过地区	距离/m	备　注
居民区	22	指工业企业地区、港口、码头、火车站、城镇、乡村等人口密集地区，以及已有上述设施规划的地区
非居民区	19	非居民区是指上述居民区以外，虽然时常有人、车辆或农业机械到达，但未建房或房层稀少的地区
交通困难地区	17	交通困难地区是指车辆、农业机械不能到达的地区

A.3 导线与山坡、峭壁、岩石之间的净空距离，在最大计算风偏情况下，不应小于表A.2所列数值。

表A.2 导线与山坡、峭壁、岩石最小净空距离

线路经过地区	距离/m
步行可以到达的山坡	13
步行不能到达的山坡、峭壁和岩石	11

A.4 线路导线不应跨越屋顶为易燃材料做成的建筑物。对耐火屋顶的建筑物，亦应尽量不跨越，特殊情况需要跨越时，电力主管部门应采取一定的安全措施，并与有关部门达成协议或取得当地政府同意。±800 kV直流架空输电线路导线对有人居住或经常有人出入的耐火屋顶的建筑物不应跨越。导线与建筑物之间的垂直距离，在最大计算弧垂情况下，且地面电场强度不大于15 kV/m，不应小于表A.3所列数值。

表A.3 导线与建筑物之间的最小垂直距离

垂直距离/m	17.5

A.5 线路边导线与建筑物之间的水平距离，在最大计算风偏情况下，不应小于表A.4所列数值。

表A.4 边导线与建筑物之间的最小水平距离

城市多层建筑或规划建筑水平距离/m	17
不在规划范围城市建筑水平距离/m	7

A.6 线路通过林区时，应砍伐出通道，通道内不得再种植树木。通道宽度不应小于线路两边相导线间的距离和林区主要树种自然生长最终高度两倍之和。通道附近超过主要树种自然生长最终高度的个别树木，也应砍伐。线路通过林区如高跨设计，应保证导线对地距离满足树木自然生长高度加最小净空距离的跨越要求，如不满足必须砍伐。

A.7 对不影响线路安全运行，不妨碍对线路进行巡视、维修的树木或果林、经济作物林，可不砍伐，但树木所有者与电力主管部门应签定协议，确定双方责任，确保线路导线在最大弧垂或最大风偏后与树木之间的安全距离不小于表 A.5 和表 A.6 所列数值。

表 A.5 导线在最大弧垂、最大风偏时与树木之间的安全距离(林区或林带)

垂直距离/m	13.5

表 A.6 导线在最大弧垂、最大风偏时与果树、经济作物、行道树之间的安全距离

垂直距离/m	15

A.8 线路与弱电线路交叉时，对一、二级弱电线路的交叉角应分别大于 45°、30°，对三级弱电线路不限制。

A.9 线路与铁路、公路、电车道以及道路、河流、弱电线路、管道、索道及各种电力线路交叉或接近的基本要求，应符合表 A.7 的要求。

A.10 ±800 kV 直流架空输电线路与甲类火灾危险性的生产厂房、甲类物品库房、易燃、易爆材料堆场以及可燃或易燃、易爆液(气)体储罐的防火间距，不应小于杆塔全高加 3 m，还应满足其他的相关规定。跨越弱电线路或电力线路，应校验最高允许温度时的交叉距离，其数值不得小于操作过电压间隙，且不得小于 10.5 m。

表 A.7 交叉或接近的基本要求

<table>
<tr><th colspan="3">项　目</th><th>垂直距离/m</th><th colspan="3">水平距离/m</th></tr>
<tr><td rowspan="4">铁路</td><td rowspan="3">至轨顶</td><td>标轨</td><td>21.5</td><td colspan="2" rowspan="4">杆塔外缘至轨道中心</td><td rowspan="4">交叉:40
平行:最高塔高加 3，在受限地区边线风偏至接触线 45，至非电气化铁路线建筑物 15</td></tr>
<tr><td>窄轨</td><td>21.5</td></tr>
<tr><td>电气轨</td><td>21.5</td></tr>
<tr><td colspan="2">至承力索接触线(杆顶)</td><td>13(15)</td></tr>
<tr><td rowspan="2">公路</td><td colspan="2" rowspan="2">至路面</td><td rowspan="2">21.5</td><td rowspan="2">杆塔外缘至路基边缘</td><td>开阔地区</td><td>交叉:15 或按协议取值
平行:最高塔高</td></tr>
<tr><td>路径受限制地区</td><td>12 或按协议取值</td></tr>
<tr><td rowspan="2">城际轨道交通</td><td colspan="2">至路面</td><td>21.5</td><td rowspan="2">杆塔外缘至路基边缘</td><td>开阔地区</td><td>交叉:15
平行:最高塔高</td></tr>
<tr><td colspan="2">至承力索或接触线</td><td>15</td><td>路径受限制地区</td><td>杆塔外缘 30 或边导线 20，最大风偏 15</td></tr>
<tr><td rowspan="2">通航河流</td><td colspan="2">至五年一遇洪水位</td><td>15</td><td colspan="2" rowspan="4">边导线至斜坡上缘
(线路与拉纤小路平行)</td><td rowspan="4">最高塔高</td></tr>
<tr><td colspan="2">至最高航行水位桅顶</td><td>10.5</td></tr>
<tr><td rowspan="2">不通航河流</td><td colspan="2">百年一遇洪水位</td><td>12.5</td></tr>
<tr><td colspan="2">冬季至冰面</td><td>18.5</td></tr>
</table>

表 A.7（续）

项　　目		垂直距离/m	水平距离/m		
弱电线	至被跨越物	17	与边导线间	开阔地区	交叉:杆塔外缘至弱电线 15 平行:最高塔高
				路径受限制地区（最大风偏情况下）	13 或按协议取值
电力线	至被跨越物(杆顶)	10.5(15)	与边导线间	开阔地区	交叉:杆塔外缘至电力线 15 平行:最高塔高
				路径受限制地区（最大风偏情况下）	边导线间 20,导线风偏至邻塔 13
特殊管道索道	至管道任何部分 至索道顶部	管道 17 索道 12.5	边导线至管、索道任何部分	开阔地区	交叉:最高塔高 平行:天然气 2 倍塔高 石油 50 且不低于杆高 其他风偏时 15
				路径受限制地区（最大风偏情况下）	风偏时 15
				交叉或平行	接地体至埋地管道:25 线路中心线至天然气主管道排气阀:300

附 录 B
（资料性附录）
各种工况下的最小空气间隙

±800 kV 直流架空输电线路绝缘子串及空气间隙在各种工况下不应小于表 B.1 所列数值。在进行绝缘配合时，考虑杆塔尺寸误差、横担变形和施工误差等不利因素，空气间隙应保留有一定裕度。

表 B.1 各种工况下的最小空气间隙

工况	海拔高度/m	最小空气间隙/m
操作	1 000	6.0
	2 000	6.7
工作	1 000	2.1
	2 000	2.4
带电	500	6.8
	1 000	7.3
	1 500	7.7
雷电过电压	500	6.8
	1 000	6.8
	1 500	7.2

附 录 C
（规范性附录）
线路评级管理办法

架空输电线路评级工作是掌握和分析设备状况，加强设备管理，有计划地提高线路健康水平的一项有效措施。它不仅是线路技术管理的一项基础工作，而且又是企业管理重要的考核指标之一。通过线路评级，可及时发现线路存在的问题并及时进行处理，使之保持健康完好的状态，实现安全、经济、稳定运行的目的。

C.1 线路评级的原则

线路评级应根据设备实际运行状况，按线路评级标准的要求并结合运行经验进行。在具体评定一个设备单元的级别时，应综合衡量线路组件的运行状况，以线路单元总体的健康水平为准。

C.2 线路评级的分类和单元划分

C.2.1 线路评级，按其健康状况分为一、二、三级等三个级别，一、二级线路为完好线路，三级线路为不良线路。

C.2.2 线路评级以条为单位；同杆架设的双、多回线路，以每回线路为一个单元；共用一只出线开关的所有回路，按一个单元统计。

C.2.3 每个单元的构成包括：基础、杆塔、导地线、绝缘子、金具、防雷与接地装置（含线路避雷器、耦合地线、可控避雷针等）以及线路杆号牌、安全警示牌等设备。此外，还应包括金属构件表面防腐层的实效性。

线路投入运行后安装的防鸟设施以及各种监测装置，不在此限。

C.3 线路评级标准

C.3.1 一级线路

一级线路，指线路技术性能良好，能保证线路长期安全经济运行的线路。

C.3.1.1 杆塔及基础

杆塔结构完好，塔材仅有轻微锈蚀，杆塔主材无弯曲、断裂现象，塔材各部件连接牢固，螺栓齐全，塔身倾斜不超过 0.25%，高塔（全高 100 m 及以上）塔身倾斜不超过 0.15%。杆塔基础牢固，防洪设施完好。

C.3.1.2 导地线

a) 导地线无金钩、松股、烧伤缺陷，断股处理符合规程要求，接头良好，有防振措施；
b) 导地线驰度符合设计及 DL/T 5235 要求，交叉跨越及各部分空气间隙符合有关规程要求，地线仅有轻微锈蚀。

C.3.1.3 绝缘子和金具

a) 瓷绝缘子表面无裂纹、击穿、烧伤痕迹；铁件完好无裂纹，锌层仅轻微脱落和锈蚀；绝缘子串连接可靠,整串偏移不超过规定值,污秽区绝缘配置满足污秽等级要求。

b) 线路各部分金具齐全、安装可靠、强度符合要求,防振锤安装可靠,销钉完好,无代用品。

C.3.1.4 防雷、接地装置

防雷设施安装符合设计要求。各部分空气间隙、绝缘配合、架空地线保护角、绝缘地线放电间隙均符合有关规程要求。接地装置完好,接地电阻值合格。

C.3.1.5 其他

线路防护区、巡线通道均符合有关法律、法规、规程要求,线路标识及各种安全标志牌齐全。巡视、测试、检修工作均能按周期进行,运行、检修、试验等资料和记录齐全,且与现场实际情况相符。

C.3.2 二级线路

二级线路,指技术性能基本良好,个别构件、零部件虽存在一般缺陷,可以保证在一定期限内安全经济运行的线路。

C.3.2.1 杆塔及基础

杆塔结构完整,塔材略有锈蚀,杆塔主材无断裂、明显弯曲现象,螺栓齐全,个别螺栓可有松动现象。塔身倾斜不超过0.25%,高塔塔身倾斜不超过0.15%。杆塔基础牢固、完好,防洪设施完好。

C.3.2.2 导地线

a) 导地线无金钩、松股、烧伤等缺陷,断股已做好处理,接头无裂纹、鼓包、烧伤痕迹,有防振措施。

b) 导地线驰度基本符合设计及DL/T 5235要求,交叉跨越及各部分空气间隙基本符合有关规程要求,不影响线路安全运行,地线可有一般锈蚀。

C.3.2.3 绝缘子和金具

a) 瓷绝缘子表面无裂纹、击穿,铁件完好无裂纹,仅有轻微锈蚀,绝缘子串连接可靠,整串偏移不超过规定值,污秽区绝缘配合满足污秽等级要求。

个别绝缘子有烧伤破损现象,但不影响安全运行,绝缘子虽有零值,但不超过有关规程规定。

b) 线路各部分金具齐全,安装可靠,强度符合要求,防振锤安装可靠。

C.3.2.4 防雷、接地装置

防雷设施齐全,基本符合设计要求。各部分空气间隙、绝缘配合、架空地线保护角、绝缘地线放电间隙基本符合有关规程要求,接地装置基本完好,接地电阻值基本合格。

C.3.2.5 其他

线路防护区、巡线通道均符合规程要求,线路杆号牌、警示牌等标志基本齐全。巡视、测试、检修工作均能按周期进行,运行、检修、试验等主要资料齐全,且与现场实际相符。

C.3.3 三级线路

三级线路,指线路的技术性能不能达到一、二级线路标准要求,或主要设备有严重缺陷,已影响到安全经济运行的线路。

C.4 线路等级评级

根据线路评级的结果，综合衡量线路组件(设备)的状况，评定线路等级。有针对性地提出线路升级方案和确定下一年度大修、技术改进项目。

ICS 29.240.10
K 40

中华人民共和国国家标准

GB/T 28814—2012

±800 kV 换流站运行规程编制导则

The guide for composition of the ±800 kV converter station operating code

2012-11-05 发布　　2013-02-01 实施

中华人民共和国国家质量监督检验检疫总局
中国国家标准化管理委员会　发布

前　言

本标准按照 GB/T 1.1—2009 给出的规则起草。

本标准由中国电力企业联合会提出。

本标准由全国高压直流输电工程标准化技术委员会(SAC/TC 324)归口。

本标准主要起草单位:国家电网公司运行分公司。

本标准主要起草人:娄殿强、余克武、唐开平、佘振球、程炯、孙洗凡、胡开军、孙鹏、李晶、宁波。

±800 kV换流站运行规程编制导则

1 范围

本标准规定了±800 kV及以下电压换流站运行规程编写的格式、内容及要求。

本标准适用于±800 kV及以下电压换流站运行规程的编制、审批和管理工作。

2 规范性引用文件

下列文件对于本文件的应用是必不可少的。凡是注日期的引用文件,仅注日期的版本适用于本文件。凡是不注日期的引用文件,其最新版本(包括所有的修改单)适用于本文件。

GB/T 2900.50 电工术语 发电、输电及配电 通用术语

GB/T 2900.57 电工术语 发电、输电及配电 运行

GB/T 2900.59 电工术语 发电、输电及配电 变电站

GB/T 13498 高压直流输电术语

GB/Z 14429—2005 远动设备及系统 第1-3部分:总则 术语

DL/T 800 电力企业标准编制规则

3 运行规程主要内容

3.1 设备概况

换流站的地理位置和性质、建站日期及历次改扩建日期、发展过程、主设备接线方式、换流容量、变电容量、无功补偿容量、各个电压等级进出线回路及在电网中的送受关系等。

3.1.1 一次设备概述

3.1.1.1 断路器

断路器结构、型号、主要附件、安装位置、投产日期、设备厂家;断路器主要技术参数及说明。

3.1.1.2 隔离开关(接地刀闸)

隔离开关(接地刀闸)结构、型号、主要附件、安装位置、投产日期、设备厂家;隔离开关(接地刀闸)技术规范及说明。

3.1.1.3 电流互感器

电流互感器结构、型号、主要附件、安装位置、投产日期、设备厂家;电流互感器主要技术参数及说明。

3.1.1.4 电压互感器(直流分压器)

电压互感器(直流分压器)结构、型号、主要附件、安装位置、投产日期、设备厂家;电压互感器(直流分压器)技术规范及说明。

3.1.1.5 换流变压器

换流变压器结构、型号、主要附件、安装位置、投产日期、设备厂家；换流变压器技术规范及说明。

3.1.1.6 平波电抗器

平波电抗器结构、型号、主要附件、安装位置、投产日期、设备厂家；平波电抗器技术规范。

3.1.1.7 晶闸管换流器

晶闸管换流阀及阀内冷水系统结构、型号、主要附件、安装位置、投产日期、设备厂家；换流器技术规范及说明。

3.1.1.8 交、直流滤波器

交、直流滤波器结构、型号、主要附件、安装位置、投产日期、设备厂家；交直流滤波器技术规范及说明。

3.1.1.9 噪声滤波器装置

噪声滤波器装置结构、型号、主要附件、安装位置、投产日期、设备厂家；噪声滤波器装置设备规范及技术说明。

3.1.1.10 套管

套管结构、型号、主要附件、安装位置、投产日期、设备厂家；套管设备规范及技术说明。

3.1.1.11 避雷器

避雷器结构、型号、主要附件、安装位置、投产日期、设备厂家；避雷器技术规范及说明。

3.1.1.12 接地极

接地极结构、型号、主要附件、安装位置、投产日期、设备厂家；接地极技术规范及说明。

3.1.1.13 输电线路

输电线路结构、型号、主要附件、投产日期、设备厂家；输电线路技术规范及说明。

3.1.1.14 防雷接地系统

防雷接地系统结构、型号、主要附件、安装位置、投产日期、设备厂家及主要技术参数。

3.1.1.15 GIS设备

GIS设备结构、型号、主要附件、安装位置、投产日期、设备厂家；GIS设备技术规范及说明。

3.1.2 二次设备概述

3.1.2.1 直流控制系统

直流控制系统配置、主要功能、装置说明及主要技术参数。

3.1.2.2 直流保护系统

直流保护系统配置、主要功能、装置说明及主要技术参数。

3.1.2.3 **交流保护系统**

交流保护系统结构、型号、主要附件、安装位置、投产日期、设备厂家及主要技术参数。

3.1.2.4 **站用电系统保护**

站用电系统保护结构、型号、主要附件、安装位置、投产日期、设备厂家及主要技术参数。

3.1.2.5 **故障录波装置**

故障录波装置配置、说明及主要技术参数。

3.1.2.6 **故障测距装置**

故障测距装置配置、说明及主要技术参数。

3.1.2.7 **保护及故障录波信息管理子站**

保护及故障录波信息管理子站配置、功能、说明及主要技术参数。

3.1.2.8 **安全稳定控制装置**

安全稳定控制装置结构、型号、主要附件、安装位置、投产日期、设备厂家及主要技术参数；安全稳定控制装置配置、功能及说明。

3.1.2.9 **交直流站控系统**

交直流站控系统配置、主要功能、装置说明及主要技术参数。

3.1.2.10 **电能计量系统**

电能计量系统结构、型号、主要附件、安装位置、投产日期、设备厂家及主要技术参数。

3.1.2.11 **同步相量测量装置**

同步相量测量装置结构、型号、主要附件、安装位置、投产日期、设备厂家及主要技术参数。

3.1.2.12 **通信及自动化设备**

通信及自动化设备结构、型号、主要附件、安装位置、投产日期、设备厂家；通信及自动化设备技术规范及说明；通信电源配置。

3.1.2.13 **静止无功补偿装置(SVC)**

静止无功补偿装置(SVC)结构、型号、主要附件、安装位置、投产日期、设备厂家及主要技术参数。

3.1.3 **辅助设备概况**

3.1.3.1 **站用电系统**

站用电系统配置、主要功能；装置说明；设备规范。

3.1.3.2 **低压直流系统**

低压直流系统结构、型号、主要附件、安装位置、投产日期、设备厂家；站用电系统配置、主要功能；站低压直流系统技术规范及说明。

3.1.3.3 阀外冷却系统

1） 阀外冷却结构、型号、主要附件、安装位置、投产日期、设备厂家；阀冷却系统技术规范及说明。

2） 阀外冷却系统保护配置及说明。

3.1.3.4 空调系统

空调系统结构、型号、主要附件、安装位置、投产日期、设备厂家；空调系统技术规范；空调系统设备说明。

3.1.3.5 消防系统

消防系统结构、型号、主要附件、安装位置、投产日期、设备厂家；消防系统技术规范及说明。

3.1.3.6 不间断电源系统（UPS 系统）

UPS 系统结构、型号、主要附件、安装位置、投产日期、设备厂家；UPS 系统技术规范及说明。

3.1.3.7 图像监控及报警系统

图像监控及报警系统结构、型号、主要附件、安装位置、投产日期、设备厂家；图像监控及报警系统技术规范及说明。

3.1.3.8 照明系统

照明系统结构、型号、主要附件、安装位置、投产日期、设备厂家；照明系统技术规范及说明。

3.1.3.9 给排水系统

给排水系统结构、型号、主要附件、安装位置、投产日期、设备厂家；给排水系统技术规范及说明。

3.1.3.10 防止电气误操作装置

防止电气误操作装置结构、型号、主要附件、安装位置、投产日期、设备厂家及主要技术参数。

3.2 运行方式和相关规定

3.2.1 换流站的运行调度关系

3.2.2 各级调度管辖设备范围

3.2.3 常用调度操作术语

3.2.4 运行值班录音规定

3.2.5 设备运行方式

换流站交流母线运行方式、交流滤波器运行方式及特殊运行方式；高压直流系统接线方式、高压直流系统运行方式、高压直流系统设备状态及顺控执行过程；站用电系统的的正常运行方式及其他运行方式；站直流（蓄电池）系统正常运行方式及其他运行方式。

3.2.6 一次设备运行规定

3.2.6.1 通用运行规定：设备运行规定、倒闸操作规定、设备操作原则及设备巡视规定。

3.2.6.2 操作条件及设备联锁

3.2.6.3 断路器运行规定、操作规定及其他注意事项。

3.2.6.4 隔离开关（接地刀闸）运行规定、操作规定及其他注意事项。

3.2.6.5 避雷器运行规定及其他注意事项。

3.2.6.6 电压互感器(直流分压器)运行规定、操作规定及其他注意事项。

3.2.6.7 噪声滤波器(耦合电容器)运行规定及其他注意事项。

3.2.6.8 换流变压器运行规定、操作规定及其他注意事项。

3.2.6.9 平波电抗器运行规定、操作规定及其他注意事项。

3.2.6.10 晶闸管换流阀及阀内冷水系统运行规定、操作规定及其他注意事项。

3.2.6.11 交流滤波器运行规定、操作规定及其他注意事项。

3.2.6.12 直流滤波器运行规定、操作规定及其他注意事项。

3.2.6.13 接地极系统运行规定、操作规定及其他注意事项。

3.2.6.14 交直流线路运行规定、操作规定及其他注意事项。

3.2.6.15 绝缘子运行规定及其他注意事项。

3.2.6.16 高压直流系统运行规定、操作规定及其他注意事项。

3.2.7 二次设备运行规定

3.2.7.1 通用运行规定:二次设备运行规定、倒闸操作规定、设备操作原则、及设备巡视规定。

3.2.7.2 控制保护系统运行规定、操作规定及其他注意事项。

3.2.7.3 继电保护及自动化装置运行规定、操作规定及其他注意事项。

3.2.7.4 工作站监视系统运行规定、操作规定及其他注意事项。

3.2.7.5 故障录波装置运行规定、操作规定及其他注意事项。

3.2.7.6 线路故障定位装置运行规定、操作规定及其他注意事项。

3.2.7.7 安全稳定控制装置运行规定、操作规定及其他注意事项。

3.2.7.8 同步相量测量装置运行规定、操作规定及其他注意事项。

3.2.7.9 调度及自动化系统运行规定、操作规定及其他注意事项。

3.2.7.10 无功控制运行规定、操作规定及其他注意事项。

3.2.7.11 防误闭锁装置运行规定、操作规定及其他注意事项。

3.2.8 辅助设备运行规定

3.2.8.1 站用电系统设备运行规定、倒闸操作规定、设备操作原则。

3.2.8.2 低压直流系统设备运行规定、倒闸操作规定、设备操作原则。

3.2.8.3 阀外冷却系统设备运行规定、设备操作原则。

3.2.8.4 空调系统设备运行规定、设备操作原则。

3.2.8.5 消防系统设备运行规定、设备操作原则。

3.2.8.6 图像监控及报警系统设备运行规定、设备操作原则。

3.2.9 换流站保护压板与运行方式对应表。

3.3 设备异常及事故处理

3.3.1 事故处理的一般原则

事故处理的一般原则和事故处理的有关规定,换流站典型设备的异常情况及故障处理。

3.3.2 一次设备故障处理

3.3.2.1 断路器紧急停运规定、故障现象,故障处理原则、处理方法及过程。

3.3.2.2 隔离开关(接地刀闸)紧急停运规定、故障现象,故障处理原则、处理方法及过程。

3.3.2.3 电流互感器紧急停运规定、故障现象,故障处理原则、处理方法及过程。

3.3.2.4 电压互感器及直流分压器紧急停运规定、故障现象,故障处理原则、处理方法及过程。

3.3.2.5 换流变压器紧急停运规定、故障现象,故障处理原则、处理方法及过程。

3.3.2.6 平波电抗器紧急停运规定、故障现象,故障处理原则、处理方法及过程。

3.3.2.7 晶闸管换流阀及阀内冷水系统故障紧急停运规定、故障现象,故障处理原则、处理方法及过程。

3.3.2.8 交直流滤波器紧急停运规定、故障现象,故障处理原则、处理方法及过程。

3.3.2.9 噪声滤波器紧急停运规定、故障现象,故障处理原则、处理方法及过程。

3.3.2.10 母线紧急停运规定、故障现象,故障处理原则、处理方法及过程。

3.3.2.11 线路紧急停运规定、故障现象,故障处理原则、处理方法及过程。

3.3.2.12 避雷器紧急停运规定、故障现象,故障处理原则、处理方法及过程。

3.3.3 二次设备动作及故障处理

3.3.3.1 直流控制保护系统故障现象,故障处理原则、处理方法及过程。

3.3.3.2 站控系统故障现象,故障处理原则、处理方法及过程。

3.3.3.3 交流保护系统故障现象,故障处理原则、处理方法及过程。

3.3.3.4 安控装置故障现象,故障处理原则、处理方法及过程。

3.3.3.5 故障录波系统故障现象,故障处理原则、处理方法及过程。

3.3.3.6 线路故障定位装置故障现象,故障处理原则、处理方法及过程。

3.3.3.7 信息管理子站故障现象,故障处理原则、处理方法及过程。

3.3.3.8 电能计量系统故障现象,故障处理原则、处理方法及过程。

3.3.3.9 通信及自动化设备故障现象,故障处理原则、处理方法及过程。

3.3.4 辅助设备故障处理

3.3.4.1 站用电系统故障现象,故障处理原则、处理方法及过程。

3.3.4.2 站用电开关、刀闸故障现象,故障处理原则、处理方法及过程。

3.3.4.3 站用电线路故障现象,故障处理原则、处理方法及过程。

3.3.4.4 低压直流系统故障现象,故障处理原则、处理方法及过程。

3.3.4.5 阀外冷却系统故障现象,故障处理原则、处理方法及过程。

3.3.4.6 空调系统故障现象,故障处理原则、处理方法及过程。

3.3.4.7 消防系统故障现象,故障处理原则、处理方法及过程。

3.3.4.8 不间断电源 UPS 系统故障现象,故障处理原则、处理方法及过程。

3.3.4.9 图像监控及报警系统故障现象,故障处理原则、处理方法及过程。

3.3.4.10 照明系统故障现象,故障处理原则、处理方法及过程。

3.3.4.11 给排水系统故障现象,故障处理原则、处理方法及过程。

3.3.5 事故处理的其他有关规定:如电压异常处理、充油设备事故处理规定、六氟化硫(SF_6)设备泄漏的处理原则、系统振荡时的故障处理等。

3.4 设备巡视

3.4.1 巡检分类

3.4.1.1 常规巡检设备分类、常规巡检周期分类。

3.4.1.2 特殊巡检设备分类及检查内容。

3.4.2 巡视前准备

巡视人员要求、巡视危险点、巡视工器具。

3.4.3 巡检及监盘规定

巡检规定、监盘规定。

3.4.4 巡检类别

3.4.5 一次设备常规巡检单类设备检查内容

3.4.5.1 组合电器(GIS)设备巡视内容、巡检周期及巡视注意事项。

3.4.5.2 断路器巡视内容、巡检周期及巡视注意事项。

3.4.5.3 刀闸(隔离开关、接地刀闸)巡视内容、巡检周期及巡视注意事项。

3.4.5.4 交直流电流互感器、电压互感器巡视内容、巡检周期及巡视注意事项。

3.4.5.5 避雷器巡视内容、巡检周期及巡视注意事项。

3.4.5.6 交直流滤波器巡视内容、巡检周期及巡视注意事项。

3.4.5.7 换流变压器巡视内容、巡检周期及巡视注意事项。

3.4.5.8 平波电抗器巡视内容、巡检周期及巡视注意事项。

3.4.5.9 阀厅设备巡视内容、巡检周期及巡视注意事项。

3.4.5.10 避雷线(针)巡视内容、巡检周期及巡视注意事项。

3.4.5.11 母线及其引线巡视内容、巡检周期及巡视注意事项。

3.4.6 二次设备常规巡检单类设备检查内容

3.4.6.1 保护屏柜巡视内容、巡检周期及巡视注意事项。

3.4.6.2 控制屏柜巡视内容、巡检周期及巡视注意事项。

3.4.6.3 阀控单元巡视内容、巡检周期及巡视注意事项。

3.4.6.4 站控系统巡视内容、巡检周期及巡视注意事项。

3.4.6.5 安稳装置巡视内容、巡检周期及巡视注意事项。

3.4.6.6 直流故障定位装置巡视内容、巡检周期及巡视注意事项。

3.4.6.7 调度及自动化系统巡视内容、巡检周期及巡视注意事项。

3.4.6.8 故障录波 TFR、信息子站、交流线路行波测距装置巡视内容、巡检周期及巡视注意事项。

3.4.6.9 电能计量系统巡视内容、巡检周期及巡视注意事项。

3.4.6.10 室外操作机构箱、端子箱、动力箱巡视内容、巡检周期及巡视注意事项。

3.4.6.11 生产计算机(含打印机)检查巡视内容、巡检周期及巡视注意事项。

3.4.7 站用电系统

3.4.7.1 站用变压器巡视内容、巡检周期及巡视注意事项。

3.4.7.2 站用电开关设备巡视内容、巡检周期及巡视注意事项。

3.4.7.3 400 V 配电盘柜巡视内容、巡检周期及巡视注意事项。

3.4.7.4 低压直流系统巡视内容、巡检周期及巡视注意事项。

3.4.7.5 不间断电源系统(UPS 系统)巡视内容、巡检周期及巡视注意事项。

3.4.7.6 照明系统巡视内容、巡检周期及巡视注意事项。

3.4.8 阀冷却水系统

3.4.8.1 内冷水系统巡视内容、巡检周期及巡视注意事项。

3.4.8.2 外冷水系统巡视内容、巡检周期及巡视注意事项。

3.4.9 空调系统巡视内容、巡检周期及巡视注意事项。

3.4.10 消防系统巡视内容、巡检周期及巡视注意事项。

3.4.11 工业电视巡视内容、巡检周期及巡视注意事项。

3.4.12 给排水系统巡视内容、巡检周期及巡视注意事项。

3.4.13 通讯设备巡视内容、巡检周期及巡视注意事项。

3.4.14 年度单项检查巡视内容、巡检周期及巡视注意事项。

3.4.15 特殊巡检项目

3.4.15.1 冰雪及冰雹后巡检项目及周期;大雾天气巡检项目及周期;雷雨天气巡检项目及周期;暴风、大风天气巡检项目及周期。

3.4.15.2 新设备投运后的巡检项目及周期。

3.4.15.3 设备经过检修、改造或长期停运后重新投入运行后的巡检项目及周期。

3.4.15.4 异常情况下的巡检。

3.4.15.5 设备缺陷有发展、法定节假日、重要保电任务及迎峰度夏期间应增加的巡检项目及周期。

3.4.16 巡检安排

日巡检安排、周巡检安排、月巡检安排、年巡检安排。

3.4.17 巡检表格

日巡检项目及表格、周巡检项目及表格、月巡检项目及表格、年巡检项目及表格。

3.4.18 巡检路线图(按周期)

3.4.19 附录:控制保护、辅助设备盘面正常状态对照表。

3.5 典型操作

3.5.1 直流系统启停及功率升降、控制方式转换、直流接线方式转换、直流开路试验、直流降压运行和直流融冰方式等操作。

3.5.2 换流阀、换流变压器、平波电抗器、交直流滤波器、配电装置、交流线路、交流开关和站用电系统等一次设备状态转换操作。

3.5.3 控制保护及安全稳定自动装置的加用和停用等操作。

3.5.4 低压直流系统、阀冷却系统等辅助设备的操作。

3.6 运行图册

3.6.1 一次设备:换流站交流主接线图、换流站直流主接线图、换流站(变电站)平面布置图、交流滤波器接线图、换流阀电气原理图等。

3.6.2 二次设备:控制系统网络图、交流保护配置图、直流保护配置图、换流变保护配置图、站用变保护配置图、交流滤波器大组保护配置图、交流滤波器保护配置图、安全稳定控制系统图、控制保护交直流电源回路图、能量计费系统回路图等。

3.6.3 辅助设备:站用电系统图(包括负荷图)、站低压直流系统图(包括负荷图)、UPS 电源系统图(包括负荷图)、阀水冷系统图、空调系统图、消防以及给排水系统图、事故照明图等。

3.6.4 设备巡视路线图。

4 运行规程管理

4.1 运行规程编制依据

4.1.1 换流站运行规程编制应符合国家标准、行业标准、相关企业标准的相关要求和换流站相关上级单位、部门颁发的规范性文件。

4.1.2 换流站运行规程编制应参考现场设备手册、产品说明书和图纸等技术资料。

4.1.3 换流站运行规程编制应参考设备安装及系统调试报告。

4.1.4 换流站运行规程编制术语应符合 GB/T 2900.50、GB/T 2900.57、GB/T 2900.59、GB/T 13498、GB/Z 14429 标准要求。

4.1.5 换流站运行规程编制规则应符合 DL/T 800 标准要求。

4.2 运行规程编制要求

4.2.1 新建换流站在设备带电前一个月必须完成运行规程(试行版)的编制,设备调试完毕后一个月内完成运行规程(正式版)的编制。

4.2.2 改扩建工程在设备带电前一周完成运行规程的修订工作,有关内容独立成册或并入修编的运行规程中。

4.2.3 运行规程同上级新颁发规程、制度、规定和反事故技术措施要求不一致时，应在其规定时间内完成补充或修订工作。

4.2.4 运行规程的编写、补充和修订，应严格履行审批程序。

4.3 审核和批准

4.3.1 运行规程由所在运行管理单位生产技术部门组织编写、修订和审核，由本单位总工程师或分管生产领导批准后实施，同时报上级主管单位和相关调度备案。

4.3.2 运行规程应至少每年修订一次，3～5年进行一次全面的修订。

4.4 使用和保存

4.4.1 运行规程应制作成册，生产人员人手一份。

4.4.2 发布后的运行规程必须存档保存。

ICS 27.100
N 22

中华人民共和国国家标准

GB/T 28815—2012

电力系统实时动态监测主站技术规范

Specification for master station of real-time dynamics monitoring system for power systems

2012-11-05 发布 2013-02-01 实施

中华人民共和国国家质量监督检验检疫总局
中国国家标准化管理委员会 发布

前　言

本标准按照GB/T 1.1—2009给出的规则起草。

本标准由中国电力企业联合会提出。

本标准由全国电力系统管理及其信息交换标准化技术委员会(SAC/TC 82)归口。

本标准起草单位:华北电力设计院工程有限公司、北京四方继保自动化股份有限公司、国电南瑞科技股份有限公司、中国电力科学研究院、国家电力调度通信中心、华东电网有限公司、国网电力科学研究院、南京南瑞继保电气有限公司、华北电力大学。

本标准主要起草人:张道农、杨东、葛云鹏、李强、王永福、许勇、潘勇伟、于跃海、徐泰山、王英涛、熊敏、陈根军、何江、毕天姝。

电力系统实时动态监测主站技术规范

1 范围

本标准规定了电力系统实时动态监测主站的系统要求、系统功能、性能指标、系统检测与测试方法以及与其他系统的数据交换方法等。

本标准适用于安装在各级调度中心、发电厂控制中心的电力系统实时动态监测主站。

2 规范性引用文件

下列文件对于本文件的应用是必不可少的。凡是注日期的引用文件，仅注日期的版本适用于本文件。凡是不注日期的引用文件，其最新版本(包括所有的修改单)适用于本文件。

GB/T 2887—2000 电子计算机场地通用规范

GB/T 3873 通信设备产品包装通用技术条件

GB/T 9813—2000 微型计算机通用规范

GB/T 26862 电力系统同步相量测量装置检测规范

GB/T 26865.2—2011 电力系统实时动态监测系统 第2部分：数据传输协议

3 一般要求

3.1 工作条件及环境条件

3.1.1 工作条件

a) 环境温度 18 ℃～28 ℃；

b) 相对湿度 30%～75%；

c) 大气压力 70 kPa～106 kPa。

3.1.2 环境条件

a) 无爆炸危险、无腐蚀性气体及导电尘埃、无严重霉菌、无剧烈振动冲击源；

b) 计算机机房符合 GB/T 2887—2000 的规定。

3.2 电源要求

3.2.1 交流电源

应配备两路独立的交流电源。

a) 额定电压 220 V，允许偏差－15%～＋10%；

b) 谐波≤5%；

c) 频率 50 Hz，允许偏差＋5%。

3.2.2 不间断电源

应配置不间断电源(UPS)。交流电源失电时，UPS 维持系统正常工作时间应大于 1 h。

4 系统要求

4.1 系统构成

电力系统实时动态监测主站应为分布式结构，由数据采集服务器、实时应用服务器、历史数据服务器、图形监视工作站等硬件及其支撑软件和应用软件构成。

4.2 硬件要求

系统应采用双重网络结构，服务器应采用双机或多机方式互为备用，满足可靠性和可扩展性的要求。

4.3 软件要求

软件包含系统软件、数据库软件和应用软件，应满足可靠性和开放性的要求。

4.4 通信要求

a) 数据传输通道应采用电力调度数据网；
b) 主站与子站、主站之间、主站与其他系统之间的通信均应采用网络方式。

4.5 安全防护

主站应部署在生产控制区，并符合所在区域的相关安全要求。

5 系统功能

5.1 数据采集和监视功能

5.1.1 数据采集

应能采集和接收子站上传信息，包括以下带时标数据：

a) 相量；
b) 模拟量；
c) 开关量；
d) 事件标识；
e) 动态数据文件。

5.1.2 数据通信

a) 应能以每秒 1 帧、10 帧、25 帧、50 帧、100 帧的速度接收、预处理子站上传的实时数据报文，主站应能对子站的上传数据进行配置；
b) 应具有与子站、上下级主站及其他相关系统交换数据的能力，通信协议应遵循 GB/T 26865.2—2011；
c) 主站与其他系统的互联协议，应遵循国家或行业标准；
d) 应能对因通信失败等原因引起的缺漏数据进行检测、统计、重传；
e) 采用主备机或多机前置通信结构时宜具有负载均衡功能。

5.1.3 数据处理与运算

应能实现以下数据处理和运算的功能：

a) 数据时标对齐；
b) 数据合理性检查及处理；
c) 异常数据处理；
d) 各种常用运算，包括算术运算、代数运算、三角运算及逻辑运算等。

5.1.4 数据存储与管理

a) 应具有设定历史数据存储对象的功能；
b) 应具有设定历史数据存储周期的功能；
c) 应具有历史数据统计和查询功能；
d) 应具有数据导出功能；
e) 电网故障扰动时的动态数据应长期、完整保存；
f) 主站保存的数据与子站上传的数据的精度应保持一致；
g) 数据存储宜具有压缩功能。

5.1.5 告警

a) 计算机系统异常告警；
b) 数据通信异常告警；
c) 相量、模拟量异常告警；
d) 开关量变位告警；
e) 子站时标异常告警；
f) 电网扰动及故障告警；
g) 应具有推画面、音响及提示窗等告警方式；
h) 应能设定一般、严重、紧急等告警级别；
i) 应能按厂站、事件类型等做分类告警检索；
j) 应能有选择地实现告警闭锁。

5.1.6 图形功能

a) 应具有地理接线图、系统接线图和厂站接线图等功能；
b) 应具有画面缩放、平移等功能；
c) 应支持画面分层显示功能；
d) 应支持表格、曲线、棒图、罗盘图等表达形式；
e) 应支持画面和表格的在线生成和修改；
f) 应具有与其他系统通过通用图形交换技术进行图形共享的功能。

5.1.7 制表与打印

a) 应具有电子报表的基本功能；
b) 应具有各种报表、各种异常记录、操作记录的打印功能；
c) 应支持多种打印机。

5.1.8 通信监视管理

a) 应能监视和解析主、子站通信的原始报文；

b) 应能管理子站实时帧传送速率；

c) 应能筛选上传数据内容；

d) 应能监视通道状态；

e) 应能统计通道报文丢失率。

5.2 动态监视功能

5.2.1 监视内容

a) 三相电压基波相量、三相电流基波相量、正序电压基波相量、正序电流基波相量、频率、频率变化率和功率等；

b) 发电机同步电势和功角；

c) 发电机调节和控制系统的部分信号，包括励磁电压、励磁电流、一次调频动作信号等；

d) 开关量；

e) 相角差等实时计算量。

5.2.2 监视方式

a) 应能以表格、曲线、棒图、罗盘图等多种方式显示动态数据；

b) 应能以地理接线图方式显示相对角度、电压、频率、功率的分布和潮流方向；

c) 应能以厂站接线图方式显示相对角度、电压、频率、功率；

d) 应能根据优先级自动切换相对角度参考点；

e) 应能以曲线方式监视连续动态过程；

f) 应能监测、记录、重演动态扰动过程。

5.3 远程维护及故障诊断

应具有对主站系统进行远程维护及故障诊断的功能。

5.4 性能指标

5.4.1 系统响应时间

a) 子站数据采集传输到主站并显示的时间≤1 s；

b) 实时画面调用响应时间：90％的画面≤1 s，其他画面≤3 s；

c) 实时画面数据刷新周期 1 s～10 s（可调）；

d) 实时数据服务主备用机自动切换时间≤3 s。

5.4.2 主站负荷率

a) 电网正常情况下：
服务器 CPU 的负荷率≤20％（5 min 平均值）；
图形工作站 CPU 的平均负荷率≤20％（5 min 平均值）；
主站局域网的平均负荷率≤15％（5 min 平均值）。

b) 电网故障情况下：
服务器 CPU 的负荷率≤50％（10 s 平均值）；
图形工作站 CPU 的平均负荷率≤50％（10 s 平均值）；
主站局域网的平均负荷率≤20％（10 s 平均值）。

5.4.3 数据处理

a) 查询得到的历史数据与子站本地存储数据的误差要求见表1；

表1 历史数据与子站本地数据误差要求

数据对象	|历史数据－子站本地存储数据|
电压幅值误差	≤0.1 kV
电流幅值误差	≤1 A
相角及发电机功角误差	≤0.001°
频率误差	≤0.001 Hz
功率误差	≤0.5%子站本地存储数值
其他采集量误差	≤0.5%子站本地存储数值

b) 主站历史数据存储能力≥14天；

c) 查询单个量测1 h数据的时间≤5 s。

6 应用功能

6.1 低频振荡监视与分析(基本功能)

6.1.1 在线分析

a) 应具有对实时数据进行低频振荡分析的功能；

b) 应能检测出各种振荡模式，并给出各振荡模式的详细信息，包括振荡频率、振荡幅值、阻尼比、相位等；

c) 应能辨识出主导低频振荡模式，给出各厂站的振荡相位关系、低频振荡相关厂站和分群信息。

6.1.2 离线分析

a) 应具有对历史数据进行低频振荡分析的功能；

b) 应具有低频振荡频谱分析功能(宜采用PRONY等算法)，提供各振荡模式的振荡频率、振荡幅值、阻尼比、相位等分析结果；

c) 应具有分析结果拟合的曲线和原始数据曲线的比较功能；

d) 应具有分析结果、数据的导出功能。

6.1.3 告警与监视

a) 应能对低频振荡进行告警；

b) 应能推画面告警，显示振荡曲线，直至振荡消失为止；

c) 应能显示振荡分群、分布情况；

d) 应能监视振荡幅值、振荡频率等特征。

6.1.4 数据存储

a) 应能存储低频振荡告警信息；

b) 应能存储低频振荡过程中的振荡模式信息；

c) 应能永久、完整存储低频振荡过程中的全部动态数据。

6.1.5 性能指标

a) 振荡频率的计算误差要求见表2；

表2 振荡频率计算误差要求

频率区间	允许误差
0.1～0.2 Hz(含0.2 Hz)	≤0.01 Hz
0.2～1 Hz (含1 Hz)	≤0.02 Hz
1～2.5 Hz	≤0.05 Hz

b) 低频振荡报警正确率≥99.9%。

6.2 电网扰动识别(可选功能)

6.2.1 机组非正常退出

a) 应能利用故障时机组电气量变化的特征识别机组非正常退出；

b) 应能区分机组正常退出和非正常退出。

6.2.2 短路

a) 应能根据三相电压和三相电流相量，提取表征短路扰动的特征信息，实时识别电网中的短路扰动；

b) 对于有子站的线路发生短路故障，宜定位到故障线路，并检测出故障类型、故障相、故障时间等详细信息。

6.2.3 非全相运行

a) 应能根据三相电压、三相电流相量数据，实时计算相应的负序和零序分量，并识别设备的非全相运行；

b) 应能识别子站数据异常造成的序分量大小越限，系统发生短路故障时短时序分量大小越限，单相故障重合闸期间的短时非全相运行，防止误判为非全相运行。

6.2.4 离线分析

a) 应具有对历史数据进行扰动分析的功能；

b) 应具有扰动信息、扰动数据导出功能；

c) 应具有扰动曲线绘制、导出和打印功能。

6.2.5 告警与监视

a) 应能对扰动事件进行告警；

b) 应能通过告警信息查询扰动曲线。

6.2.6 数据存储

a) 应能存储扰动识别告警信息；

b) 应能存储故障类型、故障相、故障时间等详细信息；

c) 应能永久、完整保存扰动时故障点的全部数据。

6.2.7 性能指标

a) 电网扰动报警正确率≥95%；
b) 扰动识别时间≤5 s。

6.3 发电机一次调频评价(可选功能)

6.3.1 在线分析

a) 应能计算调频动作时的调差系数、调频死区和动作延迟时间；
b) 应能计算调频贡献电量；
c) 应能计算并判断调频正确动作情况。

6.3.2 离线分析

a) 应能查询机组调频计算结果；
b) 应能查询机组调频统计结果；
c) 应能查询调频过程频率、功率曲线；
d) 应能导出调频计算结果；
e) 应能导出、打印调频过程曲线。

6.3.3 统计分析

a) 应能统计机组贡献电量；
b) 应能统计调频投运率；
c) 应能统计调频正确动作率。

6.3.4 数据存储

a) 应能对机组调频计算结果进行存储；
b) 应能对机组调频计算所需数据进行存储。

6.3.5 性能指标

a) 发电机一次调频正确识别率≥95%；
b) 一次调频分析结果保存时间≥1 年。

6.4 电力系统模型和参数校核(可选功能)

a) 应能对线路、变压器等模型和参数进行校核；
b) 校核结果应能以误差列表、拟合曲线等方式显示；
c) 应能导出计算结果。

7 测试方法

7.1 功能及性能测试

按本标准中第 5 章、第 6 章、第 7 章规定的功能及性能要求逐项进行测试。

7.2 连续运行试验

系统基本设备同时投入运行,连续运行试验 72 h。试验过程中可抽测系统是否符合功能及性能要求。试验结束后应逐项测试系统是否符合功能及性能要求。如试验中出现关联性故障则终止连续运行试验,故障排除后重新开始计时试验。如试验过程中出现非关联性故障,故障排除后继续试验。排除故障过程不计时。

关联性故障及非关联性故障的定义见 GB/T 9813—2000 的附录 B。

8 检验规则

8.1 出厂检验

系统出厂前应通过出厂检验。

按本标准中第 8 章对在厂内测试的功能进行测试,检验系统是否满足本标准中第 5 章、第 6 章、第 7 章规定的功能及性能要求。符合工厂条件下各项要求者为合格并附合格证书。

8.2 现场检验

系统投运前应通过现场检验。

系统所有设备在现场安装、调试完毕后,按本标准中第 5 章、第 6 章、第 7 章规定的功能及性能要求进行在线检验。检验不合格者,供货单位应进行处理直至符合要求。

9 标志、包装、运输、存贮

标志、包装、运输、存贮按 GB/T 3873 规定执行。

附 录 A
（资料性附录）
Prony 算法

Prony 算法针对等间距采样点，假设模型是一系列的具有任意振幅、相位、频率和衰减因子的指数函数的线性组合。即认为测量输入 $x(0),\cdots,x(N-1)$ 的估计值可以表示为：

$$\hat{x}(n)=\sum_{k=1}^{P}b_k z_k^n \quad n=0,1,\cdots,N-1 \qquad \cdots\cdots(A.1)$$

$$b_k=A_k e^{j\theta_k} \qquad \cdots\cdots(A.2)$$

$$z_k=e^{(\alpha_k+j2\pi f_k)\Delta t} \qquad \cdots\cdots(A.3)$$

式中：

A_k ——振幅；

α_k ——衰减因子；

f_k ——振荡频率；

θ_k ——相位(单位为弧度)；

Δt ——时间间隔；

P ——模型阶数。

Prony 算法的主要工作是求解参数 $\{A_k,\alpha_k,f_k,\theta_k\}$。

式(A.1)为下列常系数线性差分方程的齐次解：

$$\hat{x}(n)=-\sum_{k=1}^{P}\alpha_k\hat{x}(n-k) \qquad \cdots\cdots(A.4)$$

其特征方程为：

$$\sum_{k=0}^{P}\alpha_k z^{P-k}=0 \quad (\alpha_0=1) \qquad \cdots\cdots(A.5)$$

设 $\alpha_k(k=1,2,\cdots,P)$ 已知，通过求解该特征方程可得到特征根 $z_k(k=1,2,\cdots,P)$。

设测量数据 $x(n)$ 与其近似值 $\hat{x}(n)$ 之间的差为 $e(n)$，即

$$e(n)=x(n)-\hat{x}(n) \quad n=0,1,\cdots,N-1 \qquad \cdots\cdots(A.6)$$

由式(A.4)、式(A.6)可得

$$x(n)=-\sum_{k=1}^{P}\alpha_k x(n-k)+\sum_{k=0}^{P}\alpha_k e(n-k) \qquad \cdots\cdots(A.7)$$

定义

$$u(n)=\sum_{k=0}^{P}\alpha_k e(n-k) \quad n=0,1,\cdots,N-1 \qquad \cdots\cdots(A.8)$$

则式(A.7)变为

$$x(n)=-\sum_{k=1}^{P}\alpha_k x(n-k)+u(n) \qquad \cdots\cdots(A.9)$$

$x(n)$ 可以看作是噪声 $u(n)$ 激励一个 P 阶 AR 模型产生的输出。该 AR 模型的参数 $\alpha_k(k=1,2,\cdots,P)$ 是待求差分方程的系数。

AR 模型的正则方程为

$$\begin{bmatrix} r(0,0) & r(0,1) & \cdots & r(0,P) \\ r(1,0) & r(1,1) & \cdots & r(1,P) \\ \vdots & \vdots & \cdots & \vdots \\ r(P,0) & r(P,1) & \cdots & r(P,P) \end{bmatrix}\cdot\begin{bmatrix} 1 \\ \alpha_1 \\ \vdots \\ \alpha_P \end{bmatrix}=\begin{bmatrix} \varepsilon_P \\ 0 \\ \vdots \\ 0 \end{bmatrix} \qquad \cdots\cdots(A.10)$$

式中：

$$r(i,j)=\sum_{n=P}^{N-1}x(n-j)\cdot x^{*}(n-i) \qquad\cdots\cdots(A.11)$$

$$\varepsilon_P=\sum_{k=0}^{P}\alpha_k\left[\sum_{n=P}^{N=1}x(n-k)\cdot x^{*}(n)\right] \qquad\cdots\cdots(A.12)$$

求解此方程可以得到 AR 参数 $\alpha_k(k=1,2,\cdots,P)$，代入式(A.5)，求得 $z_k(k=1,2,\cdots,P)$。

求出 $z_k(k=1,2,\cdots,P)$后，式(A.1)就简化为未知参数 $b_k(k=1,2,\cdots,P)$的线性方程，用矩阵形式表示，有

$$Zb=\hat{x} \qquad\cdots\cdots(A.13)$$

其中：

$$Z=\begin{bmatrix}1 & 1 & \cdots & 1\\ z_1 & z_2 & \cdots & z_P\\ \vdots & \vdots & \cdots & \vdots\\ z_1^{N-1} & z_2^{N-1} & \cdots & z_P^{N-1}\end{bmatrix},\quad b=\begin{bmatrix}b_1\\ b_2\\ \vdots\\ b_P\end{bmatrix},\quad \hat{x}=\begin{bmatrix}\hat{x}(0)\\ \hat{x}(1)\\ \vdots\\ \hat{x}(N-1)\end{bmatrix}$$

Z 为 $N\times P$ 维非奇异矩阵，方程的最小二乘解为：

$$b=(Z^{H}Z)^{-1}Z^{H}\hat{x} \qquad\cdots\cdots(A.14)$$

根据 z_k 和 b_k 可以求出振幅 A_k，相位 θ_k，振荡频率 f_k，衰减因子 α_k。

$$\begin{cases}A_k=|\,b_k\,|\\ \theta_k=angle(b_k)\\ f_k=angle(z_k)/2\pi\Delta t\\ \alpha_k=\ln(z_k)/\Delta t\end{cases}\quad(k=1,2,\cdots,P) \qquad\cdots\cdots(A.15)$$

附 录 B
（资料性附录）
一次调频评价指标

B.1 调差系数

$$调差系数=\frac{\Delta f \times P_n}{f_n \times \Delta P}\times 100\% \quad \cdots\cdots(B.1)$$

式中：

f_n——50 Hz；

P_n——机组额定有功。

B.2 调频死区

调频死区是特指系统在额定转速附近对转速的不灵敏区。为了在电网周波变化较小的情况下，提高机组运行的稳定性，一般在电调系统设置有调频死区。但是过大的死区会减少机组参与一次调频的次数及性能的发挥。

B.3 动作延迟时间

机组参与一次调频的动作延迟时间（图 B.1 中的 Δt），目的是要保证机组一次调频的快速性。

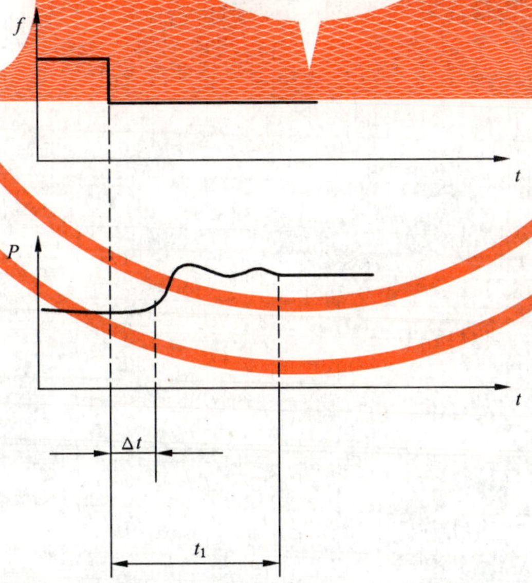

图 B.1 一次调频动作示意图

附 录 C
（资料性附录）
闰秒的处理方法

世界时是基于地球自转的一种时间计量系统，原子时是基于原子物理技术的一种更加均匀的时间系统。世界时和国际原子时在时间尺度上存在差异，为应对这种情况，一种称为协调世界时的折衷时标于 1972 年面世。协调世界时是以原子时秒长为基础，在时刻上尽量接近世界时的一种时间计量系统。为确保协调世界时与世界时相差不会超过 0.9 s，在必要时会将协调世界时增加 1 s 或去掉 1 s，这一技术措施被称为闰秒。

国际地球自转服务组织决定加入闰秒的时间。加入闰秒的时间只能是每年的六月或十二月的最后一天的最后一分钟。加入正闰秒时，当天 23:59:59 的下一秒记为 23:59:60，然后是第二天的 00:00:00；加入负闰秒时，23:59:58 的下一秒就是第二天的 00:00:00。由于北京时间比世界时早 8 h，因此闰秒发生时我国已是第二天上午的 7:59。截至目前，所有闰秒都是正闰秒。

子站数据使用世纪秒作为时标，它是一个 32 位无符号整数，从 1970 年 1 月 1 日 0:0:0 开始计时。世纪秒的计数始终与协调世界时保持同步，闰秒不包含在世纪秒的计数中。当正闰秒发生时，将出现连续两个相同的世纪秒时标；负闰秒发生时，将出现世纪秒时标跳跃 1 s 的情况。

闰秒通常若干年发生一次，对其处理较复杂。因此，主站宜摒弃闰秒发生时刻的子站数据，并满足如下要求：

a） 在闰秒发生后 5 s 内，将时标调整为与协调世界时一致；

b） 在闰秒发生后 5 s 内，实时数据和实时通信等功能应恢复正常。

ICS 29.220.01
K 82

中华人民共和国国家标准

GB/T 28816—2012/IEC/TS 62282-1:2010

燃料电池　术语

Fuel cell—Terminology

(IEC/TS 62282-1:2010,Fuel cell technologies—Part 1:Terminology,IDT)

2012-11-05 发布　　2013-02-01 实施

中华人民共和国国家质量监督检验检疫总局
中国国家标准化管理委员会　发布

前　言

本标准按照 GB/T 1.1—2009 给出的规则起草。

本标准等同采用 IEC/TS 62282-1:2010《燃料电池技术　第 1 部分:术语》。

本标准在技术上与 IEC/TS 62282-1:2010 一致,仅做了下列编辑性修改:

删除了国际标准的前言和引言,增加国家标准的前言;

本标准由中国电器工业协会提出。

本标准由全国燃料电池标准化技术委员会(SAC/TC 342)归口。

本标准起草单位:机械工业北京电工技术经济研究所、武汉银泰科技燃料电池有限公司、上海神力科技有限公司、北京清能华通科技发展有限公司、同济大学、清华大学、武汉理工大学、中科院大连化学物理研究所、新源动力股份有限公司、UL 美华认证有限公司、上海攀业氢能源科技有限公司、上海汽车集团股份有限公司新能源汽车事业部、上海交通大学、北京伯肯新能源设备有限公司。

本标准起草人:李晶晶、齐志刚、张若谷、张禾、卢琛钰、衣宝廉、侯永平、裴普成、潘牧、侯明、邢丹敏、赵景辉、季良俊、陈晨、董辉、王绍荣、张立芳。

燃料电池　术语

1　范围

本标准以图表、定义和方程等方式提供了统一的燃料电池术语。

本标准适用于固定式、交通、便携式和微型发电等所有燃料电池技术相关的应用。

本标准中没有的词或短语，可在标准词典、工程参考资料或 IEC 60050 系列标准中找到。

注：IEC 62282 的第一版意在为使用燃料电池标准 IEC TC 105 系列燃料电池标准的工作组和用户提供一个资源，而第二版已经扩展为通用燃料电池术语源。

2　燃料电池发电系统框图

2.1　框图

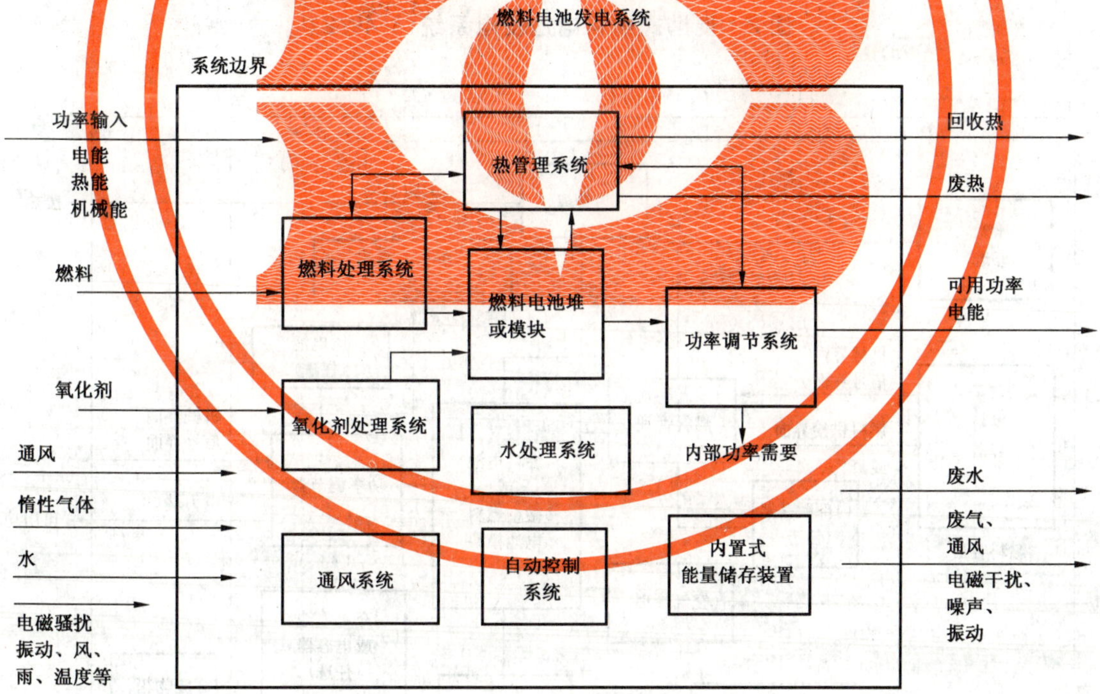

图 1　固定式燃料电池发电系统(3.49.3)

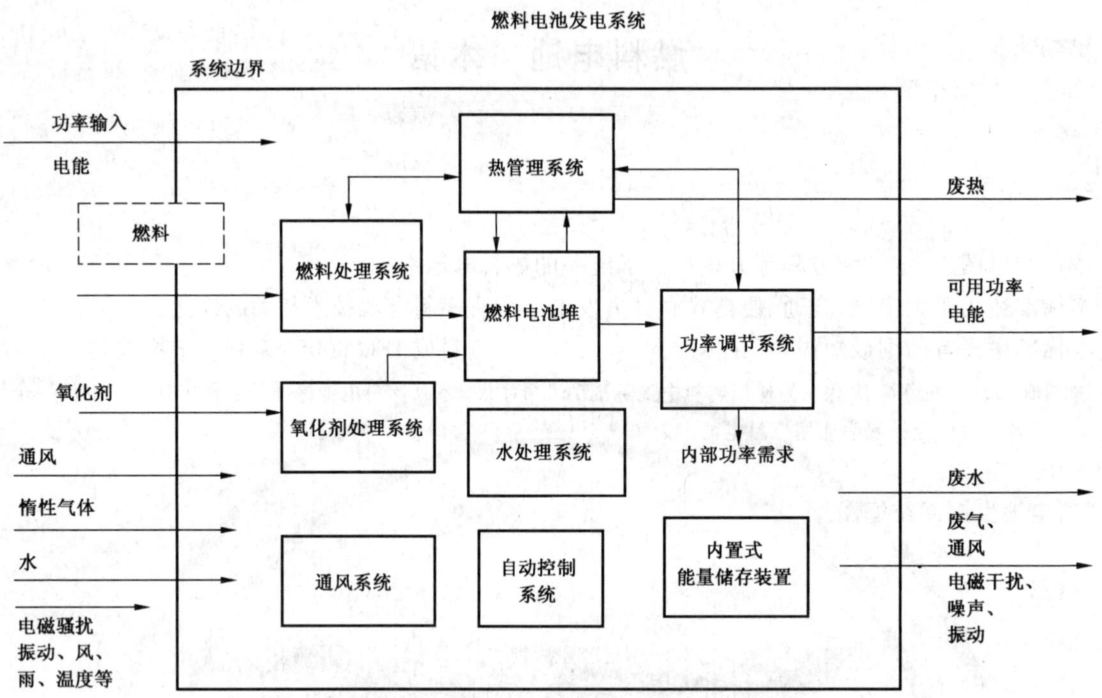

图 2　便携式燃料电池发电系统(3.49.2)

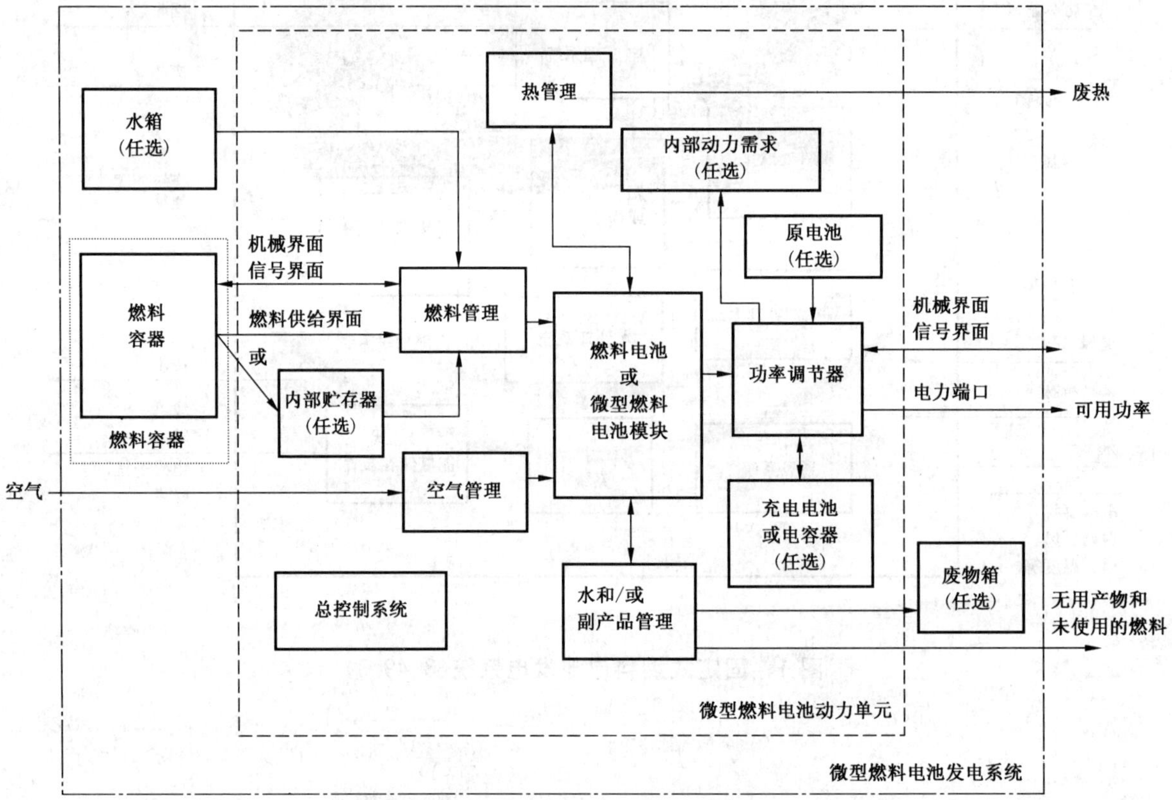

图 3　微型燃料电池发电系统(3.49.1)

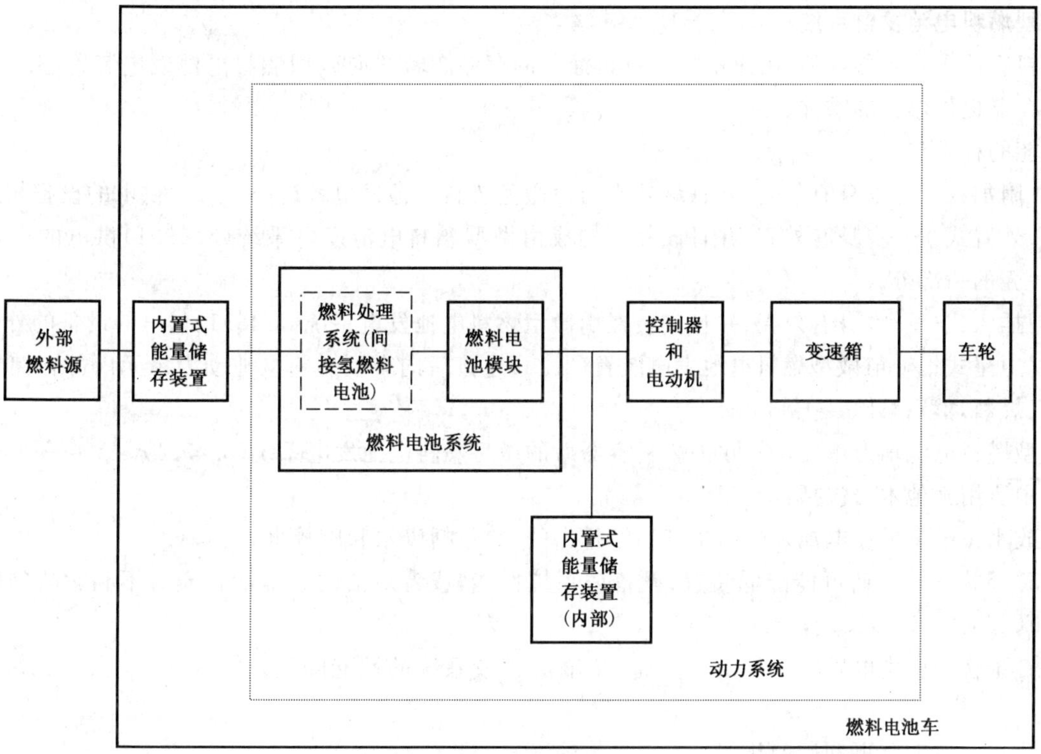

图 4　燃料电池车(3.51)

2.2　框图功能的定义

从 IEC 62282 这部分所能预期的发电系统的总体设计由下面所述能实现规定功能的系统的必要组合而成：

自动控制系统——由传感器、制动器、阀门、开关和逻辑元件组成的系统，用以使燃料电池发电系统(3.49)在无需人工干预时，参数能保持在制造商给定的限值范围内。

燃料电池模块——集成于车辆或发电系统内部、由一个或多个燃料电池堆(3.50)组成的设备，通过电化学反应将化学能转化为电能和热能。

燃料电池堆——由单电池、隔离板、冷却板、歧管(3.70)和支承结构组成的设备，通过电化学反应把(通常)富氢气体和空气反应物转换成直流电、热和其他反应产物。

燃料处理系统——燃料电池发电系统(3.49)所需要的、准备燃料及必要时对其加压的、由化学和/或物理处理设备以及相关的热交换器和控制器所组成的系统。

内置式能量储存——由置于系统内部的电能储存装置所组成的系统，用来帮助或补充燃料电池模块(3.48)对内部或外部负载供电。

氧化剂处理系统——用来计量、调控、处理并可能对输入的氧化剂进行加压以便供燃料电池发电系统(3.49)使用的系统。

功率调节系统——用于调节燃料电池堆(3.50)的电能输出使其满足制造商规定的应用要求的设备。

热管理系统——用来加热或冷却/排热的系统，从而保持燃料电池发电系统(3.49)在其工作温度范围内，也可能提供对过剩热的再利用，以及帮助在启动阶段对能量链加热。

通风系统——通过机械或自然方式向燃料电池发电系统(3.49)机壳提供空气的系统。

水处理系统——用以对燃料电池系统(3.49)所用的回收水或补充水进行必要处理的系统。

微型燃料电池发电系统:

燃料容器——可移除的、用户不能自行再灌装的存储燃料并向微型燃料电池发电装置(3.74)或其内部贮存器提供燃料的物件。

可能的种类包括:

- 附加式——本身有外壳、并且该外壳与由微型燃料电池发电系统(3.49.1)供电的设备相连接。
- 外置式——本身有外壳、并且该外壳构成由微型燃料电池发电系统(3.49.1)供电的设备的外壳的一部分。
- 插入式——本身有外壳、并且安装在由微型燃料电池发电系统(3.49.1)供电的设备的外壳内。
- 卫星式——与微型燃料电池发电装置(3.74)连接后向微型燃料电池动力单元内部存储器输送燃料,然后移除。

微型燃料电池动力单元——除去燃料容器后的微型燃料电池发电系统(3.49.1)。

图中所用其他术语包括:

排放水——从燃料电池发电系统(3.49)排出的水,包括废水和冷凝水。

电磁骚扰——任何可能降低装置、设备或系统性能,或者对活的或惰性物质有不利影响的电磁现象。[IEC 60050-161:1990,161-01-05]

电磁干扰——由电磁骚扰导致的设备、传输通道或系统的性能降低。[IEC 60050-161:1990,161-01-06]

回收热——回收再利用的热能。

废热——排放出的且不被回收的热能。

3 术语和定义

3.1

空气洗毒 air bleed

在燃料电池(3.43)或燃料电池堆(3.50)燃料进口的上游,或者在阳极(3.2)的腔室中,引入少量空气(大约5%)到燃料流里。

注:空气洗毒的目的是通过在燃料电池的阳极(3.2)腔室中对毒物进行催化氧化从而减少像一氧化碳类物质的毒化作用。

3.2

阳极 anode

燃料的氧化反应发生所在电极(3.33)。

3.3

活性层 active layer

见催化层(3.14)。

3.4

面积 area

3.4.1

电池面积 cell area

垂直于电流流动方向的双极板(3.9)的几何面积。

注:电池面积表示为 m^2

3.4.2

电极面积　electrode area

3.4.2.1

活性面积　active area

垂直于电流流动方向的电极(3.33)的几何面积。

注1：活性面积表示为 m^2。

注2：活性面积也称为有效面积，用于计算电池的电流密度(3.26)。

3.4.2.2

有效面积　effective area

见活性面积(3.4.2.1)。

3.4.2.3

电化学表面积　electrochemical surface area

能够参与电化学反应的电催化剂表面的面积。

注：电化学表面积表示为 m^2。

3.4.3

膜电极组件面积　membrane electrode assembly (MEA) area

垂直于净电流流动方向整个膜电极组件的几何面积，包括膜的活性面积和未涂催化剂部分的面积。

注：膜电极组件面积表示为 m^2。

3.4.4

比表面积　specific surface area

每单位质量(或体积)催化剂的电化学表面积或反应物能接触到的电催化剂的面积。

注：比表面积表示为 m^2/g，m^2/m^3。

3.5

可用因子　availability factor

运行时间占总考察时间的比例。

[IEC 60050-603:1986,603-05-09]

3.6

轴向负荷　axial load

施加在燃料电池堆(3.50)端板(3.40)上的压缩负荷，以确保接触和/或气密性。

注：轴向负荷表示为 Pa。

3.7

辅助系统　balance of plant;BOP

基于电源或站点的具体要求，纳入一个完整的发电系统的支持/辅助部件。

注：一般而言，除了燃料电池堆(3.50)或燃料电池模块(3.48)和燃料处理系统外的其他所有组件都称为辅助系统部件。

3.8

基载运行　base load operation

见满载运行(3.77.4)。

3.9

双极板　bipolar plate

电池堆中隔离单电池的导电板，作为集流体(3.25)，并为电极(3.33)或膜电极组件(3.73)提供机械支撑。

注：双极板通常在其两侧有为反应物分布(燃料和氧化剂)和生成物排除的流场，也可能包含传热通道。双极板提供了一个物理屏障，以避免氧化剂、燃料和冷却剂的混合。双极板也称为双极隔离板。

3.10

母线板 bus bar

见电池堆电端(3.105)。

3.11

催化剂 catalyst

能加速(增加速率)反应、本身不被消耗的物质。

同时见电催化剂(3.31)。

注：催化剂降低了反应活化能，从而使反应速率增加。

3.12

催化剂涂层膜 catalyst coated membrane;CCM

(在一个聚合物电解质燃料电池(3.43.6)中)表面涂有催化层(3.14)、形成电极(3.33)反应区的膜。

同时见膜电极组件(MEA)(3.73)。

3.13

催化剂涂层基质 catalyst coated substrate;CCS

表面涂有催化层(3.14)的基质。

3.14

催化层 catalyst layer

和膜的任何一面相邻、含有电催化剂(3.31)的薄层，通常具有离子和电子传导性。

注：催化层构成了可发生电化学反应的空间区域。

3.15

催化剂担载量 catalyst loading

燃料电池(3.43)中单位活性面积(3.4.2.1)上催化剂(3.11)的量，要明确是单独阳极(3.2)或单独阴极(3.18)担载量，或者阳极和阴极担载量的总和。

注：催化剂担载量表示为 g/m^2。

3.16

催化剂中毒 catalyst poisoning

催化剂(3.11)的性能被物质(毒物)抑制。

注：电催化剂(3.31)中毒会导致燃料电池(3.43)的性能下降。

3.17

催化剂聚结 catalyst sintering

由于化学和/或物理过程使催化剂(3.11)颗粒结合在一起。

3.18

阴极 cathode

氧化剂的还原反应发生所在电极(3.33)。

[IEC 60050-482:2004,482-02-28,修改过的]

3.19

电池 cell

3.19.1

平板电池 planar cell

平面结构的燃料电池(3.43)。

3.19.2

单电池 single cell

燃料电池(3.43)的基本单元，由一组阳极(3.2)和阴极(3.18)及分开它们的电解质(3.34)组成。

3.19.3

管状电池　tubular cell

圆柱状结构的燃料电池，允许燃料和氧化剂在管内或管外表面流动。

注：可以使用不同的截面类型(如圆形，椭圆形)。

3.20

压缩端板　compression end plate

见端板(3.40)。

3.21

活化　conditioning

能保证燃料电池(3.43)正常运行的(和电池/电池堆有关)预备步骤，按照制造商规定的规程来实现。

注：活化可能包括可逆和/或不可逆的过程，取决于电池技术。

3.22

交叉泄漏　cross leakage

见渗漏(3.23)。

3.23

渗漏　crossover

燃料电池的燃料端和氧化剂端之间任一方向的泄漏，一般是穿过电解质(3.34)。

注：渗漏也称为交叉泄漏。

3.24

电流　current

3.24.1

泄漏电流　leakage current

除了短路外，在不需要导电的路径上出现的电流。

注：泄漏电流表示为A。

[IEC 60050-151:2001,151-15-49]

3.24.2

额定电流　rated current

制造商规定的最大连续电流，燃料电池电源系统(3.49)设计在该电流下运行。

注：额定电流表示为A。

3.25

电流集流体　current collector

燃料电池(3.43)中从阳极(3.2)端收集电子或向阴极(3.18)端传递电子的导电材料。

3.26

电流密度　current density

单位活性面积(3.4.2.1)上通过的电流。

注：电流密度表示为 A/m^2 或 A/cm^2。

3.27

衰减速率　degradation rate

在一定时间内电池性能衰减的比率。

注：衰减速率可以用来衡量电池性能的可恢复性损失和永久性损失。常用的测量单位是每单位时间伏特(直流)或每固定时间内终值和初值电压(直流)的百分比。

3.28

脱硫器　desulfurizer

除去原燃料中硫化物的反应器。

注：吸附剂式脱硫器、催化式氢化脱硫器等。

3.29

电池压力差　differential cell pressure

从一个电极(3.33)到另一个电极之间测量的电解质(3.34)两侧的压力差。

注：电池压力差表示为 Pa。

3.30

效率　efficiency

设备输出的有用能量流和输入能量流的比。

注：能量流能通过测量一个规定的时间间隔内相应的流入和输出的值确定，因此可以理解为各个流的平均值。

3.30.1

电效率　electrical efficiency

燃料电池发电系统产生的净电功率(3.85.3)和向燃料电池发电系统提供的总焓流的比。

注：除非另有说明，假定低热值(LHV)。

3.30.2

有效能(烟效率)　exergetic efficiency

燃料电池发电系统(3.49)产生的净电功率(3.85.3)和供给燃料电池系统总烟流的比，假设反应产物为气态。

3.30.3

热回收效率　heat recovery efficiency

燃料电池发电系统(3.49)回收的热能与供入燃料电池发电系统焓流的比。

注：原燃料(3.89)供给的总焓流(包括反应焓)应采用低热值，以便更好的和其他类型的能量转换系统比较。

3.30.4

总能量效率(总热效率)　overall energy(total thermal efficiency)

总的可用能量流(净电功率(3.85.3)和回收的热流)和供给燃料电池发电系统(3.49)总焓流的比。

注：原燃料(3.89)供给的总焓流(包括反应焓)应采用低热值，以便更好的和其他类型的能量转换系统比较。

3.30.5

总有效能(总烟效率)　overall exergy efficiency

净电功率(3.85.3)和回收的热中的所有有用烟流之和与供给燃料电池发电系统(3.49)的总烟流的比。

注：输入的原燃料(3.89)的总烟流(包括反应)应对应气态产物以便更好得和其他类型的能量转换系统比较。

3.31

电催化剂　electrocatalyst

加速(增加速率)电化学反应的物质。

同时见催化剂(3.11)。

注：在燃料电池(3.43)中，电催化剂通常被放置在活性层(3.3)或催化层(3.14)。

3.32

电催化剂载体　electrocatalyst support

电极(3.33)的组成部分，用于担载电催化剂(3.31)，并作为导电介质。

3.33

电极　electrode

用于将电化学反应产生的电流导入或导出电化学电池的电子导体(或半导体)。

注：电极(3.33)可能是阳极(3.2)或阴极(3.18)。

3.33.1

气体扩散电极　gas diffusion electrode

由电极(3.33)中所有的导电组分构成的阳极(3.2)端或阴极(3.18)端部件，即气体扩散层(3.57)和催化层(3.14)。

3.33.2

带槽电极　ribbed electrode

在电极的基体上有让气体通过的凹槽的电极(3.33)。

3.34

电解质　electrolyte

含有移动离子因而具有离子导电性的液态或固态物质。

[IEC 60050-111:1996,111-15-02]

注：电解质是不同燃料电池(3.43)技术(比如：液态、聚合物、熔融盐、固体氧化物)的主要区分特征，它决定有效操作温度范围。

3.35

电解液泄漏　electrolyte leakage

液态电解质(3.34)从燃料电池堆(3.50)中漏出。

3.36

电解质损失　electrolyte loss

相对于燃料电池(3.43)初始电解质(3.34)储量的任何减少。

注：电解质(3.43)的减少可能由不同的过程产生，如蒸发、泄漏、迁移和金属部件腐蚀造成的消耗。

3.37

电解质基体　electrolyte matrix

保存液态电解质的具有特定的合适孔结构的绝缘气密电池部件。

注：孔结构必须根据与其相邻的电极(3.33)来调节，以保证完全填充(3.41)。

3.38

电解质迁移　electrolyte migration

使用外部歧管的熔融碳酸盐燃料电池(3.43.4)电池堆中电解质在电位驱动下的移动。

注：电解质(3.34)趋于从电池堆的正极向负极迁移，迁移通过置于外部歧管(3.70)和电池堆边缘之间的垫片发生。

3.39

电解质存储器　electrolyte reservoir

液态电解质燃料电池(3.43)(如熔融碳酸盐燃料电池(3.43.4)和磷酸燃料电池(3.43.5))的组成部分，用于存储液态电解质(3.34)，以在电池的生命周期(3.69.2)内补充电解质损失(3.36)。

3.40

端板　end plate

位于燃料电池堆电流流动方向的两端，用于给叠在一起的电池传送所需要的压紧力的组件。

注：端板可包括接口、管道、歧管(3.70)或夹紧板以便给燃料电池堆(3.50)提供流体(反应物、冷却液)。也可称为电池堆端架或压缩端板。

3.41

填充(度)　filling(level)

燃料电池(3.43)多孔部件(如电极(3.33)或电解质基体(3.37))中所有开放的孔体积被液态电解质所占据的比例。

3.42

电池堆或模块中的流场布置　flow configuration of stack or module

3.42.1

并流　co-flow

如在热交换器或燃料电池(3.43)中,流体同向平行流过一个设备的相邻部分。

注:例如,在使用内部歧管的燃料电池堆(3.50)中,这种流场布置可以用于氧化剂和燃料气体流。

3.42.2

逆流　counter flow

如在热交换器或燃料电池(3.43)中,流体反向平行流过一个设备的相邻部分。

注:例如,在使用内部歧管的燃料电池堆(3.50)中,这种流场布置可以用于氧化剂和燃料气体流。

3.42.3

交叉流动　cross flow

如在热交换器或燃料电池(3.43)中,流体相互交叉以一个基本上互相垂直的角度流过一个设备的相邻部分。

注:使用外部歧管的燃料电池堆(3.50)为氧化剂和燃料气体流选择这种流场布置。

3.42.4

闭端流动　dead end flow

一种单电池或电池堆的结构,其特点是封闭燃料和/或氧化剂的出口。

注:在闭端流动的操作中,输送到电池或电池堆的反应物几乎100%被消耗了。由于需要周期性吹扫电极(3.33)腔室,一小部分反应物会从燃料电池发电系统(3.49)中排出。

3.43

燃料电池　fuel cell

将一种燃料和一种氧化剂的化学能直接转化为电能(直流电)、热和反应产物的电化学装置。

[IEC 60050-482:2004,482-01-05,修改过的]

注:燃料和氧化剂通常存储在燃料电池的外部,当它们被消耗时而输入到燃料电池中。

3.43.1

碱性燃料电池　alkaline fuel cell

使用碱性电解质(3.34)的燃料电池(3.43)。

3.43.2

直接燃料电池　direct fuel cell

提供给燃料电池发电系统(3.49)的原燃料(3.89)和提供给阳极(3.2)的燃料相同的燃料电池(3.43)。

3.43.3

直接甲醇燃料电池　direct methanol fuel cell;DMFC

燃料为气态或液态形式的甲醇(CH_3OH)的直接燃料电池(3.43.2)。

注:甲醇在阳极(3.2)不经过重整成氢的过程而直接被氧化。电解质(3.34)通常为质子交换膜。

3.43.4

熔融碳酸盐燃料电池　molten carbonate fuel cell

使用熔融碳酸盐为电解质(3.34)的燃料电池(3.43)。

注:通常使用熔融的锂/钾或锂/钠碳酸盐作为电解质(3.34)。

3.43.5

磷酸燃料电池　phosphoric acid fuel cell;PAFC

用磷酸(H_3PO_4)水溶液作为电解质(3.34)的燃料电池(3.43)。

3.43.6

聚合物电解质燃料电池 polymer electrolyte fuel cell;PEFC

使用具有离子交换能力的聚合物作为电解质(3.34)的燃料电池(3.43)。

注:聚合物电解质燃料电池也被称为质子交换膜燃料电池(PEMFC)(3.43.7)和固体聚合物燃料电池(SPFC)。

3.43.7

质子交换膜燃料电池 proton exchange membrane fuel cell;PEMFC

见聚合物电解质燃料电池(3.43.6)。

3.43.8

可再生燃料电池 regenerative fuel cell

能够由一种燃料和一种氧化剂产生出电能,又可通过使用电能的一个电解过程产生该燃料和氧化剂的电化学电池。

3.43.9

固体氧化物燃料电池 solid oxide fuel cell;SOFC

使用离子导电氧化物作为电解质(3.34)的燃料电池(3.43)。

3.43.10

固体聚合物燃料电池 solid polymer fuel cell;SPFC

见聚合物电解质燃料电池(3.43.6)。

3.44

燃料电池/电池混合系统 fuel cell / battery hybrid system

燃料电池发电系统(3.49)同电池相结合,以提供有用的电能。

注:燃料电池发电系统(3.49)可以提供电能,给电池充电,或者两者兼而有之。该系统可提供和接受电能。

3.45

燃料电池/燃气轮机系统 fuel cell / gas turbine system

电力系统基于一种高温燃料电池(3.43),通常是熔融碳酸盐燃料电池(3.43.4)或固体氧化物燃料电池(3.43.9),和燃气轮机的集成。

注:系统运行使用燃料电池的热能和剩余燃料驱动气轮机。也被称为燃料电池/气轮机混合系统。

3.46

燃料电池燃气轮机混合系统 fuel cell gas turbine hybrid system

见燃料电池/燃气轮机系统(3.45)。

3.47

燃料电池热电联供系统 fuel cell cogeneration system

目的是向外部用户提供电力和热的燃料电池发电系统(3.49)。

3.48

燃料电池模块 fuel cell module

一个或多个燃料电池堆(3.50)和其他主要及适当的附加部件的集成体,目的组装到一个发电装置或一个交通工具中。

注:一个燃料电池模块由以下几个主要部分组成:一个或多个燃料电池堆(3.50)、输送燃料、氧化剂和废气的管路系统、电池堆输电的电路连接、监测和/或控制手段。此外,燃料电池模块还可包括:额外流体(如冷却介质,惰性气体)的输送手段,检测正常或不正常运行条件的手段,外壳或压力容器,和模块的通风系统。

3.49

燃料电池发电系统 fuel cell power system

使用燃料电池模块(3.48)产生电能和热的发电系统。

注:一个燃料电池发电系统是由第2条款中的全部或部分系统组成。

3.49.1

微型燃料电池发电系统 micro fuel cell power system

可佩带或易用手携带的微型燃料电池动力单元(3.74)和相关的燃料容器,见图3。

3.49.2

便携式燃料电池发电系统 portable fuel cell power system

不被永久紧固或其他形式固定在一个特定位置的燃料电池发电系统(3.49),见图2。

3.49.3

固定式燃料电池发电系统 stationary fuel cell power system

连接并固定于适当位置的燃料电池发电系统(3.49),见图1。

3.50

燃料电池堆 fuel cell stack

由单电池、隔离板、冷却板、歧管(3.70)和支承结构组成的设备,通过电化学反应把(通常)富氢气体和空气反应物转换成直流电、热和其他反应产物。

3.51

燃料电池车 fuel cell vehicle

使用燃料电池发电系统(3.49)给电动机提供驱动电力的电动车,见图4。

3.52

燃料利用率 fuel utilization

参与电化学转化产生电池电流的燃料量和进入电池总的燃料量的比值。

3.53

燃料加注耦合器 fuelling coupler

燃料电池汽车和燃料供应站的连接接口。

注:燃料加注耦合器也可以提供冷却水,以及跟燃料供应有关的通信信息。燃料加注耦合器包括加注口和加注枪。

3.54

气体净化 gas cleanup

通过物理或化学方法除去气态物料流体中的污染物。

3.55

气体扩散阳极 gas diffusion anode

见气体扩散电极(3.33.1)。

3.56

气体扩散阴极 gas diffusion cathode

见气体扩散电极(3.33.1)。

3.57

气体扩散层 gas diffusion layer;GDL

放置在催化层(3.14)和双极板(3.9)之间形成电接触的多孔基层,该层允许反应物进入催化层和反应产物的去除。

注:气体扩散层也被称为多孔传输层。

3.58

气体泄漏量 gas leakage

除有意排出的废气之外,离开燃料电池模块(3.48)的所有气体的总和。

3.59

气体吹扫 gas purge

从燃料电池发电系统(3.49)中将气体和/或液体(例如,燃料、氢气、空气或水)清除的保护性操作。

3.60

气体密封　gas seal

防止反应气体从规定的流动通道中泄漏出去的气密机制。

注：气密密封可干可湿，这取决于燃料电池(3.43)的类型。

3.61

产热率　heat rate

反比于电效率(3.30.1)。

3.62

增湿　humidification

通过燃料和/或氧化剂反应气体，向燃料电池(3.43)内部引入水的过程。

3.63

增湿器　humidifier

将水加入到燃料和/或氧化剂气体中的设备。

3.64

内部连接体　interconnector

在燃料电池堆中连接单电池(3.19.2)的导电气密部件。

3.65

界面点　interface point

物料和/或能量进入或离开燃料电池发电系统(3.49)边界的测量点。

注：该边界是有意选择用来精确测量系统的性能。如有必要，被评估的燃料电池发电系统(3.49)的边界或界面点应通过各方协商确定。

3.66

内电阻　internal resistance

由电子和离子电阻造成的燃料电池内部的欧姆电阻。

见欧姆极化(3.82.2)。

注：欧姆意指电压降和电流的关系服从欧姆定律。

3.67

内阻损失　IR loss

见欧姆极化(3.82.2)。

3.68

脊(和流场有关)　land (related to flow field)

流场中突出的结构，和气体扩散层(3.57)接触，提供电接触和电子流的通路。

3.69

寿命　life

3.69.1

催化剂寿命(重整器)　catalyst life (reformer)

燃料电池发电系统在额定工况运行时，从首次启动燃料电池发电系统(3.49)到在重整器(3.92)出口初次出现未重整燃料的浓度超过了制造商允许的设计值时的时间间隔。

3.69.2

单电池或电池堆寿命　cell or stack life

燃料电池在一个基准电流运行条件下，从首次启动到其电压降至低于规定的最低可接受电压时的时间间隔。

注：最低可接受电压值应考虑到具体的使用情形，由参与各方协议确定。

3.70

歧管 manifold

为燃料电池(3.43)或燃料电池堆(3.50)输送流体或从中收集流体的管道。

注1:外部歧管的设计是针对摞在一起的单电池,气体混合物从一个中央源被送往大的燃料和氧化剂的进口,该进口覆盖紧邻的电池堆端并用恰当设计的密封垫密封。类似的系统在对面端收集废气。

注2:内部歧管是设计在电池堆内部的通道系统,它穿过双极板(3.9)把气体分配给各单电池。

3.71

质量活性 mass activity

见比活性(3.102)。

3.72

传质(或浓度)损失 mass transport (or concentration) loss

见浓差极化(3.82.3)。

3.73

膜电极组件 membrane electrode assembly;MEA

通常是聚合物电解质燃料电池(3.43.6)、直接甲醇燃料电池(3.43.3)类燃料电池(3.43)的组成部分,由电解质膜和分别置于两侧的气体扩散电极组成的组件。

3.74

微型燃料电池发电装置 micro fuel cell power unit

提供不超过60V直流输出电压(3.117.3)和不超过240VA的持续净电力的燃料电池发电装置。

注:微型燃料电池发电装置不包括燃料容器。

3.75

空载电压 no load voltage

见开路电压(3.117.2)。

3.76

非重复部件 non-repeat parts

燃料电池堆的所有非重复部件。如,电堆端板(3.40)。

3.77

运行 operation

3.77.1

恒电流运行 constant current operation

燃料电池发电系统(3.49)在恒电流下的运行模式。

3.77.2

恒功率运行 constant power operation

在其发电能力范围内,燃料电池发电系统(3.49)输出功率保持恒定的运行模式。

3.77.3

恒电压运行 constant voltage operation

燃料电池发电系统(3.49)保持恒定输出电压(3.117.3)的运行模式。

3.77.4

满载运行 full load operation

燃料电池发电系统(3.49)运行在额定功率(3.85.4)下的模式。

3.77.5

联网运行 grid-connected operation

燃料电池发电系统(3.49)和电力电网相连接的运行模式。

3.77.6

离网运行　grid-independent or isolated operation

燃料电池发电系统(3.49)独立于任何电力电网而单独运行的模式。

注：离网运行也被称为独立运行。

3.77.7

跟载运行　load following operation

燃料电池发电系统(3.49)基本上由电力负荷的波动或热量的需求来控制运行的模式。

3.77.8

待机运行　standby operation

见待机状态(3.110.4)。

3.78

氧化剂利用率　oxidant utilization

参与电化学反应产生燃料电池(3.43)电流的氧化剂的量和进入燃料电池的氧化剂总量的比值。

注：$(O_{2\ in}-O_{2\ out})/O_{2\ in}$，其中 $O_{2\ in}$和 $O_{2\ out}$分别是进口和出口的 O_2 流量。

3.79

寄生负载　parasitic load

为了维持燃料电池发电系统(3.49)运行辅助系统(BOP)(3.7)中的辅助机器和设备(如)所消耗的功率"。

注：例如风机、泵、加热器、传感器。寄生负载在很大程度上取决于燃料电池发电系统的输出功率和环境条件。

3.80

部分氧化　partial oxidation

见部分氧化重整(3.93.3)。

3.81

中毒　poisoning

见催化剂中毒(3.16)。

3.82

(燃料电池)极化　(fuel cell) polarization

由于在燃料电池的组件内发生不可逆过程致使燃料电池(3.43)的输出电压(3.117.3)偏离其热力学数值。

注：极化增加效率损失，且随着通过电池的法拉第电流的增加而增加。

3.82.1

活化极化　activation polarization

由慢的电极动力学而引起的极化。

3.82.2

欧姆极化　ohmic polarization

由于电解质中离子的流动受阻和电极(3.33)、双极板(3.9)材料中的电子流动受阻而引起的极化。

注：欧姆一词意指电压降遵循欧姆定律，即欧姆电阻(叫做电池的内阻(3.66))会使电压和电流成正比，是一个比例常数。

3.82.3

浓差极化　concentration polarization

燃料电池的电极内向反应点的缓慢扩散和/或产物从电极缓慢扩散离开而引起的极化。

注：该极化在大电流密度下更重要，并可能导致电池电压的急剧下降。

3.83

极化曲线　polarization curve

通常为燃料电池(3.43)输出电压(3.117.3)的曲线。

注：极化曲线表示为 V 对 A/cm^2。

3.84

孔隙率　porosity

对燃料电池而言，是孔体积和电极(3.33)材料或电解质基质总体积的比值。

注：孔的特征，如总的开孔率、孔形状、大小和大小的分布。

3.85

功率　power

3.85.1

总功率　gross power

燃料电池堆(3.50)输出的直流电功率。

注：总功率单位为 W。

3.85.2

最低功率　minimun power

燃料电池发电系统(3.49)能够连续稳定运行的情况下输出的最小净电功率(3.85.3)。

注：最低功率单位为 W。

3.85.3

净电功率　net electrical power

燃料电池发电系统(3.49)产生的可供外部使用的电功率。

注 1：净电功率单位为 W。

注 2：净电功率是总功率(3.85.1)和由辅助系统所消耗的功率的差。

3.85.4

额定功率　rated power

在生产商规定的正常运行条件下，所设计的燃料电池发电系统(3.49)的最大连续电输出功率。

注：额定功率单位为 W。

3.85.5

比功率　specific power

额定功率(3.85.4)和燃料电池发电系统(3.49)的质量、体积或面积的比值。

注：比功率表示为 kW/kg、kW/m^3、W/cm^2。

3.86

压力　pressure

注：国际标准化组织推荐使用绝对压力。如果用表压，应注明。

3.86.1

最大允许工作压力　maximum allowable working pressure

燃料电池(3.43)或燃料电池发电系统(3.49)可以运行的最大压力。

注 1：最大允许工作压力表示为 Pa。

注 2：最大允许工作压力是用来确定压力极限值/减压设备的压力设定值，安装泄压装置是为了在意外过度施压时保护组件或系统。

3.86.2

最大运行压力　maximum operating pressure

由部件或系统制造商规定的最大压力，系统或部件被设计成在该压力下可以连续运行。

注 1：最大运行压力表示为 Pa。

注 2：包括所有正常运行，稳态(3.110.5)和瞬变状态。

3.87

多孔传输层　porous transport layer;PTL

见气体扩散层(3.57)。

3.88

吹扫　purge

见气体吹扫(3.59)。

3.89

原燃料　raw fuel

从外部源供给燃料电池发电系统(3.49)的燃料。

3.90

反应物再循环　reactant recirculation

捕获过量的反应物并将其重新引入到流入燃料电池发电系统(3.49)的反应物流中。

3.91

重整气　reformate gas

原燃料(3.89)通过燃料重整系统转化得到的富氢气体。

3.92

重整器　reformer

由原燃料(3.89)制得富氢气体混合物的反应器。

注：有几种类型的重整器，如平板式、单管式、多管式、多双管式和多管环式。

3.92.1

催化燃烧型重整器　catalytic combustion type reformer

利用催化燃烧产生的热量的重整器(3.92)。

3.92.2

直接燃烧型重整器　direct fired type reformer

由火焰和催化燃烧同时加热的重整器(3.92)。

3.93

重整　reforming

由原燃料(3.89)制备燃料电池(3.43)最终使用的富氢气体混合物的过程。

3.93.1

外部重整　external reforming

进入燃料电池堆(3.50)结构之前发生的重整反应。

3.93.2

内部重整　internal reforming

在燃料电池堆(3.50)结构内部发生的重整反应。

注：重整区可能和燃料电池的阳极(3.2)是分开的，但两者紧邻(间接内部)；或者可能是阳极本身(直接内部)。

3.93.3

部分氧化重整　partial oxidation reforming(POX)

燃料的放热反应，燃料被部分氧化成一氧化碳和氢气，而不是被完全氧化为二氧化碳和水。

3.93.4

水蒸气重整　steam reforming;SR

在蒸汽的存在下让原燃料(3.89)如天然气反应而产生氢气的过程。

3.94

重复部件　repeat part

在燃料电池堆(3.50)的每一个单电池中都出现的任何燃料电池(3.43)实体组件。

同时见非重复部件(3.76)。

注：重复部件的例子有：阳极(3.2)，电解质(3.34)，阴极(3.18)，双极板(3.9)，气体扩散层(3.57)，集流体(3.25)。

3.95

粗糙系数　roughness factor

电极(3.33)的电化学表面积(3.4.2.3)和电极活性面积(3.4.2.1)的比值。

3.96

防护　safeguarding

根据工艺参数而采取的控制系统的措施，以避免可能对人有危害或对燃料电池(3.43)及周围环境造成损害的状况出现。

3.97

分隔板　separator plate

见双极板(3.9)。

3.98

串联　series connection

以阴极(3.18)和阳极(3.2)相互连接的方式将多个电池连接，使得各单电池的电压相加。

3.99

变换反应器　shift converter

通过水气转换反应把由水蒸汽重整(3.93.4)产生的一氧化碳转变为二氧化碳和氢气的反应器。

注：反应发生在重整器(3.92)的下游。

3.100

短堆　short stack

具有一定数量单电池的电池堆(3.50)，它显著小于按额定功率(3.85.4)设计的电池堆，但其单电池的数量已经足够多，具有满额功率电池堆的特征。

同时见次堆(3.111)。

3.101

关机　shutdown

生产商规定的操作顺序，把燃料电池发电系统(3.49)从运行状态(3.110.2)过渡到钝态(3.110.3)、待机(3.110.4)或冷态(3.110.1)。

注：正常关机(3.101.3)和紧急关机(3.101.1)可能会有不同的程序。

3.101.1

紧急关机　emergency shutdown

根据工艺参数而采取的控制系统的措施，立即停止燃料电池发电系统(3.49)和它的所有反应，以避免设备的损坏和/或人员的伤害。

3.101.2

正常关机　normal shutdown

见预定关机(3.101.3)。

3.101.3

预定关机　scheduled shutdown

燃料电池发电系统(3.49)按例行安排关机(3.101)。

注：预定关机也被称为正常关机(3.101.2)。

3.102

比活性 specific activity

燃料电池(3.43)在给定电压下电极(3.33)上单位质量的电催化剂(3.31)所输送的电流(质量比活性)。

注1:比活性也可能是以电化学表面积(3.4.2.3)作参考(面积比活性)或以催化层(3.14)的体积作参考(体积比活性)。

注2:比活性表示为 A/g、A/cm^2、A/cm^3。

3.103

电池堆 stack

见燃料电池堆(3.50)。

3.104

电池堆端架 stack end frame

见端板(3.40)。

3.105

电池堆电端 stack terminal

燃料电池堆(3.50)向外供应电力的输出端。

注:也被称为母线板。

3.106

电池堆组装 stacking

将单燃料电池(3.43)彼此相邻放置而形成燃料电池堆(3.50)的过程。

见串联(3.98)。

注:通常,各个单燃料电池(3.43)串联地连接在一起。

3.107

标准条件 standard conditions

预定的测试或操作条件,作为测试的基础,以便得到重复、可比的测试数据。

注:典型的标准化条件是指燃料和氧化剂的参数,如组成、流速、温度、压力和湿度,以及燃料电池(3.43)的温度。

3.108

启动 start

3.108.1

自源启动 black start

通过一个完全独立于外部系统的专门辅助动力源所进行的启动。

3.108.2

冷态启动 cold start

燃料电池发电系统(3.49)的温度为环境温度时的启动。

3.108.3

热态启动 hot start

燃料电池发电系统(3.49)在燃料电池(3.43)设备正常工作的温度范围内的启动。

3.108.4

温态启动 warm start

燃料电池发电系统(3.49)的温度比环境温度稍高时的启动。

3.109

启动能量 start-up energy

燃料电池发电系统(3.49)在启动期间(3.115.5)所需的电能、热能和/或化学(燃料)能的总和。

3.110

状态 state

3.110.1

冷态 cold state

燃料电池发电系统(3.49)处在环境温度下既没有能量输入也没有能量输出的状态。

3.110.2

运行状态 operational state

燃料电池发电系统(3.49)有可观电力输出的状态。

3.110.3

钝态 passive state

燃料或氧化剂系统已经被水蒸汽、空气或氮气或生产商所规定的气体吹扫后燃料电池发电系统(3.49)的状态。

3.110.4

待机状态 standby state

燃料电池发电系统(3.49)有足够高的工作温度并处在零电力输出的运行模式下,但燃料电池发电系统能够快速切换到有可观电力输出的运行状态。

3.110.5

稳态 steady state

一个物理系统的相关特征随时间推移保持不变的状态。

[IEC 60050-101:1998,101-14-01]

3.110.6

存储状态 storage state

燃料电池发电系统(3.49)处于非运行状态,而且在制造商规定的条件下,可能需要输入热和/或电能和/或惰性气体,以避免组件性能衰减。

3.111

次堆 substack

通常是一组堆叠的燃料电池(3.43),构成整体电池堆的基本重复单元。

见短堆(3.100)。

注:次堆在生产过程中可能会成为一个中间步骤,在放大到整体电池堆之前可能被用来测试新堆概念。

3.112

试验 test

3.112.1

验收试验 acceptance test

合同规定的实验以向客户证明产品满足它的技术指标。

[IEC 60050-151:2001,151-16-23]

3.112.2

冻融试验 freeze-thaw test

研究燃料电池(3.43)的温度从水的冰点以下到冰点以上变化和/或反向变化时行为的试验。

3.112.3

过程和控制试验 process and control test

对一个燃料电池发电系统(3.49)运行前且通常在没有燃料电池堆(3.50)的情况下进行的试验。

3.112.4

例行试验 routine test

对每个产品在制造中或制造后进行的验证其合格与否的试验。

[IEC 60050-151:2001,151-16-17]

3.112.5

单电池试验　single cell test

基于一个单电池(3.19.2)的燃料电池(3.43)性能的试验。

注：该实验通常是实验室规模的测试，测试中若干变量可以调整以获得较宽条件下(如温度、电流密度(3.26)、燃料和氧化剂的流量等)的数据。单电池测试的结果可能是极化曲线(3.83)、电压稳定性曲线或者其他和燃料电池(3.43)性能有关的数据。

3.112.6

电池堆试验　stack test

基于电池堆的燃料电池(3.43)性能的试验。

注：试验包含的变量可能涉及单电池(温度，电压)或整个电池堆(如温度、电流密度(3.26)、燃料和氧化剂流量等)，对这些变量的调节以获得较宽条件下的数据。电池堆的试验可能是极化曲线(3.83)、单电池(3.19.2)的电压稳定性曲线、或者其他和燃料电池(3.43)性能有关的数据。

3.112.7

型式试验　type test

对一个或多个具有代表性的产品进行的合格与否的试验。

[IEC 60050-151:2001,151-16-16]

3.113

热稳定状态　thermal stability

温度稳定的恒温状态。

3.114

三相界面　three phase boundary

电极(3.33)内电子、离子、反应物能同时达到的微型结构空间区域，在此区域燃料电池(3.43)反应可能发生。

3.115

时间　time

3.115.1

发电时间　generating time

燃料电池发电系统(3.49)产生电能的时间段的时间累计。

注：该时间包括燃料电池供应电力给电网的时间和仅给寄生负载(3.79)供电的时间。

3.115.2

热时间　hot time

燃料电池发电系统(3.49)中的燃料电池(3.43)处在正常工作温度范围内的时间段的时间累计，与实际功率无关。

3.115.3

功率响应时间　power response time

从电或热功率输出变化的开始时刻到电或热输出功率达到设定值稳态(3.110.5)公差范围内的时间间隔。

3.115.4

关机时间　shutdown time

从负载去掉的时刻到按制造商规定完成关机(3.101)之间的时间间隔。

3.115.5

启动时间　start-up time

对于不需要外部供能来维持储存状态(3.110.6)的系统，从冷态(3.110.1)过渡到有净电功率(3.85.3)输出的时间间隔(对需要外部供能来维持储存状态(3.110.6)的系统，从储存状态(3.110.6)过

渡到有净电功率(3.85.3)输出的时间间隔)

3.116

通风　ventilation

3.116.1

强制通风　forced ventilation

通过机械手段使空气运动,原有空气被新鲜空气取代。

3.116.2

自然通风　natural ventilation

由于风和/或温度梯度的影响使空气运动。

3.117

电压　voltage

3.117.1

最低电压　minimum voltage

一个燃料电池模块(3.48)在其额定功率(3.85.4)下能连续运行的最低电压或其在最大允许过载条件下的最低电压两者之间的低值。

注:最低电压表示为V。

3.117.2

开路电压　open circuit voltage;OCV

燃料电池(3.43)有燃料和氧化剂但没有外部电流流动时的端电压。

注1:开路电压表示为V。

注2:也称为空载电压。

3.117.3

输出电压　output voltage

在运行条件下,输出电端之间的电压。

注:输出电压表示为V。

3.118

废水　waste water

从燃料电池发电系统(3.49)中排除、且不是热回收系统组成部分的多余水。

3.119

水气变换反应器　water gas shift converter

见变换反应器(3.99)。

3.120

水分分离器　water separator

把燃料电池(3.43)排出气体中的水蒸气凝聚和分离的设备。

3.121

湿封　wet seal

通过电解质(3.34)表面张力防止燃料电池(3.43)反应气泄漏出去的气密方法。

索 引

汉语拼音索引

英文对应词索引

A

B

C

F

G

H

I

P

R

S

T

V

ICS 29.220.01
K 82

中华人民共和国国家标准

GB/T 28817—2012/IEC/TS 62282-7-1:2010

聚合物电解质燃料电池单电池测试方法

Single cell test methods for polymer electrolyte fuel cell (PEFC)

(IEC/TS 62282-7-1:2010 Fuel cell technologies—Part 7-1:Single cell test methods for polymer electrolyte fuel cell (PEFC),IDT)

2012-11-05 发布　　2013-02-01 实施

中华人民共和国国家质量监督检验检疫总局
中国国家标准化管理委员会 发布

前　言

本标准按照 GB/T 1.1—2009 给出的规则起草。

本标准等同采用 IEC/TS 62282-7-1:2010《燃料电池技术　第 7-1 部分:聚合物电解质燃料电池单电池测试方法》。

本标准在技术上与 IEC/TS 62282-7-1:2010 一致,仅做了下列编辑性修改:

——删除了国际标准的前言和引言,增加国家标准的前言;

——本标准"规范性引用文件"中的引用标准,凡是有与 IEC(或 ISO)对应国家标准的均用国家标准代替。

本标准由中国电器工业协会提出。

本标准由全国燃料电池标准化技术委员会(SAC/TC 342)归口。

本标准起草单位:中科院大连化学物理研究所、机械工业北京电工技术经济研究所、上海神力科技有限公司、北京清能华通科技发展有限公司、上海汽车集团股份有限公司新能源汽车事业部、武汉理工大学、新源动力股份有限公司、清华大学、同济大学、上海攀业氢能源科技有限公司、武汉银泰科技燃料电池有限公司、深圳市标准技术研究院。

本标准起草人:俞红梅、张若谷、张禾、李晶晶、赵景辉、潘牧、燕希强、裴普成、侯永平、董辉、齐志刚、王益群、卢琛钰。

聚合物电解质燃料电池单电池测试方法

1 范围

本标准规定了电池的组装、试验装置、测量仪器和测量方法、性能试验方法以及聚合物电解质燃料电池单电池的试验报告等。

本标准适用于以下三项的评估：

a） 聚合物电解质燃料电池膜电极组件的性能；

b） 聚合物电解质燃料电池其他组件的材料或结构；

c） 燃料和空气中杂质对电池性能的影响。

2 规范性引用文件

下列文件对于本文件的应用是必不可少的。凡是注日期的引用文件，仅注日期的版本适用于本文件。凡是不注日期的引用文件，其最新版本（包括所有的修改单）适用于本文件。

GB/T 28816—2012 燃料电池 术语（IEC/TS 62282-1：2010，IDT）

ISO/TS 14687-2:2008 氢燃料 产品规范 第2部分：道路车辆用质子交换膜（PEM）燃料电池的应用（Hydrogen fuel—Product specification—Part 2：Proton exchange membrane（PEM）fuel cell applications for road vehicles）

3 术语和定义

下列术语和定义适用于本文件。

3.1

阳极 anode

燃料发生氧化反应的电极，反应过程中电子从燃料分子中脱出进入外电路，同时生成的质子（H^+）向聚合物电解质传递。

3.2

催化剂 catalyst

能够加速（增加速率）某个反应而自身不被消耗的物质。催化剂降低反应的活化能，使得反应速度增加。这里也指 IEC/TS 62282-1 中定义的电催化剂。

3.3

催化剂涂覆膜 catalyst-coated membrane；CCM

用于描述 PEFC 中膜的术语，是表面涂覆了一层催化剂的膜，构成电极的反应区域。

3.4

阴极 cathode

氧化剂发生还原反应的电极，氧化剂接受外电路传来的电子，并与来自聚合物电解质的质子（H^+）结合生成还原产物（水）。

3.5

夹固板(或压板)　clamping plate (or pressure plate)

用于将电池各部分压紧在一起,起到导电和密封作用。

3.6

集流板　current collector

由金属、石墨或者复合材料构成的导电材料,用于收集电子。

3.7

电极　electrode

是氧化或者还原反应发生的反应层,具有电子和离子导电性。

3.8

流场板　flow plate

由金属、石墨材料或者导电聚合物(可能是碳填充的复合材料)构成的导电平板,它的表面有流道供燃料或者氧化剂气体进入,并与电极有直接的电接触。

3.9

燃料　fuel

氢气或者含有氢气的气体,在阳极发生反应。

3.10

燃料电池　fuel cell

将燃料和氧化剂的化学能转换为电能(直流电)的电化学装置。燃料和氧化剂通常不存储在燃料电池内,而是随着反应物的消耗逐渐通入燃料电池内。

3.11

气体扩散电极　gas diffusion electrode;GDE

位于阳极或阴极侧,包含电极的全部电子导电部分(气体扩散层和催化层)的部件。

3.12

气体扩散层　gas diffusion layer;GDL

位于电极和流场板之间具有气孔结构的导电部件,充当电子传导介质,提供反应物向电极传递的扩散通道并移除反应产物。

3.13

密封件　gasket

阻止反应气体从电池中泄漏的密封部件。

3.14

极限电流密度　limiting current density

电池的电压急剧下降至接近零时的电流密度。

3.15

最大电流密度　maximum current density

制造商规定的允许短时间运行的最高电流密度。

3.16

膜电极组件　membrane electrode assembly;MEA

由电解质膜和阴阳极两侧的气体扩散电极组成的燃料电池组件。

3.17

最小电压 minimum cell voltage

制造商规定的最低电池电压。

3.18

开路电压 open circuit voltage;OCV

电池在运行电流密度为零时的电压。

3.19

氧化剂 oxidant

氧气或者含有氧气的气体(如空气),在阴极发生反应。

3.20

聚合物电解质 polymer electrolyte

具有质子传导能力的聚合树脂膜,其中电流的流动由质子从阳极向阴极的移动完成。

3.21

聚合物电解质燃料电池 polymer electrolyte fuel cell;PEFC

以聚合物电解质膜为电解质的燃料电池,又称为质子交换膜燃料电池(PEMFC)。

3.22

功率 power

功率为稳态下电压与电流的乘积($P=V\times I$)。

3.23

功率密度 power density

功率密度为稳态下电池电压与电流密度的乘积。

3.24

额定电流密度 rated current density

由制造商规定的膜电极组件或单电池持续工作时的最大电流密度。

3.25

额定功率密度 rated power density

由制造商规定的膜电极组件或单电池持续工作时的最大功率密度。

3.26

额定电压 rated voltage

由制造商规定的膜电极组件或单电池持续工作时的最小电池电压。

3.27

单电池 single cell

指由一个阳极流场板、一个膜电极组件、一个阴极流场板和密封垫圈组成的电池。

3.28

单电池试验 single cell test

基于单电池的燃料电池性能试验。

3.29

化学计量比 stoichiometry

供应给电池的燃料气体(氧化剂)与根据电流计算的化学反应需要量的摩尔比率。

4 通用安全要求

通常情况下,运行中的燃料电池使用氧化性和还原性气体,这些气体存储在高压容器中。燃料电池自身可以加压或常压下运行。

进行单电池试验的人员应进行操作培训，并有操作单电池试验系统的经验，并应熟知安全操作规程（包括电器设备操作、化学反应、压缩气体）。安全操作一台单电池测试平台需要适当的技术培训和经验，以及安全设施和设备，上述内容都不在本技术规范的范围内。

5 电池组成

5.1 概述

聚合物电解质燃料电池的单电池应包含以下全部或部分组件：

a) 一片膜电极组件；
b) 密封件；
c) 一块阳极侧的流场板和一块阴极侧的流场板；
d) 一块阳极侧的集流板和一块阴极侧的集流板；
e) 一块阳极侧的夹固板和一块阴极侧的夹固板；
f) 电绝缘薄板；
g) 紧固件，可能包括螺栓、弹簧和垫圈等；
h) 温度控制装置；
i) 其他辅助部件。

5.2 膜电极组件(MEA)尺寸

电极面积应足够大以满足参数测量要求。虽然较大的燃料电池采用较大面积的电极可能会得到与实际应用更相关的数据，但仍建议电极面积在 25 cm^2 左右。电极的有效面积应当说明，应为两个电极中活性面积较小的一个。在电极面积测量方面的近似不确定度也应说明。

5.3 气体扩散层(GDL)

气体扩散层应该由具有高气体扩散性、导电性、抗腐蚀性材料制成。

5.4 密封件

密封件材料应当与电池反应气体、各组件和反应产物以及运行温度相匹配，应能阻止气体的泄漏。

5.5 流场板

流场板应由具有可忽略的气体渗透性、高导电性的材料制成。推荐使用树脂浸渍、高密度合成石墨、聚合物/碳复合材料，或者耐腐蚀的金属材料，如钛或不锈钢。如果使用金属材料，其表面应有涂层或镀层（如涂/镀金层）以减少接触电阻。流场板应当抗腐蚀，有合适的密封。

建议使用蛇形流场，设计建议的详细信息见附件 A。流场的结构应在试验报告中给出。

用于试验的流场板应允许进行电池运行温度的精确测量。例如，流场板的一个面的边缘可能会有一个用于安置温度传感器的孔，此时孔的深度应能达到流场板的中心。

注：如果试验的目的是评价某种特定的流道布局，则不必使用建议的流场板布局。

5.6 集流板

集流板应由具有高电导率的材料（如金属）制成。金属集流板可以在表面涂覆/镀上降低接触电阻的材料，如金或银；但要注意选择涂层材料，该涂层材料应与电池的组件、反应气体和产物相容。

集流板应有足够的厚度以减小电压降，同时应有用于导线连接的输出端。

如果金属流场板同时是集流板，则不再需要单独的集流板。

5.7 端板

夹固板(或端板)应为平板且表面光滑,应具有足够的机械强度以承受螺栓紧固时产生的弯曲压力。

如果夹固板具有导电性,应将其与集流板隔绝以防止发生短路。

5.8 紧固件

紧固件应具有高的机械强度,以承受电池组装和运行时产生的压力。可以使用垫片和弹簧保持作用在单电池上的压力恒定均匀。应使用扭力扳手或其他测量仪器确定电池上的压力的精确。

建议使用电绝缘的紧固件。

5.9 温控装置

为了使单电池保持恒温且沿流场板和通过电池方向温度分布均匀,应提供温控装置(加热或冷却)。温控装置的设计可遵循一定的温度曲线图。温控装置应能防止过热。

可以有多种方式来达到以上要求。

一种简单的方式是对流冷却和电加热夹固板(端板)。而这种加热可以通过在极板外表面连接一个表面电阻加热器来达到。另外一种替代方式是在极板上打孔,插入一个筒形加热器。

在上述情况下,应注意保持电绝缘。

6 电池组装

6.1 装配程序

电池组装程序对电池数据的可重复性有很大的影响。下列组装操作中的一些特定过程应以文件记录下来:

a) 质子交换膜放置定位,包括阳极侧和阴极侧确认。

b) 气体扩散层放置定位,包括阳极和阴极用气体扩散层确认,也包括气体扩散层面向质子交换膜和流场确认。

c) 密封件/密封的安装。

d) 固定装置或装配夹具的定位(如果有的话)。

e) 加压规程,例如,扩散介质压缩值,螺栓紧固次序,压缩弹簧,以及最终的扭距规定。

注:压强可以通过压敏纸或膜来核查。

典型的电池部件定位见附录 B。

装配后,应检查夹固板和集流板之间的绝缘性。

6.2 电池方位和气体连接

电池工作时应处于合适的方位以利于产物水的排除。电池方位应记录下来。

有许多流场可用,应记录所用流场。流场举例见附录 A。

6.3 漏气检查

隔膜两侧的压差是最关键的。不应该超过制造商规定的最大压差。

电池的外部和内部泄漏应极少。漏气检查规程举例见附录 C。原则上,漏气检查程序包括在阳极和阴极侧注入一种惰性气体或检测气体,利用合适的压差,就可确定漏气的性质和方向。应记录最大压差、检测气体性质、漏气速率。如果发现漏气,应进行其他的测试,如鼓泡试验,来进一步描述漏气的类型和性质。

7 测试平台

7.1 必要设备

单电池试验需要一个燃料电池测试平台，设备至少能满足以下试验参数的单电池试验过程：

a) 反应气体流量的调节——测量燃料电池在所要求的化学计量比下的燃料和氧化剂气体的流率。

b) 反应气体增湿的控制——在气体输送给燃料电池前增湿反应气体到所需的露点。推荐增湿水的电阻系数至少为 1 MΩ·cm(或者电导率最大为 10^{-8} S·m^{-1})。

注：增湿器与电池之间的气体传输管线应该被加热，至少在露点温度以上 5 ℃～10 ℃，以使得冷凝最小化。这段管线应隔热，使得热损失最小化。

c) 反应气体压强的控制——调节燃料电池内反应气体压强。

d) 负载控制——加载以从电池得到规定的电流。负载控制应既能以恒电流模式又能以恒压模式运行。

e) 电池加热或冷却的控制——加热或冷却单电池达到所需运行温度。

f) 电池电压监控和数据采集——设备在试验过程中测量和记录电池电压。

g) 测试台控制——测试台必须能够控制以上参数。

h) 安全系统——安全系统应该能够在出错情况下自动(或带有音响报警的手工操作)停止试验。建议对阳极和阴极管路有氮气吹扫能力。也建议对高/低电池电压、压强和温度以及气体泄漏有联动触发装置，同时应具备合适的通风设备。

7.2 示意图

图 1 为控制燃料电池试验的测试平台所需的主要子系统框架示意图。

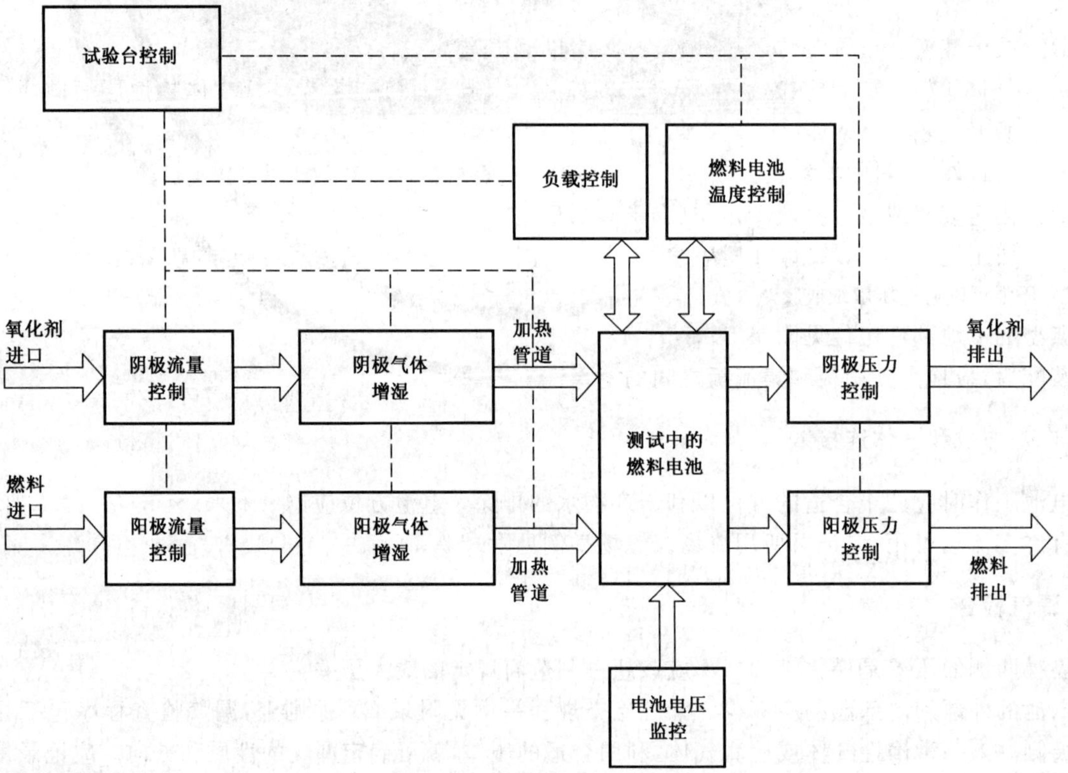

图 1 单电池试验的测试平台示意图

与增湿气体或增湿器中的水所接触的所有组件的材料应该和气体或水相容，以防止材料中的杂质被萃取出。这些材料有不锈钢和氟塑料等。

气体增湿系统应被设计成能避免从进入电池之前的试验气体中清除掉试验气体杂质。

注：杂质可参照 ISO/TS 14687-2:2008。

若不进行杂质气体试验，鼓泡增湿器可以用来为燃料增湿。

若能满足本标准规定的功能要求，配置可以改变。

7.3 测试台控制允许的最大误差(输入试验)

燃料电池测试台控制的允许的最大误差推荐值为：

a) 电流控制为预设值±1%；

b) 电压控制为预设值±1%；

c) 电池温度控制为预设值(稳态数值)±1 ℃；

d) 增湿露点控制为预设值(稳态数值)±2 ℃；

e) 流量控制为预设值±5%；

f) 压力控制为预设值±3%。

8 测量

8.1 仪器精度

测试中(试验输出)测量值的最大不确定值应为：

a) 电流　最大预期值的±1%；

b) 电压　最大预期值的±0.5%；

c) 温度　±1 ℃；

d) 露点　±2 ℃；

e) 流量　最大预期值的±2%；

f) 压力　最大预期值的±3%。

注：低电流、电压和流量时，测量值的不确定度会非常大。

8.2 测量仪器和测量方法

8.2.1 概述

应按照测量值范围选择测量仪器。测量仪器应该定期校准，以保持 10.1 中所描述的精度水平。所有测试设备必须按可追溯的标准校正。

8.2.2 电压

电压表应该和阳极与阴极的流场板或集流板相连，使接触电阻最小。如果电压表和阳极、阴极流场板之间，或/和阳极、阴极集流器输出末端间的接触电阻不可忽略，则应该测量并记录该接触电阻。

8.2.3 电流

电流测量装置应该连接在电池传输电流的线路上。电流测量装置可以包括低阻抗的电流表或校准过的分流电阻器，其可用已知的精确电压对应流过的电流。电流也可以通过电子负载来测量。

8.2.4 内阻

推荐的内阻测量方法为电流中断法和电化学阻抗谱法。也可以用交流电毫姆表的交流阻抗法。尽管毫姆表的典型频率为 1 kHz,仍应记录测量频率值。

这些测量设备的正、负端应该分别和阴极和阳极集流器的输出末端相连。

8.2.5 燃料和氧化剂流量

应用体积流量表、质量流量表或涡轮型流量表来测量燃料和氧化剂的流量。如果以上方法不适用的话,可以使用喷嘴流量表、小孔流量表或文丘里流量计。流量计的位置应该在增湿器上游。

如果流量计需要压力补偿,应该用紧靠流量计的上游的一个静压测量孔进行校正。

8.2.6 燃料和氧化剂温度

推荐使用热电偶、带传感器或热敏电阻的电阻温度计作为直接温度测量的传感器。

温度传感器应该安置在紧靠单电池的下游。建议另一传感器安置于紧靠单电池的上游。

如果燃料和/或氧化剂流量计需要温度补偿,校准传感器应安装在紧靠流量计的上游。

8.2.7 电池温度

推荐使用热电偶、带传感器或热敏电阻的电阻温度计作为直接温度测量的传感器。

温度传感器应尽可能的接近阴极活性面积中心位置。理想情况下,它应该在阳极和阴极流场板中心(见 5.5 和附录 A)

8.2.8 燃料和氧化剂压强

校准过的压力传感器是测量燃料和氧化剂压强的首选。另外可以接受的方法包括校准过的压力计、重力仪、弹簧管或其他弹性类仪表。

静压力测量孔应在紧靠单电池的上游处。如果必要,另一个压力测量孔应在紧靠单电池的下游。

性能试验前应检查连接管道以确保在工作环境下不漏气。必须避免管道中存有液态水。

如果出现压力波动,应在有效位置采取合适的阻尼措施。

当速度的影响可以忽略时,测量压强称为静压强。

8.2.9 燃料和氧化剂湿度

为了测量燃料和氧化剂的湿度,根据燃料和氧化剂温度,可以采用冷镜、氧化铝、固体聚合物电阻或电容类的湿度计来测量湿度值。

湿度应该标明露点温度。

试验开始前,湿度测量孔应位于单电池上游,或将湿度传感器置于反应气体中。如果采用空气或合成气体作为氧化剂,应测量并记录露点。

8.2.10 环境条件

应测量和记录环境温度、压强和湿度。

直接测量环境温度,推荐使用带有变送器的热电偶或者带有变送器的电阻温度计。

直接测量环境压强,推荐使用水银气压计。

直接测量环境湿度,推荐使用湿度计。

8.3 度量单位

表 1 为测量参数及计量单位。

表 1 测量参数及计量单位

参数	单位
温度	℃
燃料和氧化剂压强	kPa[c]
燃料和氧化剂露点	℃
燃料和氧化剂流量(NTP[a])	$cm^3 \cdot min^{-1}$,$cm^3 \cdot s^{-1}$
燃料和氧化剂化学计量比	
电流	A
电流密度	$A \cdot cm^{-2}$
电压	V
输出功率	W
功率密度	$W \cdot cm^{-2}$
电池比面积阻抗	$\Omega \cdot cm^2$
燃料组成[b]	(mol) mol^{-1}
氧化剂组成[b]	(mol) mol^{-1}

[a] NTP:常温常压:0 ℃和 101.325 kPa(绝对压强)。除非有特殊说明,流量均为 NTP 情况下的值。

[b] 杂质可表示为(μmol) mol^{-1}。

[c] 如果可以的话,国际标准组织 ISO 推荐使用绝对压强(kPa)。如果使用表压强,应该说明且记为 kPa(G)。

9 气体组成

9.1 燃料组成

9.1.1 氢气

氢气纯度应为 0.999 9 mol/mol 或更高,氢气中杂质的详情请见 ISO/TS 14687-2:2008。

9.1.2 重整气

模拟重整气可由电池或部件制造商规定。重整气的纯度及组成应由化学分析来确定。应记录化学分析的结果。

9.2 氧化剂组成

若以空气用作氧化剂,既可用大气中的空气又可用合成的空气。在使用大气空气的情况下,空气中应没有油和颗粒的存在。应记录氧化剂的组成,包括杂质的浓度。

10 试验准备

10.1 标准试验条件

试验开始前应由电池或部件制造商规定以下的标准试验条件。如果没有规定,将根据实施的试验确定条件,这些试验条件应记录。

a) 电池温度(推荐使用阴极流场中心的温度);
b) 燃料运行压强(代表值:紧靠电池的上游取值);
c) 氧化剂运行压强(代表值:紧靠电池的上游取值);
d) 燃料电池工作温度下的燃料湿度(代表值:紧靠电池的上游取值);
e) 燃料电池工作温度下的氧化剂湿度(代表值:紧靠电池的上游取值);
f) 燃料组成;
g) 氧化剂组成;
h) 燃料化学计量比;
i) 氧化剂化学计量比;
j) 额定电流密度;
k) 额定电压;
l) 最大电流密度;
m) 最小电池电压。

性能测试应该在标准试验条件下进行,除非有个别试验方法的另行规定。一种典型的试验流程如图 2 所示:

图 2 典型的试验流程图

10.2 环境条件

每次试验运行,以下环境条件均应该测量:
a) 温度;
b) 压强;
c) 相对湿度。

10.3 测量频率

推荐使用的数据采集率为每秒 1 次,一个测量值定义为 1 min 内的平均值(例如,60 个单次测量)。

10.4 可重复性和再现性

整个 *I-V* 曲线应测量三次,每个电流密度下计算电压平均值。

10.5 测量值的最大允许误差

除长期运行试验外,试验输入和输出参数的三次或更多次测量值应在其平均值±5%范围内。

10.6 试验样品数量

既可以对单个样品依次测试也可以对多个样品同时测试。可重复性及可再现性规定仅限于 *I-V* 曲线。测量应连续进行。测量之间燃料电池应关机,从常温启动条件下再活化。

10.7 惰性气体或测试气体进行气路漏气检查

所有用于气路漏气检查的材料均应和气体管路和电池组件相匹配。单电池在电池测试台安装完成后,用惰性或测试气体进行漏气检查,在所有连接处用液体检漏。

10.8 初始活化和稳态检查

新组装的电池应进行初始活化。初始活化的目的是使电池性能进入稳态，以便进行接下来的试验。初始活化的实施应：

a) 与 MEA 或部件制造商说明相一致；

b) 或与试验对象制造商的提议相一致；

c) 或与试验机构的惯例相一致。

典型的初始活化过程见附录 D。

10.9 关机

关机过程应使得电池进入储存状态(冷态)。关机程序的目的一般是将电池冷却到室温，同时避免在室温下电池中存有液态水。

关机过程应与 MEA 或部件制造商说明书相一致。

一种典型的关机过程见附录 E。

10.10 再活化

为保证 MEA 充分润湿，电池关机后重启应实施再活化过程。

再活化应依据 MEA 制造商或部件制造商的使用说明书进行。

典型的再活化过程见附录 F。

11 性能试验

11.1 稳态试验

11.1.1 概述

本试验的目的是为了测试标准状态下电池的输出电压(或电流)和输出功率。

11.1.2 试验方法

有两种类似的方法进行该试验：

a) 把所有的输入参数定为设定值。设定电流为额定电流密度(I_{st})并保持不变，直到电池电压稳定在±5 mV 以内保持 15 min。记录电池电压值(V_{st})。从试验结果计算出在标准试验状态下的输出功率(P_{st})。

b) 把所有的输入参数定为设定值。设定电压为设定值(V_{st})并保持不变，直到电池电流稳定在±2%以内保持 15 min。记录电池电流值(I_{st})。从试验结果计算出在标准试验状态下的输出功率(P_{st})。

11.2 *I-V* 特性测试

11.2.1 恒定气体流量的 *I-V* 特性测试

11.2.1.1 概述

本试验的目的是确定电池电压(和功率密度)在恒定气体流量下随电流密度的变化而发生的变化。

11.2.1.2 试验方法

按电池生产商规定的最大电流密度(I_{max})下的标准化学计量比设定燃料和氧化剂的流量。设定并保持该电流(I_{max}),电池电压稳定在±5 mV之间保持15 min。

保持燃料和氧化剂流量不变,电流在0到I_{max}之间以合适的间隔变化以获得电池的*I-V*曲线。对每个电流密度值,电压稳定在±5 mV之间至少保持5 min。应精确记录试验步骤。典型的电流密度增量见附录G。

本试验也可以允许电流稳定在±2%之间至少保持5 min,通过改变电压从开路电压到最小电压。

由于在电流由0到I_{max}范围时燃料和氧化剂的流量保持恒定,二者的化学计量比将随电流变化而改变。虽然这和燃料电池的实际运行条件可能不相同,即使在恒定流量下电流变化,电池的其他参数如温度、压力、湿度是保持稳定的。

11.2.2 恒定气体化学计量比下的*I-V*特性

11.2.2.1 概述

本试验目的是确定气体化学计量比恒定条件下随电流密度改变的电池电压(和功率密度)的变化。

11.2.2.2 试验方法

设定燃料和氧化剂的流量相当于电池生产商规定的最大电流密度(I_{max})下的标准化学计量比。设定并保持该电流(I_{max}),电池电压稳定在±5 mV之间保持15 min。

燃料和氧化剂化学计量比在每个电流状况下保持不变,电流在0到I_{max}之间以合适的间隔变化以获得电池的*I-V*曲线。对每个电流密度值,电压稳定在±5 mV之间至少保持5 min。应精确记录试验步骤。典型的电流密度增量见附录G。

注:本试验也可以允许电流稳定在±2%之间至少保持5 min,通过改变电压从开路电压到最小电压。

由于在电流由0到I_{max}范围时燃料和氧化剂的化学计量比保持恒定,二者的流量将随电流变化而自然改变。这和燃料电池的实际运行条件比较接近。但由于在每个电流下气体流量不同,局部的热平衡和水平衡随电流变化而改变。每次电流改变时就需要较多的时间去达到新的稳态。特别是在较低的电流值(包括0),因低的气体流量会导致电压不稳。对于电池制造商规定的最低电流I_{min},制造商通常规定一个恒定的最低流量以避免这种电压不稳定的状态。如果没有规定,最低电流I_{min}可设定为电流最大值I_{max}的10%。

11.3 IR测量

11.3.1 概述

本试验的目的是测定不同电流密度下电池的电阻。8.2.4中描述的测量技术可以用来进行IR测量。如果IR测量和*I-V*特性同时进行,IR测量不应影响电池的稳定状态。如果IR测量会干扰电池的稳定,先记录电压、电流密度值,再进行IR测量。*I-V*特性根据11.2.1或11.2.2进行测量。

11.3.2 试验方法

把IR测量设备连接到电池上。记录下设备读数的同时,电流在0到I_{max}之间以合适的间隔变化以获得电池的*I-V*曲线。比面积电阻(ASR)$\Omega \cdot cm^2$,通过如下的等式得到:$ASR/(\Omega \cdot cm^2)$ =电阻/$\Omega \times$电极面积/cm^2。

注:可以在以下的所有试验过程中实施本测试方法。

11.4 极限电流测试

11.4.1 概述

本试验的目的是评价电池中MEA的传质极限。

11.4.1.1 试验方法

根据电池制造商规定的额定电流密度 i_{st} 下标准化学计量比设定燃料和氧化剂的流量。保持燃料和氧化剂化学计量比恒定，小幅度逐步增加电流（即逐步增加燃料和氧化剂流量），记录每一步电池电压。当电压迅速地降低到接近于 0 V 时（但不为 0），记录下电流值，并迅速减小电流以免损害 MEA。

把电压值外推至 0 V 时的电流作为极限电流。

采用本方法，应谨慎操作以避免电压降到 0 V 或以下，可能对 MEA 造成不可逆的损害。同时必须采用能够承受极限电流的电线。

11.5 扩散增益试验

11.5.1 氢气扩散增益测试

11.5.1.1 概述

本试验的目的是评价阳极的扩散性能。通过氢气扩散增益测试评价实际使用中用重整气（氢气、二氧化碳、氮气及其他杂质的混合气）作为燃料的 MEA 的性能。

11.5.1.2 试验方法

本试验可采用两种方法中的一种：恒定气体流量或者恒定气体化学计量比。两者在 11.2.1 和 11.2.2 中分别描述。一旦选定了一种方法，整个试验过程中都应使用同一种方法。试验应按下述流程进行：

首先，按设定流速、增湿及压力给电池阳极侧通入氢气作为燃料。用所选择的方法测量使用氢气和空气时的 *I-V* 特性曲线。

其次，使用氢气和氮气的混合气作为阳极燃料。这里，氮气取代了重整气中的非氢气成分。重整气的组成由制造商规定。采用选定的方法，使用氢气和氮气混合气以及空气，获取 *I-V* 特性曲线。

比较把以纯氢为燃料和以混合气为燃料的 *I-V* 特性曲线，如果二者差异大于用 Nernst 方程预测的理论值，表明阳极可能存在着扩散问题。

注 1：之所以采用氮气替代二氧化碳是因为后者在反应中会产生一氧化碳从而使阳极中毒。本试验只是纯粹测量阳极的扩散性能。

注 2：氢气中 CO 的浓度必须等于或小于 9.1.1 中所给的浓度。

11.5.2 氧气扩散增益测试

11.5.2.1 概述

本试验的目的是评价阴极的扩散能力。氧气扩散增益测试用来评价在实际应用中以空气为氧化剂的 MEA 的性能。

11.5.2.2 试验方法

本试验可采用两种方法中的一种：恒定气体流量或恒定气体化学计量比。两者在 11.2.1 和 11.2.2 中分别描述。一旦选定一种方法，整个试验过程中都应使用同一种方法。试验应按下述流程：

使用空气为氧化剂，以选定的方法测量 *I-V* 曲线。

然后，用氧气代替空气，采用同样流量、增湿以及压力，采用选定方法测量 *I-V* 特性曲线。

比较氧气与空气的 *I-V* 特性曲线，如果两者差异大于 Nernst 方程预测的理论值，表明阴极可能存在扩散问题。

注 1：使用纯氧时的气体渗透可能导致快速的大量放热，这会导致硬件的损伤，并可能造成人员受伤。

注 2：氧气系统必须按照专门的要求而设计和净化。

11.6 气体计量比测试

11.6.1 燃料计量比测试

11.6.1.1 概述

本试验的目的是评价阳极的扩散性能，与11.5.1的氢气扩散增益试验相同。

11.6.1.2 试验方法

在标准试验条件下按规定设置电流密度。在标准试验条件下把氧化剂化学计量比设置定为从给定值至四倍以上。根据电池制造商规定的一定范围内改变燃料流量，记录电池电压。

注1：本试验不用纯氢气是因为当氢气的流量减少直至氢气不足时，观察不到明显的性能改变。本试验使用重整气。

注2：做本试验必须非常小心，因为本试验有意使阳极供气不足。供气不足会导致阳极的不可逆损坏。

11.6.2 氧化剂计量比测试

11.6.2.1 概述

本试验的目的是评价阴极的扩散性能。如11.5.2氧气扩散增益试验一样，试验应按下述流程进行。

11.6.2.2 试验方法

在标准试验条件下按规定设置电流密度。在标准试验条件下把燃料化学计量比设置定为从给定值至两倍以上。根据电池制造商规定的一定范围内改变氧化剂流量，记录电池电压。

注1：本试验不用纯氧气是因为当氧气的流量减少直至氧气不足时，观察不到明显的性能改变。本试验使用空气为氧化剂。

注2：做本试验必须非常小心，因为本试验有意使阴极供气不足。

11.7 温度影响测试

11.7.1 概述

本试验的目的是测量电池温度对电池性能的影响。温度通常会影响电极反应速率和电解质的传导率。

11.7.2 试验方法

按电池制造商规定设置电池温度为T_1、T_2……T_n，T_n是最高运行温度。同时，通过增加或降低露点和进气温度，保持阴、阳极在燃料电池运行温度恒定时的相对湿度。在每个温度水平上，测量电池的I-V特性曲线。试验过程参见11.2.1或11.2.2。

11.8 压力影响测试

11.8.1 概述

本试验的目的是测量燃料和氧化剂压力对电池性能的影响。试验中必须非常谨慎地保持膜两侧的压力差为恒定值。高压增加反应气体的密度，从而增加电极反应速率。

11.8.2 试验方法

按电池制造商规定设置燃料或氧化剂压力为P_1、P_2……P_n，P_n是最高运行压力。同时，相应调整另一种气体压力以保持二者的压差值恒定。在每一压力水平上，测量电池的 *I-V* 特性曲线。试验过程参见 11.2.1 或 11.2.2。

进行本试验要非常小心，以免损害电池或膜。试验者应对膜的渗透迹象保持警惕，如可导致内燃的针孔。

11.9 湿度影响测试

11.9.1 燃料湿度影响测试

11.9.1.1 概述

本试验的目的是测量燃料的不同湿度对电池性能的影响。燃料的湿度通常会影响电解质的传导率和阳极的气体扩散。

11.9.1.2 试验方法

本试验可采用两种方法中的一种：恒定气体流量或恒定气体化学计量比。两者在 11.2.1 和 11.2.2 中分别描述。一旦选择了一种方法，整个试验过程中都应使用同一种方法。本试验应按下述流程进行：

在标准状态下设置氧化剂湿度。根据相应的露点温度设置几个级别的燃料湿度，获取相应的 *I-V* 特性曲线。

11.9.2 氧化剂湿度影响测试

11.9.2.1 概述

本试验的目的是测量氧化剂的不同湿度对电池性能的影响。氧化剂湿度通常会影响电解质的传导和气体向阴极的扩散。

11.9.2.2 试验方法

本试验可采用两种方法中的一种：恒定气体流量或恒定气体化学计量比。两者在 11.2.1 和 11.2.2 中分别描述。一旦选择了一种方法，整个试验过程中都应使用同一种方法。本试验应按下述流程进行：

在标准状态下设置燃料湿度。根据相应的露点温度设置几个级别的氧化剂湿度，获取相应的 *I-V* 特性曲线。

11.10 燃料组成测试

11.10.1 概述

本试验的目的是测试重整气的组成对电池性能的影响。本试验用来测定电极对不同类型燃料气的耐受程度。重整气通常包括氢气、一氧化碳和惰性气体如二氧化碳、氮气；各组分含量取决于原料和重整方法的差异。惰性气体通常会影响氢气向电极的扩散。

11.10.2 试验方法

恒定气体流量或恒定气体化学计量比。两者在 11.2.1 和 11.2.2 中分别描述。一旦选择了一种方法，整个试验过程中都应使用同一种方法。本试验应按下述流程进行：

采用标准的燃料气体，用选定的方法测量得到 *I-V* 特性曲线。然后把标准燃料气改成另一种具有不同组成的燃料气体。用选定的方法测量 *I-V* 特性曲线。

11.11 过载试验

11.11.1 概述

本试验的目的是评价电池的电过载耐久性。电池的过载耐久性受到催化剂活性和电极的气体扩散能力的影响。

11.11.2 试验方法

设置负载在额定电流与极限电流之间,按照标准化学计量比设置燃料与氧化剂流量,然后设置电流。按照电池制造商规定的时间段运行电池,在电池运行过程中记录电池电压。

11.12 长时间运行试验

11.12.1 概述

长时间运行试验的目的是测定电池在规定的恒定电流条件下长期运行时的电压变化。长时间运行试验通常在稳态下进行,但在试验过程中会按固定的时间间隔周期性测试 *I-V* 特性和电池电阻,以评价电池性能。

11.12.2 试验方法

根据电池制造商规定的允许运行时间在标准试验条件下持续运行电池。记录电池运行期间的电池电压。如果需要,每隔一定时间记录标准试验条件下的 *I-V* 特性曲线和电池电阻,建议最少测量十组数据。11.2.1 或 11.2.2 中给出了 *I-V* 特性曲线测量的基本过程,11.3 中给出了电池电阻测量的基本过程。

11.13 启动/关机循环试验

11.13.1 概述

启动/关机循环试验的目的是测定在规定条件下电池运行的性能变化,该变化情况是启动/关机次数的函数。

该试验可作为特定运行条件下应用的 MEA 寿命的特定试验。

11.13.2 试验方法

气流和温度控制也可以作为本试验的一部分。

当电池在 100%负载(额定电流密度)下运行一定时间后,关闭负载(开路)一段时间,然后加载,100%负载运行。重复该过程,记录电压(负载的启动/关机工况以及运行时间由电池制造商规定。典型的启动/关机循环工况及运行时间见附件 H)。

注:燃料电池在开路电压下长时间运行会加剧电极材料性能下降。

11.14 加载循环试验

11.14.1 概述

加载循环试验的目的是测定在规定条件下燃料电池运行的电压变化,该变化是电流密度对时间的动态函数。

该试验可作为特定运行条件下应用的 MEA 寿命的特定试验。

11.14.2 试验方法

当电池在100%负载(额定电流密度)下运行一定时间后,保持气体的化学计量比恒定,将负载从100%降为部分负载运行一定时间,然后将负载再次升至100%。重复该过程,记录电压(负载工况及运行时间由电池制造商规定)。典型的负载工况及运行时间见附录I。

11.15 杂质影响试验

11.15.1 燃料杂质影响试验

11.15.1.1 额定电流密度下燃料杂质的影响以及电池的恢复

11.15.1.1.1 概述

本试验的目的是测定燃料中的杂质对电池性能的影响,并测定电池在额定电流密度下性能损失的恢复情况。电池使用含杂质燃料进行稳态运行试验。

注:ISO/TS 14687-2:2008的应用中,给出了对杂质的描述。

11.15.1.1.2 试验方法

本试验应使用包括不同杂质含量的燃料,以测定对电池性能不造成影响的最高杂质含量。

本试验应按如下流程进行:

使用洁净燃料和洁净空气在额定电流密度下运行电池直至电压稳定在±5 mV之间持续15 min。将洁净燃料换为含有电池制造商规定的种类和数量的杂质的燃料。运行电池直至电压稳定在±5 mV之间持续15 min,记录电压。

然后将含有杂质的燃料更换为洁净燃料。运行电池直至电压稳定在±5 mV之间持续15 min,记录电压。

注:一些杂质,例如H_2S,可能会与测试台的部件(例如供气管和密封件)暴露的表面发生反应。必须确保测试台材料与所用杂质相容。

11.15.1.2 含有杂质燃料的*I-V*特性曲线

11.15.1.2.1 概述

本试验的目的是测定燃料中杂质对电池*I-V*特性曲线的影响。本试验内容要包括不同杂质含量的燃料,以测定对电池性能不造成影响的最高杂质含量。

11.15.1.2.2 试验方法

使用恒定流量或恒定气体化学计量比的洁净燃料和洁净空气,分别按照与11.2.1或11.2.2相同的方法测定*I-V*曲线。

将洁净燃料更换为含有杂质的燃料,采用与前面的测量中相同的方法测定电池*I-V*曲线。

11.15.2 氧化剂杂质影响试验

11.15.2.1 氧化剂杂质影响以及额定电流密度下的电池恢复

11.15.2.1.1 概述

本试验的目的是测定氧化剂杂质对于电池性能的影响,以及电池在额定电流密度下性能损失的恢复程度。电池使用含杂质氧化剂进行稳态运行试验。

11.15.2.1.2 试验方法

本试验应使用包括不同杂质含量的氧化剂，以测定对电池性能不造成影响的最高杂质含量。

本试验应按如下流程进行：

使用洁净燃料和洁净空气在额定电流密度下运行电池直至电压稳定在±5 mV之间持续15 min。将洁净空气换为含有电池制造商规定的种类和数量的杂质的空气。运行电池直至电压稳定在±5 mV之间持续15 min，记录电压。

然后将含有杂质的空气更换为洁净空气。运行电池直至电压稳定在±5 mV之间持续15 min，记录电压。

11.15.2.2 使用含有杂质空气的 *I-V* 特性曲线

11.15.2.2.1 概述

本试验的目的是测定空气中杂质对电池 *I-V* 特性曲线的影响。

11.15.2.2.2 试验方法

本试验应使用包括不同杂质含量的空气，以测定对电池性能不造成影响的空气中的最高杂质含量。

本试验应按如下流程进行：

使用恒定流量或恒定气体化学计量比的洁净燃料和洁净空气，分别按照与11.2.1或11.2.2相同的方法测量 *I-V* 特性曲线。

将洁净空气更换为含有杂质的空气，采用与前面的相同的方法测量电池 *I-V* 特性曲线。

12 试验报告

12.1 概述

试验报告应该准确、清晰、客观，提供足够信息以证明该试验所达到的目的。建议使用附件J中的 *I-V* 特性曲线试验报告模板。

12.2 报告项目

报告至少应给出以下信息：

a) 报告题目；
b) 报告作者；
c) 实施试验的机构；
d) 报告日期；
e) 标准编号/试验过程编号；
f) 试验场所；
g) 试验数据(详见12.3)。

12.3 试验数据描述

试验数据应包含以下信息：

a) 试验名称；
b) 测试条件(详见12.4)；
c) 测试数据；

d） 试验日期和时间；

e） 试验环境条件；

f） 试验者的姓名与资格证；

g） 试验电池数据(详见 12.5)。

12.4 测试条件描述

测试条件描述至少应包含以下信息：

a） 电池温度；

b） 燃料与氧化剂压强；

c） 燃料与氧化剂的露点；

d） 燃料与氧化剂的成分；

e） 燃料与氧化剂的化学计量比；

f） 燃料与氧化剂的流量。

12.5 试验电池数据描述

电池试验数据应包含以下信息：

a） 有效电极面积；

b） 产品名以及膜电极 MEA 品牌(可选)；

c） 膜的类型和厚度(可选)；

d） 阴极与阳极催化剂的类型与含量(可选)；

e） 气体流道类型(可选)；

f） 气体扩散层材料类型(可选)；

g） 组装压力(可选)。

附 录 A
（资料性附录）
流场板

图 A.1 给出了按照技术规范设计的流场板样本，按照有效面积为 25 cm^2 设计。阳极与阴极流场板与膜电极接触的表面都有一个水平蛇形单凹槽作为气流流道。推荐的流道结构如下：

宽：1.0 mm；

深：1.0 mm；

间隔：～1.0 mm。

电极和气体扩散层的尺寸应稍大于 50 mm×50 mm，以免膜被流道边缘切到。组装程序应能避免膜与流道边缘直接接触。

燃料与氧化剂均从流道顶部流向底部。

图 A.2 给出了另一个也是按照技术规范设计的流场板例子，有效面积为 25 cm^2。图 A.1 与图 A.2 的不同之处在于图 A.1 是单蛇形流道，图 A.2 是三蛇形流道。

单位为毫米

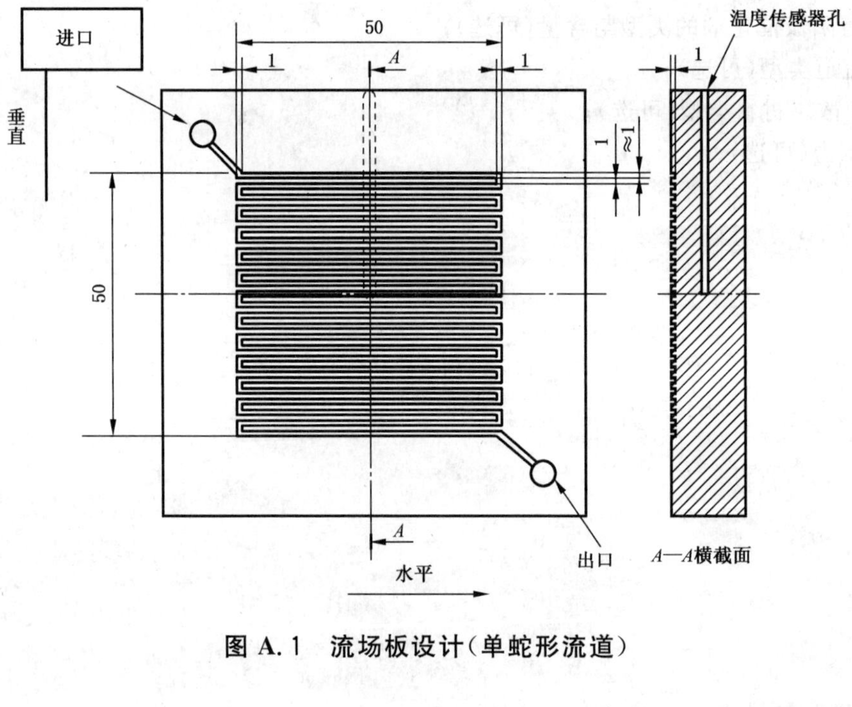

图 A.1 流场板设计（单蛇形流道）

单位为毫米

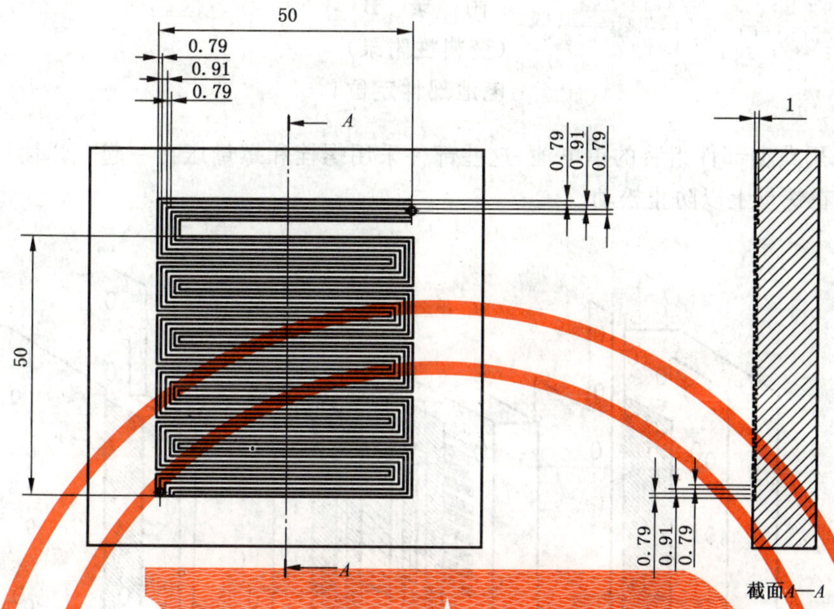

图 A.2 流场板设计(三蛇形流道)

附　录　B
（资料性附录）
电池部件定位

图 B.1 为采用典型部件组装的单电池，这些部件采用螺栓和螺母压在一起。弹性垫圈和弹性密封件可根据需要垫在螺母上以防止松动。

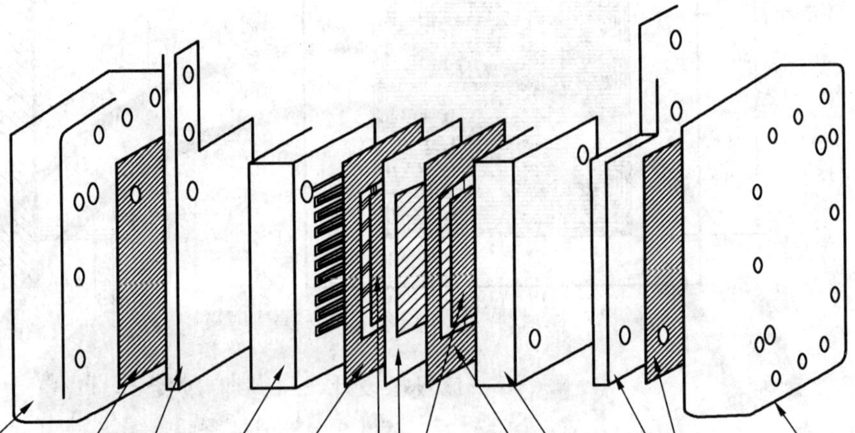

图 B.1　采用典型部件组装的单电池

附 录 C
（资料性附录）
漏气试验

典型的漏气试验规程如下所示：

a) 程序1：

向阳极和阴极均通入氮气，设置背压为接近0 kPa(G)，然后关闭阳极和阴极气体的出口阀门。首先，向阳极一侧施加至50 kPa(G)的压力(或者最高运行压力的150%)，同时向阴极一侧施加至30 kPa(G)的压力(或者最高运行压力的125%)。关闭阳极和阴极气体的入口阀门，将气体密封在电池内。使电池在这种状态下保持10 min，并分别监测阳极和阴极的压强。

第二步，向阴极一侧施加至50 kPa(G)的压力(或者最高运行压力的150%)，同时向阳极一侧施加至30 kPa(G)的压力(或者最高运行压力的125%)。关闭阳极和阴极气体的入口阀门，将气体密封在电池内。使电池在这种状态下保持10 min，并分别监测阳极和阴极的压强。

在上述操作中，阳极和阴极的压强10 min后的变化均应小于5 kPa(G)。

在第一步中，如果阳极侧的压力降低，并且阴极侧的压力升高，则表明气体穿透膜。在第二步中，如果阴极气体压力降低，并且阳极气体压力升高，则表明气体从相反方向穿透膜。如果任一侧的压力下降与另一侧不相关，则发生了一端外漏。如果两边的压强均降低，很可能发生了外部泄漏。

b) 程序2：

向阳极和阴极均通入氮气，设置背压为接近0 kPa(G)，然后关闭阳极和阴极气体的出口阀。首先，向阳极和阴极侧同时加压至30 kPa(G)。关闭阳极和阴极气体的入口阀，将气体密封在电池内。使电池在这种状态下保持10 min，并分别监测阳极和阴极的压强。记录电池的漏气量。

第二步，向阳极侧加压至30 kPa(G)，同时阴极侧为0 kPa(G)，关闭阳极和阴极气体的入口阀，将气体密封在电池内。使电池在这种状态下保持10 min，并分别监测阳极和阴极的压强。记录由阳极向阴极侧的气体穿透量。

第三步，向阴极侧加压至30 kPa(G)，同时阳极侧为0 kPa(G)，关闭阳极和阴极气体的入口阀，将气体密封在电池内。使电池在这种状态下保持10 min，并分别监测阳极和阴极的压强。记录由阴极向阳极侧的气体穿透量。在上述步骤中，10 min后阳极和阴极侧的压力下降均应小于5 kPa(G)。

如果电池在更高压力下运行，试验压力大体上应相等。

附 录 D
（资料性附录）
初始活化

以下介绍四种有关初始活化规程的例子，作为替代 MEA 供应商的初始活化程序：

a) 程序 A：

1) 建立测试台以运行电池。

2) 用吹扫气体（如氮气）吹扫阳极和阴极。流量与其后试验中所用流量相同，吹扫直至电池彻底吹扫干净为止。

3) 采用电池加热器或者其他合适的加热方法加热电池至 80 ℃。通入完全润湿的氮气，流量与其后试验中所用流量相同。加热过程中，保持电池温度，进出口气体管路温度始终高于气体露点，避免系统中的水发生冷凝。

4) 待电池温度和气体湿度稳定后，按照合适的化学计量比通入完全润湿的反应气体，例如，当电流密度为 1 000 mA/cm^2 时，通入化学计量比为 1.4 的氢气和 2.5 的空气。保持电池电压在 0.4 V 以上，逐渐增加电池负载直至电流密度达到 1 000 mA/cm^2，同时。

5) 保持电池负载（电流密度）在 1 000 mA/cm^2，按照化学计量比为 1.4 的氢气和 2.5 的空气，直至电池电压波动范围在小于 5 mV 的情况下持续时间超过 5 h。满足了该判据则意味着电池初始活化完成。

b) 程序 B：

按照其后试验中采用的标准运行条件，向电池内通入纯氢气，使电池在开路电压下运行 15 min，然后在 600 mV 下运行 75 min，然后运行 3 个循环：保持在 850 mV 下运行 20 min；紧接着在 600 mV 下运行 30 min。整个初始活化时间接近 4 h。

c) 程序 C：

启动试验台运行电池。按其后试验中的标准运行条件设定。在恒定电压模式下，稳定在 500 mV 下 5 min，在气体恒定流量下运行 I/V 循环，从 800 mV 到 300 mV 每 10 s 进行 50 mV 阶跃，从 300 到 800 mV 返回时采用相同的速度和时间阶跃。维持电池电压在 500 mV 下 5 min。运行该循环直至在 5 min 内 500 mV 下电流密度变化低于 ±10 mA/cm^2，其后的 3 个循环的电流密度波动低于 ±10 mA/cm^2。

d) 程序 D：

按标准试验条件给定的运行温度和气体条件下以恒电流模式运行电池。保持电池电压高于 500 mV，以每步 100 mA/cm^2 或者每秒不超过 10 mA/cm^2 的速率增加电流密度，直到达到初始活化的电流密度。电池初始活化电流密度要么达到选定条件下 500 mV 时的最大电流密度或者达到测试规定的目标电流密度。

活化过程应至少持续 24 h，在试验开始前的最后 4 h，电池的电压波动要小于 ±5 mV。

附 录 E
（资料性附录）
关机

下面介绍典型的关机规程：

a) 按照极化曲线阶跃值的相反步骤降低电负载值（也就是，保持气体流量的同时降低电流密度从 i_{max} 到 0）。关掉电负载。

b) 用增湿的氮气以最低极化曲线负载时的流量吹扫阳极和阴极直到电池冷却到室温。冷却期间，确保电池温度和气体管道温度始终高于气体露点温度避免系统中的水冷凝。

c) 当电池达到环境温度时，改用干燥的氮气吹扫阳极和阴极 5 min 至 10 min（这一步可选，取决于膜所需的最终保湿程度）。

d) 断开电池，封闭阳极和阴极进出口。

附 录 F
（资料性附录）
再活化

下面介绍典型再活化的规程：

a） 程序 A：

1） 重复附录 D 程序 A 中的第 1 步到第 5 步。对于第 5 步来说 1 h 应足够电池活化稳定。

2） 执行规定的试验条件，保持该试验条件直至电池活化稳定。

b） 程序 B：

1） 向电池中通入完全增湿的气体 1 h，其中氢气化学计量比为 1.4，氧化剂化学计量比为 2.5。加热电池到 80 ℃，工作电流为 400 mA/cm^2。

2） 在上述条件下运行电池 4 h；当电压平衡时电池活化完毕。

附 录 G
（资料性附录）
I-V 特性试验

下列 *I-V* 特性试验中使用的典型的电流密度增量。

如果预期的最大电流密度已知(比如说,制造商提供或者预先测量),按照表 G.1.选择电流增量阶。

表 G.1 已知最大电流时电流密度的增量

步骤	预期最大电流密度的百分数
0	0 (OCV)
1	2%
2	5%
3	10%
4	20%
5	30%
6	50%
7	70%
8	90%
9	100%
注：如果进行 Tafel 斜率分析低电流部分可能需要更多点。	

如果最大电流密度未知,利用表 G.2 给定的电流密度增量。

表 G.2 最大电流密度未知时电流密度的增量

步骤	电流密度/(mA/cm^2)
0	0 (OCV)
1	20
2	50
3	100
4	200
5	400
6	600
7	800
8	1 000

表 G.2（续）

步骤	电流密度/(mA/cm^2)
9	1 200
10	1 400
11	1 600
12	1 800
13	2 000

注：当达到最大电流密度或者电池电压下降到低于 0.3 V 或者制造商规定的最小电压值必须停止试验(为了避免对电池部件带来不可逆损坏)。

附 录 H
（资料性附录）
启动/关机循环试验

典型的启动/关机循环工况和运行时间。

循环按以下工况进行：

a) "off"阶段＝0 A/cm^2 15 min；

b) "on"阶段＝在 I_{st} A/cm^2 15 min（i_{st}；额定电流密度）。

建议逐步增加电流密度以避免电压下降过快。电流密度从 0 到 i_{st} 增加应分四步，每步 10 s 增加 $i_{st}/4$：

a) $1/4i_{st}$ A/cm^2 持续 10 s；

b) $1/2i_{st}$ A/cm^2 持续 10 s；

c) $3/4i_{st}$ A/cm^2 持续 10 s；

d) i_{st} A/cm^2 持续 14 min 30 s。

此步的持续时间取决于试验的特定目的和相关的特定"终止"标准：设定寿命试验或者设定性能损失（考虑功率、负载电压或者开路电压）。

除不同可能的定义的终止标准外，如果电池电压降到低于 0.3 V 或者制造商规定的最小值（为了避免电池部件发生不可逆损坏），应停止试验（停掉气体、温度控制器和负载）。

附 录 I
（资料性附录）
加载循环试验

典型的加载循环工况和试验时间如下。

建议使用两种电流密度工况使电池能在两种电流密度水平之间工作：一个工况更动态变化，持续1 min，另外一个工况较稳定，持续1 h。

开始循环试验前，为稳定操作条件，第一次大功率阶段时的电流密度设定为$i_{100\%}$（额定电流密度）。然后应按照图I.1和图I.2中的两种电流密度工况中的一个运行加载循环。

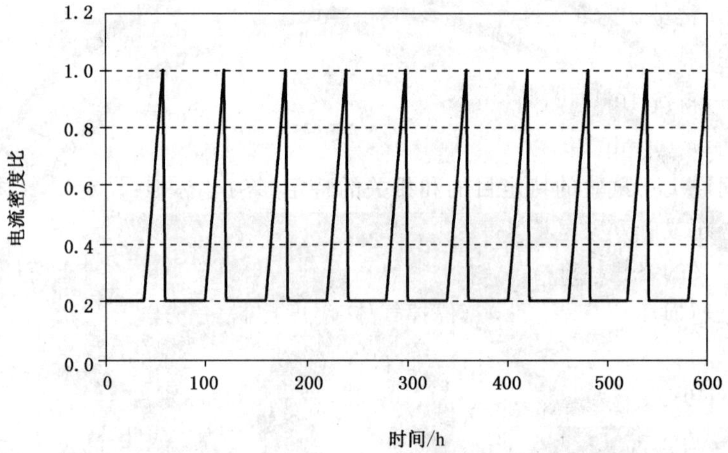

图I.1　第一个负载循环工况

工况分为两部分：低电流密度区$=i_{20\%}$ A/cm²（$i_{20\%}$：额定电流密度$i_{100\%}$的20%），40 s；高电流密度区=电流从$i_{20\%}$增长到$i_{100\%}$ A/cm²，20 s。

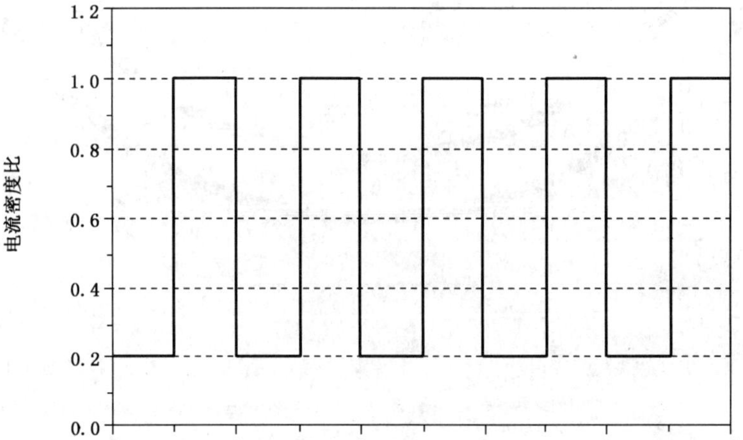

图I.2　第二个负载循环工况

工况分为两部分：低电流密度区$=i_{20\%}$ A/cm²（$i_{20\%}$：额定电流密度$i_{100\%}$的20%），0.5 h；高电流密度区$=i_{100\%}$ A/cm²，0.5 h。

运行时间由运行条件和特定应用决定，可设定在 500 h 到 10 000 h 之间。

除了设定的运行时间，试验也规定了其他具体的终止标准，如设定可接受的性能损失（考虑在低功率、高功率或开路电压的功率或电压）。

除了特别定义的终止标准外，如果电池电压降到低于 0.3 V 或者制造商规定的最小值（为了避免电池部件发生不可逆损坏）的话试验应停止（停掉气体、温度和负载）。

附 录 J
（资料性附录）
试验报告

下面给出 *I-V* 特性试验的试验报告参考模板。斜体部分是给作者的说明，不应包含在试验报告中。

J.1 概要信息

J.1.1 试验报告的概要信息

试验报告单位(应用单位)	
试验报告题目	
作者	

J.1.2 有关试验的概要信息

试验序号	
试验版本	
需要试验的公司	
试验次数	

试验日期	
执行试验的公司	
试验地点	
试验电池/设备	

J.2 介绍

供作者参考：

——实施过程和试验程序选择的解释；

——试验者和顾客之间约定的试验方案，可能包括验收标准；

——试验报告或试验中用到的其他文件(专业术语文件、符号统一等)。

J.3 试验目的和范围

试验目的是确定在规定运行条件下 PEFC 单电池的极化曲线。

测量电池性能从开路电压一直到最大电流密度，设定如下：

——试验对象的特性；

——考虑应用的技术规范；

——测量方法。

试验目的的量化：

——聚合物电解质燃料电池单电池的一般性能；

——PEFC 部件比如说 MEAs 和 MEAs 的各个部件和双极板的材料及其设计。

本试验所考虑的运行条件：

——科学领域目前通用的条件；

——所应用的条件。

J.4 试验对象描述

电池制造商	
燃料电池技术	
电池模型	
产品或者试验对象	
产品编码	
试验对象识别号码	

燃料电池：单极板的材料/技术	
燃料电池：流场设计	
燃料电池：有效面积	
密封件类型	
密封件厚度	
电池技术（集流体）	
电池紧固	
加热/冷却系统	
电池方位[a]	
气体流向（并流，对流等）	
[a] 如果需要增加图片有助于理解。	

MEA 组装（是/否，3 层，5 层，7 层）	
电极	
气体扩散层（厚度，类型）	
催化剂层（担量，组成）	
膜（厚度，类型）	

允许的最低电池电压值/V	
阳极和阴极间允许的压差/kPa	
制造商建议的空气计量比	

制造商提供的电池或者 MEA 补充说明或信息。

J.5 试验对象的状况

作者简单描述有关电池的试验历史包括所有的诊断试验，特别或者基本试验及其相应的顺序标识。

J.6 试验方案的描述

详细描述使用的试验设备和方案,包括传感器类型、位置以及特殊装置(比如说加热/冷却和增湿子系统),都应在试验报告中给出,有助于对试验结果的理解。

J.7 运行条件,输入和输出的描述

表 J.1 至表 J.4 列举了试验中所有的输入、输入值和试验中控制的运行条件,测量不确定度和抽样率。

试验者将填写每个试验的输入值栏。

表 J.1 试验输入参数

输入	描述	单位	输入值	测量不确定度	抽样率 Hz	可控精确度
i	电流密度(i=实际电流/活性几何面积)	A/cm^2				
T_c	电池温度	℃				
X_{fuel}	燃料组分	%氢气;%其他气体			—	
X_{ox}	氧化剂组分	空气或氧气;%其他组分			—	
p_{Air}	氧化剂在电池进口或出口的背压[c]	kPa				
p_{H_2}	氢气在电池进口或出口的背压[c]	kPa				
Q_{fuel}	燃料流量[a]	最大($Q_{fuel,min}$,$Q_{\lambda fuel}$)或稳态值(cm^3/min)				
Q_{ox}	氧化剂流量[a]	最大($Q_{ox,min}$,$Q_{\lambda ox}$)或稳态值(cm^3/min)				
$Q_{fuel,min.}$	燃料最小流量	cm^3/min				
$Q_{ox,min.}$	氧化剂最小流量	cm^3/min				
λ_{fuel}	燃料化学计量比	(无量纲)		—	—	
λ_{ox}	空气化学计量比	(无量纲)		—	—	
RH_{ox}	进气口氧化剂相对湿度[b]	%				
RH_{fuel}	进气口燃料相对湿度[b]	%				
T_{ox}	氧化剂露点	℃				
T_{fuel}	燃料露点	℃				
Tb_{ox}	氧化剂沸点	℃				
Tb_{fuel}	燃料沸点	℃				
Tl_{ox}	氧化剂管线温度	℃				
Tl_{fuel}	燃料管线温度	℃				

表 J.1（续）

输入	描述	单位	输入值	测量不确定度	抽样率 Hz	可控精确度
Qw_{ox}	水流量（氧化剂一侧）	最大（$Qw_{fuel,min}$，$Qw_{\lambda fuel}$）（cm^3/min）				
Qw_{fuel}	水流量（燃料一侧）	最大（$Qw_{\lambda ox,min}$，$Qw_{\lambda ox}$）（cm^3/min）				
T_{amb}	环境温度	℃				
P_{amb}	环境压力	kPa				
RH_{amb}	环境相对湿度	%				

[a] $Q_{\lambda fuel}$ and $Q_{\lambda ox}$ 分别是燃料和氧化剂化学计量比约束的体积流量。试验时实际的体积流量是化学计量比约束的流量，除非该值小于最小流量：$Q_{fuel,min.}$ 和 $Q_{ox,min.}$。

[b] 反应物增湿方法不在试验过程中。但是，试验报告中应有相关输入（例如鼓泡增湿时水和管路的温度或喷水增湿时注入水的流量）-露点与气体的相对湿度有关，也应在报告中给出（计算或在气体进口有湿度传感器时测量出）。

[c] 请指出该报告中的可选项，电池进出口压力是否控制在稳定值。

表 J.2　试验输出参数

输出	描述	单位	仪器不确定度	抽样率 Hz
V	电池电压	V		
P	电池功率密度	W/cm^2	计算结果	

J.8　试验过程和结果

J.8.1　启动和预活化步骤描述

——详细描述条件的设定。

——测量（和这些步骤中的输入和输出有关的描述，表格或者图表）。

表 J.3　测量步骤前的功能性运行（启动和活化）

持续时间	电流密度 A/cm^2	平均电池电压超过最长时间 min(V) 标准偏差(±V)	平均电池功率密度 W/cm^2

图表：应包含启动和活化时主要的输入和输出的时间，有助于对主要结果的理解。

对于极化曲线 i，V，T_c，p_{ox}，p_{fuel}，Q_{ox}，Q_{fuel}，$RH_{ox\ and\ fuel}$（或者与相对湿度（RH）有关的输入）$=f$（时间）；利用平均值并标示出标准偏差。

J.8.2　测试步骤和结果的描述：

——如果在活化步骤后，设定 OCV 条件前，需要增加一步，要设定试验条件（初始试验输入）。

——测试步骤终止的原因。

——测量(测试期间用描述、表格或者图表给出输入和输出)(比如说:停顿时间、电流密度、为极化曲线用的电压和功率的表格)。

表 J.4 极化步骤中的功能性运行[a]

停顿时间 min	电流密度 A/cm²	电池平均电压/V (±2[a] 标准偏差,V)	电池平均功率/(W/cm²) (±2[a] 标准偏差,W/cm²)

[a] 建议估计出全部测量不确定度。参考 ISO/IEC GUM 指导推测不确定度。

图表:

——应包含测试阶段主要试验输入和输出对应的时间,有助于对主要结果的理解。

对于极化曲线:i,V,T_c,p_{ox},p_{fuel},Q_{ox},Q_{fuel},$RH_{ox\ and\ fuel}$(或者与 RH 有关的输入)$=f$(时间)。

——主要结果=主要输出与主要输入对比

对于极化曲线:V(V)和 P(W/cm²)$=f(i$(A/cm²))

J.8.3 关机描述

J.8.4 操作步骤引起的偏差

J.9 数据后处理

相关试验过程中需特别说明的。

对于极化曲线,与表格和图表所描述可能有出入(图表和表格包含了不同的电压值和计算得到的功率密度值)。

J.10 结论和验收标准

试验结果评价应考虑试验目的和定义的验收标准。

参 考 文 献

[1] FCTESTNET Fuel Cells Glossary,EUR22295 EN (June 2006)

[2] IEC 60051-1,Direct acting indicating analogue electrical measuring instruments and their accessories—Part 1:Definitions and general requirements common to all parts

[3] IEC 60051-2,Direct acting indicating analogue electrical measuring instruments and their accessories. Part 2:Special requirements for ammeters and voltmeters

[4] IEC 60688,Electrical measuring transducers for converting a. c. electrical quantities to analogue or digital signals

[5] ISO 5167-1,Measurement of fluid flow by means of pressure differential devices inserted in circular cross-section conduits running full—Part 1:General principles and requirements

[6] ISO 5167-2,Measurement of fluid flow by means of pressure differential devices inserted in circular cross-section conduits running full—Part 2:Orifice plates

[7] ISO 5167-3,Measurement of fluid flow by means of pressure differential devices inserted in circular cross-section conduits running full—Part 3:Nozzles and Venturi nozzles

[8] ISO 5167-4,Measurement of fluid flow by means of pressure differential devices inserted in circular cross-section conduits running full—Part 4:Venturi tubes

[9] ISO 4677-1,Atmospheres for conditioning and testing—Determination of relative humidity—Part 1:Aspirated psychrometer method

[10] ISO 4677-2,Atmospheres for conditioning and testing—Determination of relative humidity—Part 2:Whirling psychrometer method

[11] USFCC 05-014B,Single Cell Test Protocol,May 1,2006

[12] USFCC 04-003,Protocol on Fuel Cell ComponentTesting—Primer for Generating Test Plans

[13] USFCC 04-007,Protocol on Fuel Cell Component Testing

[14] USFCC 04-011,Fuel Cell Test Station Requirements and Verification Procedure

[15] USFCC 05-002,Protocol on Fuel Cell Component Testing: Suggested Test Plan

[16] ISO/TR 15916,Basic considerations for the safety of hydrogen systems (2004)

[17] ISO 14121,Safety of machinery: Principles of risk assessment (1991)

[18] IEC 61882,Hazards and operability studies (HAZOP):Application Guide (2001)

[19] FCTESTNET,PEFC,Test procedures,DRAFT Version1.0,June,2006

[20] JARI Standard Single Cell Testing Protocol,JARI Research Journal,Vol. 28,No. 7,p247-252,2006

[21] Fuel Cell Handbook (7th Ed.),EG&G Technical Services,US DOE Report,2004

[22] ISO,1993,"Guide to the Expression of Uncertainty in Measurement," BIPM,IEC,IFCC,ISO,IUPAC,IUPAP,OIML,International Organization for Standardization,Env 13005:1999. 1ed.,corrected and reprinted 1995

[23] Taylor,B. N.,and Kuyatt,C. E.,1994,"Guidelines for Evaluating and Expressing the Uncertainty of NIST Measurement Results," National Institute of Standards and Technology,NIST Technical Note 1297

ICS 29.035.20
K 15

中华人民共和国国家标准化指导性技术文件

GB/Z 28818—2012/IEC/TR 62039:2007

高电压下户外用聚合物材料的选用导则

Selection guide for polymeric materials for outdoor use under HV stress

(IEC/TR 62039:2007,IDT)

2012-11-05 发布　　2013-02-01 实施

中华人民共和国国家质量监督检验检疫总局
中国国家标准化管理委员会　发布

前　言

本指导性技术文件按照GB/T 1.1—2009给出的规则起草。

本指导性技术文件使用翻译法等同采用IEC/TR 62039:2007《高电压下户外用聚合物材料的选用导则》。

与本指导性技术文件中规范性引用的国际文件有一致性对应关系的我国文件如下：

——GB/T 1409—2006 测量电气绝缘材料在工频、音频、高频(包括米波波长在内)下电容率和介质损耗因数的推荐方法(IEC 60250:1969,MOD)

——GB/T 15022.2—2007 电气绝缘用树脂基活性复合物 第2部分：试验方法(IEC 60455-2:1998,MOD)

——GB/T 16422.3—1997 塑料实验室光源暴露试验方法 第3部分：荧光紫外灯(eqv,ISO 4892-3:1994)

——GB/T 19519—2004 标称电压高于1 000 V的交流架空线路用复合绝缘子 定义、试验方法及验收准则(IEC 61109:1992,MOD)

——GB/T 22079—2008 标称电压高于1 000 V使用的户内和户外聚合物绝缘子 一般定义、试验方法和接收准则(IEC 62217:2005,MOD)

本指导性技术文件由中国电器工业协会提出。

本指导性技术文件由全国电气绝缘材料与绝缘系统评定标准化技术委员会(SAC/TC 301)归口。

本指导性技术文件起草单位：机械工业北京电工技术经济研究所、深圳华测检测技术股份有限公司、桂林电器科学研究院、中国电器工业协会标准化工作委员会、北京北重汽轮机电机有限责任公司、北京新福润达绝缘材料有限责任公司。

本指导性技术文件主要起草人：刘亚丽、郭丽平、徐江、李波、周键、刘凤娟、刘琦焕、刘淑芬。

引　言

定义户外用聚合物绝缘材料的物理性能是公共设备和工业界材料标准的需要。这一需求在IEC/TC 36和 IEC/TC 15 会议期间讨论并确定，其中 IEC/TC 15 的 SC 15E 整合到 IEC/TC 112。因此，2001 年 CIGRE(国际大电网组织)成立 D1.14 工作组，承担定义户外用聚合物绝缘材料必备的物理参数和制订相关测试方法的任务。第一步，由 CIGRE 在 255 手册中发布技术规范报告。确定 12 种性能，统一其中 8 种性能的标准化测试方法和最低要求。对于其余 4 种性能，测试方法和最低要求仍需明确，这将是 D1 工作组下一步的任务。作为 CIGRE 结论的 IEC 技术报告介绍了户外用聚合物绝缘材料的重要材料性能、它们的应用场合、标准化测试方法以及最低要求。如果没有适用的标准测试方法，则参考本指导性技术文件中总结的测试方法。

高电压下户外用聚合物材料的选用导则

1 范围

本指导性技术文件规定户外用聚合物绝缘材料的重要材料性能，并在材料适用的情况下列出包含有最低要求的标准测试方法。如果没有适用的标准测试方法，则参考本指导性技术文件中总结的测试方法。

本指导性技术文件适用于系统电压高于1 000 V交流电压的户外高压用聚合物绝缘材料，也包括外壳是设备整体部件的应用场合，例如在避雷器里和电缆终端。本指导性技术文件范围仅限于这些材料。绝缘子的使用性能取决于若干因素，如材料的类型、设计、环境条件等。因此，选择材料时，满足下列要求是必要的，但是这不能保证材料用于户外绝缘时性能达标。

2 规范性引用文件

下列文件对于本文件的应用是必不可少的。凡是注日期的引用文件，仅注日期的版本适用于本文件。凡是不注日期的引用文件，其最新版本(包括所有的修改单)适用于本文件。

GB/T 1034—2008 塑料 吸水性的测定(ISO 62:2008,IDT)

GB/T 1408.1—2006 绝缘材料电气强度试验方法 第1部分:工频下试验 (IEC 60243-1:1998,IDT)

GB/T 1410—2006 固体绝缘材料体积电阻率和表面电阻率试验方法(IEC 60093:1980,IDT)

GB/T 1411—2002 干固体绝缘材料 耐高电压、小电流电弧放电的试验(IEC 61621:1997,IDT)

GB/T 5169.16—2008 电工电子产品着火危险试验 第16部分:试验火焰50 W水平与垂直火焰试验方法(IEC 60695-11-10:2003,IDT)

GB/T 6553—2003 评定在严酷环境条件下使用的电气绝缘材料耐电痕化和蚀损的试验方法(IEC 60587:1984,IDT)

GB/T 16422.2—1999 塑料实验室光源暴露试验方法 第2部分:氙弧灯(ISO 4892-2:1994,IDT)

GB/T 19466.2—2004 塑料 差示扫描量热法(DSC) 第2部分:玻璃化转变温度的测定(ISO 11357-2:1999,IDT)

GB/T 22567—2008 电气绝缘材料 测定玻璃化转变温度的试验方法(IEC 61006:2004,IDT)

ISO 34-1:2004 硫化或热塑性橡胶 撕裂强度的测定 第1部分:裤形、直角形和新月形试片(Rubber-vulcanized or thermoplastic—Determination of tear strength—Part 1: Trouser, angle and crescent test pieces)

ISO 4892-3 塑料实验室光源暴露试验方法 第3部分:荧光紫外灯(Plastics—Methods of exposure to laboratory light sources—Part 3:Fluorescent UV lamps)

ISO 4892-4:2004 塑料实验室光源暴露试验方法 第4部分:开放式碳弧灯(Plastics—Methods of exposure to laboratory light sources—Part 4:Open flame carbon-arc lamps)

ISO 11359-2:1999 塑料 热力学分析(TMA) 第2部分:线性热膨胀系数和玻璃化转变温度的测定(Plastics—Thermodynamic analysis (TMA)—Part 2: Determination of coefficient of linear thermal expansion and glass transition temperature)

IEC 60250　测量电气绝缘材料在工频、音频、高频(包括米波波长在内)下电容率和介质损耗因数的推荐方法(Recommended methods for the determination of the permittivity and dielectric dissipation factor of electrical insulating materials at power, audio and radio frequencies including metre wavelengths)

IEC 60455-2:1977　电气绝缘用树脂基活性复合物　第2部分:试验方法(Resin based reactive compounds used for electrical insulation—Part 2:Methods of test)

IEC 61109　标称电压高于1 000 V的交流架空线路用复合绝缘子　定义、试验方法及验收准则(Composite insulators for a. c. overhead lines with a nominal voltage greater than 1 000 V—Definitions, test methods and acceptance criteria)

IEC 62217　标称电压高于1 000 V使用的户内和户外聚合物绝缘子　一般定义、试验方法和接收准则(Polymeric insulators for indoor and outdoor use with a nominal voltage greater than 1 000 V—General definitions, test methods and acceptance criteria)

3　重要的材料性能

3.1　概述

为确保材料在标准条件下正常使用,本指导性技术文件明确了需要测试的材料重要性能,包括材料的物理性能、力学性能和化学性能。

根据绝缘功能,绝缘材料分为三类:

——外壳材料(通常指硅橡胶、三元乙丙橡胶、乙烯-醋酸乙烯酯共聚物等);

——芯材(玻璃钢等);

——结构材料(环氧树脂等)。

其最低要求尽可能基于非陶瓷绝缘体的应用经验。

3.2　耐电痕化和电腐蚀

斜面测试法依照GB/T 6553—2003简单易行,该方法具有良好的重现性,且依据耐电痕化和电腐蚀能够较好地区分不同的绝缘材料。

推荐按照方法1(电痕化电压常量)进行测试,依据准则A(标准电流为60 mA)进行分级。

基于高压绝缘体的使用经验,最低要求一般推荐按照1A3.5分级。对于应用于中压的绝缘材料,达到1A2.5等级就具有满意的性能。可将满足1A2.5等级作为材料的一般要求,除非另有要求。

3.3　耐电晕和臭氧

耐电晕和臭氧是判断外壳和结构用聚合物材料性能优劣的重要特性。

已有一些测试材料耐电晕和耐臭氧性能的标准程序,如IEC 60270。关于臭氧测试标准,所用的高臭氧浓度实际中不可能达到。制造商也使用室内检测程序,但是,无论是检测程序还是测试结果两者均无可比性。

还没有不同材料的使用性能和耐电晕测试的结果之间相关性的依据。因此CIGRE D1.14工作组在研究适当的测试方法。他们指出,户外用材料的耐电晕性测试应在一个允许同步施加机械应力的系统中进行。耐臭氧性能测试也许被耐电晕测试所涵盖。

3.4　耐水引起的化学和物理降解

按照IEC 62217,适于检测外壳、芯材和结构材料耐化学腐蚀的方法是"水扩散试验"(100 h沸腾水测试)。虽然该标准主要针对绝缘子芯材,其测试程序也适用于外壳和结构材料。最低要求是耐12 kV

电压 1 min。

按照 IEC 60250 标准，材料的耐物理降解性（浸水后的介电性能）可通过测定其损耗因数来评估。此情况下，最低要求是 50 ℃、浸水 50 天后损耗因数不超过 0.2。这种测试能够作为获得经验的可选测试。

水扩散试验与水浸试验的结果相关性暂时不清晰。通过水扩散试验的材料在使用中抗物理降解性能好。水浸试验为材料的开发提供了有用的信息，允许材料根据抗物理降解特性进行分级。

关于材料的吸水率特性，聚合物材料的吸水量和其降解程度之间没有关联性。长期使用经验表明，典型的户外环氧绝缘系统的吸水率质量分数为 0.05%～0.3%（按照 GB/T 1034—2008，23 ℃、10 d）；硅树脂吸水率可达到 2%（质量分数），但它们都是良好的绝缘材料，因此，没有必要测试吸水量和定义最低要求。

3.5 撕裂强度

推荐采用 ISO 34-1:2004 的方法测试合成橡胶外壳材料的撕裂强度。

基于第一代硅树脂复合绝缘体和 20 多年的高温硫化（HTV）硅橡胶材料的经验，按照 ISO 34-1:2004 撕裂强度应大于 6 N/mm。

3.6 体积电阻率

体积电阻率测试能检测绝缘材料中存在的导电杂质。该特性可用于评估经常存在的添加物（例如含有不同级别离子杂质的填料）。对某些树脂体系，不恰当的加工过程对体积电阻率影响很大。

推荐采用 GB/T 1410—2006 进行体积电阻率的测试。该测试方法适用于测试芯体、外壳和结构材料。

作为最低要求，体积电阻率应大于 10^{10} Ω·m。

3.7 击穿电场强度

电击穿强度是绝缘材料的重要性能之一，应检测外壳材料和结构材料的击穿场强。不需要单独测量芯材的击穿场强，因为在测量由水引起的化学和物理降解期间已经评估了芯材的电击穿场强（见 3.4）。

对于工频击穿场强达到 20 kV/mm 的检验（检验试验），推荐使用 GB/T 1408.1—2006 的测试方法。对于厚度 3 mm 的试样击穿场强应高于 10 kV/mm。

绝缘材料通常具有高的固有电击穿强度。为了评估它，应采用不同的测试。例如：对于刚性绝缘材料（例如环氧树脂）和柔性绝缘材料（例如硅橡胶），参照 IEC 60455-2 标准测试。绝缘材料击穿电场强度测试参照 IEC 60455-2 标准，击穿电场强度应大于 40 kV/mm。

GB/T 1408.1—2006 和 IEC 60455-2 不同的测试导致击穿场强的等级不同，所以非陶瓷户外绝缘材料的一般性最低要求不能详细说明。

3.8 抗化学腐蚀

芯材可能受到酸雨腐蚀，可能伴随着水浸入，在同时有机械负荷作用时导致应力腐蚀。

伞套材料的完整性是复合绝缘子重要的特性。并不是适当的绝缘设计或良好的封闭系统就能防止复合绝缘子的无论是玻璃纤维还是树脂基体发生脆性断裂。

如果评价一种芯部材料的耐酸性能，例如复合长棒绝缘子或棒形复合绝缘子用的芯部材料（不含空心绝缘子），就要进行耐酸性试验。根据 IEC 61109 的机械负荷时间测试（型式试验），施加 1 mol/L 的 HNO_3 直接接触长度不小于 40 mm FRP 的芯材。材料应承受 40 MPa 的张力 96 h。

因为未见到关于结构材料的“脆性断裂”失效形式的报道，所以依据目前的理论不要求结构材料采用化学腐蚀测试。评价结构材料表面耐化学腐蚀性的其他测试有可适用的或者包含于其他测试程序中,例如耐电晕放电测试(见3.3)或者耐化学降解测试(见3.4)。

对于伞套材料不需要附加测试,因为本指导性技术文件其他章节提出的试验已经涵盖这部分内容。

3.9 耐候性与紫外线

到目前为止,氙弧测试(GB/T 16422.2—1999)被广泛采用并有很多参考可寻。碳弧测试(ISO 4892-4:2004)在一些国家也被采用。紫外荧光检验(ISO 4892-3)具有低成本和可循环的特点。为了校准三种方法,紫外线测试的参数(测试时间、酸雨、周期、采样温度,灯照类型)的定义也在考虑之中。

3.10 阻燃性

阻燃性由材料固有特性和绝缘设计决定。作为一种材料测试(设计测试),GB/T 19519 要求根据 GB/T 5169.16 的可燃性 V-0 分级。不过,在某些特定场合,例如:中压配电线路绝缘子,材料虽未满足标准,但其性能是合格的。GB/T 22079 反映 GB/T 5169.16 和 HB40、V-0 的分类要求。可是,V-0 和 HB40 不可比较,但若将材料缩放妥当,通过 V-0 的材料也能通过 HB40,反之并不一定。尤其是输电线路用材料的测试,需要确认是否简化步骤。

以电弧或放电点燃后绝缘材料将不持续燃烧,即符合 V-0 级作为阻燃性的最低要求。但这是否就是最低要求并不清楚。最低要求可以用适当的极限氧指数(LOI)水平作为替代。

3.11 耐电弧性

外壳材料和结构材料耐电弧试验首选 GB/T 1411—2002 作为测试标准。测试可以快速完成并且可重复。按照聚合物复合绝缘子的使用经验,用作户外绝缘的材料最低耐电弧时间应大于 180 s。

3.12 玻璃化转变温度

基于实际经验和玻璃化转变的物理机制,玻璃化转变温度 T_g 和最大连续工作温度 T_{max} 之间的安全极限是 15 K。T_g 测量参照 GB/T 22567—2008、GB/T 19466.2—2004 或者 ISO 11359-2:1999。所有信息仅由上述标准规定的完整测试报告给出。需要详细说明样品的几何形状及其制备、测试方法和参数,以及测试结果分析。

3.13 疏水性

可以用以下两个试验表示绝缘材料动力学疏水性:

——测试疏水稳定性;

——测试疏水转移能力。

目前为止,疏水稳定性能通过几个科学的方法研究,例如:盐雾测试和旋转轮沉浸测试。最近发展动力学滴落测试具有可重复性和成本低等特点。此外,采用容易加工的平直试样。方法的适用性和与其他方法的相似性也在考虑之中。

几个方法已用于评估疏水转移能力。有可能获得普遍认可测试方法的定义和评估也在考虑之中。

4 总结

附录 A 中列出了上述的重要材料特性。指定了外壳材料、芯材和结构材料的性能。对于某些性能,有几种适用的标准。在这种情况下,附录 A 列出推荐方法。如果允许的话,也同时列出最低要求。

附　录　A
（规范性附录）
高电压下户外用聚合物绝缘材料的重要性能和最低要求

表 A.1　高电压下户外用聚合物绝缘材料的重要性能和最低要求

	特性	适用性和最低要求[a]			测试标准
		外壳材料	芯材	结构材料	
见 3.2	耐电痕化和电晕	1A3.5[b]	—	1A3.5	GB/T 6553—2003
见 3.3	耐电晕和臭氧	×	—	×	考虑中
见 3.4	耐水引起的化学和物理腐蚀[c]	1 min 12 kV 耐压测试（不击穿、不闪络），测试电流不超过 1 mA(r.m.s)			IEC 62217，水扩散测试
		评价其他性能的可选测试，例如对于材料开发，“水浸渍后的介电损耗特性”，50 ℃水浸渍 50 d 后的 $\tan\delta<0.2$			IEC 60250 ($\tan\delta$)
见 3.5	撕裂强度	>6 N/mm	—	—	ISO 34-1
见 3.6	体积电阻率	$>10^{10}$ Ω·m			GB/T 1410—2006
见 3.7	击穿电场强度	40 kV/mm	被沸腾试验所涵盖	40 kV/mm	IEC 60455-2:1998
		10 kV/mm		10 kV/mm	GB/T 1408-1—2006；IEC 60455-2:1998
见 3.8	抗化学腐蚀[d]	—	FRP 芯材耐酸腐蚀合格	—	见正文 GB/T 19519—2004
见 3.9	耐风化和紫外线	×	—	×	GB/T 16422.2—1999 ISO 4892-3
见 3.10	阻燃性	×	—	×	GB/T 5169.16—2008
见 3.11	耐电弧性	>180 s	—	>180 s	GB/T 1411—2002
见 3.12	玻璃化转变温度	—	$T_g > T_{max}$ + 15 K	$T_g > T_{max}$ + 15 K	GB/T 22567—2008
见 3.13	疏水性	×	—	×	考虑中

× 被视为一种重要特性（需要评价最低要求）。

— 不适用或者不视为重要性能。

[a] 对于特定中等电压的绝缘材料，例如交联聚乙烯电缆的终端材料，表现出稳定的 1A2.5 等级的稳定性及可靠的使用性能。

[b] 水扩散试验是获得户外绝缘材料适合性的必须信息，而水浸渍试验则给出试样老化的附加并信息有利于材料划分等级。

[c] 芯材可用性唯一要求是具有耐酸性。

[d] 此特性只对具有本征动力学疏水特性的材料合适。

ICS 29.130.10
K 43

中华人民共和国国家标准

GB/T 28819—2012

充气高压开关设备用铝合金外壳

Aluminium alloy enclosures for gas-filled high-voltage switchgear

2012-11-05 发布　　2013-02-01 实施

中华人民共和国国家质量监督检验检疫总局
中国国家标准化管理委员会　发布

前　言

本标准按照 GB/T 1.1—2009 给出的规则起草。

本标准是根据 EN 50064:1989+A1:1993《充气高压开关设备和控制设备用锻铝和铝合金外壳》、EN 50069:1991+A1:1993《充气高压开关设备和控制设备用铸铝合金和锻铝合金焊接的混合材料外壳的技术规范》、EN 50052:1986+A2:1993《充气高压开关设备和控制设备用铸铝合金外壳》进行制定的。本标准非等效采用 EN 50064:1989+A1:1993、EN 50069:1991+A1:1993、EN 50052:1986+A2:1993。

本标准与 EN 50064:1989+A1:1993、EN 50069:1991+A1:1993、EN 50052:1986+A2:1993 的主要差别体现在:

——规范性引用文件按我国实际情况做了调整;

——部分术语做了相应修改;

——增加了材料的选用规范及表1～表6的选用范围;

——增加了对“施焊环境”的要求;

——增加了对“焊丝”的要求;

——增加了“实时成像”无损检测方法;

——对压力试验做了补充;

——增加了密封试验;

——相关章、条进行了调整;

——将3个EN标准的附录调整为3个规范性附录和1个资料性附录。

本标准中各章、条的编排顺序与 EN 50064:1989+A1:1993 基本一致,大部分条文的内容与 EN 50064:1989+A1:1993、EN 50069:1991+A1:1993、EN 50052:1986+A2:1993 相同,不同之处在前述的主要差别中已给予说明。

本标准由中国电器工业协会提出。

本标准由全国高压开关设备标准化技术委员会(SAC/TC 65)归口。

本标准负责起草单位:河南平高电气股份有限公司、西安高压电器研究院有限责任公司。

本标准参加起草单位:新东北电气(沈阳)高压开关有限公司、西安西电高压开关有限责任公司、西安西电开关电气有限公司、泰兴长江电力设备有限责任公司、陕西国德电气制造有限公司、苏州阿海珐高压电气开关有限公司、厦门 ABB 高压开关有限公司、上海西门子高压开关有限公司、沈阳华利电器集团、北京北开电气股份有限公司、宁波天安集团、金华电力开关有限公司、益和电气集团股份有限公司、上海思源高压开关有限公司、川开电气有限公司、广州白云电器设备股份有限公司、浙江开关厂有限公司、四川电器集团有限公司、华仪电气股份有限公司、河南飞宇实业有限公司、平顶山中泰伟业机电有限公司、江苏金鑫电器有限公司、阜新万达铸业(集团)有限公司、南通爱尔思轻合金精密成型有限公司、山东富通电气有限公司。

本标准主要起草人:赵文强、阎关星、吴鸿雁、张亚辉、杨国秀、石治中、任向荣。

本标准参加起草人:张实、田恩文、张勐、常越、陆建挺、马占峰、李建中、李世岗、王文文、李建华、王金民、金亚玲、许礼仁、李六零、盛敏华、陈天逆、张交锁、刘春元、杨思民、卢德银、叶树新、李政军、杨坤、杨志轶、陈荣、邱安宁、屈钧、陈伯荣、王旭、马力、杨成懋、马俊、高二平、陈晓俊、陈林峰、雷政、巴勇刚、李永全、花光全、翟春江、周素洪、高玉良、袁会云、黄乐精。

引　言

本标准包括使用在高压开关设备或相关的充气设备上的充气外壳的设计、制造、试验、检查及认证的要求。由于下列原因要对这些外壳进行特殊的考虑：

a) 该外壳通常是作为电气设备的容器，因此其形状主要是由电气因素决定的，而不是由机械因素决定的；

b) 该外壳安装在受限的可接近区域，并且这些设备只能由专业人员或被授权的人员操作；

c) 由于惰性、无腐蚀充气介质的彻底干燥是电气设备良好运行的基础，且对其进行定期检查，因此，这些外壳的壁厚不要求内部腐蚀裕量；

d) 因为充气密度应保持在保证良好绝缘和灭弧性能的较窄范围，所以外壳仅承受小的压力波动。因此，外壳不易因压力循环而疲劳；

e) 运行压力相对较低。

基于以上因素，为防止影响高压开关设备正常运行的湿气和灰尘进入外壳内部，在安装后和运行前不应进行压力试验，并且在设备运行后不应进行压力试验或对外壳内部进行定期检查。

充气高压开关设备用铝合金外壳

1 概述

1.1 范围

本标准规定了充有压缩的干燥空气、惰性气体如六氟化硫或氮气或这些气体的混合气体的户外、户内安装的高压开关设备的铝合金外壳的设计、制造和工艺、检验和试验、认证和标识等内容。

本标准适用于充有压缩的干燥空气、惰性气体如六氟化硫或氮气或这些气体的混合气体的户外、户内安装的高压开关设备的铝合金外壳，气体主要用于绝缘和/或灭弧，高压开关设备的额定电压：

——3.6 kV～40.5 kV 且充气隔室的设计压力大于 0.3 MPa(20 ℃时表压)；

——72.5 kV 及以上。

电器设备外壳包含的部件不仅仅局限于下列部件：

——断路器；

——负荷开关；

——隔离开关；

——接地开关；

——电流互感器；

——电压互感器；

——避雷器；

——母线及连接件；

——刚性气体绝缘输电线路。

还包括承压部件，如外壳带电的开关设备的灭弧室等。

1.2 质量保证

本标准明确了获得和保持产品质量的一致性和完整性是开关设备制造厂的责任。

外壳制造商应进行充分的检查以保证材料、生产和试验等各个方面都完全符合本标准和 GB/T 12467 的要求。为了保证满足本标准的要求，用户的检查员进行的检查不能免除开关设备制造商进行该质量保证程序的责任。

注：质量保证体系见 GB/T 19000 系列标准。

2 规范性引用文件

下列文件对于本文件的应用是必不可少的。凡是注日期的引用文件，仅注日期的版本适用于本文件。凡是不注日期的引用文件，其最新版本(包括所有的修改单)适用于本文件。

GB 7674—2008 额定电压 72.5 kV 及以上气体绝缘金属封闭开关设备(IEC 62271-203:2003，MOD)

GB/T 11022—1999 高压开关设备和控制设备标准的共用技术要求(eqv IEC 60694:1996)

GB/T 12467(所有部分) 金属材料熔焊质量要求[ISO 3834(所有部分)]

GB/T 19000—2008 质量管理体系 基础和术语(ISO 9000:2005，IDT)

GB/T 10858—2008 铝及铝合金焊丝(ISO 18273:2004，MOD)

3 术语和定义

下列术语和定义适用于本文件。

3.1

外壳　enclosure

充气开关设备的一部分，能使绝缘气体在规定的条件下安全地保持在额定绝缘水平，保护设备不受外来影响并对人体提供一个高的防护等级。

[改写 GB 7674—2008，定义 3.103]

3.2

制造商　manufacturer

负责设计和提供外壳的个人或团体。在本标准中指开关设备制造商。

3.3

设计者　designer

决定外壳的形状、尺寸、壁厚及材料选择、制造及试验方法的个人或团体。

3.4

(外壳的)设计压力　design pressure (of an enclosure)

用于确定外壳设计的相对压力。

注 1：它至少应等于在规定的最严酷使用条件下绝缘气体所能达到的最高温度时外壳内部的最高压力。

注 2：确定设计压力时不考虑开断操作(例如，断路器)过程中或随后出现的瞬态压力。

[GB 7674—2008，定义 3.113]

3.5

(外壳的)设计温度　design temperature (of an enclosure)

在规定的最严酷使用条件下外壳所能达到的最高温度。

注：当太阳辐射对气体温度及一些材料的机械性能有明显的影响时，应予以考虑。同样地，由于低温对某些材料性能造成的影响也应该考虑。

[改写 GB 7674—2008，定义 3.112]

3.6

铸件　casting

将熔融金属注入铸型，凝固后得到的具有一定形状、尺寸和性能的金属零件或零件毛坯。

[GB/T 5611—1998，定义 2.4]

3.7

合金　alloy

由基本金属元素(质量分数最大的元素)、合金元素及杂质所组成的一种金属物质。

[GB/T 8005.1—2008，定义 2.2]

3.8

铝合金　aluminium alloy

铝的质量分数大于 50%以上的合金。

[GB/T 8005.1—2008，定义 2.5]

3.9

一炉　a melt

一次熔化获得的金属液总量或一次热处理铸件装炉量。

[改写 GB/T 5611—1998，定义 2.21]

3.10

焊接缺陷 weld defect

焊接过程中在焊接接头中产生的金属不连续、不致密或连接不良的现象。

[GB/T 3375—1994,定义 9.1]

3.10.1

未焊透 incomplete joint penetration

焊接时接头根部未完全熔透的现象,对于对接焊缝,也指焊缝深度未达到设计要求的现象。

[GB/T 3375—1994,定义 9.2]

3.10.2

焊瘤 overlap

焊接过程中,熔化金属流淌到焊缝之外在未熔化的母材上所形成的金属瘤。

[GB/T 3375—1994,定义 9.9]

3.10.3

咬边 undercut

由于焊接参数选择不当,或操作方法不正确,沿焊趾的母材部位产生的沟槽或凹陷。

[GB/T 3375—1994,定义 9.8]

3.11

铸件缺陷 casting defect

铸造生产过程中,由于种种原因,在铸件表面和内部产生的各种缺陷的总称。通常分为以下八类:多肉类缺陷,孔洞类缺陷,裂纹冷隔类缺陷,表面缺陷,残缺类缺陷,夹杂类缺陷,尺寸、形状和重量差错类缺陷及成分、组织和性能不合格类缺陷。

[GB/T 5611—1998,定义 9.1.24]

3.11.1

裂纹 crack

铸件表面或内部由于各种原因发生断裂而形成的条纹状裂缝,包括热裂、冷裂、热处理裂纹等。

[GB/T 5611—1998,定义 9.4.1]

3.11.2

冷隔 cold shut

在铸件上穿透或不穿透的,边缘呈圆角状的缝隙。多出现在远离浇口的宽大上表面或薄壁处、金属流汇合处,以及冷铁、芯撑等激冷部位。

[GB/T 5611—1998,定义 9.4.8]

3.11.3

冷裂 cold cracking

铸件凝固后在较低温度下形成的裂纹。裂口通常穿过晶体延伸到整个断面。

[GB/T 5611—1998,定义 9.4.2]

3.11.4

热裂 hot crack

热撕裂 hot tear

铸件凝固后期或凝固后在较高温度下形成的裂纹,其断面严重氧化,无金属光泽,裂口沿晶粒边界产生和发展,外形曲折而不规则。

[GB/T 5611—1998,定义 9.4.3]

3.11.5

夹杂物 inclusion

铸件内或表面上存在的和基本金属成分不同的质点。包括渣、砂、涂料层、氧化物、硫化物、硅酸盐等。

[GB/T 5611—1998,定义 9.8.2]

3.11.6

气孔 blowholes

针孔 pinholes

铸件内由气体形成的孔洞类缺陷。其表面一般比较光滑,主要呈梨形、圆形和椭圆形。一般不在铸件表面露出,大孔常孤立存在,小孔则成群出现。

[GB/T 5611—1998,定义 9.3.2]

3.11.7

缩孔 shrinkage

铸件在凝固过程中,由于补缩不良而产生的孔洞。形状极不规则、孔壁粗糙并带有枝状晶,常出现在铸件最后凝固的部位。广义的缩孔包括缩松。

[GB/T 5611—1998,定义 9.3.9]

3.12

热处理 heat treatment

固态金属或合金经过一个或多个温度循环得到某些预期特性的过程。

3.13

延性 ductility

材料在断裂前塑性变形的能力。

[GB/T 10623—2008,定义 2.4]

3.14

疲劳 fatigue

因反复施加尤其是导致裂缝或破裂的应力或应变,引起的材料性能的变化。

3.15

抗拉强度 tensile strength

与最大力相对应的应力。

注:通过拉伸试验到断裂过程中的最大试验力和试样原始横截面积之间的比值来计算。

[GB/T 10623—2008,定义 3.17]

3.16

试件 test piece

按照规定焊接程序把相同或不同的材料焊接到一起的两个或多个部件,或用随炉的铸造试棒或铸件的一部分按照规定的焊接或铸造程序来制做的一个或多个试样。

3.17

试样 test specimen

按规定的尺寸从试件中分离的和/或最终按试验要求准备好的部分。

4 材料

4.1 材料的选择

任何合适的铝或铝合金都是允许的。推荐的材料见表 1～表 6。

注 1:应注意铝镁合金在其他情况下非常有用,但有限制性。高强度、镁含量相对高的合金在高于 66℃下长期使用后容易应力腐蚀开裂。

注2：和其他金属接触，特别是铜及铜合金，会导致严重的电偶腐蚀。奥氏体不锈钢是个例外，因为它有保护氧化膜，因此经常被用于和铝连接。在某些情况下铝外壳应该被特别的保护，如和低碳钢支撑联接的时候，沥青、薄锌片（牺牲阳极保护）或者混合保护在这方面是有用的。作为选择，低碳钢支撑可以电镀锌、热镀锌或喷铝。应注意接触某些垫圈材料会引起铝腐蚀，应咨询垫圈制造商。

4.2 化学成分控制

铸锭的使用应符合相应的材料技术规范要求和订单中的其他特殊要求；它们应清洁且无有害的缺陷。

如果熔化物的化学分析符合相应技术规范的要求，铸造者可以使用自己认为合格的金属锭生产中产生的小块废料，它们应予以隔离和识别。小块废料可以包括大的铸件清理或修补时废料，但应不包括所有的渣滓和小颗粒，如锯屑和碎屑。

表1 铝板[a]

GB/T 3880.2—2006 中的牌号	室温下力学性能下限保证值			
	状态	板厚 mm	R_m MPa	$R_{p0.2}$ MPa
1A85	H112	>4.5～20.0	60	(20)
1060	O	0.2～80.0	60	15
	H112	>4.5～6.0	75	—
		>6.0～12.5	77	—
		>12.5～40.0	70	—
		>40.0～80.0	60	—
1050A	O	>0.2～50.0	65	20
	H112	>4.5～12.5	75	30
		>12.5～75.0	70	25
1200	O	0.2～50.0	75	25
	H112	>6.0～12.5	85	35
		>12.5～80.0	80	30
3003	O	0.2～50.0	95	35
	H112	>6.0～12.5	115	70
		>12.5～80.0	100	40
3004	O	0.2～50.0	155	60
5052	O	0.2～50.0	170	65
	H112	>6.0～12.5	190	80
		>12.5～80.0	170	70
5A03	O	0.5～4.5	195	100
	H112	>4.5～10.0	185	80
		>10.0～25.0	175	70
		>25.0～50.0	165	60

表 1（续）

GB/T 3880.2—2006 中的牌号	室温下力学性能下限保证值			
	状态	板厚 mm	R_m MPa	$R_{p0.2}$ MPa
5A05	O	0.5～4.5	275	145
	H112	＞4.5～10.0	275	125
		＞10.0～25.0	265	115
		＞25.0～50.0	255	105
5083	O	0.2～50.0	275	125
	H112	＞6.0～40.0	275	125
		＞40.0～50.0	270	115
5086	O	0.2～80	240	100
	H112	＞6.0～12.5	250	105
		＞12.5～40.0	240	105
		＞40.0～50.0	240	100
6A02	T4	0.5～4.5	195	(100)
		＞4.5～10.0	175	(90)
6A02	T4 焊	0.5～10.0	165	—
	T6	0.5～10.0	295	(230)
	T6 焊	0.5～10.0	165	—

注 1：加括号的值在 GB/T 3880 中未规定，系 JB/T 4734 标准推荐值。

注 2：对于 6A02 而言，T4 或 T6 状态的板材焊接后，焊接接头的许用应力值取 T4 焊或 T6 焊的值；表中其他牌号的铝板，母材不论是 O 或 H112 状态，焊接接头的许用应力值均取退火状态(O)的许用应力值。

注 3：螺旋焊管也可以采用其他牌号的材料，如板 5754。

[a] 铝板拉伸试验取样按 GB/T 16865—1997 规定，不可热处理强化的铝板为纵向取样。

表 2　拉轧制无缝铝管

GB/T 6893—2000 中的牌号	室温下力学性能下限保证值			
	状态	壁厚 mm	R_m MPa	$R_{p0.2}$ MPa
1060	O	0.5～5.0	60	(15)
1050A	O	0.5～5.0	60	(20)
1200	O	0.5～5.0	75	(25)
3003	O	0.75～5.0	95	(35)
5052	O	0.5～5.0	170	70
5A03	O	0.5～5.0	175	80
5A05	O	0.5～5.0	215	90
5083	O	0.5～5.0	270	110

表 2（续）

GB/T 6893—2000 中的牌号	室温下力学性能下限保证值			
	状态	壁厚 mm	R_m MPa	$R_{p0.2}$ MPa
6A02	T4	0.5～5.0	205	(100)
	T4 焊	0.5～5.0	165	—
6061	T4	0.75～1.20	205	100
		>1.20～5.0	205	110
	T4 焊	0.5～4.5	165	—
	T6	0.75～5.0	290	240
	T6 焊	0.75～5.0	165	—
6063	T6	0.75～5.0	230	195
	T6 焊	0.75～5.0	118	—
注：加括号的 $R_{p0.2}$ 值在 GB/T 6893—2000 中未规定，系 JB/T 4734 标准推荐值。				

表 3　挤压圆铝管

GB/T 4437.1—2000 和 GB/T 4437.2—2003 中的牌号	室温下力学性能下限保证值			
	状态	壁厚 mm	R_m MPa	$R_{p0.2}$ MPa
1060	O，H112	5.0～50.0	60	(15)
1050A	O	5.0～50.0	60	(20)
1200	O，H112	5.0～50.0	75	(25)
3003	O，H112	5.0～50.0	95	(35)
5052	O	5.0～50.0	170	70
5A02	H112	5.0～50.0	225	—
5A03	H112	5.0～50.0	175	70
5A05	H112	5.0～50.0	225	110
5083	O，H112	5.0～50.0	270	110
5086	O，H112	5.0～50.0	240	95
5454	O，H112	5.0～50.0	215	85
6005A	H112	5.0～50.0	130	—
6A02	T4	5.0～50.0	205	(105)
	T4 焊	5.0～50.0	165	—
	T6	5.0～50.0	295	(230)
	T6 焊	5.0～50.0	165	—
6061	T4	5.0～50.0	180	110
	T4 焊	5.0～50.0	165	—

表 3（续）

GB/T 4437.1—2000 和 GB/T 4437.2—2003 中的牌号	室温下力学性能下限保证值			
	状态	壁厚 mm	R_m MPa	$R_{p0.2}$ MPa
6061	T6	5.0～50.0	260	240
	T6 焊	5.0～50.0	165	—
6063	T6	5.0～50.0	205	170
	T6 焊	5.0～50.0	118	—
注：加括号的 $R_{p0.2}$ 值在 GB/T 4437.1—2000 中未规定，系 JB/T 4734 标准推荐值。				

表 4　挤压铝棒

GB/T 3191—1998 中的牌号	室温力学性能下限保证值			
	状态	尺寸 mm	$R_{m'}$ MPa	$R_{p0.2}$ MPa
1060	O，H112	≤150	60	15
1050A	H112	≤150	65	20
1200	H112	≤150	75	20
2A11	T4	≤150	370	215
2A12	T4	≤22	390	255
		＞22～150	420	275
3003	O	≤150	95	35
	H112	≤150	90	30
5052	O，H112	≤150	175	70
5A03	O，H112	≤150	175	80
5A05	O，H112	≤150	265	120
6A02	T6	≤150	295	(230)
	T6 焊	≤150	165	—
6061	T4	≤150	180	110
	T4 焊	≤150	165	—
	T6	≤150	260	240
	T6 焊	≤150	165	—
6063	T5	≤12.5	50	110
		＞12.5～25.0	145	105
	T5 焊	≤25	118	
	T6	≤25	208	170
	T6 焊	≤25	118	

注 1：加括号的 $R_{p0.2}$ 值在 GB/T 3191—1998 中未规定，系 JB/T 4734 标准推荐值。

注 2：对于不可热处理强化的铝棒，母材不论是 O 或 H112 状态，焊接接头的许用应力值均取退火状态(O)的许用应力值；对于可热处理强化的铝棒，如 6A02、6061、6063，母材在 T4、T5、T6 状态焊接后，焊接接头的许用应力值分别取 T4 焊、T5 焊、T6 焊栏的值。

注 3：棒尺寸的含义为圆棒的直径，以及方棒、六角棒的内切圆直径。

表 5　铝合金锻件

牌号	室温力学性能下限保证值			
	状态	尺寸 mm	R_m MPa	$R_{p0.2}$ MPa
2014	T4	≤100	380	205
	T6	≤50	440	380
		>50～100	435	370
3003	H112	≤100	95	35
	H112 焊	≤100	95	
5052	H112	≤80	175	
5083	H112	≤100	270	110
	H112 焊	≤100	260	
6061	T6 模锻	≤100	260	240
	T6 手工锻	≤100	255	23
		>100～200	240	220
	T6 焊	≤200	165	

注 1：未注明锻造方法的锻件，包括模锻与手工锻。

注 2：牌号系 JB/T 4734 标准推荐值。

表 6　铝合金铸件

GB/T 1173—1995 中的牌号	室温力学性能下限保证值				
	代号	铸造方法	状态	R_m MPa	$R_{p0.2}$ MPa
ZAlSi7Mg	ZL101	J,JB	T5	205	—
		S,SB	T5	195	—
		SB	T6	225	—
ZAlSi7MgA	ZL101A	J,JB	T5	265	—
		S,SB	T5	235	—
		SB	T6	275	—
		J,JB	T6	295	—
ZAlSi9Mg	ZL104	J,JB	T6	235	—
		SB	T6	225	—
ZAlSi7Mg1A	ZL114A	SB	T5	290	(190)
		J,JB	T5	310	(205)
ZAlMg5Si	ZL303	S,J	F	145	(50)

注：括号内的 $R_{p0.2}$ 值在 GB/T 1173—1995 中未列，系 JB/T 4734 标准推荐值。

5 设计

5.1 概述

本章中指定的充气高压开关设备外壳的设计规则只是为了确定尺寸和最小厚度，以确保外壳在选用第 4 章中给出的材料时耐受严重的塑性变形、逐渐增长的破坏和因为弯曲引起的破坏的安全性。

本标准考虑了这些外壳要经受特定运行条件（见引言），使其有别于常规压缩空气储存器和类似储存容器。

由各种公式决定的厚度是最小的，因此具体标称厚度应由材料技术规范所允许的任何负公差的数量来增加。

注：还存在不同于 5.7 和 5.8 中给出的公式计算的几何形状的外壳设计。只要调整计算或按照 7.5 的规定进行了验证试验，这些设计就是允许的。

5.2 腐蚀裕量

外壳在运行中充入彻底干燥的无腐蚀性气体，因此不必要求内部腐蚀裕量。

5.3 设计事项

外壳的几何形状由电气特性而不是机械特性决定。这一限制会导致一个复杂程度不可接受的计算或根本无法计算。

在这种外壳或不能进行计算的外壳情况下，在装配内部部件前应进行单个外壳的验证试验。

设计外壳时，如果适用，要考虑以下内容：

a) 作为充气过程的一部分，外壳可能要抽真空。

对于这一类型的外壳，通常在输入气压前需要抽真空以保证气体的纯度。因此，真空条件不是运行条件且大多数情况下为内部压力设计的外壳适用于抽真空条件而不变形。

然而，对于某些长度长和直径大的母线段，外部压力有可能会导致外壳变形。在这种情况下，应检查设计的外部压力，必要时外壳应加固。由于这不是运行条件，因此无关安全问题。

b) 外壳壁两侧可能出现的全部压力差；

c) 外部影响形成的叠加负荷和振动；

d) 温差（包括瞬时条件）和热膨胀系数的不同引起的应力；

e) 太阳辐射的影响；

f) 焊接预应力的影响。

铝合金外壳焊接后的热处理通常是不必要和不要求的。

注：因内部电气故障引起的压力不在外壳设计的考虑之内，因为在这一现象后会仔细检查，且如果有必要，外壳应予以更换。

内部故障引起的电弧情况参见 GB 7674—2008。

5.4 设计压力

基于 3.4 中定义的设计压力（p）进行设计。

5.5 设计温度

材料的选取和设计压力的确定取决于以设计压力（p）运行时能够达到的最高壁温度。

5.6 设计应力基础

5.6.1 锻铝合金及其他铝合金

标称设计强度(K)从材料标准中选取：

K ——在设计温度下的屈服强度(R_{ET})或 0.2%屈服点($R_{p0.2}$)；

S ——对应屈服强度或 0.2%的屈服点的安全系数为 1.5。

因此，遵循的允许设计应力：$\sigma=K/1.5$

对于表 1～表 5 中所列具有退火状态的材料，在退火状态下的标称设计强度(K)用于焊接结构的设计中。

5.6.2 铸铝合金、铸铝合金和锻铝合金焊接的混合材料

设计应力既可以由计算也可以由验证试验确定，见 7.5。

设计压力下的允许设计应力(f_a)包括安全系数的适当方程由式(1)给出：

$$f_a=\frac{R_m}{3.5}\times \mathrm{CF} \qquad \cdots\cdots(1)$$

式中：

R_m ——在所选合金的材料标准的设计温度下材料的最小拉伸强度；

3.5——安全系数；

CF ——铸造中得到的考虑性能下降的铸造系数。铸造系数的值为 0.7。

如果这个值有材料认证的保证(见 6.2.5)，计算可能基于更高的拉伸强度和铸造系数的值。

当外壳或其部分的强度没有通过计算确定，应该进行验证试验，以证明允许设计应力不超过设计压力(见 7.5)。

5.7 锻铝合金及其他铝合金的计算

5.7.1 壳体、碟形端盖、开孔、螺钉和螺栓

用于壳体、碟形端盖、螺栓、螺钉和开孔计算的特定符号如下：

符　号	含　义	单　位
D_a	壳体外部直径	mm
D_i	壳体内部直径	mm
D_k	设计直径	mm
D_m	密封圈平均直径	mm
d_i	开孔和支管的内部直径	mm
t	要求的壁厚	mm
l_s'	支管的凸出长度	mm
t_A	开孔处要求的壁厚	mm
t_s	支管壁厚	mm
x	假定控制应力作用的距离	mm
R	碟形端盖的球冠半径	mm

表（续）

符　号	含　义	单　位
r	转角半径	mm
h_1	碟形端盖直法兰的高度	mm
h_2	碟形端盖的深度	mm
v	焊接接头系数	—
v_A	弱化系数	—
p	设计压力	MPa
p_B	弯曲压力	MPa
p_s	总的螺栓(或螺柱或螺杆)紧固力	N
p_i	考虑内部压力的区域(A)的负荷	N
A_b	实际使用的螺栓(或螺柱或螺杆)总截面积,以螺纹小径计算或以无螺纹部分的最小直径计算,取小者	mm²
L	支管的中心距离	mm
β	设计因素	—
n	每一法兰连接的螺栓(或螺柱或螺杆)数量 $P_s/P_i=P'_s/P'_i$	—
P'_i	每一螺栓(或螺柱或螺杆)的负荷 $=p_i/n$	N
P'_s	每一螺栓(或螺柱或螺杆)的紧固力$=p_s/n$	N

5.7.1.1　圆筒壳体

要求壁厚见式(2)：

$$t=\frac{D_a \cdot p}{2(K/1.5)\cdot v+p} \qquad \cdots\cdots(2)$$

圆筒壳体最小允许壁厚为 3 mm。

5.7.1.2　球形壳体

要求壁厚见式(3)：

$$t=\frac{D_a \cdot p}{4(K/1.5)\cdot v+p} \qquad \cdots\cdots(3)$$

球形壳体最小允许壁厚为 3 mm。

5.7.1.3　锥形壳体

锥形壳体壁厚的确定是基于圆锥体的宽端口在转角处或圆周接缝的切线方向(弯曲应力)的应力和远离转角的切线方向(膜应力)的应力(见图 1)。应考虑根据 5.7.1.3.1 或 5.7.1.3.2 计算的较大壁厚。尽管根据 5.7.1.3.1 和 5.7.1.3.2 得出的厚度较小,但对于带斜角到圆锥体轴 $\varphi_1>70°$的浅圆锥体,壳体壁厚应根据 5.7.1.3.3 来确定。

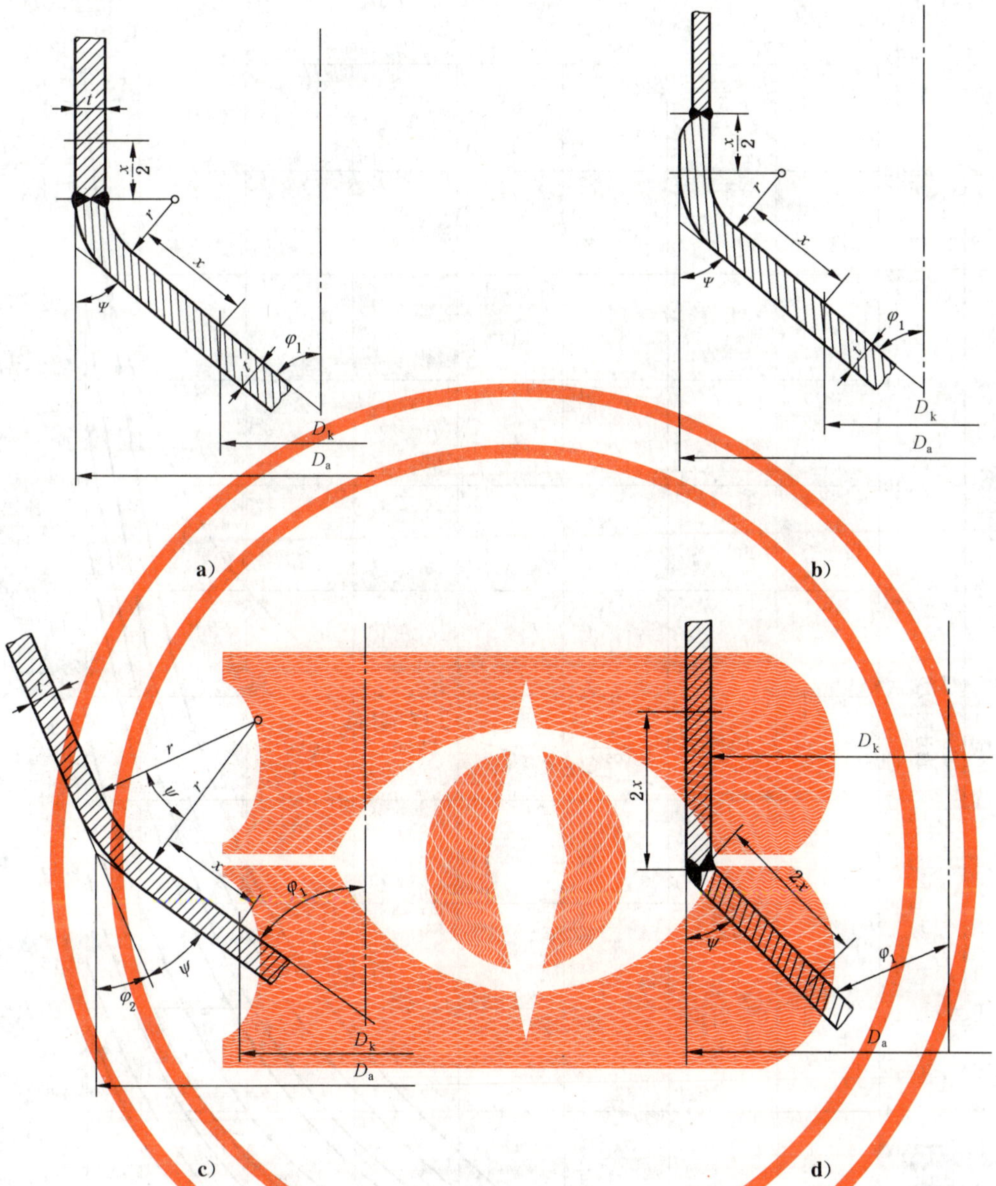

图 1 圆筒形壳体和锥形壳体之间的典型连接

在式(4)和式(8)中焊接接头系数(v)按圆周接缝,在公式(7)中按纵向接缝。如果圆周接缝和转角之间的距离最少是 $x/2$,则式(4)和式(8)焊接接头系数 $v=1.0$。

锥形壳体的最小允许壁厚为 3 mm。

5.7.1.3.1 基于径向应力的计算

要求的壁厚见式(4):

$$t=\frac{D_a \cdot p \cdot \beta}{4(K/1.5)\cdot v} \quad \cdots\cdots(4)$$

根据两个相邻壳体斜角的差异 ψ[见式(5)],以及转角半径和壳体外部直径的比率 r/D_a,设计因数 β 要从表 7 或图 2 中取出。

$$\psi=\varphi_1-\varphi_2 \quad \cdots\cdots(5)$$

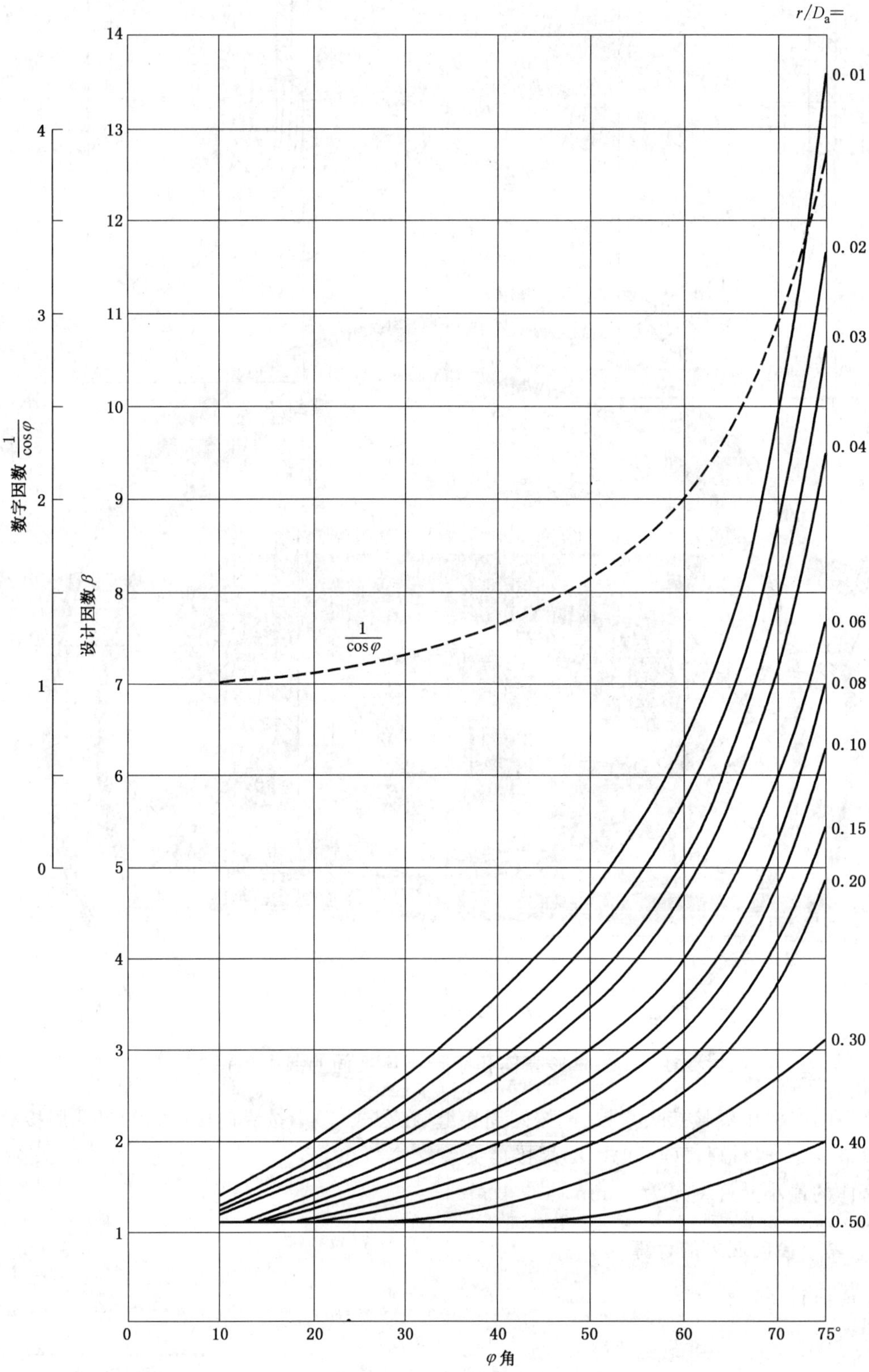

图 2 设计因数 $\boldsymbol{\beta}$ 和数字因数 $1/\cos\varphi$

a) 带转角的壳体，见图 1 a)和图 1 b)。

如果锥形壳体的宽末端与转角相连，则转角的壁厚要根据式(4)确定且应在远离圆锥体截面的转角至少按式(6)计算的距离范围内保持这个壁厚：

$$x=\sqrt{D_a \cdot t} \quad \cdots\cdots(6)$$

且超过至少 $x/2$ 的距离沿圆筒形段应保持这个壁厚。

表 7 锥形壳体的设计因数 β 和数字系数 $\cos\varphi$ 和 $1/\cos\varphi$

φ 对应的 ψ	r/D_a 对应的 β												$\cos\varphi$	$1/\cos\varphi$
	0.01	0.02	0.03	0.04	0.06	0.08	0.10	0.15	0.2	0.3	0.4	0.5		
10	1.4	1.3	1.2	1.2	1.1	1.1	1.1	1.1	1.1	1.1	1.1	1.1	0.985	1.015
20	2.0	1.8	1.7	1.6	1.4	1.3	1.2	1.1	1.1	1.1	1.1	1.1	0.940	1.064
30	2.7	2.4	2.2	2.0	1.8	1.7	1.6	1.4	1.3	1.1	1.1	1.1	0.866	1.155
45	4.1	3.7	3.3	3.0	2.6	2.4	2.2	1.9	1.8	1.4	1.1	1.1	0.707	1.414
60	6.4	5.7	5.1	4.7	4.0	3.5	3.2	2.8	2.5	2.0	1.4	1.1	0.500	2.000
70	10.0	9.0	8.0	7.2	6.0	5.3	4.9	4.2	3.7	2.7	1.7	1.1	0.342	2.920

b) 不带转角的壳体，见图 1 d)。

锥形壳体可相互连接，或只要满足以下条件，可用对接焊的方式将锥形壳体与圆筒壳体连接：

1) $\psi \leqslant 30°$；

2) 接头从两侧焊接；

3) 根据式(6)两个壳体的长度应至少为 $2x$。

如果与项 2)不符，对接接头只能从一侧焊接，则与两侧焊接的接头的等价性应通过焊接工艺试验来验证。

根据式(4)在对接接头处的两个壳体的壁厚应依据在环缝的弯曲应力来确定。

5.7.1.3.2 基于切向应力的计算

要求的壁厚见式(7)：

$$t=\frac{D_k \cdot p}{2(K/1.5)\cdot v-p}\cdot\frac{1}{\cos\varphi_1} \quad \cdots\cdots(7)$$

式中：

v ——焊接接头系数，其为纵向接头的效率，且数字因数 $1/\cos\varphi_1$ 取自表 7 或图 2；

D_k——设计直径，要根据图 1 中图 a)～图 d)确定，且距离 x 根据公式(6)确定。

在锥形壳体彼此连接的情况下，应根据每个壳体与壳体轴线的倾斜角(φ_1 或 φ_2)计算壁厚。

5.7.1.3.3 浅锥形壳(φ_1>70°)

要求的壁厚见式(8)：

$$t=0.3(D_a-r)\frac{\varphi_1}{90}\sqrt{\frac{p}{(K/1.5)\cdot v}} \quad \cdots\cdots(8)$$

如果转角和环向接头的间距至少是按式(9)：

$$x=0.5\sqrt{\frac{D_a \cdot t}{\cos\varphi_1}} \quad \cdots\cdots(9)$$

则焊接接头系数 $v=1.0$。

假如可以满足对无转角壳的要求(见 5.7.1.3.1)，则不同斜角的锥形壳体可通过对接焊来连接。这就要求式(8)中的转角半径 $r=0$。

5.7.1.4 承受内部压力的碟形端盖

5.7.1.4.1 概述

这些规则适用于在下列限值内承受内部压力的 Kp 型、Kb 型和半球形碟形端盖(见图 3)。

a) Kp 型见式(10)～式(14):

$$R=D_a \tag{10}$$

$$r=0.1D_a \tag{11}$$

$$h_1 \geqslant 3.5t \tag{12}$$

$$h_2=0.1935D_a-0.455t \tag{13}$$

$$0.001 \leqslant t/D_a \leqslant 0.1 \tag{14}$$

b) Kb 型见式(15)～式(19):

$$R=0.8D_a \tag{15}$$

$$r=0.154D_a \tag{16}$$

$$h_1 \geqslant 3.0t \tag{17}$$

$$h_2=0.255D_a-0.635t \tag{18}$$

$$0.001 \leqslant t/D_a \leqslant 0.1 \tag{19}$$

c) 半球型见式(20):

$$D_a/D_i \leqslant 1.2 \tag{20}$$

通过适当的计算或验证试验,可以采用其他结构的碟形端盖。

如果壁厚不到 50 mm,直法兰的高度(h_1)无需超过 150 mm。

半球形的碟形端盖不要求直法兰。

在设计应力水平和允许设计应力水平相等的情况下,假如进行非破坏性试验时碟形端盖和圆筒壳之间的圆周接缝与完全加固的对接接缝程度相同时,较短的直法兰是可接受的。

如果从冠部和转角的部件一起焊接一个碟形端盖,接头应与转角有充足的距离。如果在下列情况下,距离应被视作充足的:

1) 冠部和转角是不同厚度的(见图 4),见式(21):

$$x=0.5\sqrt{R \cdot t} \tag{21}$$

2) 冠部和转角是相同厚度的(见图 3)。

对于 Kp 型碟形端盖:x 为 t 的 3.5 倍;

对于 Kb 型碟形端盖:x 为 t 的 3.0 倍。

然而最小值为 100 mm。

注:确定碟形端盖从转角向冠部过渡时起点应为内直径。对薄壁的 Kp 型碟形端盖,过渡大约为 $0.89D_i$。对薄壁的 Kb 型碟形端盖,过渡大约为 $0.86D_i$。这些系数随着壁厚增加而减少。

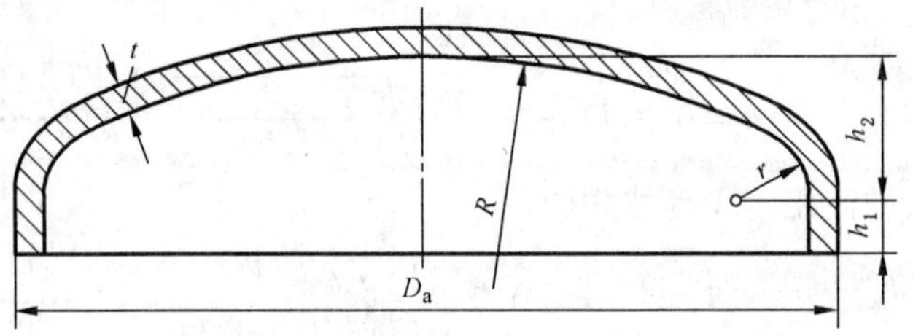

图 3 碟形端盖

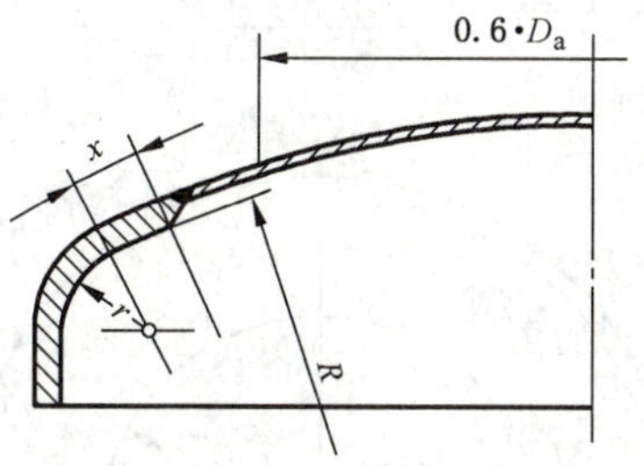

图 4　不等壁厚的转角和冠部的碟形端盖

5.7.1.4.2　接头内允许的设计应力水平的百分比

如果试验程度相应于允许设计应力水平等于设计应力水平规定的试验程度，或者如果碟形端盖是由一块板做成的，那么可以采用焊接接头系数 $v=1.0$。

对于焊接的碟形端盖(半球形碟形端盖除外)，假如焊接接头与 $0.6D_a$ 的冠部区域相交(见图 7 和图 8)，不管试验程度的情况下，也可以采用焊接接头系数 $v=1.0$。如果焊接接头与 $0.6D_a$ 的冠部区域不相交，根据试验程度(见图 6 和图 9)，焊接接头系数为 $v=0.75$ 或 $v=1.0$。

5.7.1.4.3　开孔和支管引起弱化(见图 5)

根据 5.7.1.5 不考虑设计因数 β，要对 Kb 型和 Kp 型碟形端盖的 $0.6D_a$ 冠部区域里和半球形的碟形端盖里的开孔进行充分加固检查。在密封圈加固的情况下，Kp 型碟形端盖密封圈不应超过 $0.8D_a$，Kb 型碟形端盖密封圈不应超过 $0.7D_a$。

对于 $0.6D_a$ 的冠部区域以外的开孔，根据图 10 和图 11，采用提高的设计因数 β。

在相邻开孔之间的管间隙没有全部在 $0.6D_a$ 以内，则管间隙的最小宽度应至少等于在开孔中心间距测量的开孔半径的总和。

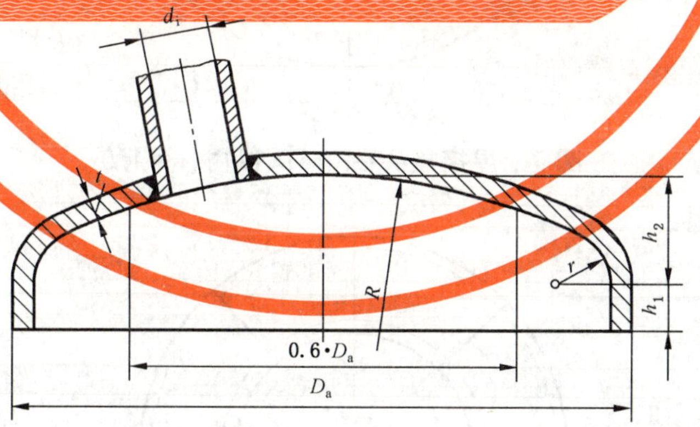

图 5　带支管的碟形端盖

5.7.1.4.4　计算规则

冠部要求的壁厚见式(22)：

$$t=\frac{D_a\cdot p}{4(K/1.5)\cdot v+p} \tag{22}$$

转角要求的壁厚见式(23)：

$$t=\frac{D_a \cdot p \cdot \beta}{4(K/1.5) \cdot v} \qquad (23)$$

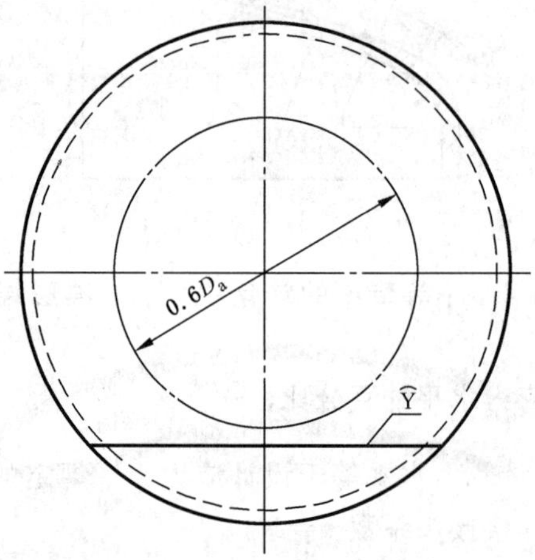

图 6　焊接接头在 0.6D_a 以外；v 分别为 0.75；1.0

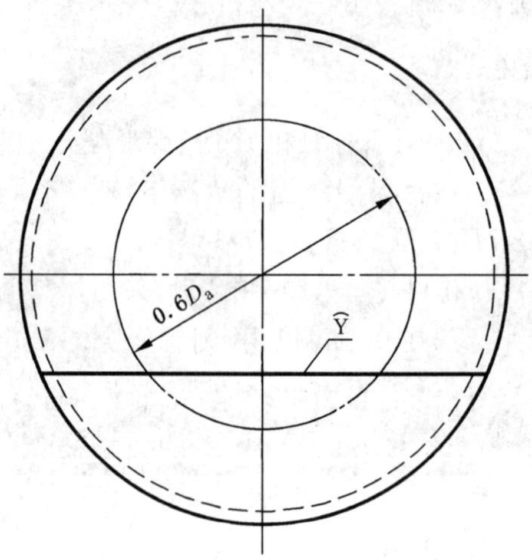

图 7　焊接接头在 0.6D_a 以内；v=1.0

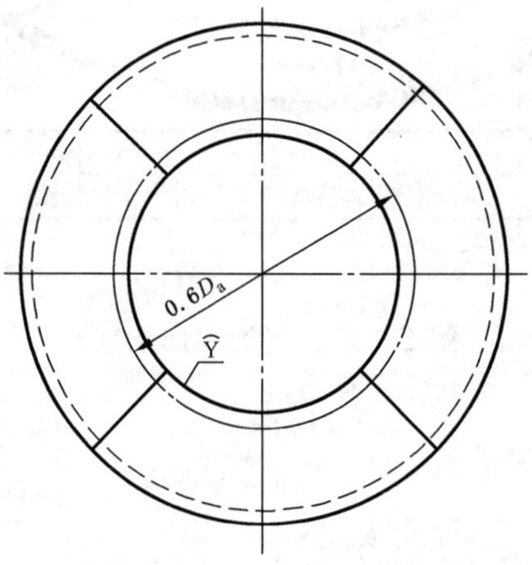

图 8　从冠部和转角部件到焊接的碟形端盖在 0.6D_a 以内；v=1.0

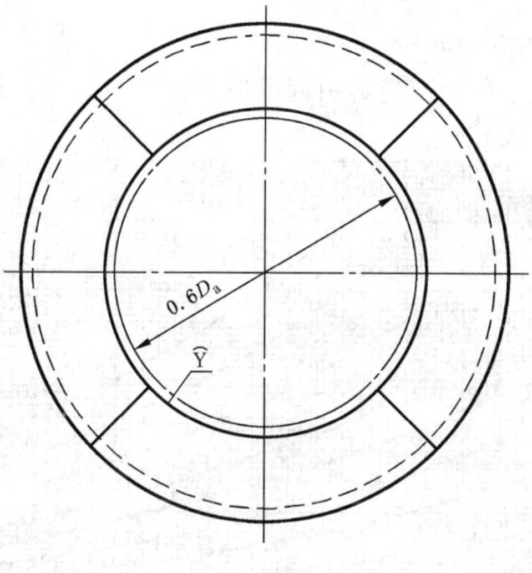

图 9　从冠部和转角部件到焊接的碟形端盖在 0.6D_a 以外；ν 分别为 0.75；1.0

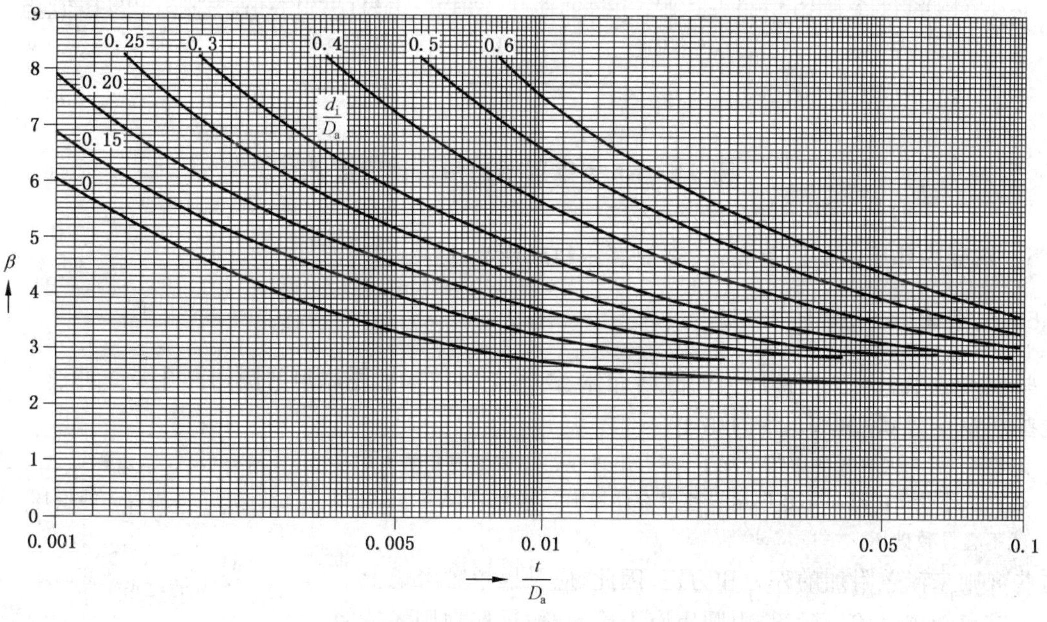

图 10　Kp 型碟形端盖用设计因数 β

碟形端盖(带或不带开孔与支管)用设计因数 β 作为 t/D_a 和 d_i/D_a 的函数取自：

a)　对于 Kp 型碟形端盖，见图 10；

b)　对于 Kb 型碟形端盖，见图 11。

$d_i/D_a>0$ 的曲线适用于在全部冠部和转角区域加固过的开孔。不考虑壁厚，半球形碟形端盖与一个相邻的焊接接头的距离见式(24)：

$$x=0.5\sqrt{R\cdot t} \qquad \cdots\cdots(24)$$

设计因数 $\beta=1.1$ 适用。

对于承受内部压力的 Kp 型和 Kb 型碟形端盖，要求进行一次附加检查，以保证转角的尺寸是否足以防止弹性弯曲(在转角的弯曲变形)。如果根据图 12 确定的弯曲压力(p_B)等于或高于 1.5 倍设计压力(p)则是这种情况。

碟形端盖的最小允许壁厚为 3 mm。

因 Kb 型和 Kp 型碟形端盖中的内部压力引起的应力分布由弹性分析方法(见附录 A)确定。

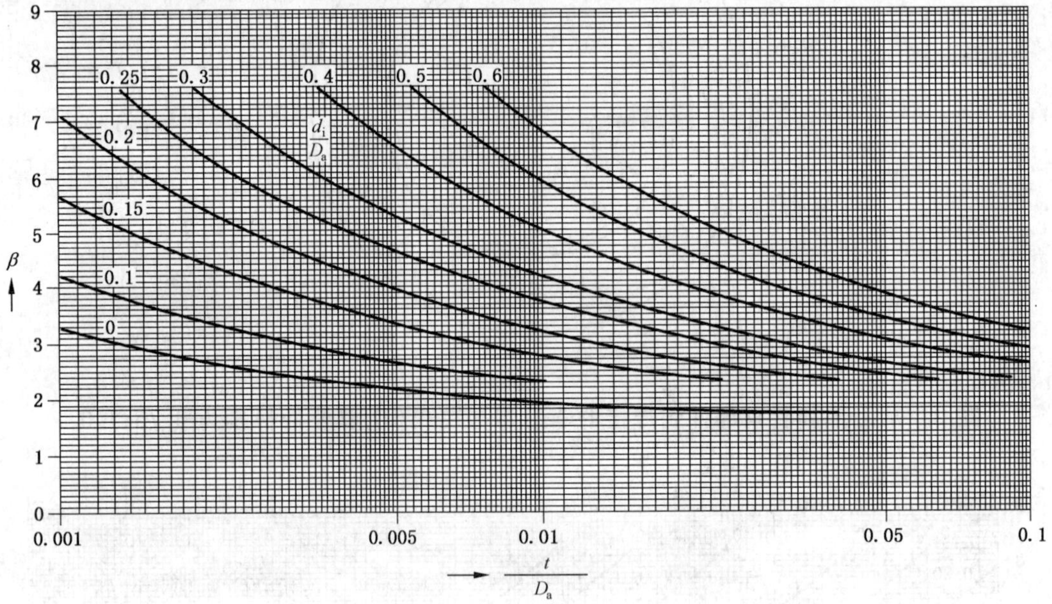

图 11 **Kb 型碟形端盖用设计因数 β**

5.7.1.5 承受内部压力的圆筒壳体、锥形壳体和球形壳体中的开孔

5.7.1.5.1 概述

这些规则适用于承受内部压力的圆筒壳体、锥形壳体和球形壳体中的圆形开孔及其补偿。

这些规则涵盖 $d_i/D_a \leqslant 1.0$ 的比率。

注:经验表明,在大直径比率的情况下,应力出现在与壳体轴线相垂直的横截面(角撑板区域)。根据这一领域中的研究工作获得的结果不足以制定通用设计规则。总之,只要不出现蠕变且没有循环负载引起的损坏,这些应力就不会导致破坏。

这些规则未涵盖附加的外力和力矩,因此,应予以单独考虑。

对于锥形壳体,仅当壁厚是由圆周应力确定时,这些规则才适用。

这些规则允许压力试验中在高应力局部区域内 1% 以下的弹性变形,因此,开孔要仔细设计以避免几何形状的突然变化。

5.7.1.5.2 补偿方法

a) 增加壳体的壁厚

通过增加壳体的壁厚使开孔得到加固(见图 13 和图 14)。

b) 壁厚的局部增加

通过内置环或叠加环或密封圈的方式使开孔得到加固(见图 15 和图 16)。

c) 增加支管的壁厚

通过增加支管的壁厚使开孔得到加固(见图 17 和图 18)。

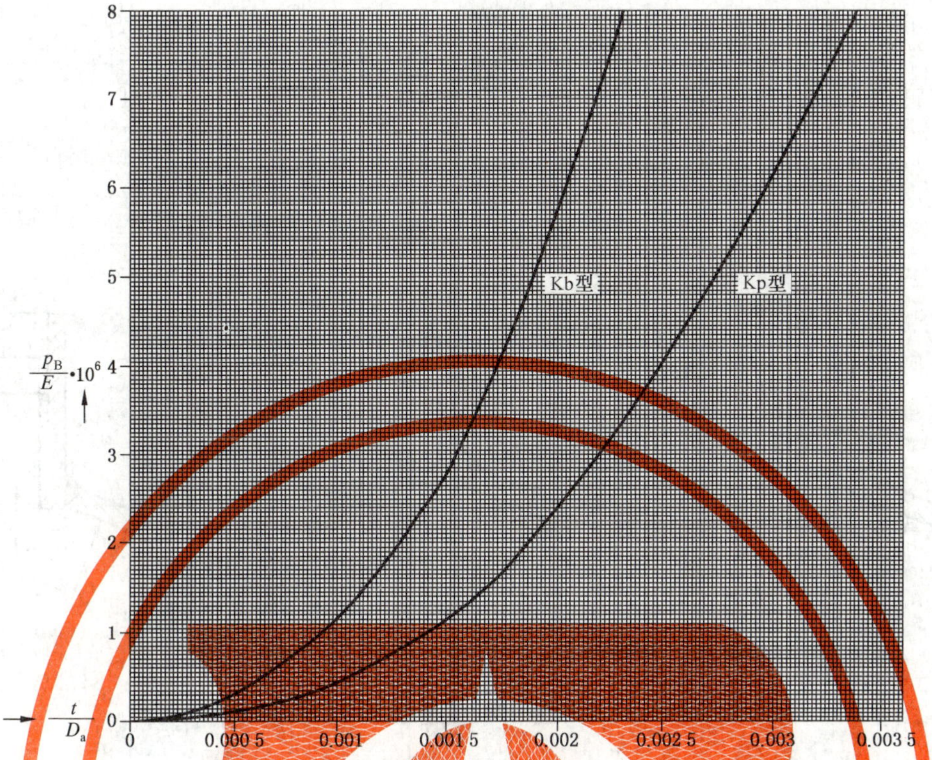

图 12　弯曲压力的确定

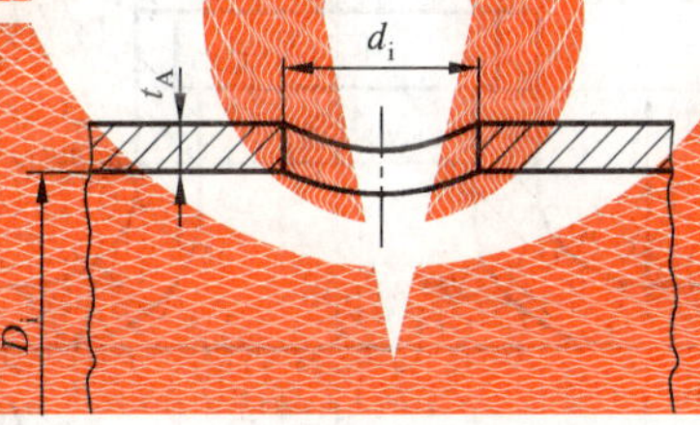

图 13　增加圆筒壳体的厚度

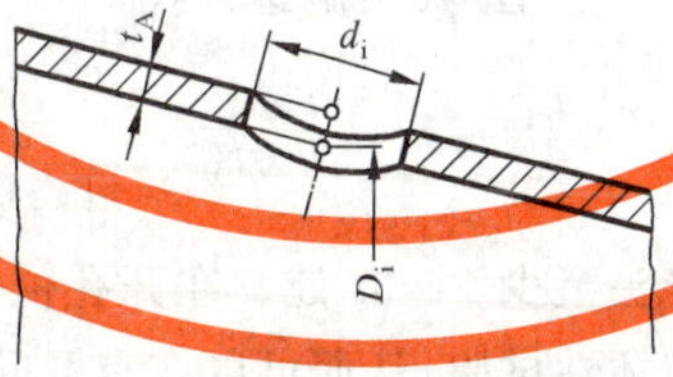

图 14　增加锥形壳体的厚度

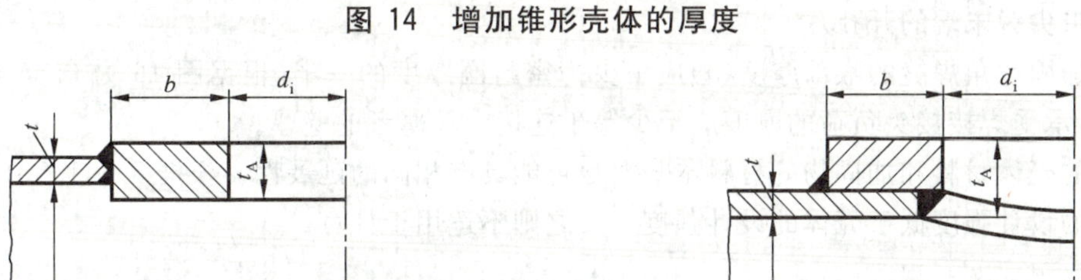

a)　嵌入式加固环　　　　b)　叠加式加固环

图 15　加固环的局部增加

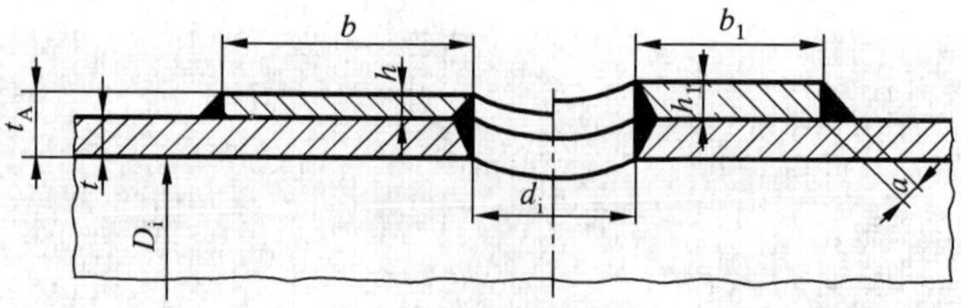

图 16 密封圈加固

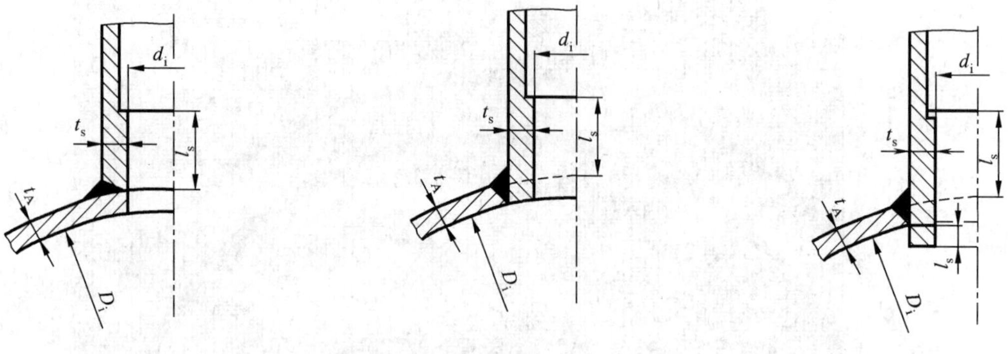

a)　　　　b)　　　　c)

图 17 支管加固

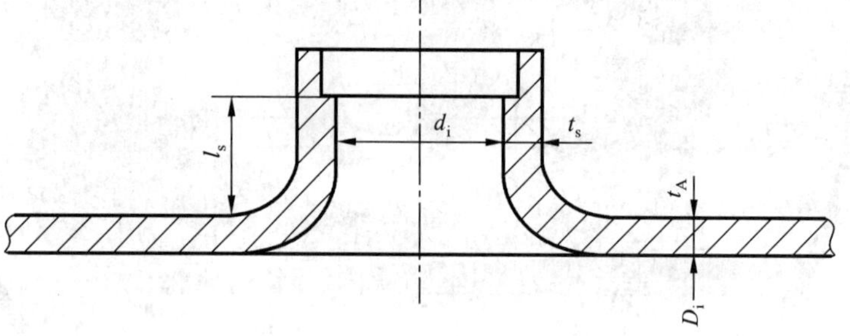

图 18 翻边开孔

5.7.1.5.3 开孔的设计和加工

开孔应尽可能设置在距离焊接接头至少 $x=3t$ 处。在开孔位于或接近焊接接头的情况下，在开孔区域内有可能要进行焊接接头的非破坏性试验，从而可以在有疑问的情况下核实接头的完好性。

应避免带尖锐末端的开孔。

密封圈加固的角焊缝的喉部厚度(a)应至少为密封圈厚度的一半(根据图 16 为 $0.5h$)。在支管加固的情况下，承受焊接接头负荷的厚度应至少等于连接中较薄者的壁厚。

要加固的壳体材料和加固物的材料本身要尽可能具有相同的延展性。根据 5.7.1.5.4 在计算中要考虑加固物的设计强度低于壳体的设计强度。反之则不适用于计算。

5.7.1.5.4 弱化

开孔的弱化效果一般由弱化系数(v_A)来补偿。对于垂直于壳体的支管，在图 24 和图 25 中足够精确地给出了系数 v_A。在这些图中的壁厚 t_A 与所要求的壁厚相同。

注：弱化系数意味着在弹性范围内结构具有减小塑性变形的能力。因为相对于弯曲应力，它们的膜应力高，因此，大开孔的薄壁壳与这种假定不相符。

如果加固物的标称设计强度(K)小于要加固的壳体强度，那么对于密封圈加固来说，加固物的横截面和对于支管加固物来说支管壁厚应在图24和图25中确定的弱化系数 v_A 之前作出相应的减小。

5.7.1.5.5 计算方法

根据式(25)，开孔也可以得到补偿：

$$p(A_p/A_\sigma + 0.5) \leqslant K/1.5 \quad \cdots\cdots(25)$$

式(25)是基于承压区域和承受负荷的横截面之间的平衡考虑。从这一关系中得出的壁厚应不小于无开孔壳体的壁厚。承压区域 A_p 和承受负荷的截面 A_σ 由图19～图22确定，其中：$A_\sigma = A_{\sigma0} + A_{\sigma1} + A_{\sigma2}$。

对于壳体而言，根据式(27)，在计算中要考虑的承受负荷的横截面的最大长度不超过 b；而对于支管而言，根据式(29)，则不超过 l_s。可以在计算中考虑支管的伸出长度 $l'_s \leqslant 0.5l_s$。

应遵守对密封圈加固和增加支管的壁厚加固所规定的要求。

如果加固物的标称设计强度 K_1 和 K_2 分别低于要加固的壳体的设计强度 K，则尺寸应按式(26)的规定：

$$(K/1.5 - 0.5p) \cdot A_{\sigma0} + (K_1/1.5 - 0.5p) \cdot A_{\sigma1} + (K_2/1.5 - 0.5p) \cdot A_{\sigma2} \geqslant p \cdot A_p \quad \cdots\cdots(26)$$

应指出的是要求的壁厚应采用迭代法确定。

a) 增加壳体的壁厚

根据图13和图14，对于开孔的弱化系数 v_A，按照 $d_i/\sqrt{(D_i+t_A) \cdot t_A}$ 的比率，从图24和图25($t_s/t_A = 0$)的较低曲线中得到相关开口直径。

b) 密封圈加固

如果圆筒体或球体的壁厚(t)小于在开孔处要求的壁厚 t_A，则要充分补偿开孔；如果在开孔周围可获得大于式(27)所示宽度的壁厚 t_A：

$$b = \sqrt{(D_i + t_A) \cdot t_A} \geqslant 3t_A \quad \cdots\cdots(27)$$

在计算中应考虑壁厚 t_A 小于壳体壁厚(t)的两倍，外部密封圈加固物的厚度(h)不能超过 t 的值(内置加固环除外)。尽可能的避免内部密封圈加固。根据 $b_1 \cdot h_1 \geqslant b \cdot h$ 的原则，如果密封圈的厚度增加至(h_1)，密封圈加固的宽度(b)(见图16)可以减少至 b_1。然而应遵守公式(27)的极限值。

c) 增加支管的壁厚

对于图17和图18的加固物，弱化系数 v_A 应从图24和图25中，按壁厚 t_s/t_A 的比率和相关的开孔直径 $d_i/\sqrt{(D_i+t_A) \cdot t_A}$ 得出。

假如伸出长度 $l'_s \geqslant t_s$(见图23)，根据图17 c)型伸出支管的壁厚可以减小20%。壁厚的比率应按式(28)：

$$t_s/t_A \leqslant 2.0 \quad \cdots\cdots(28)$$

支管的要求长度 l_s 按式(29)：

$$l_s = 1.25\sqrt{(d_i + t_s) \cdot t_s} \quad \cdots\cdots(29)$$

根据式(30)，假如支管的壁厚 t_s 增加至 t_{s1}，支管的长度可以减小至 l_{s_1}：

$$l_{s_1} \cdot t_{s_1} \geqslant l_s \cdot t_s \quad \cdots\cdots(30)$$

但是还应考虑式(28)的比值。

d) 增加壳体和支管的壁厚

密封圈和支管加固的组合可应用于开孔补偿(见图23)。对于这种加固的计算，同时采用b)和c)中规定的要求。

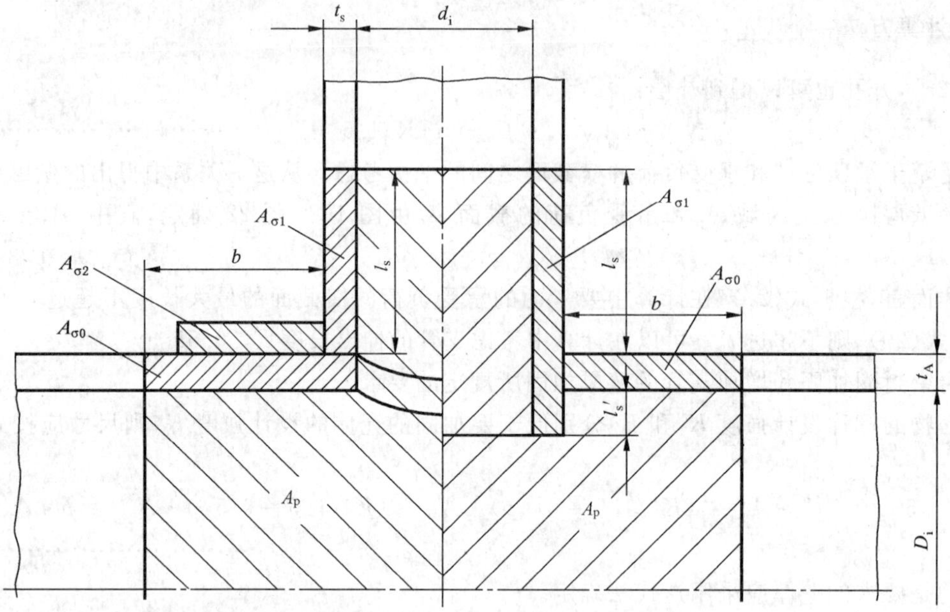

图 19 圆筒壳体的计算方法

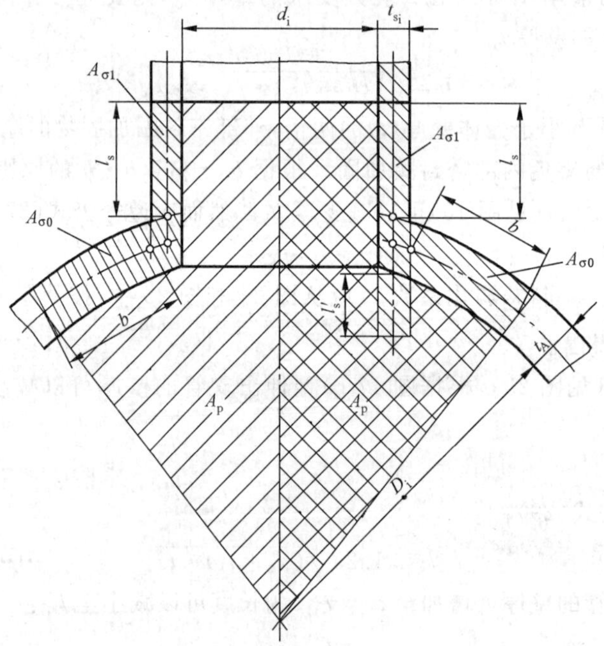

图 20 球形壳体的计算方法

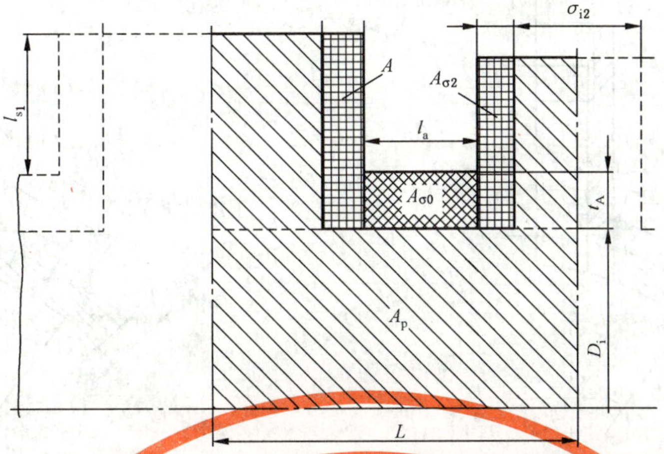

图 21　圆筒体轴向相邻支管的计算方法

5.7.1.5.6　多个开孔

开孔应视为孤立的开孔，假如两个相邻开孔(见图 21 和 22)的距离符合式(31)：

$$l_a \geqslant 2 \cdot \sqrt{(D_i + t_A) \cdot t_A} \quad \cdots\cdots (31)$$

若距离 l_a 不符合式(31)，则应检查开孔之间的剩余横截面是否能够承受在其上的负荷。如果分别可以满足式(25)和式(26)，则可获得的横截面足够。

通过与仅为内部压力计算的壁厚充分渗透焊接串联连接于壳体内的支管或插口，可通过由式(32)确定的弱化系数的较简单的方式来设计：

$$v_A = (L - d_i)/L \quad \cdots\cdots (32)$$

式中：

L——支管或插口的中心距离。

对于通过部分渗透焊接的连接于壳体的支管或插口，式(32)中的 d_i 应由 d_a 替代。

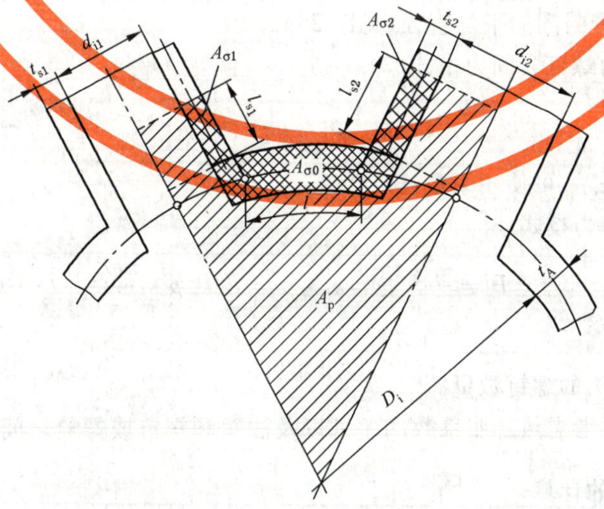

图 22　球体相邻支管或圆筒体周向相邻支管的计算方法

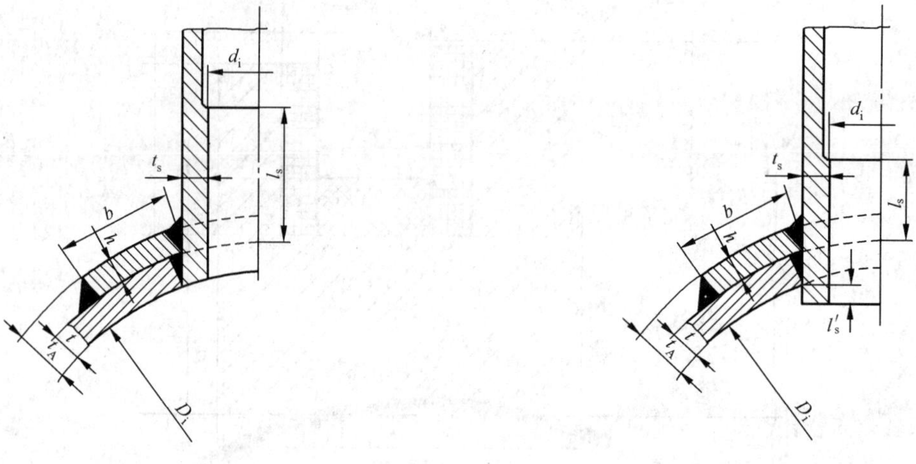

a)　　　　　　　　b)

图 23　支管和密封圈加固

5.7.1.6　圆形法兰连接中的螺钉和螺栓

5.7.1.6.1　概述

这些规则适用于由于连接管道而不承受重大外力的壳体法兰接头用钢螺栓(或螺柱或螺杆)的设计和制造。本范畴包含检查孔盖、盲法兰、可移动盖板和法兰接头用螺栓(或螺柱或螺杆)。这些规则不适用于螺栓(或螺柱或螺杆)要承受较高负荷的管道法兰;也不适用于主要密封力作用于盖板的人孔和类似的盖板用的螺栓(或螺柱或螺杆)。然而,一般规定也适用于这些螺栓(或螺柱或螺杆)。

5.7.1.6.2　圆形法兰设计规则

关于内部压力的密封区域的符合性应由式(33)来确定:

$$P_i = p \cdot \frac{\pi D_m^2}{4} \qquad \cdots\cdots (33)$$

式中:

D_m——圆形法兰用密封圈的平均直径(见图 26)。

满足密封要求的总的螺钉紧固力由式(34)确定:

$$P_s = m \cdot p_i = m \cdot p \cdot \frac{\pi D_m^2}{4} \qquad \cdots\cdots (34)$$

对于环形密封圈的法兰,可使用系数:$m=1.2$。

作用于螺钉或螺栓的力按式(35):

$$P'_s = \frac{m \cdot P_i}{n} = m \cdot p'_i = \frac{m}{n} \cdot p \cdot \frac{\pi D_m^2}{4} \qquad \cdots\cdots (35)$$

式中:

n——每一个法兰接头的螺钉数量。

在确定螺钉的力时要考虑热膨胀系数的差别以及法兰和螺钉或螺栓之间的温度差别。

5.7.1.6.3　螺钉和螺栓的计算

螺纹的设计区域(A_b)由式(36)确定:

$$A_b = \frac{P'_s}{K/S} \qquad \cdots\cdots (36)$$

在螺栓材料的屈服强度的安全系数 $S=1.5$ 的情况下，式(36)变为式(37)：

$$A_b=\frac{1.5P'_s}{K} \qquad (37)$$

或按式(38)：

$$P'_s=m\cdot P'_i=\frac{A_b\cdot K}{1.5} \qquad (38)$$

如果能够通过计算或经验确定螺钉或螺栓的温度，则该温度可作为设计温度。然而，即使计算给出了一个较小值，最小设计温度也应为 20 ℃。

5.7.2 锻铝和铝合金整体法兰和平面圆形盖板的计算

为了便于整体法兰和平面圆形盖板的计算，使用以下具体符号：

符号	含义	单位
b	垫圈宽度(O 型圈直径)	mm
$c=\frac{D_y-D_i}{D_i}$		
D_i	壳体内直径	mm
D_m	密封圈平均直径	mm
D_{m1}	壳体平均直径	mm
D_{m2}	非锥形颈的平均直径	mm
D_{m3}	锥形颈的平均直径	mm
D_h	分度圆直径	mm
D_y	法兰外直径	mm
D_3	计算的径向弯曲应力的法兰截面的直径	mm
e_1	力 P_a 的力臂	mm
e_2	力 P_p 的力臂	mm
e_4	力 P_s 的力臂	mm
H	颈的高度	mm
h	法兰厚度	mm
M_1	在法兰和壳体之间或颈和法兰之间的结合处的平均周长的单位长度的弯矩	N
M_2	法兰中单位长度的径向弯矩	N
M'_2	法兰中总的径向弯矩	N·mm
M_3	壳体和颈之间结合处的平均周长的单位长度的弯矩	N
P_a	内部压力作用于壳体或颈的总轴向力	N
P_p	在密封圈内部压力作用于环状区域的总力	N
P_s	总的螺钉紧固力	N
r	法兰和壳或颈之间结合处的圆角半径	mm
a	圆角焊接的喉部厚度	mm
t_1	壳体的壁厚	mm
t_2	非锥形颈的壁厚	mm
t_3	锥形颈的最大壁厚	mm

表(续)

符号	含　义	单　位
t_4	封盖的平板厚度	mm
σ_a	内部压力作用于壳或颈的轴向应力	MPa
σ_b	壳体、颈或法兰内的弯曲应力	MPa
σ_1	壳体或颈与法兰结合处的总的最大应力	MPa
σ_3	与颈结合处的壳体内总的最大应力	MPa

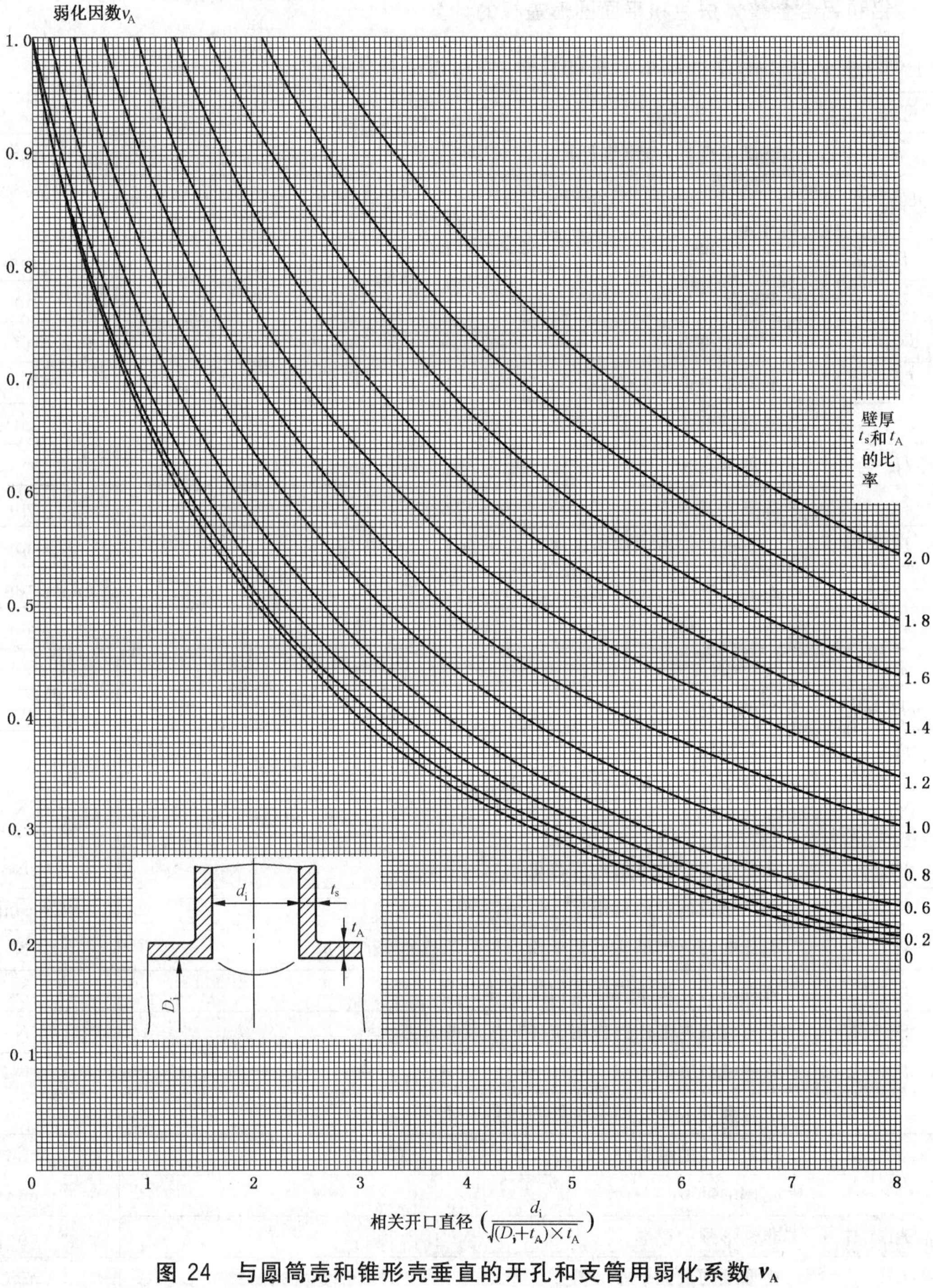

图 24　与圆筒壳和锥形壳垂直的开孔和支管用弱化系数 v_A

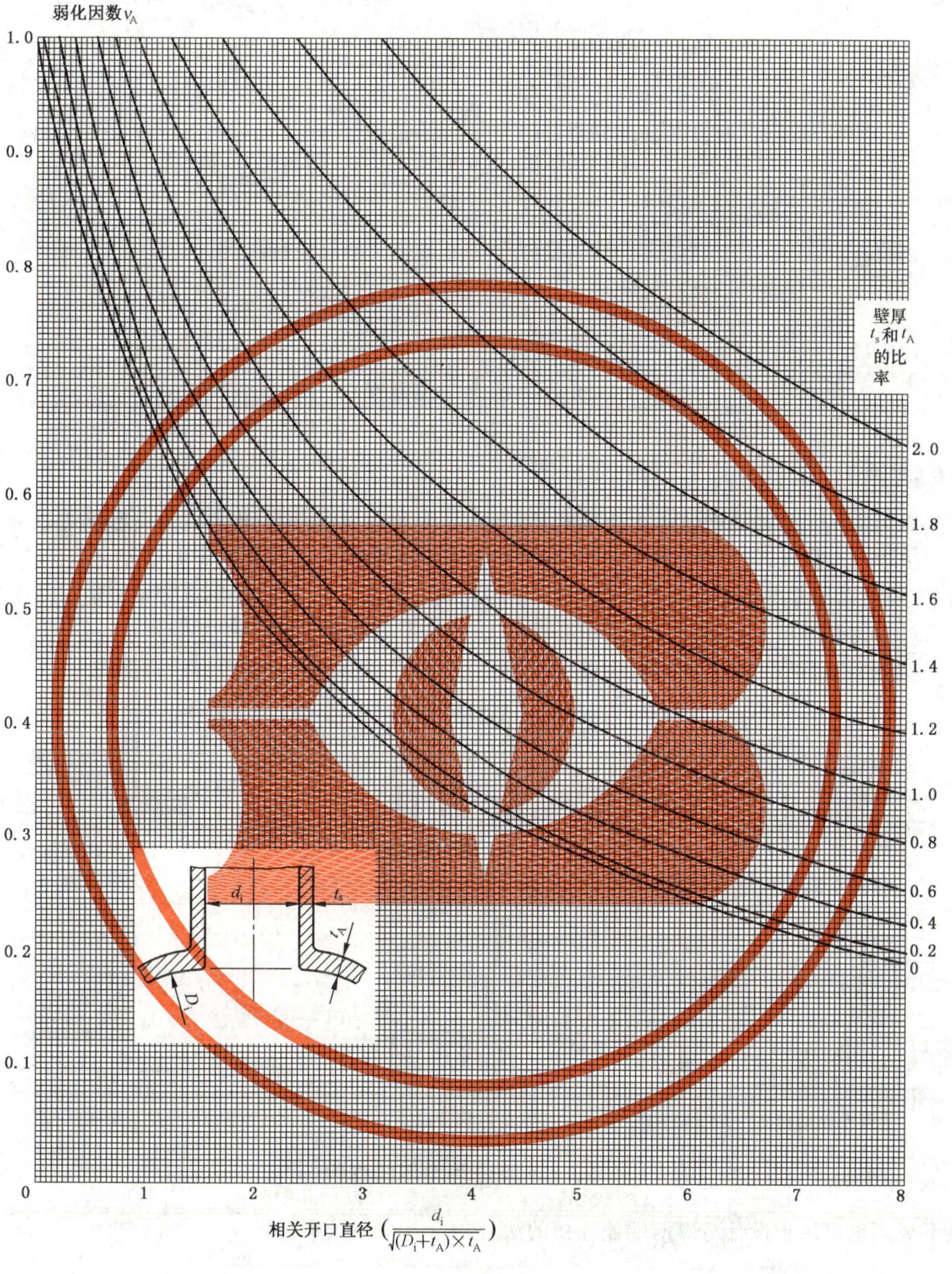

图 25 与球形壳体垂直的开孔和支管用弱化系数 v_A

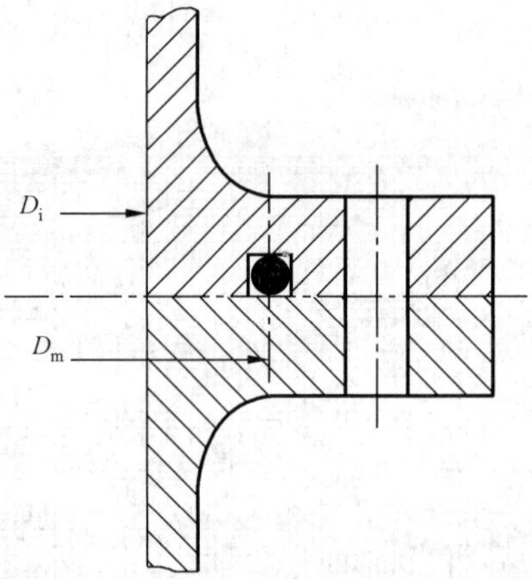

图 26 圆形法兰连接

5.7.2.1 概述

这些规则适用于与圆筒壳体永久连接的环形法兰，因此假设法兰与壳体做成一起或通过焊接与壳体连接。法兰可直接或通过一个颈与壳体连接，该颈可以是锥形的或具有恒定的壁厚。

图 27 表明无需考虑作为标准的无密封细节的某些不同类型法兰的样例。因此，图 27a)中的法兰可具有与焊接的壳体相同壁厚的颈。在图 27d)中法兰本身就与颈连接。

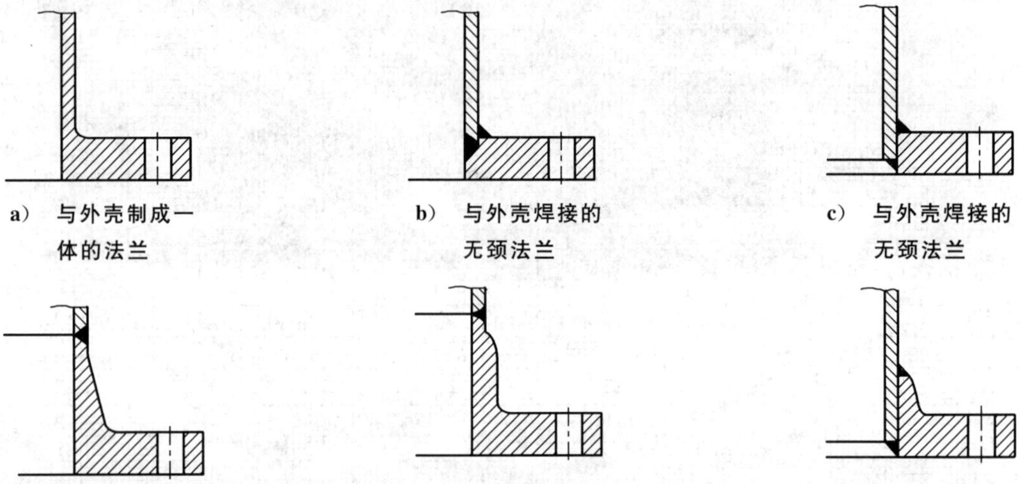

a) 与外壳制成一体的法兰

b) 与外壳焊接的无颈法兰

c) 与外壳焊接的无颈法兰

d) 带锥型颈的法兰

e) 长颈法兰

f) 短颈法兰

图 27 不同法兰类型的样例

以下规则也可用于设计与碟形端盖连接的法兰。

5.7.2.2 带有平面密封面和环形密封圈的法兰（见图 28）

法兰上外力的总弯矩，根据式(39)计算：

$$M = 0.5(P_a \cdot e_1 + P_p \cdot e_2) \quad \cdots\cdots(39)$$

式中的 P_a 和 P_p 由式(40)和式(41)得出。

注：此计算是基于 O 形圈横截面小于凹槽横截面的假设。

$$P_a = \frac{\pi D_i^2}{4} \cdot p \quad \cdots\cdots(40)$$

$$P_p = \frac{\pi p}{4}[(D_m - b)^2 - D_i^2] \quad \cdots\cdots(41)$$

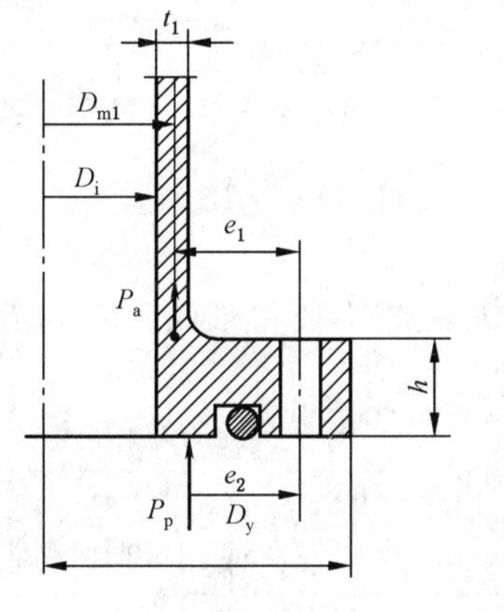

图 28　法兰 O 形密封圈的力和力臂

5.7.2.3　带长的非锥形颈的法兰(见图 29)

这些规则也适用于与圆筒壳体连接的无颈法兰，如图 30 所示。

术语“长的非锥形颈”是指符合式(42)、式(43)和式(44)的颈：

$$\beta_2 H \geqslant 1.7 \quad \cdots\cdots(42)$$

$$\beta_2 = \frac{1.82}{\sqrt{t_2 D_{m2}}} \quad \cdots\cdots(43)$$

$$D_{m2} = D_i + t_2 \quad \cdots\cdots(44)$$

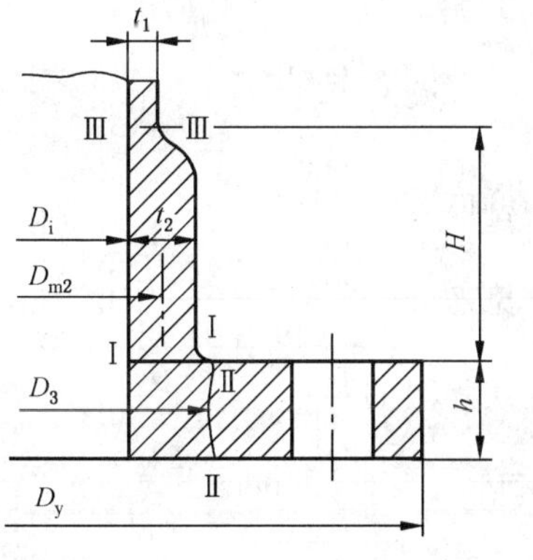

图 29　应力计算用的非锥形颈法兰的截面

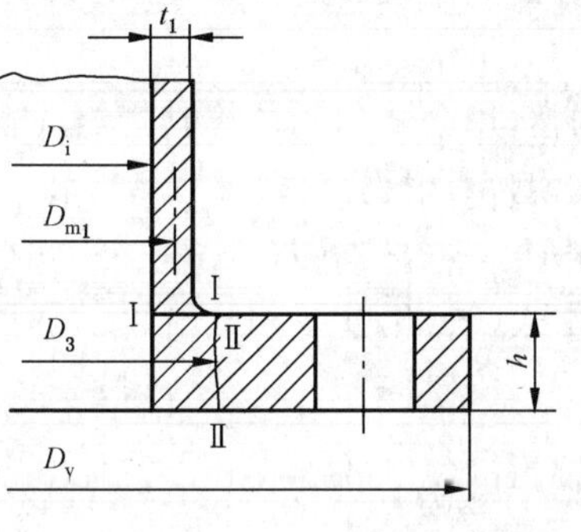

图 30　应力计算用的无颈法兰的截面

截面Ⅰ-Ⅰ上的应力

无颈法兰在直径 D_{m1} 时或长的非锥形颈法兰在直径 D_{m2} 时，圆周单位长度的截面Ⅰ-Ⅰ的弯矩 M_1 根据式(45)和式(46)计算：

$$M_1 = \frac{M}{\pi D_{m\tau}} \cdot A \qquad \cdots\cdots(45)$$

$$D_{m\tau} = D_i + t_\tau \qquad \cdots\cdots(46)$$

此处，τ 由相应的下标代替(1 或 2)。

系数 A 作为 K_1 和 K_2 的函数从表 8 或图 31 中求取。K_1 和 K_2 的值根据式(47)和式(48)计算：

$$K_1 = \frac{h}{\sqrt{t_\tau D_{m\tau}}} \qquad \cdots\cdots(47)$$

$$K_2 = (h/t_\tau)^2 \ln m \qquad \cdots\cdots(48)$$

作为 $m = D_y/D_i$ 的函数，数值 m 的对数从表 9 或图 32 中求取。当 $m = D_y/D_i \leqslant 1.5$ 时，则 $\ln m$ 的值可以通过式(49)非常精确的计算出：

$$\ln m = \ln\left(1 + \frac{D_y - D_i}{D_i}\right) = \ln(1 + c) = \frac{c}{1 + c/2} \qquad \cdots\cdots(49)$$

式(49)也用于 $m = D_y/D_i$ 接近 2.5 时，弯矩 M_1 无大的误差。

系数 A 总是小于 1。因此表 8 中的数字为小数；95 即 0.95 而 096 即 0.096。

注：假如法兰有螺孔，则表 8 和图 31 中的系数 A 的值适用；已经计入了 0.8 的平均弱化系数。如果例外的没有螺孔(如夹紧环)，则由式(48)确定的 K_2 乘以 1.25，以补偿弱化系数。

通过力矩 M_1 的弯曲应力和通过内压力(p)的轴向张力之和作用在截面Ⅰ-Ⅰ中的总的最大应力 σ_1 由式(50)、式(51)和式(52)得出：

$$\sigma_1 = \sigma_{b1} + \sigma_a \qquad \cdots\cdots(50)$$

$$\sigma_{b1} = 6M_1/t_\tau^2 \qquad \cdots\cdots(51)$$

$$\sigma_a = pD_i/4t_\tau \qquad \cdots\cdots(52)$$

式中：

t_τ——壳体或颈的截面Ⅰ-Ⅰ中壁厚。

5.7.2.4 带短的非锥形颈的法兰(见图 29)

术语“短的非锥形颈”是指符合式(53)的颈：

$$\beta_2 H < 1.7 \qquad \cdots\cdots(53)$$

式中：

β_2 根据式(43)得出。

a) 截面Ⅰ-Ⅰ上的应力

对于无颈法兰，根据式(45)计算圆周单位长度的弯矩 M_1，例如，直接与壁厚为 t_1 的壳体连接(如图 33 所示)。M_1 这一值由 M_{11} 表示。

对于壁厚为 t_2 的长非锥形颈法兰，用公式(45)计算其弯矩 M_1，这一值由 M_{12} 表示。

截面Ⅰ-Ⅰ上圆周单位长度的弯矩 M_1 根据公式 54 用 M_{11} 和 M_{12} 计算：

$$M_1 = M_{12} - (1 - \beta_2 H/1.7)^2 \cdot (M_{12} - M_{11}) \qquad \cdots\cdots(54)$$

截面Ⅰ-Ⅰ上总的最大应力 σ_1 由式(50)用壁厚 t_2 给出。

表 8 作为 K_1 和 K_2 函数的系数 A

K_1	K_2														
	0	1	2	3	4	5	6	7	8	9	10	11	12	13	14
0.05	95	94	92	91	89	87	86	85	83	82	81	79	78	77	76
0.10	91	88	85	83	80	78	76	74	72	70	68	67	65	63	62
0.15	87	83	79	76	73	71	68	66	63	61	59	58	56	54	53
0.20	83	78	74	71	68	65	62	59	57	55	53	51	49	48	46
0.25	79	74	70	66	63	60	57	54	52	50	48	46	44	43	41
0.30	75	70	66	62	59	55	53	50	48	46	44	42	41	39	38
0.40	68	63	59	55	52	49	46	44	42	40	38	36	35	33	32
0.50	63	58	53	50	47	44	41	39	37	35	34	32	31	30	28
0.60	58	53	49	45	42	40	37	35	34	32	30	29	28	27	26
0.70	53	49	45	42	39	36	34	32	31	29	28	27	25	24	23
0.80	49	45	42	39	36	34	32	30	28	27	26	25	23	23	22
0.90	46	42	39	36	34	31	30	28	27	25	24	23	22	21	20
1.00	43	39	36	34	31	29	28	26	25	24	23	22	21	20	19
1.10	40	37	34	32	30	28	26	25	23	22	21	20	19	19	18
1.20	38	35	32	30	28	26	25	23	22	21	20	19	18	18	17
1.30	35	33	30	28	26	25	24	22	21	20	19	18	18	17	16
1.40	33	31	29	27	25	24	22	21	20	19	18	18	17	16	16
1.50	32	29	27	26	24	23	21	20	19	18	18	17	16	16	15
1.60	30	28	26	24	23	22	20	19	19	18	17	16	16	15	14
1.70	29	27	25	23	22	21	20	19	18	17	16	16	15	14	14
1.80	27	25	24	22	21	20	19	18	17	16	16	15	14	14	13
1.90	26	24	23	21	20	19	18	17	17	16	15	15	14	13	13
2.00	25	23	22	21	19	18	18	17	16	15	15	14	14	13	13

K_1	K_2													
	15	16	17	18	19	20	30	40	50	60	70	80	90	100
0.05	75	74	73	72	71	70	62	55	50	46	42	39	36	34
0.10	61	59	58	57	56	55	45	39	34	30	27	25	23	21
0.15	51	50	49	48	46	45	37	31	26	23	21	19	17	16
0.20	45	44	42	41	40	39	31	26	22	19	17	15	14	13
0.25	40	39	38	37	35	34	27	22	19	16	14	13	12	11
0.30	36	35	34	33	32	31	24	20	17	14	13	11	10	093
0.40	31	30	29	28	27	26	20	16	14	12	10	092	083	076
0.50	27	26	25	25	24	23	17	14	12	10	089	079	072	065
0.60	25	24	23	22	21	21	16	13	11	090	079	071	064	058
0.70	22	22	21	20	19	19	14	11	096	082	072	064	058	053
0.80	21	20	19	19	18	17	13	11	089	076	067	059	053	049
0.90	19	19	18	17	17	16	12	099	083	071	062	055	050	045
1.00	18	18	17	16	16	15	12	093	078	067	059	052	047	043
1.10	17	17	16	15	15	14	11	089	074	064	056	050	045	041
1.20	16	16	15	15	14	14	10	084	071	061	053	048	043	039
1.30	16	15	15	14	14	13	10	081	068	058	051	046	041	038
1.40	15	14	14	13	13	13	096	078	065	056	049	044	040	036
1.50	14	14	13	13	13	12	093	075	063	054	048	043	038	035
1.60	14	13	13	12	12	12	090	073	061	053	046	041	037	034
1.70	13	13	12	12	12	11	087	071	059	051	045	040	036	033
1.80	13	12	12	12	11	11	084	069	058	050	044	039	035	032
1.90	12	12	12	11	11	11	082	067	056	049	043	038	035	032
2.00	12	12	11	11	11	10	080	065	055	048	042	037	034	031

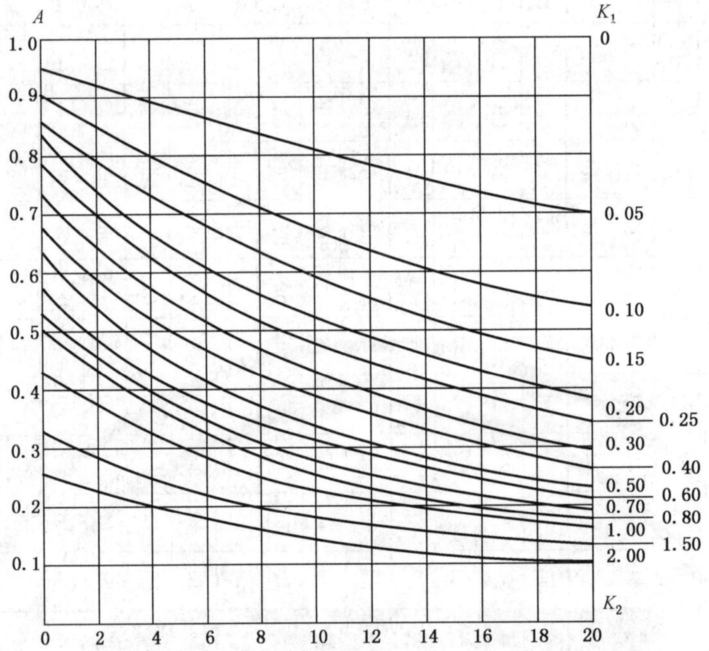

图 31 作为 K_1 和 K_2 函数的系数 A

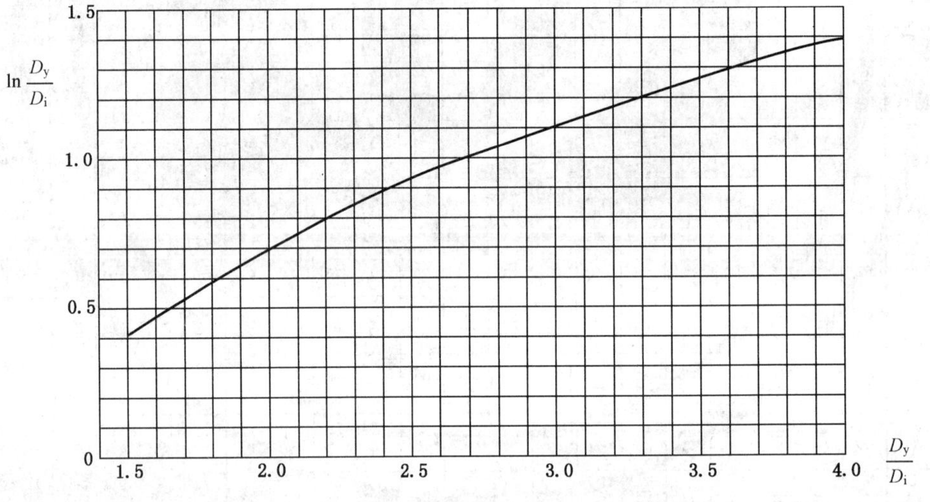

图 32 作为 $m=D_y/D_i$ 函数的 $\ln(D_y/D_i)$ 的图形表示

b) 截面Ⅱ-Ⅱ上的应力

在直径为 D_3 时圆周单位长度的截面Ⅱ-Ⅱ内的弯矩 M_2 根据式(55)和式(56)计算：

$$M_2 = M'_2/(\pi \cdot D_3) \qquad (55)$$

$$M'_2 = p_s \cdot e_4 \qquad (56)$$

截面Ⅱ-Ⅱ上的弯曲应力 σ_{b2} 根据式(57)计算：

$$\sigma_{b2} = 6M_2/h^2 \qquad (57)$$

如果截面通过一个沟槽或凹槽，则使用 h_1 代替 h。

表 9　作为“*m*”的函数“ln*m*”的数值

m	$\ln m$	m	$\ln m$	m	$\ln m$	m	$\ln m$	m	$\ln m$
1.50	0.405	2.05	0.718	2.60	0.956	3.15	1.147	3.70	1.308
1.55	0.438	2.10	0.742	2.65	0.975	3.20	1.163	3.75	1.322
1.60	0.470	2.15	0.765	2.70	0.993	3.25	1.179	3.80	1.335
1.65	0.501	2.20	0.788	2.75	1.012	3.30	1.194	3.85	1.348
1.70	0.531	2.25	0.811	2.80	1.030	3.35	1.209	3.90	1.361
1.75	0.560	2.30	0.833	2.85	1.047	3.40	1.224	3.95	1.374
1.80	0.588	2.35	0.854	2.90	1.065	3.45	1.238	4.00	1.386
1.85	0.615	2.40	0.875	2.95	1.082	3.50	1.253	4.05	1.399
1.90	0.642	2.45	0.896	3.00	1.099	3.55	1.267	4.10	1.411
1.95	0.668	2.50	0.916	3.05	1.115	3.60	1.281	4.15	1.423
2.00	0.693	2.55	0.936	3.10	1.131	3.65	1.295	4.20	1.435

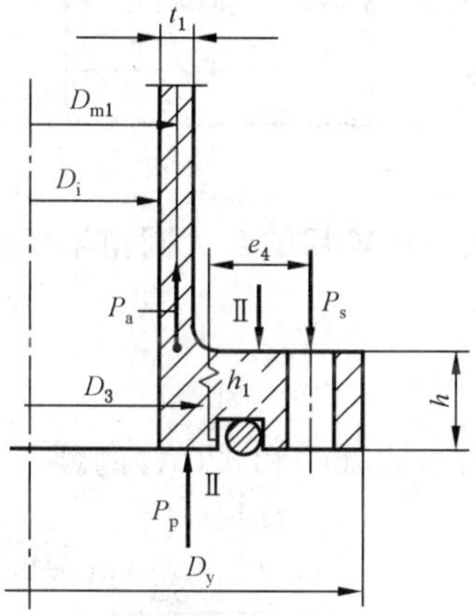

图 33　带 O 形圈密封的法兰的力与力矩

c)　截面Ⅲ-Ⅲ上的应力

圆周每一单元长度的截面Ⅲ-Ⅲ内的弯矩 M_3 根据式(58)计算：

$$M_3 = M_{11}(1 - \beta_2 H/1.7)^2 \qquad \cdots\cdots(58)$$

式中 M_{11} 根据式(45)用壁厚 t_1 计算。

作为通过力矩 M_3 的弯曲应力和通过内压力(p)的轴向张力之和，截面Ⅲ-Ⅲ内总的最大应力 σ_3 由式(59)和式(60)计算：

$$\sigma_3 = \sigma_{b3} + \sigma_a \qquad \cdots\cdots(59)$$

$$\sigma_{b3} = 6M_3/t_1^2 \qquad \cdots\cdots(60)$$

σ_a 根据式(52)用壁厚 t_1 计算。

注：如果是短颈，特别是如果壁厚 t_1 和 t_2 之间差异很大的话，则截面Ⅲ-Ⅲ内的应力 σ_3 会比截面Ⅰ-Ⅰ内的应力 σ_1 大。当颈的高度($\beta_2 H$)仅略微低于 1.7 时，M_1 受到的影响甚微，且 M_3 适中。

当一个直接与壳体或长的非锥形颈连接的法兰的圆角半径通常很大时，也可使用式(58)。

在这种情况下，截面Ⅲ-Ⅲ可按图 34 所示来设置。圆角的截面仅由一个具有满足式(61)和式(62)壁厚的非锥形颈来代替：

$$t_2 = t_1 + r/3 \qquad (61)$$

且高度：

$$H = r \qquad (62)$$

图 27b)和图 27c)所示的角焊缝的法兰也可使用同样的程序。角焊缝的喉部厚度(a)，焊缝由满足式(63)和式(64)的非锥形颈代替：

$$t_2 = t_1 + (a\sqrt{2}/2) \qquad (63)$$

且高度：

$$H = a\sqrt{2} \qquad (64)$$

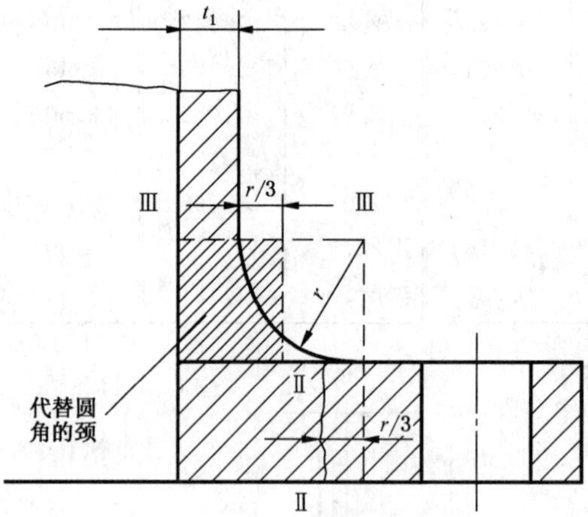

图 34　应力计算用的带大圆角半径的法兰截面

5.7.2.5　带长的锥形颈的法兰(见图 35)

术语"长的锥形颈"是指符合式(65)、式(66)和式(67)的颈：

$$\beta_3 H \geqslant 1.7 \qquad (65)$$

$$\beta_3 = \frac{1.82}{\sqrt{\frac{(t_1 + t_3)}{2} \times D_{m3}}} \qquad (66)$$

且：

$$D_{m3} = D_i + (t_1 + t_3)/2 \qquad (67)$$

a)　截面Ⅰ-Ⅰ上的应力

在直径为 D_3 时圆周单位长度的截面Ⅰ-Ⅰ上的弯矩 M_1 根据式(45)计算，D_{m3} 根据式(67)计算。

系数 A 作为 K_1 和 K_2 的函数从表 8 或图 31 中求取。K_1 和 K_2 的值根据式(68)、式(69)和式(70)计算：

$$K_1 = h/\sqrt{t_m(D_i + t_m)} \qquad (68)$$

$$K_2 = (h/t_m)^2 \ln m \qquad (69)$$

$$t_m = (t_1 + 2t_3)/3 \qquad (70)$$

作为 $m = D_y/D_i$ 的函数，数值 m 的对数从表 9 或图 32 中求取。

通过力矩 M_1 的弯曲应力和通过内压力(p)的轴向张力之和作用在截面Ⅰ-Ⅰ上的总的最大应力 σ_1 用壁厚 t_3 由式(50)计算得出。

b)　截面Ⅱ-Ⅱ内的应力

根据 5.7.2.4 b)进行计算。

5.7.2.6　带短的锥形颈的法兰(见图 35)

术语“短的锥形颈”是指符合式(53)和式(58)的颈：

$$\beta_3 H < 1.7 \qquad \cdots\cdots (71)$$

式中：

β_3根据式(66)计算。

a)　截面Ⅰ-Ⅰ上应力

对于壁厚为 t_1 的无颈法兰，根据式(45)计算弯矩 M_1。M_1 这一值由 M_{11} 表示。

然后，根据式(45)计算弯矩 M_1，D_{m3} 则根据式(67)。M_1 这一值由 M_{12} 表示。

截面Ⅰ-Ⅰ上圆周单位长度的弯矩 M_1 根据式(54)用 β_3、M_{11} 和 M_{12} 计算。

截面Ⅰ-Ⅰ上总的最大应力 σ_1 由式(50)用壁厚 t_3 给出。

b)　截面Ⅱ-Ⅱ上的应力

根据 5.7.2.4 b)进行计算。

c)　截面Ⅲ-Ⅲ上的应力

圆周单位长度的截面Ⅲ-Ⅲ上的弯矩 M_3 根据式(72)计算。

$$M_3 = M_{11}(1 - \beta_3 H/1.7)^2 \qquad \cdots\cdots (72)$$

截面Ⅲ-Ⅲ内总的最大应力 σ_3 由式(59)和式(60)计算。

其中，式(60)中的 M_3 由式(72)计算。

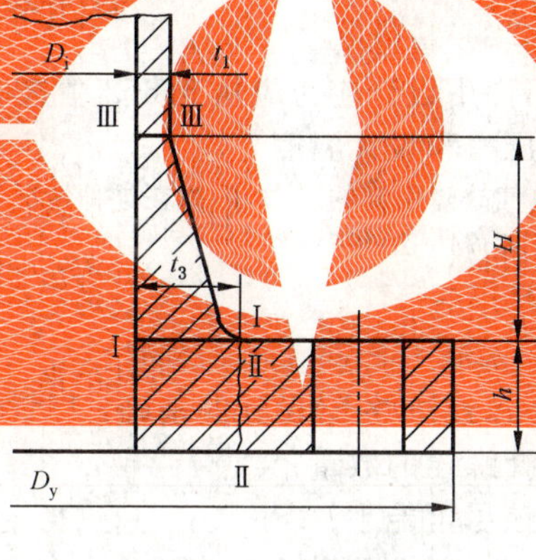

图 35　应力计算用带锥形颈的法兰截面

5.7.2.7　平面圆形封盖(见图 36)

这些规则适用于通过螺钉或螺栓的方式连接于法兰或其类似物的平面圆形封盖。这些封盖的样例是盲法兰、人孔盖等。这些规则不能用于平面末端直接连接于壳或与该壳完整连接成一体的情况。

O 形圈密封的封盖要求的平板厚度按式(73)：

$$t_4 = 0.165 D_h \sqrt{\frac{10p}{K/1.5}} \qquad \cdots\cdots (73)$$

对于直径 $d \leqslant 0.7D_m$ 的封盖中位于中心位置的孔，用系数 K_4 乘以要求平板厚度，要考虑封盖的弱化，除非已进行了一个更精确的应力计算。

当 $d/D_m \leqslant 0.1$ 时，按式(74)计算：

$$K_4 = 1 + 4(d/D_m) \qquad \cdots\cdots (74)$$

当 $0.1 < d/D_m \leqslant 0.7$ 时，按式(75)计算：

$$K_4 = 1.38 + 0.2(d/D_m) \qquad \cdots\cdots (75)$$

单个偏心孔可以视作为中心设置。

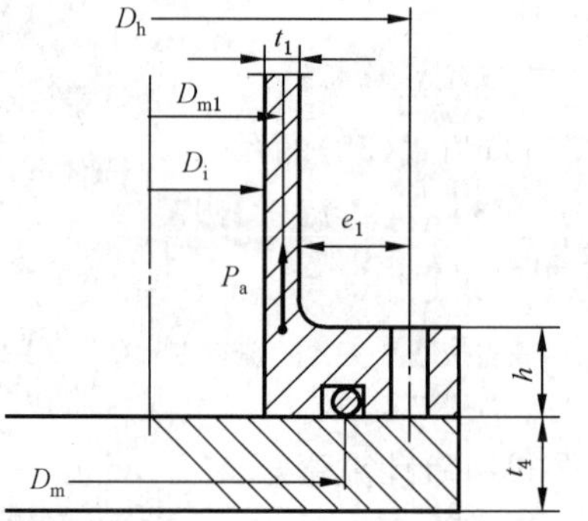

图 36 带平圆封盖和 O 形圈密封的法兰

5.7.2.8 法兰的许用应力

法兰的许用应力是 $1.1\sigma=1.1K/1.5$。在法兰环的变形增大并无负面影响的法兰中，应力 σ_1 和 σ_3 可增长至 1.6σ，此处 σ 是用 MPa 表示的许用设计应力(见 5.6.1)。

如果充分使用允许应力，则在低压力且小法兰直径时法兰的厚度(h)经常会变小。在这种情况下，为了避免因薄法兰导致的螺孔之间的密封问题，推荐保持应力 σ_{b2} 低于允许限值。

5.8 铸件的计算

5.8.1 概述

当计算外壳壁和法兰的厚度时，许用设计应力应从 5.6.2 中选取。

使用 3.4 和 3.5 中定义的设计压力和设计温度。

注：在外壳的设计中不考虑由内部电气故障引起的应力，因为在这种情况发生后，外壳将被仔细检查，必要时更换。对于内部故障引起的电弧，见 GB 7674—2008。

5.8.2 法兰

下面为法兰连接(见图 37：法兰 A 或法兰 B)设计的基础：

——应为保证水平支撑面来选择螺栓的数量；

——螺栓和密封圈的距离 a 应该尽可能小；

——法兰和圆柱颈部间的半径 R 应该尽可能大；

——经外壳的爆破试验验证法兰连接是可靠的，不需要对法兰进行计算。

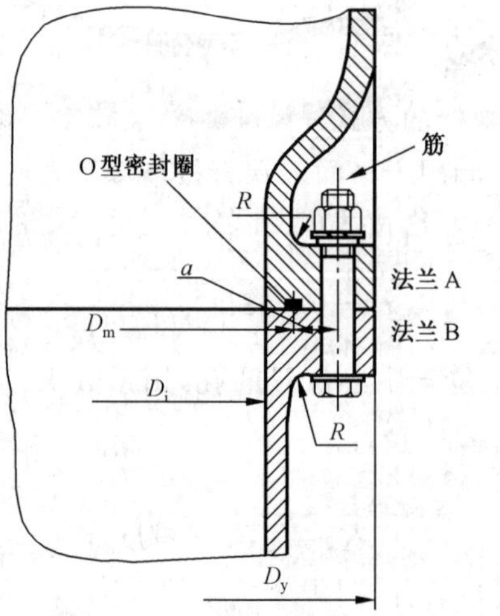

图 37 法兰连接

5.8.3 螺栓

可以按照 5.7.1.6 设计螺栓连接,必要时考虑到设计压力和密封圈的密封力。相对于法兰力 O 形圈密封力可以忽略。

螺栓连接的机械性能见相关紧固件标准。螺栓的材料不能超过式(76)的比率:

$$R_e/R_m = 0.8 \quad\cdots\cdots(76)$$

式中:

R_m——最小拉伸强度;

R_e——最小屈服强度。

如果设计需要用高强度螺栓,则应予以适当地标记。

经外壳的爆破试验验证螺栓连接是可靠的,不需要对螺栓进行计算。

5.8.4 人孔和检查口

外壳的检查不需要有人孔或检查口。

6 制造和工艺

6.1 锻铝合金和其他铝合金

6.1.1 材料确认

制造商应书面记录制造中使用的材料(母材和消耗品)确认的文件化体系。

6.1.2 焊缝完成的次序

由两个或两个以上的过程制造的外壳,在环缝焊接开始之前要完成纵向焊缝。在可行的地方,相邻过程的纵向接缝应错开。

6.1.3 材料切割

所有材料要通过机械切割或热切割切割成一定的尺寸和形状,例如,冷剪切、等离子电弧切割、加工或刨削等。

6.1.3.1 冷剪切

不到 12 mm 厚的板不需要加工。而对于大于 12 mm 和小于 25 mm 厚的板,只要机械整理回切割边缘不少于 1.5 mm,为焊接前的检查生产一个合适的表面,也可采用冷剪切。

6.1.3.2 等离子电弧切割

为了给焊接前的检查生产一个合适的表面,经过等离子电弧切割的表面,应通过机械修整去掉不低于 1.5 mm 的严重豁口和氧化皮。

6.1.3.3 切割边缘检测

在开展进一步工作之前,切割表面和热影响区域应进行缺陷检测,包括分层、裂缝和固体以及其他夹杂物。

可以用着色检查法补充外观检查。

要通过机械加工或削切回至未受影响的金属来去除在切割到应有尺寸的工艺中和焊接边缘准备中

受影响的任何材料。

6.1.4 外壳截面和端板的成形

成形之前，要对所有板进行外观检查和厚度检测。

板应通过不会损害材料质量的任何工艺来形成所要求的形状。成形后，可采用热处理使机械性能达到其规定值。

只要可行，所有的热成形和冷成形都要由机器来完成，而不受控制的局部加热则不应采用，且不应使用锤击。

应通过一个不会影响材料质量的适当的化学清洁工艺来去除成形工序后残留的润滑油。

成形之前可对板进行对接焊。成形区域的任何接头，要在成形后进行非破坏性试验。

如果一个承压部件弯曲的内半径小于10倍的厚度，可进行适当的热处理以减少冷作业的影响。

壳体板材直到其末端应成形为正确的轮廓。外壳应由可行的最小数目的板形成，形成后对其进行壁厚检查。

6.1.5 碟形端盖的制造

在可行的情况下，碟形端盖应由一块板制作。末端的碟形和外围凸缘应采用机器制作。凸缘最好一次操作完成。法兰应无损伤。

所有板在成形之后和对其进行进一步的工作之前，应进行外观检测和壁厚检查。

要在一个温度不超过450 ℃且无火焰侵蚀的中性或氧化性气体的工作区域内，对将要热处理或热成形的板均匀加热。在材料温度降低到300 ℃以下时不应进行成形作业。

冷作过的铝及铝合金有可能随后软化。

6.1.6 装配公差

6.1.6.1 中线对齐

在许可的焊接工艺技术规范允许的公差内将准备的焊接边缘的中线对齐，元件应按照图纸所示对齐。

a) 对于圆柱形部件中的纵向接头和球形部件的接头，相邻板的中线要在以下公差内对齐：
   1) 对于板厚(t)不大于10 mm：1 mm；
   2) 对于板厚(t)大于10 mm小于50 mm：$0.1t$或3 mm中的较小者；
b) 对于圆周接缝，中线要在以下公差内对齐：
   1) 对于板厚(t)不大于10 mm：1mm；
   2) 对于板厚(t)大于10 mm小于50 mm：$0.1t+1$ mm(如有的话，取较薄的板的厚度)，但不超过4 mm。

6.1.6.2 厚度接近的板的表面对齐

板厚(t)在板面处的最大轴心差如下所示。如果超出这个轴心差，则要用超过一个包含焊接宽度的宽度范围内将板表面削成斜率为的1∶4(约15°)的锥面。较低的表面可用附加焊接金属来建立以达到所要求的锥度。如果削减把板材厚度减少到低于所要求的壁厚(见图42)，板表面不允许削减。

a) 纵向接头和板厚度(t)不到12 mm：$t/4$；
   对于板厚(t)大于12 mm不到50 mm：3 mm；
b) 对于圆周接头和板厚(t)不到20 mm：$t/4$。

6.1.6.3 附件、支管和配件

直接连接到外壳的附件应是相同制造的且具有与紧靠的外壳类似的标称材料成分。

将非承压部件焊接到承压部件时，焊接程序和操作者应通过审批。

所有垫片、加强板、凸耳、支架、加固物、支撑和其他附件，应紧密配合，且所有要焊接的暴露边缘处的间隙不得超过 2 mm 或附件厚度的 1/20，取较大者。

除非图样上标有规定尺寸，否则，对于不到 300 mm 的开孔，任何支管的或外壳的外部与在外壳、法兰、加固环或垫圈中的孔的内缘之间的间隙不得超过 1.5 mm，而对于超过 300 mm 的开孔，则间隙不得超过 3 mm。要达到这一间隙，外壳或支管的外部直径要加工超过一个足够的长度以适应即将要焊接的附件。该加工长度不得超过附件焊缝的趾部或边缘，且不得将外壳或支管的壁厚减小至小于要求的壁厚。

6.1.6.4 碟形端盖的允许公差(见图 3、图 4 和图 5)

a) 周长

完工的碟形端盖的外部周长偏离计算出的周长(基于标称内部直径和实际壁厚)不得超过表 10 中给出的数值。

表 10 周长公差

外部直径 $D_a = D_i + 2t$	周长公差
≤650 mm	±5 mm
>650 mm	周长的±0.25%

b) 圆度

碟形端盖的直法兰(h_1)最大内径和最小内径的差值应符合外壳的要求(见表 11)。

c) 壁厚

制造后的碟形端盖的壁厚基本上要在冠部半径(R)联结转角半径(r)的接点以下的整个区域为常数。允许从这一接点到转角半径联结碟形端盖直法兰的接点逐渐变薄，但不应超过壁厚的 10%。

对于一个半椭圆形的碟形端盖，类似的逐渐变薄是允许的。

无论如何，壁厚不应小于要求的壁厚。

d) 轮廓

从平面经过直法兰(h_1)联结转角半径(r)的接点测量的碟形的深度绝不小于设计深度(h_2)，超过 h_2的部分不会多于直径的 1.25%。轮廓不应突变，但须逐渐融合成规定的形状。转角半径(r)与碟形端盖的直法兰和冠部半径(R)要在每一个接头处都有共同的切线。

6.1.6.5 外壳公差

a) 直线度

从一条直线起外壳的最大偏差不得超过无论是总圆柱长度还是外壳的任一单独 5 m 长度的 0.3%。应对母板表面进行测量，而非焊缝、配件或其他凸出的部分。

b) 周长

完工的外壳的外部周长偏离计算的周长(基于标称内部直径和实际壁厚)不得超过表 10 中给出的数值。

c) 圆度

作为与其平均内部直径相关的外壳的最大和最小内部直径的差值，圆度公差的百分比可根据式(77)估算：

$$u=\frac{2(D_{\mathrm{imax}}-D_{\mathrm{imin}})}{(D_{\mathrm{imax}}+D_{\mathrm{imin}})}\times 100 \qquad \cdots\cdots(77)$$

一般来说，圆度公差不应超过表11中所示的限值。

经过一个开孔，圆度公差可能会增加一个与孔的内部直径的2%相等的附加值。

表11　外壳的圆度公差

壁厚与内部直径的关系	圆度公差
$0.01<\frac{t}{D_i}\leqslant 0.1$	2.0%
$\frac{t}{D_i}>0.1$	1.0%

6.1.7　焊接接头

满足下列条件才能开始进行焊接接头的生产：

a)　建议的焊接工艺技术规范已经批准；

b)　焊工/操作员已经获得批准。

板边缘的焊接准备和要求形状的开孔，均应按照6.1.6.1和6.1.6.3中所描述的方法进行。

当板边缘已完成焊接准备后应对其进行彻底的外观检查，包括裂缝、分层、固体和其他夹杂物及其他缺陷。着色渗透检查可以作为外观检测的补充。

可通过堆焊技术来修复板边缘的一般缺陷。

焊接边缘的轮廓应符合批准的焊接工艺技术规范的规定。

6.1.8　焊接装配

接头应适配、对齐和固定以便可在焊接中保持正确的间隙且完成的接头不超过规定的公差。

根基面要在认可的焊接工艺技术规范所规定的允许公差内对齐。

只要定位焊缝良好且是根据一个许可的焊接工艺进行的，就可使用并纳入最终的焊接。

6.1.8.1　附件

附件焊接要按照许可的焊接工艺技术规范来进行。

焊接于承压部件的临时附件要保持到一个可行的最小值。

如果要去除结构附件，采用的工艺须避免损害外壳的完整性。

采用机械方式来进行这一去除。如刨削、锯削、铣削、磨削等。

临时附件已被去除的区域，应整理平整且通过渗透法检测。

要在第一次加压之前去除临时附件。

6.1.8.2　对接接头

对接焊缝应充分渗透。在不同厚度的板之间要求的对接焊缝时，较厚的板会被减少到如图38和图39中所示的方法之一的一个厚度。如果需要的话，包括焊接的宽度，在不少于4倍该宽度的间距内将较厚板削减到一个平滑的锥面。

如有需要，在宽度之外(否则，焊接的边缘)增加附加焊接金属来获得要求的锥度。

6.1.8.3 垫板

对于纵向接缝，不允许使用永久垫板。管中的圆周接头，可用临时、永久或可消耗的垫板来焊接。

如果要使用垫板，所用材料不能对焊缝有不利影响。临时垫板要在对接头进行的任一非破坏试验之前小心去除。

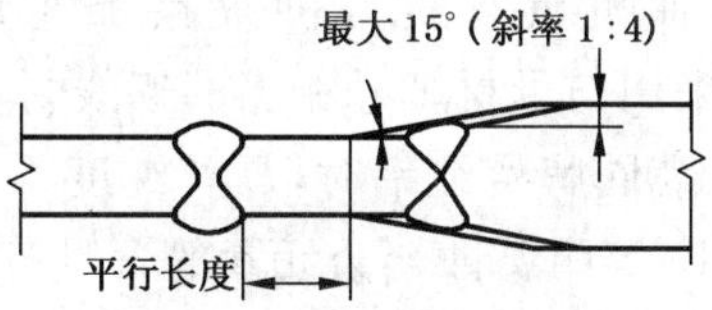

内部位移及外部位移无需对称

a） 内部位移及外部位移

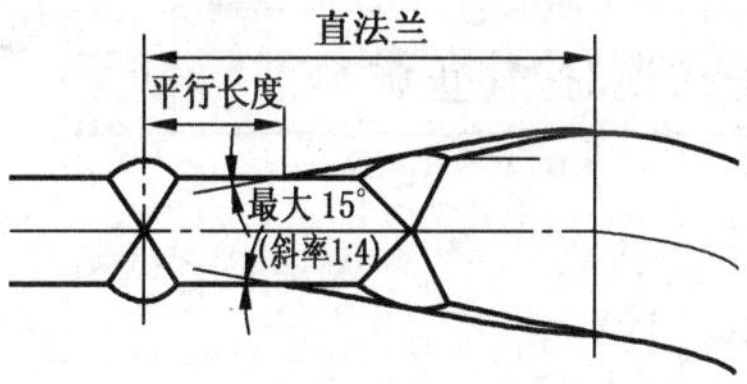

b） 比壳厚的碟形末端

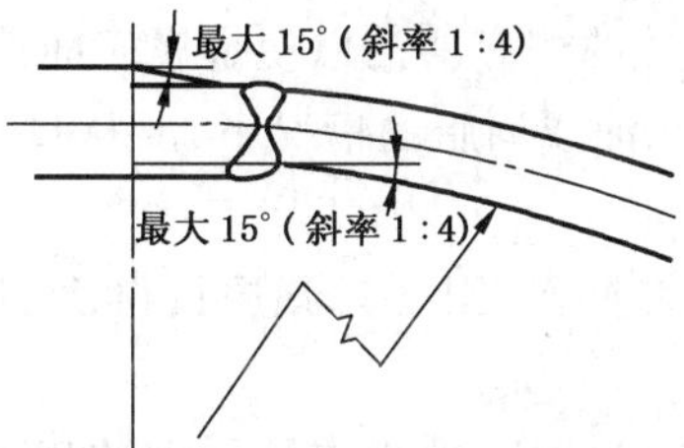

如有要求，锥度可包含焊缝，如果厚度差小于 3 mm，则不要求锥度

c） 比壳薄的碟形末端

图 38 中心线大致重合的不等厚度板的对接焊

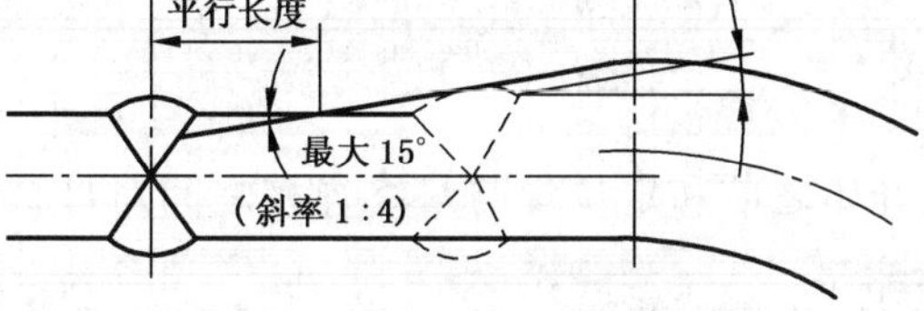

位移可为内部位移或外部位移，所示焊缝仅是图解，如有要求，锥度可包含焊缝

a） 单位位移（内侧或外侧）

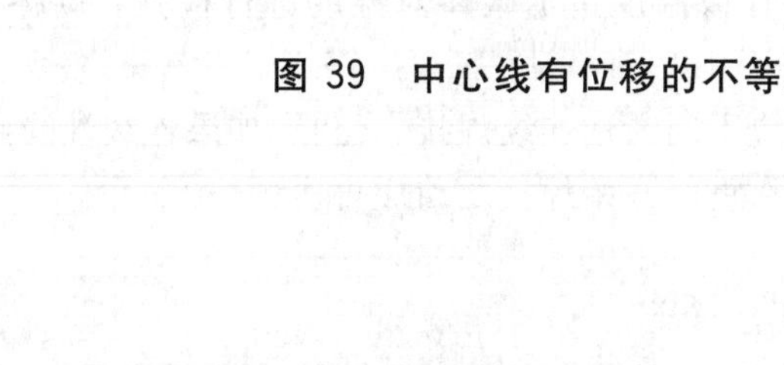

如有要求，锥度可包含焊缝，如果厚度差小于 3 mm，则不要求锥度

b） 比外壳厚的碟形末端

图 39 中心线有位移的不等厚板的对接焊

6.1.9 一般焊接要求

一般来说可使用金属惰性气体电弧焊(MIG)和惰性气体保护钨极电弧焊(TIG)。也可使用其他专业工艺如电子束或激光束以及等离子电弧焊。

焊丝的选用应符合以下要求：

a) 焊丝应使焊接接头的抗拉强度不低于母材标准下限值或规定值，耐腐蚀性能和塑性不低于母材或与母材相当、能满足外壳的要求，而且具有良好的焊接工艺性能。焊丝一般采用GB/T 10858—2008中的相应牌号，也可采用与母材牌号相当的铝线材做焊丝。

b) 在铝外壳要求耐腐蚀性的情况下，当母材为同牌号纯铝时，焊丝纯度不得低于母材；当母材为同牌号耐腐蚀铝合金时，焊丝所含Mg、Mn等耐腐蚀合金元素的含量范围不得低于母材。

c) 应按图样或工艺规定选用焊丝。

焊接环境应符合下列规定：

当施焊环境出现下列任一情况，且无有效保护措施时，禁止施焊：

——气体保护焊时，风速大于1.5 m/s；

——相对湿度大于80%；

——焊接环境温度低于5 ℃；

——雨雪环境。

注：当焊接环境温度低于5 ℃时，应在施焊处100 mm范围内预热到15 ℃左右(指焊前不预热的情况)。

要对所有坡口面进行氧化物、油或其他外来杂质的彻底清洁以使金属表面洁净。在氧化物情况下，这种清洗要从每一坡口面边缘起至少延伸6 mm，在油或油脂的情况下，要从每一坡口面边缘起至少延伸12 mm。

在焊接之前要对所有板进行去油脂，且如果隔夜操作，则要对其进行再次刮刷以去除氧化膜，并再次去油脂。

惰性气体保护钨极电弧焊用填充材料应在使用前立即进行清洁。在使用过程中特别是交换过程中，应对金属惰性气体电弧焊及其他焊接工艺用填充材料进行保护以免受污染。

在下一焊道堆焊之前要对每一焊道的焊接金属进行彻底清洁。所有的刮刷应为不锈钢且仅在铝或铝合金上使用。

除非许可的焊接工艺证明已获得了符合要求的熔深，否则在第二侧处堆焊任一焊接金属之前，应对两侧焊接的接头的第二侧进行清洗使其再次成为良好金属。

当焊接出于任何原因停止时，重新开始焊接时应注意保证焊接金属和之前的堆焊金属之间的充分熔渗。

除电子束焊接、激光束焊接和等离子电弧焊外，在附着于支管和垫片的每一焊缝都应进行不少于两焊道的焊接金属堆焊。

只应在使用焊接金属的地方或在熔合路径中才可引弧。

6.1.10 预热

为了帮助避免未熔合，有必要在所有焊接开始之前和定位焊与最终焊接之间对母材预热。预热温度取决于金属厚度和输入每一焊道的热量。

作为一般规则，厚度小于15 mm无需预热，并在需要预热时，温度不宜超过200 ℃。

在加热期间，应通过热电偶、接触式高温计或温度指示碳棒对温度进行检查。碳棒不允许用于坡口面。

在焊接工艺技术规范中规定预热的场合应不间断地连续焊接。但是，如果连续性受到影响，应在一个绝热板下保持预热温度或慢慢冷却接头。在重新开始焊接之前应再次预热。

6.1.11 表面清洁

要对外壳的内、外表面整体进行清洁，且无疏松的氧化皮、金属屑、油和油脂。

6.2 铸铝

6.2.1 制造

铸件可以通过重力或低压铸造采用熔融金属并使其凝固制成：

——砂型；

——砂芯金属模具；

——永久性金属模具。

为了获得特定的机械性能，通常需要对铸件进行热处理。

这样的铸件可以接收：经过部分或全部地特殊的表面处理，如阳极氧化、化学氧化、电镀或热吹金属涂覆的铸件。

6.2.2 制造商和铸造商之间的协议

制造商确定铸件必要的几何外形和厚度后，宜在设计铸件前得到铸造商和模具商的同意，来保证拥有要求的机械性能的致密铸件的稳定生产。

6.2.3 铸造工艺

对每个外壳的设计，铸造商应记录铸造工艺的基本特性，如流道浇口、冒口、切口、冷铸、型线的位置、模具材料和模具温度，浇铸金属时模具的特征(位置)。记录还应该包括金属浇铸温度和之后的热处理过程。

所有后续铸件生产应在相同的条件下按同样的工艺进行，没有明显的偏差。

如果由于任何原因，铸造工艺需要改变，在得到制造商允许前不应进行生产。

6.2.4 几何形状及尺寸

铸件的几何形状和尺寸应按下述确定：

——制造商的图纸，当要求铸造商制作试样或永久模具；或

——当式样和永久模具由制造商提供时；或

——当采用大规模生产时接受的样品铸件。

制造商和铸造商应对尺寸的公差达成一致，并且标注在批准的图纸上。

在有图纸提供时，铸件应该能够加工到完好的尺寸，且表面不留下铸件的痕迹。图纸应该标明机械加工或测量的基准点。

6.2.5 化学成分和力学性能

6.2.5.1 抽样

为了控制正常生产的质量，应从铸件的每炉和每批产品中取样。

6.2.5.2 化学成分

为了能够确定每个铸件的化学成分，应该从铸造的每炉中提取一个或多个试样，而不做进一步抽样。试样应适当标记，以确保识别它代表的铸件。

试样或多个试样的化学成分应符合材料的技术规范。

6.2.5.3 力学性能

作为力学性能和热处理操作的控制检查，应对每个铸模按照材料技术规范给出的尺寸制作各自的铸件试样。由一个铸模并单独经过热处理制作的大量铸件，试样应按每个热处理批次制作。样品应适当标记，以确保识别它代表的铸件。

单铸试样应按照它们所代表的铸件或铸件批次分别进行热处理。

代表每个铸件或每批铸件的试样的力学性能应该符合材料技术规范的要求。

6.2.6 工艺

6.2.6.1 表面加工

铸件应适当清洁。应该在不减小铸件强度的前提下，清除浇口、冒口、飞边和冷铁。

不准备机加工的铸件表面应和协议的样品铸件的表面加工一样。

6.2.6.2 可靠性

铸件应该在成分上一致，并且没有有害的缺陷。

缺陷的程度和频次的接受限度应按照6.2.7的规定。

缺陷只可能按照制造商和铸造商达成一致的6.2.7的程序修补。

6.2.7 铸件缺陷的修补

6.2.7.1 概述

铸件只可能按铸造商和制造商认可并达成一致的程序修补。

这类修补的位置、范围和频次的限制以及修理区域的检查方法也应该达成一致。

不影响铸件强度的局部脱落的型砂或补炉材料损伤导致的表面不平度，经过制造商和铸造商同意后对其进行修补。经过这样的修补，外观检查就足够了，6.2.7.2.6中的要求可以忽略。

本条款也适用于芯撑孔的填充。

6.2.7.2 焊接修补

6.2.7.2.1 焊接性能试验

从事按照本标准进行铸件外壳修补的所有焊工应通过指定的焊工技能测试，以证明他们能够胜任和将要修补的铸件相同的材料上进行可靠的焊接(见附录C)。

如果有任何原因怀疑焊工进行良好焊接修补的能力，制造商可以自行决定，要求重新对焊工进行全部或部分认可试验。

6.2.7.2.2 焊接程序

焊接书面说明应规定每个特定的焊接修补的方法：

a) 母体金属技术规范；

b) 焊接工艺；

c) 有缺陷原料的剔除方法；

注：不允许用燃烧来进行剔除。

d) 电极尺寸和类型；

e) 保护气体和流速；

f) 填充材料和直径；

g) 电源(交流/直流)，它的频率/极性和电流；

h) 焊接位置；

i) 预热、温度和方法；

j) 焊后热处理。

6.2.7.2.3 焊接程序试验

再现被批准的焊接程序的试件应满足附录C中的评定要求。

如果试件没有满足附录C中的外观检查和着色渗透检查的要求，应再焊接一个试件并进行相同试验。

如果有试样不能满足附录C中给出的宏观检查和强度要求，对每个未通过测试的试样应多准备两个试样并进行相同试验。如果有足够的材料可用，这些新的试样可以从同一个试件上获取，或者来自一个新的试件。

如果任何一个追加试样或新试样不符合要求的质量，焊接程序不做修改应被视为不能满足本标准的要求。

6.2.7.2.4 铸件的利用

应根据铸件的外观检查和/或射线检查决定用焊接来修补。

下面给出的限值仅供参考，最终的责任由制造商承担。这些限制适用于内壳内的缺陷。不允许在螺栓的节圆里面的法兰的高应力区域修补。

a) 气孔：如果气孔在表面的范围小于 20 mm×10 mm，其最大直径不大于 2mm 且不超过壁厚 1/3，同时气孔和夹杂的个数不多于 3 个时，则允许焊接修补。

b) 冷隔：当观察到冷隔时，应采用射线拍照。如果缺陷在表面的范围不长于 300 mm 则允许焊接修补。内部冷隔不可以接受。这种情况不允许焊接修补。

c) 氧化夹杂物：当观察到氧化夹杂物时，应采用射线拍照。可按照表 12 修补缺陷。[1)]

表 12 氧化夹杂物缺陷修补准则

壁厚 mm	缺陷区域大小 不大于 mm^2	夹杂物类型	每个缺陷区夹杂物 的最大数量	缺陷区域最大数量
≤12	100×100	密度较小	6	4
>12	150×150	密度较小	8	2

d) 裂缝：裂缝是不能接受的。不允许焊接修补。

e) 焊接后的钨夹杂物：当通过焊接区的射线拍摄观察到钨夹杂物时，可根据表 13 修补。

表 13 钨夹杂物缺陷修补准则

壁厚 mm	夹杂物类型	夹杂物的最大数量
≤12	密度较大	4
>12	密度较大	4

1) 该表仅作为导则。可以修补的缺陷的最大尺寸由铸造商和制造商根据适用的修补工艺确定。

6.2.7.2.5　焊接修补用铸件的准备

外观检查为焊接修补准备的熔焊面，如果还规定有非破坏性试验，这些面应该进行着色或荧光渗透检查。

应特别注意保证试验材料的残余物对之后的所有焊接质量没有负面影响。

6.2.7.2.6　焊接修补区的检查

焊接修补完成后，应该用射线检查修理区域来保证不存在原有缺陷的痕迹，并且确保按这样的方式实施焊接修补，能够满意的熔合并没有有害缺陷。应该在修补表面进行着色渗透检查以确保没有裂痕。

所有接受焊接修补的铸件在焊接修补后应按照材料技术规范进行热处理。

已经在例行压力试验后修补过的外壳，应该在焊接修补完成和任何热处理之后重新试验。

修复铸件的相关认证应记录修复区域的位置和范围以及采用的程序。

6.2.7.3　铸件的浸渍

在压力和气体泄漏试验中显示轻微泄漏的铸件，在得到制造商同意后可能通过浸渍来调整。

应该只有在铸件经过无其他缺陷，特别是裂痕的检查后，才能采用该程序。

这个方法的使用应该经制造商和铸造商在其应用的适用性上达成一致。

浸渍后应进行气体泄漏试验。

6.2.8　铸件的热处理

6.2.8.1　热处理程序

热处理应按照文件化的程序进行。

6.2.8.2　加热方法

铸铝合金通常在空气箱式炉中加热。但是，在特定的应用中可以使用其他方法。

无论采用哪种加热方法，需要仔细评估来确保合金对热处理有合适的反应并且不会因过热或环境带来的污染而破坏。

热处理炉可以是燃油或燃气或者是电加热。应控制炉内空气温度，以防止热处理时的高温氧化作用。

炉应该配有自动温度记录和控制设备，能够使工作区保持在规定的温度，偏差范围为±5 ℃。

6.2.8.3　淬火

铸铝合金的淬火一般是通过浸入水中来实施。淬火槽的位置应该足够接近热处理炉，以尽量减小淬火的延迟。淬火延迟时间应不超过 15 s。

6.2.8.4　炉温的校准

应对每个炉进行炉温测量以确保符合本标准的要求。

在任何能影响炉子运行特性的变化之后应重新进行温度测量。

6.2.8.5　热处理图表

对于进行热处理的铸件，应提供图表来记录整个热处理循环期间的温度。图表中应包含处理后的外壳的序号。

7 检验和试验

7.1 概述

在制造期间要对每个外壳进行检验。进行充分的检验以确保材料、结构和试验符合本标准要求的所有方面。

7.2 焊接工艺技术规范

制造商应当建立并存档一个在外壳制造中要求的所有焊接工艺技术规范的清单，这些规范代表着证明每一焊接工艺所用的各种厚度和材料(见附录 B 和附录 C)。

7.3 焊工技能测试

所有从事符合本标准所制造的外壳承压部件焊接的焊工/操作者都应通过焊工技能测试，设计这一试验是用来证明每一个焊工/操作者都能够胜任他们所从事的，进行良好焊接的工作(见附录 B 和附录 C)。

7.4 无损检测

7.4.1 锻铝和铝合金

7.4.1.1 概述

本标准规定在涉及材料厚度、可焊接性和其他具体情况下要求的非破坏性试验。

非破坏性试验也可由制造商在制造过程中作为质量控制程序的一部分来使用。应为每一应用起草一个非破坏性试验程序，该程序可能涉及下述内容：

a) 非破坏性试验时机的选择与制造、试验程序以及强制性进行非破坏性试验阶段的技术规范；可使用非破坏性试验的阶段有：
   1) 用于母材的评估；
   2) 用于如附录 B 所要求的焊接工艺和焊工技能测试的评估；
   3) 在焊接中，如监测在多道焊接和/或在焊接后的早期焊道的质量；
   4) 焊接修补期间和焊接修补之后；
   5) 应力释放或其他焊后热处理之前。

b) 与所涉及的材料类型、厚度和应力有关的非破坏性试验的数量；

c) 非破坏性试验方法的选择；

d) 已暴露缺陷的验收准则和后续行为；

e) 非破坏性试验人员的资格要求。

7.4.1.2 焊接接头试验数量

a) 对于 $v=1.0$ 的焊接接头系数：

包括对接焊接的锻造支管的焊缝在内的所有完全熔透的对接焊缝长度的至少 10%都应由射线方法或超声波来检测。

这种检查应包括纵向焊缝和环向焊缝的每一个交叉点。对于每一个纵向焊缝和环向焊缝以及每一个对接焊接的锻造支管都至少要有一个射线成像或要求超声波检测时至少要检测 200 mm 的长度。

所有其他焊缝长度的至少 10%要由渗透法来检测。

除此之外，在开孔上或 12 mm 以内的焊缝，应在开孔的每一侧对其进行检测，检测间距不少于开孔直径。

无缝管可以以 $v=1.0$ 的焊接接头系数使用。螺旋焊管只可以以 $v=1.0$ 的焊接接头系数使用，且仅对焊缝进行外观检验。

b) 对于 $v=0.75$ 的焊接接头系数：

仅对焊缝进行外观检验。

7.4.1.3 焊缝试验方法

7.4.1.3.1 射线成像

焊缝的射线检验应当按照公认的 ISO 标准或国家标准进行。

射线成像过的每一段焊缝应附上适当的符号以识别下列内容：

a) 工作或操作件序号，订单号或类似鉴别性的参考号；
b) 接头；
c) 接头段；
d) 箭头或其他符号，沿着但不接触焊缝外缘以清晰识别射线检查区域的位置。

注：焊缝的位置应能识别，例如可用字母符号 L 表示纵向焊缝，字母符号 C 表示环向焊缝，附上一个数字(1、2、3 等)以表明焊缝是否为该类型的第一、第二、第三等。

由主箭头、字母和/或数字组成的符号应予以定位，使得其图像出现射线成像上以保证正确识别该段。

修补焊缝的射线成像，对于第一次修补、第二次修补等应清楚地标明 R_1、R_2 等。

7.4.1.3.2 超声波

焊缝的超声波检测应按照公认的国家标准进行。由制造商选择。

在进行焊缝的超声波检测之前，相邻母材要进行超声波检查以确定材料的厚度并对妨碍焊缝有效检测的缺陷进行定位。

7.4.1.3.3 渗透法

焊缝的着色或荧光渗透检测应按照公认的国家标准进行。由制造商选择。

7.4.1.3.4 实时成像

无损检测可采用有记录的实时成像进行。

注：在当前测试设备条件下，采用合适的工艺可以到达标准的技术要求。制造厂应制定具体的检测工艺和质量控制文件。

7.4.1.4 表面条件和试验准备

a) 射线成像。在表面不规则会干扰射线成像的解释时才进行表面整理。
b) 超声波。与探针接触的表面条件能达到符合要求的结合。

注：根据形状和表面条件，即便只接触了母材，焊缝的整理也是必需的。

c) 渗透法。表面应没有任何会干扰检测和解释的杂质。

应小心避免通过可使用的任何整理工艺使表层变形导致掩盖缺陷。

d) 实时成像。在表面不规则会干扰射线成像的解释时才进行表面整理。

7.4.1.5 外壳焊缝的标识

外壳焊缝的标识用于为评估时焊缝的准确定位提供基准点。

7.4.1.6 报告

报告中应给出下列信息：

a) 检测和报告的日期；

b) 负责检测和解释的人员的名称和资格；

c) 受检外壳和焊缝的确认；

d) 清洁和表面准备的种类或非破坏性试验之前的整理；

e) 所有相关缺陷迹象的位置，以及适用时参考的记录，如射线成像、相片、图或草图；

f) 检测结果。

应对外观检查出具相应的报告。

7.4.1.7 最低的接受水平

应对所有焊缝进行外观检查。如果存在任何疑问，应进行着色渗透或射线检测。

在表 14 给出了缺陷的接受水平，作为质量控制在制造期间应予以强制执行。

除了夹杂物之外，这些实际使用的接受水平和采用焊接工艺和焊工技能测试（见附录 B）认可所采用的验收水平相同。

7.4.1.8 缺陷评估

根据以下选择之一或其他对缺陷进行评估：

a) 如果缺陷不超过表 14 中规定的接受水平，则可接受焊接；

b) 在适当考虑材料、应力和环境因素后可以接受超过表 14 中规定的缺陷接受水平的特定缺陷；

c) 如果接受水平与表 14 所规定的不同，则可采用为特定用途确立的且已形成适合文件的接受水平。

表 14 缺陷的可接受水平

类别	欠缺名称	允许的最大欠缺
100	裂纹/龟裂	不允许
201	气孔	
2011	气孔，隔离（或单独气孔成群）	$\phi \leqslant t/4$，最大值为 3 mm
2012/13	均匀分布的或局部的密集的	对于 $t \leqslant 50$ mm 按 2%区域[a]（如射线照片所示）
2014	链状气孔	与焊缝轴线平行的线性孔隙度能够显示出未熔合或未渗透，因此是不允许的
2016	条虫状气孔，孤立的	$l \leqslant 3$ mm，$w \leqslant 1.5$ mm
2016	条虫状气孔，排列的	同线性孔隙度
2017	表面气孔	不允许
2024	管道凹坑	不允许
300	固体夹杂	
303	氧化物夹杂，线状的	不允许
303	氧化物夹杂，孤立的	允许隔离修补，只要它们在平均直径中不超过 $t/4$ 或 3 mm，且不是重复的

表 14（续）

类别	欠缺名称	允许的最大欠缺
3041	夹钨,孤立的	同隔离气孔
3041	夹钨,成群的	同均匀分布的或局部的孔隙度
3042	夹铜	不允许
401	未熔合	
4011	侧壁未熔合	不允许
4012	焊道间未熔合	不允许
4013	根部未熔合	不允许
402	未渗透	不允许
500	形状缺陷	
5012	咬边	允许轻微的间歇性咬边,深度不超过约 0.5 mm
5013	收缩槽和根部凹陷	不允许
502	焊接金属过量(对接焊)	过量的焊接金属要与母材平滑混合;只要焊缝不影响规定的非破坏性试验方法,通常不要求整理
503	凸度过大(角焊缝)	$h \leqslant 1\ \text{mm} + 0.25\ a$
504	渗透过度	$h \leqslant 3$ mm,允许轻微的局部过量
506	焊瘤	不允许
507	错边	见 6.1.6.1
509	下垂(角焊缝)	不允许
511	焊缝不足	不允许
512	角焊缝的过度不对称	直角边长度的最大差值为 0.25 a

使用的缩写：
t:母材厚度(在不同厚度的情况下,“t”适用较薄板);
w:孔的宽度;
l:孔的长度;
h:凸出或渗透的高度;
a:角焊缝的喉部厚度;
ϕ:气孔直径。

注 1:对运行性能有影响的缺陷,其主要尺寸是指其高度或全厚度尺寸。如果采用超声波检测,有可能在极其微小的横截面上检测到缺陷迹象。在解释本表格的要求时,尺寸 $h \leqslant 1.5$ mm 的迹象可忽略。

注 2:在同一焊缝内的多个缺陷或者叠加的缺陷,只要调查结果显示焊接工艺无基本错误,就可以将其作为孤立的缺陷逐个接受。

注 3:本表中给出的详细资料用于焊接工艺的试验,可能与特定用途所规定的不同。

[a] 面积是在一个与焊缝表面基本平行的平面上测量的,它是受影响的焊接金属体积的包络线的长度和宽度的乘积。

7.4.1.9 焊缝修补

不能接受的缺陷应予以剔除或修补。焊接修补应按照文件化的程序并采用与原始工作相同的验收准则。要对整个修补的区域进行射线检查。

如果发现需要修补的缺陷，要在原始射线成像两侧延伸焊缝长度的10%的距离进行射线检测。如果在这些射线成像中发现了进一步需要修补的缺陷，则射线成像要延伸至焊缝长度的100%。同一焊缝修补不宜超过2次。

7.4.2 铸件

7.4.2.1 概述

尽管铸件在之前已经合格了即符合材料技术规范的机械试验要求和化学成分，无论在检查中还是在之后的加工中发现缺陷，任何有缺陷的铸件仍可以剔除。

7.4.2.2 外观检查

外观检查应包括所有的内部和外部表面。应该在任何存在疑点的地方进行着色渗透或射线照射检查。

应提供外观检查的报告。

7.4.2.3 着色渗透检查

在外观检查产生疑问时需要着色渗透检查。

7.4.2.4 射线成像检查

以下情况需要射线成像检查：

a） 在生产铸件的外观检查出现疑问的情况下；

b） 为焊接修补的可能性确定缺陷的类型和范围；

c） 确定焊接修补的质量。

7.4.2.5 超声检查

超声检查可以作为射线成像的替代方法。

7.4.2.6 非破坏性试验检查的报告

报告应给出下列信息：

a） 检查和报告的日期；

b） 外壳的识别；

c） 所有缺陷的说明、位置和记录；

d） 所采用的试验方法。

7.5 压力试验

7.5.1 总则

对于形状接近的外壳，按尺寸较大者实施验证试验和例行试验；对于混合材料的外壳，按铸件实施验证试验和例行试验。

7.5.2 锻件和铝合金

7.5.2.1 概述

要求对根据本标准制造的所有外壳逐件进行压力试验。试验采用液压试验方法。试验液体一般应为洁净的水;试验后应将水渍清除干净,当无法达到这一要求时,应控制试验用水中的氯离子含量不得超过 25 mg/L。

确保在有适当安全预防措施的受控条件下进行第一次加压是极其重要的。

在第一次加压时外壳有可能会有一些永久性局部膨胀,但这种可能性仅是在对已完成的外壳规定有精密的尺寸公差的时候才需要特别考虑。

7.5.2.2 验证试验

当没有计算承压部件的厚度或对计算精度有疑问时,要用专门设计的外壳进行验证试验。以下验证试验之一适用:

a) 破坏性试验;

b) 应变测量试验。

如果运行中承受重大静止附加荷载的外壳进行验证试验时,试验中应模拟这些负荷的效果。

只有当壁厚不是由本标准中给出的设计规则确定时,验证试验可以用于建立外壳或外壳部件的设计压力的目的。所有其他部件的设计压力应由适用的设计规则来确定。

7.5.2.2.1 破坏性试验程序

该程序用于处于内部压力下的外壳或外壳部件。用该方法测试的外壳任一部件的设计压力应由压力试验确立,试验压力上升速度不应超过 400 kPa/min。

外壳符合本标准要求的设计压力(p),应根据式(78)计算:

$$p=\frac{B}{2.3}\cdot v\cdot\frac{\sigma_a}{\sigma_t} \qquad\cdots\cdots(78)$$

式中:

B ——破坏压力;

v ——焊接接头系数(见 7.4.1.2);

σ_a ——在设计温度下的允许设计应力;

σ_t ——试验温度下的允许设计应力;

2.3——相对于破坏强度的安全系数。

注:应根据实际受试外壳相关的最小规定板厚和最小规定材料强度对破坏性试验数据进行评估和修正。

所有施加此压力之后即使保持完整无损的外壳亦应予以废弃。

7.5.2.2.2 应变测量试验程序

试验开始或对外壳施加任何压力之前,在外壳的内外表面要贴上电阻或其他类型的应变片。应变片的类型和数量、它们的位置和方向的选择应使得对外壳的完整性重要的所有点上都可以确定主要的应变和应力。应变片的类型和粘合技术的选择应使得能够确定不到 1%的应变。

应以近似 20%预期设计压力为步长逐步施加压力,且应在每一步后卸载。应在加载和卸载循环期间获取应变读数。

如果没有外壳总体变形的证据,局部的永久变形的迹象可以不予考虑。

只要永久性的应变不超过 0.2%,应将压力提高到 1.1×1.3 倍的预期设计压力,那么,应该确认该预期设计压力。

如果前一步的永久应变超过0.2%，为了确定永久应变小于0.2%所对应的压力(p_y)，应以较低值重新施压，次数不多于5次。这种情况下设计压力(p)应按式(79)计算：

$$p=\frac{1}{1.1\times 1.3}\times\left(p_y\times\frac{\sigma_a}{\sigma_t}\right) \quad \cdots\cdots(79)$$

式中：

p_y ——0.2%永久变形的应变曲线与曲线上线性部分交叉点处的压力；

1.3——例行试验压力系数；

1.1——应变测量系数。

7.5.2.3 例行压力试验

每一外壳都应进行1.3倍设计压力下不少于5 min的例行压力试验。

包含两个或更多独立隔室的外壳的每一隔室要承受试验压力，规定此试验压力在任何相邻隔室中没有高于大气压的压力支持。

例行压力试验之后经焊接修补的外壳都应在修补完成后重复试验。

试验时外壳顶部应设排气口，充水时应将外壳中的空气排净，试验过程中外壳外表面应保持干燥；

试验时压力应缓慢上升至设计压力，确认无泄露后继续升压到规定的试验压力，保压5 min；然后降至设计压力，保压2 min进行检查，检查期间压力应当保持不变。以无渗漏、无可见的变形及试验过程中无异常的响声为合格。

试验完毕后，应将水排尽，并用压缩空气将内部吹干。

在保证安全的情况下，对某些试件也可采用气压试验代替液压试验。

7.5.3 铸件

7.5.3.1 概述

对所有未经过计算的，或者计算准确性上面存在怀疑的，或者在例行压力试验中已经计算的预计应力超过外壳材料0.2%屈服强度的90%的铸件设计，应在一个铸件上进行验证试验。试验采用液压试验方法，制造完工的外壳应逐件进行液压试验。试验液体一般应为洁净的水；试验后应将水渍清除干净，当无法达到这一要求时，应控制试验用水中的氯离子含量不得超过25 mg/L。

下列验证试验之一适用：

a) 破坏性试验；

b) 应变测量试验。

在对运行中将受到明显的静态叠加负载的外壳进行验收试验时，应该在试验中模拟这些负载的影响。

当厚度不按本标准给出的设计规则来确定时，验收试验可能用于确立外壳或外壳部件的设计压力。其他部件的设计压力应该由适用的方法来确定。

7.5.3.2 破坏性试验程序

此程序可用于内压力下的外壳或外壳部件，试验压力上升速度不应超过400 kPa/min。按此方法试验的外壳的任何部分的设计压力应由压力试验建立，以证明规定的安全系数。完成本试验的任何铸件应废弃。

满足本标准要求的外壳的设计压力应按式(80)计算：

$$p=\frac{B}{3.5}\times 0.7 \quad \cdots\cdots(80)$$

式中：

B ——破坏压力；

3.5——安全系数。

注：将0.7包括进来以覆盖生产铸件可能的变化。如果它可以调整，可以将系数增加到1.0。

7.5.3.3 应变测量试验程序

在试验开始或者对外壳施加任何压力之前，电阻或其他类型的应变片应同时固定到外壳的内部和外部表面。应该选择应变片的类型、数量、位置和它们的方向，以致可以通过对外壳完整性重要的所有方面可以确定主要的应变和应力。应选择应变片的类型和粘合技术使得可以确定直到1%的应变。

压力应以预期设计压力的大约20%为一级逐步地施加，并且应在每一步后卸载。在加载和卸载循环期间应读取应变数值。

只要没有外壳全面变形的迹象，局部永久变形的迹象可以被忽略。

只要永久应变不超过0.2%，压力应提高到预期设计压力的2.2倍，应认为已确认。

如果在前一步永久应变超过0.2%，压力可能以较低值重新施加不超过5次，以确定与小于0.2%的永久应变相关的压力(p_y)。这种情况下，设计压力(p)应按式(81)计算：

$$p=\frac{p_y}{2.2}\times\frac{f_a}{f_t} \quad\cdots\cdots(81)$$

式中：

f_a——在设计温度下的允许设计应力(见5.6.2)；

f_t——在试验温度下的允许设计应力(基于相同条件)。

进行应变测量验收试验的前5个铸件的高应力区，应进行射线成像和着色渗透检查来证明已达到优良品质。

应从一个外壳的高应力区取得试样来进行机械试验，以确定已经达到设计依据的材料性能。

7.5.3.4 例行压力试验

每个外壳应该受到设计压力2倍的持续不少于5min的例行压力试验。

包括两个或两个以上单独的室外壳，每个室应在没有任何相邻室压力支持下承受规定的试验压力。

试验时外壳顶部应设排气口，充水时应将外壳中的空气排净，试验过程中外壳外表面应保持干燥。

试验时压力应缓慢上升至设计压力，确认无泄露后继续升压到规定的试验压力，保压3 min；然后降至设计压力，保压2 min进行检查，检查期间压力应当保持不变。以无渗漏、无可见的变形及试验过程中无异常的响声为合格。

试验完毕后，应将水排尽，并用压缩空气将内部吹干。

在保证安全的情况下，对某些试件也可采用气压试验代替液压试验。

7.6 密封试验

外壳在例行压力试验合格后逐件进行卤素检漏或氦检漏试验。具体规定见GB/T 11022—1999中7.4。

8 压力释放装置

8.1 概述

如果必要，本标准范围内的外壳应配备保护装置，可以是下列之一：

a) 爆破盘；

b) 自动关闭阀；

c) 非自动关闭装置。

保护装置应制造、定位并安装，以使它们易于检查和维修。它们应防止意外损坏。

装置不需要直接安装在外壳上，但是排放区域和任何连接到或在外壳内的端口，应该具有足够的尺寸来允许发生过压时有效的释放。

如果承压气体或蒸汽泄漏，应布置压力释放装置，以便在操作人员履行其正常操作规程的时候，其伤害减到最小。

压力释放装置可能连接到外壳或连接在充气厂的供气线路。

一旦适合连接到外部压力源的外壳的装置和适合充气厂的供气线路的装置，它们应设计来限制设计压力1.1倍的过压力。

每个装置应该标以它的标称启动压力。

为了限制内部故障时的压力升高，认为有必要设计压力释放装置。

8.2 爆破盘

爆破盘可以用脆性或韧性材料制造。

应选择爆破盘的破坏压力来保证长期运行而不会过早破裂。应与爆破盘制造商协商。

8.3 自动关闭压力释放阀

自动关闭压力释放阀应该是弹簧直接驱动型。

8.4 非自动关闭压力释放阀

可以使用“阻断螺栓”系统来操作的非自动关闭压力释放装置。

注：阻断螺栓系统压力释放装置由用一个或多个螺栓固定的隔膜通过一个或多个螺栓的断裂或弯曲来释放压力，打开后隔膜受螺栓或一个盖子制约。

9 认证和标识

9.1 设计规范、图纸和数据表

制造商应保存与外壳生产相关的所有数据的技术文件。该文件应包括图纸、材料证书，焊工记录、验证试验记录等。

从外壳完成之日起，该文件应至少保存10年。

9.2 证书

外壳完成时，制造商应出具一份证书，说明该外壳的设计、制造和试验在各方面都符合本标准的要求。

如果设计和制造是有独立的公司进行的，每一公司应就其完成的工作出具证书。

但是，最终责任还是由开关设备制造商负责。

9.3 标识

在运行应力低的区域里，如在法兰外缘上、在永久附着的铭牌上要给外壳进行可见标识来表明外壳已通过了例行压力试验。

9.4 最终检验

在发运之前，应对已完成的外壳进行内部和外部检验，并核对证书和标识。

附 录 A
（规范性附录）
内部压力引起的碟形端盖应力分布的弹性分析

Kp 型碟形端盖中因内部压力引起的应力分布如图 A.1 所示，此图阐述了在转角内表面出现的最大应力强度。基于这一计算结果，可以导出弹性变形的形状系数 α，如图 A.2 和图 A.3 所示。此处 α 定义为在相同直径的球体内由膜应力引起的碟形末端中最大等效应力与米塞斯屈服准则[2)]确定的等效应力的壁厚之比。

碟形端盖的应力分布（转角处的径向弯曲应力）即是在最大应力强度区域内允许塑性变形。弹性塑性分析用设计因数 β 定义为形状系数 α 和考虑到材料的弹性性能的系数 δ 之比（$\beta=\alpha/\delta$）。图 A.2 和图 A.3 上显示了该系数和 t/D_a 的关系。

δ 的最大值由形状系数 α 确定，对于 Kp 型分别以 $\beta=2.9$，$\beta=2.0$ 开始，对 Kb 型分别以比率 $t/D_a=0.007$，$t/D_a=0.008$ 开始。对于碟形端盖的两种类型在 $t/D_a=0$ 的极限情况下，发现系数 δ 将成为 $\delta=1$。在这个范围里，与张应力相比弯曲应力的数值逐渐减少，在极限情况下张应力达到 0 值。针对 t/D_a 而绘制的 δ 的曲线从 $\delta=1$ 处开始呈椭圆形后变成水平直线。考虑到各种应力以及支撑作用，它成为一条连续的曲线。

在最大应力强度下，与这些值相关的永久塑性变形可达到 1%。系数 δ 和 5.6 给出的安全系数一起保证避免可逆的塑性变形。

图 A.2 和图 A.3 显示了 Kb 型和 Kp 型碟形端盖的系数 α、β、δ 和比率 t/D_a 的关系。

---

2) 米塞斯于 1913 年提出了一个屈服准则，这个屈服准则被称为米塞斯屈服准则。它的内容：当点应力状态的等效应力达到某一与应力状态无关的定值时，材料就屈服；或者说材料处于塑性状态时，等效应力始终是一不变的定值。

米塞斯屈服准则也就是材料力学中的第四强度理论（形状改变比能理论）。第四强度理论（米塞斯屈服准则）认为，形状改变比能是引起材料塑性流动破坏的主要原因，即不论材料处于简单或复杂应力状态，只要构件危险点处的形状改变比能 ν_d 达到材料在单向拉伸屈服时的形状改变比能 ν_d^0，就会发生塑性破坏。

米塞斯屈服准则的物理意义：在一定的变形条件下，当材料的单位体积形状改变的弹性位能（又称弹性形变能）达到某一常数时，材料就屈服。

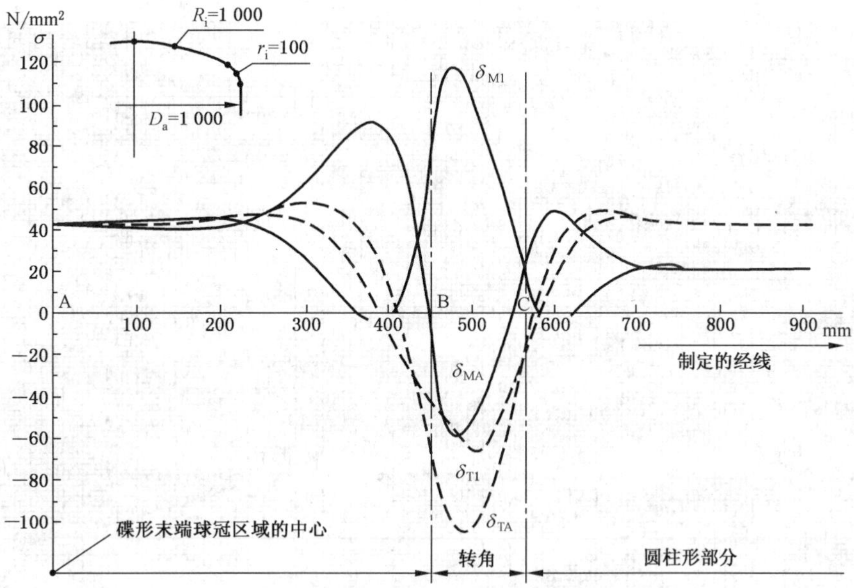

说明：

D_a = 1 000 mm；　　δ_{M1} = 外表面上的径向应力；

t = 7 mm；　　δ_{MA} = 内表面上的径向应力；

R_i = 1 000 mm；　　δ_{TA} = 外表面上的切向应力；

r_i = 100 mm；　　δ_{T1} = 内表面上的切向应力。

p = 0.59 MPa；

图 A.1　Kp 型碟形末端的应力分布

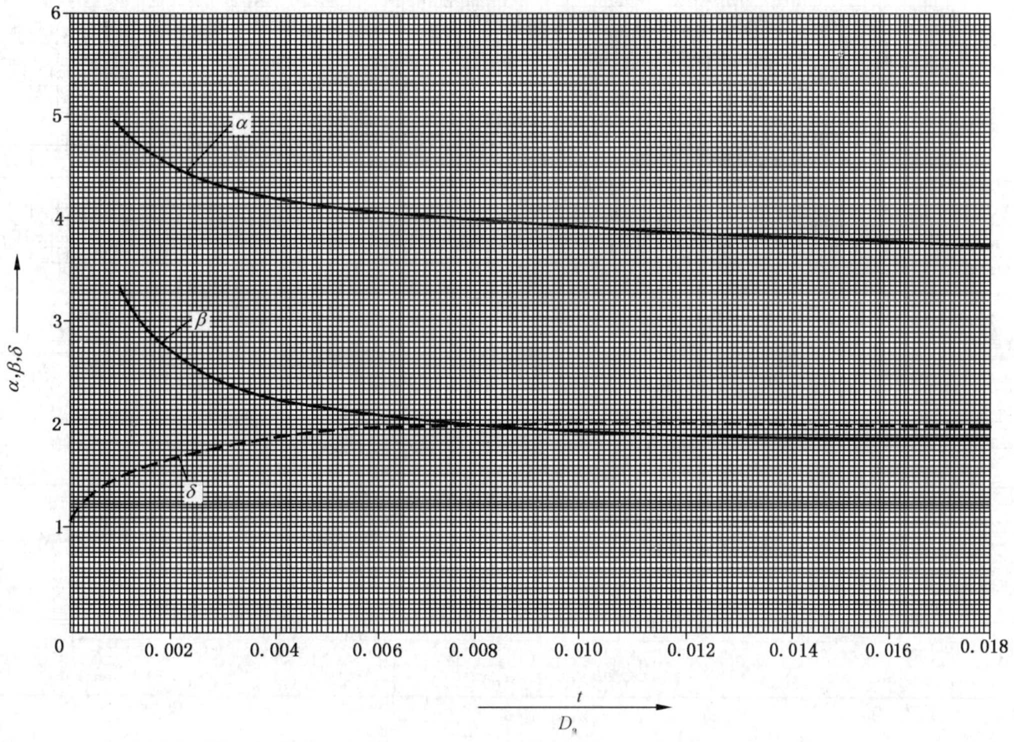

图 A.2　Kb 型碟形末端的设计因数

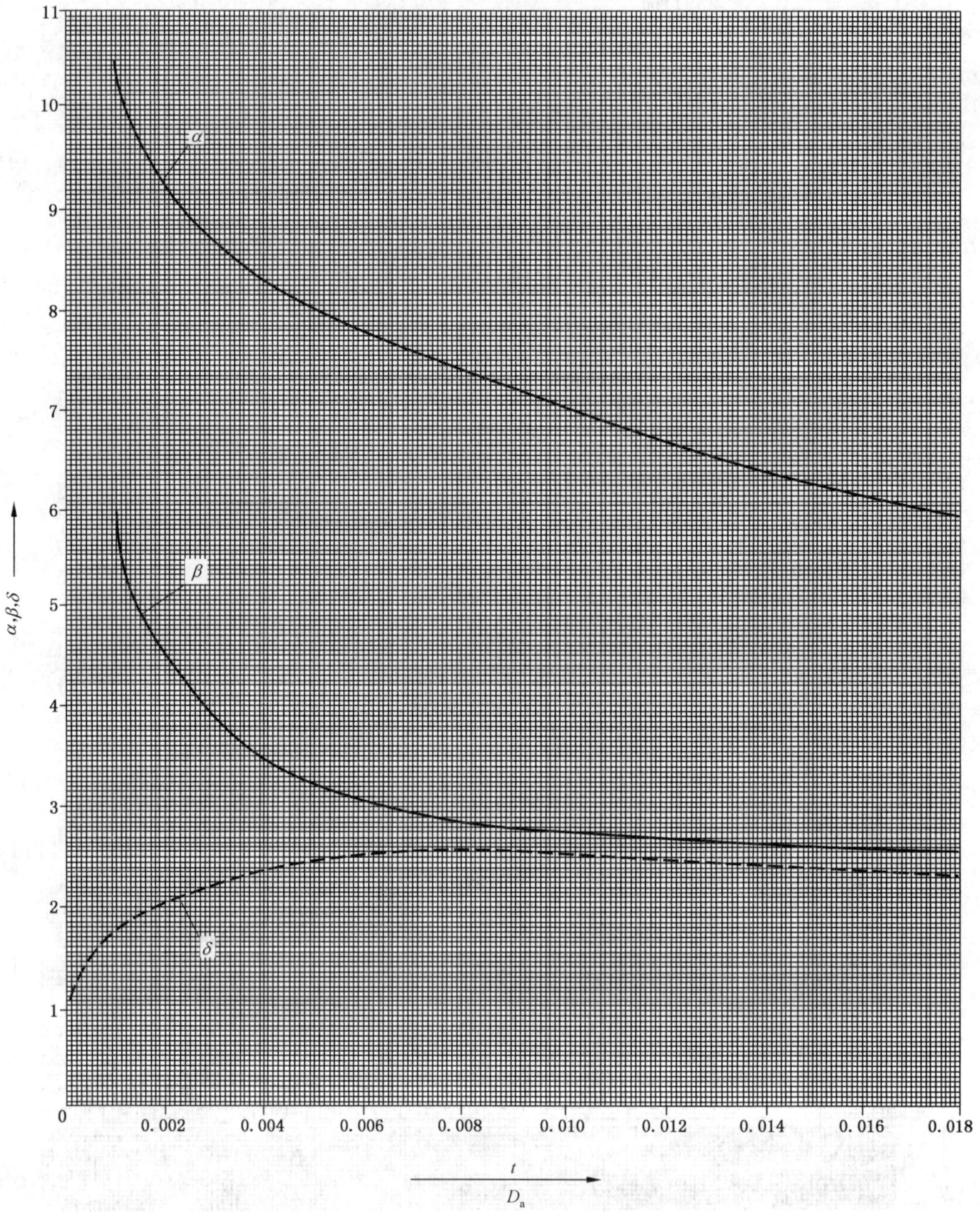

图 A.3 Kp 型碟形端盖的系数

附 录 B
（规范性附录）
锻铝及铝合金外壳焊接工艺试验和焊工技能测试

B.1 概述

可供锻铝及铝合金外壳生产的选择为：

a) 只要制造商或分包商能够通过真实可靠的文件证明，他们之前满意地焊接过讨论中的接头和材料，则不要求进行焊接工艺试验。或

b) 每个独立的制造商或分包商应通过实际试件证明，其具有在生产一批有代表性接头中要使用的所有不同壁厚和材料的焊接资格。

作为选项 a)的延伸，对于使用的特定制造商所独立开发的完全形成文件的焊接工艺可不需要进行进一步的验收试验。关于选项 b)，值得重视的是除非在主要变量中发生变化，否则只要焊接工艺试验一旦获得批准，就再也无需重复此试验(见 B.3.2)。

制造商应对使用的程序和焊工实施焊接工艺的能力负责。

制作手工焊接工艺试验的焊工，只要他们一直受雇于同样的制造商就被认为是在铝及其合金的适当焊接工艺中经验丰富具有根据本标准焊接外壳的资格。

一个成功焊接了焊接工艺试验要求用的所有试件的焊工，一般不要求他进行单独的焊工表现测试。

如果没有外壳用的文件化焊接工艺或还没有记录说明焊工有通过焊工技能测试，或在 6 个月的时间内还未从事过使用工艺和适合于焊接工艺的设备来制造外壳，或如果对他制作符合要求的生产焊接能力有任何怀疑，就有必要重新进行全部或部分的焊接工艺和/或焊工技能测试。

焊工的名单及其技能测试的记录一并由制造商保存入档。

B.2 定义

B.2.1 焊接工艺技术规范

在焊接中遵循的一个规定的行为过程。包括材料、准备、预热(如有必要)、焊接工艺和要使用的必要设备。

B.2.2 焊接工艺试验

为证明焊接工艺的可行性，将要用于生产的有代表性的焊接接头的制作和试验。

注：该术语通常不适用于在一个焊接工艺制定中已进行过的试验。

B.2.3 许可的焊接工艺

文件化的焊接工艺，要么是通过焊接工艺试验的方式已通过认证；要么是作为通过类似于焊接工艺适用的接头焊接获取的、真实可靠的已形成文件的经验结果。

B.2.4 退火状态

通过从固溶体中再次结晶，使轻金属处于消除应变的硬化状态。

B.3 金属惰性气体电弧焊和惰性气体保护钨极电弧焊焊接工艺试验中的项目

B.3.1 概述

要为每项焊接工艺试验记录与特定焊接工艺相关的在 B.3.2 中所列的所有项目。

当主要项目发生变化时，才要求新的焊接工艺试验(见 B.3.2)。

B.3.2 两种焊接工艺项目

要为两种焊接工艺项目记录与以下项目有关的细节资料：

a) 焊接工艺或当在制造一个完整接头时使用不止一个焊接工艺时的多个焊接工艺；
b) 母材技术规范，板厚和管道的外直径或尺寸；
c) 焊接准备(接头草图)，焊接前清洁，去除油污等；
d) 防护气体，成分范围；
e) 焊料技术规范；
f) 热处理(如预热，层间温度，焊后热处理，时效)；
g) 焊接位置(包括垂直位置方向)；
h) 焊接条件(例如一侧、两侧、有垫板、坡口)。

对于以下项目，可能需要提供进一步的指示：

i) 电气设备和电流/电压特性；
j) 装配草图，包括夹具与定位；
k) 焊料或钨电极的尺寸；
l) 焊道和焊层包括交织焊的顺序；
m) 保护气体的流速和喷嘴种类。

B.4 焊接工艺认可的扩展

B.4.1 母材

除在水平位置的机械化焊接处，管道焊接工艺的认可对相同厚度的板材和位置同样有效，反之，则无效。需要热处理的母材包含没有热处理的材料。更困难的位置包含较简单的位置。直径大于 600 mm 的管道按板来处理。对于板厚的认可见 B.4.2。

为了使技术相同的工艺试验数量最小化，有类似冶金和焊接特性的铝合金，出于焊接工艺认可的目的可以分组。

关于此分组参考有关的国家标准。

B.4.2 板厚

对于厚度(t)的板用焊接工艺的认可，对于不同厚度之间的接头是较厚板的焊接工艺的批准，认可范围应包括从 $0.75t \sim 2t$。对于厚度大于 25 mm 的板，该板是从每一侧通过一个焊道焊接的，认可范围应限制在 $0.75t \sim 1.1t$。

注：虽然只在一种厚度上进行试验，就认可在规定范围内的所有厚度用的工艺，但这并不意味着，对于在相同范围内的其他厚度，焊接工艺的所有细节是相同的。但是如果焊接其他厚度用的工艺里的差异也改变工艺的其他主要项目，则只要求重新认可。

B.4.3 管的外直径或尺寸

除了对外直径或尺寸大于170 mm的管道进行的试验，认可范围应包括大于90 mm的所有外直径或尺寸，对于带有外直径或尺寸D_a的管道用焊接工艺的认可，应包括从$0.5D_a$～$2D_a$范围内的直径或尺寸的认可。对于矩形结构空心截面，D_a应为较小侧的尺寸。对于支管连接，D_a应为支管的外部直径或尺寸。

B.5 试件

在生产中，与焊接工艺相关的接头的每一类型应通过制作一个合适试件或多从以下样例中优先选择的一个试件来代表：

a) 对于板和/或管道中的对接焊见图B.1和图B.2；

b) 对于板中的角焊缝见图B.3。

注：支管连接很难制作，且需要的焊接条件是线能量往往高于要制作一个对接焊缝的线能量。这可能导致时效硬化合金的过度软化。对于这种合金，由通过用于制造支管焊缝（在可行的范围内）的最高线能量制作一个对接焊缝并对焊缝进行机械试验来检查。

应按B.6.3.1规定准备合适试样的试件的数量和/或尺寸，加上可能需要重复试验所需的试件。

板中角焊缝的根部焊道且从图B.3中所示试件的一个距末端大约75 mm处停止和重新开始。应对试件进行标识以便在完成试验焊接后可以辨认停止/开始的位置。

如果生产接头的设计或应用使建议样本试件无一具有代表性，如细管道的连接焊缝，则应制作一个在所有基本特征，如：尺寸、制约、通道、散热效应方面模拟制作接头的特殊试件。

在最终接头中包含的定位焊缝应从要焊接的一侧起进行，且焊缝位置应在完成试验焊接后仍可辨认。

破坏表面的焊缝切口表面缺陷或由于焊接工艺中规定的任何金属切除所显示的焊缝切口表面缺陷不得修补。不应对已完成的试件补焊。

B.6 检查和试验

B.6.1 概述

对于一个焊接工艺批准，代表焊接工艺的相同试件（多个相同试件）应符合对非破坏性和破坏性试验的要求（见B.6.2和B.6.3）。

在非破坏性和破坏性试验中可忽略板中对接焊缝长度的开始和最后的25 mm。

如果试件未能符合B.6.2.2中规定的外观检查和非破坏性试验中的任何一项要求，则要对另外一个试件进行焊接且进行相同的试验。如果这一附加试件也不符合有关要求，则认为在不做修改的情况下焊接工艺不符合本标准要求。

如果有任何试验样本未能符合B.6.3中规定的要求，则要为每一个不合格的试件准备另外两个试样，并对其进行相同的试验。这些新的试样，如果有足够的材料可用，则可从相同试件中获取，或者从一个新的试件中获取。

如果这些附加的试样和新的试件都不符合有关要求，则认为在不做修改的情况下焊接工艺不符合本标准要求。

当任何附加的试件或试样未能符合本标准对非破坏性或破坏性试验的要求，则应找出失败原因。

根据调查结果,或者需要一项新的焊接工艺试验修改焊接工艺(见 B.3),还是开发一个新的焊接工艺。

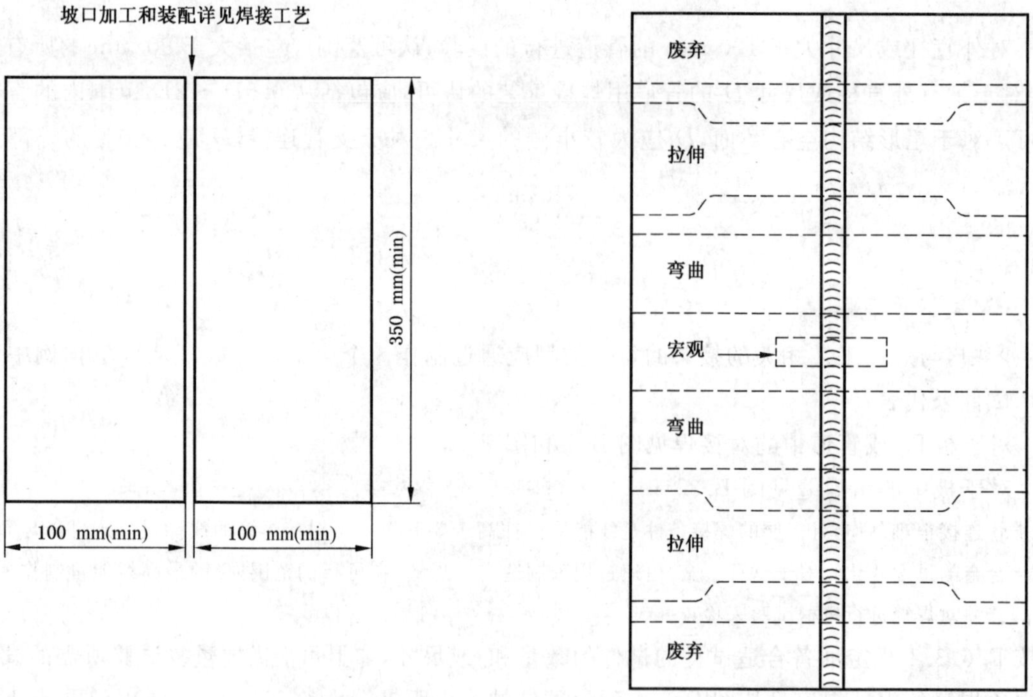

a） 试件　　b） 样本位置

图 B.1　板中对接焊缝用试件和试验样本位置

B.6.2　无损检测

B.6.2.1　检查

试验样本切割之前,应对所有试件进行外观检查,随后是:

a） 着色或荧光渗透检查;或

b） 超声波检查;或

c） 焊缝的射线成像检查;或

d） 实时成像。

B.6.2.2　最低验收水平

由外观检查和非破坏试验的其他相关方法探测到的缺陷,应按照本标准表 14 中所规定的细节来进行评估。存在任何超过表 14 中规定的最大允许值的缺陷,都是试件淘汰的充分理由。

注:作为孤立缺陷可单独接受的、在同一焊缝内包含的多重缺陷,无论是层叠还是插入,只要调查显示该焊接工艺没有根本错误,就可视为可接受的缺陷。

B.6.3　破坏性试验

B.6.3.1　试样

要进行试验的样本数目在表 B.1 中给出。允许从避免出现缺陷的区域的位置中取出试样,尽管根据本标准表 14 中规定的要求这些缺陷是可以接受的。

B.6.3.2 试验结果

B.6.3.2.1 宏观检查和角焊缝断裂试验

应对宏观检查用的蚀刻表面和来自角焊缝断裂试验中的断裂表面进行评估，以确保完全熔合。

B.6.3.2.2 横向拉伸试验

最小抗张强度应不小于相应地对母材金属规定的最小值。应记录断裂的位置。

不同材料之间的焊接接头的最小抗拉强度应不小于焊接状态下较弱母材金属的最小抗拉强度。

表 B.1 要求的试样数目[a]

试样	板中对接焊缝的厚度		管中对接焊缝的外直径或尺寸				板中的角焊缝
			90 mm 及以下的厚度		大于 90 mm 的厚度		
	小于 10 mm	10 mm 及以上	小于 10 mm	10 mm 及以上	小于 10 mm	10 mm 及以上	
宏观检查	1	1	2	2	2	2	2
横向拉伸	2	2	1	1	2	2	—
根部弯曲	2[b]	—	1	—	2	—	—
表面弯曲	2[c]	—	—	—	1	—	—
侧面弯曲	—	2	—	1	—	2	—
角焊缝断裂(只用于带单侧焊缝试件)	—	—	—	—	—	—	3

[a] 当特定类型要求多于一个样品时，样品的选取应尽可能地远离，从接头的部件中获取宏观检查用的样品，此接头是被视为在最困难的焊接位置或从停止/开始位置里已完成焊接的接头。

[b] 对于仅从一侧制作的接头用。

[c] 对于从双侧制作的接头用。

B.6.3.2.3 弯曲试验

当完成 180°的弯曲度时，拉伸表面应无裂纹或尺寸大于 3 mm 的其他缺陷。在试样边缘处的轻微撕裂不应成为试验样本淘汰的理由。

B.7 结果声明

对于每一焊接工艺，都应进行一个包括重复试验在内的每一试件评估的结果声明。应包含 B.3.2 中所列项目以及按照 B.6.2.2 的要求报废的任何特性的详细资料，且试验结果要符合 B.6.3.2。如果未发现可报废的特性或试验结果，就其试件类型而言，根据特定焊接工艺制作而成的试件满足本标准要求，则应由进行这项试验的人员签署一份声明。

注 1：为了促进一致性表述和数据评估，建议使用附录 D 中给出的表格记录焊接工艺的详细资料和试验结果。

注 2：对于壁厚大于 10 mm 的管道，一侧弯曲试验样本应代替每一根部分弯曲样本。在小直径管道上，有必要制作多个试件以便获取要求的样本数目。

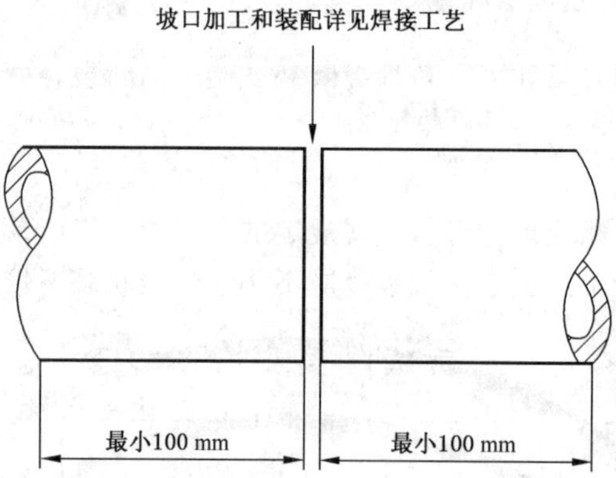

a) 试件

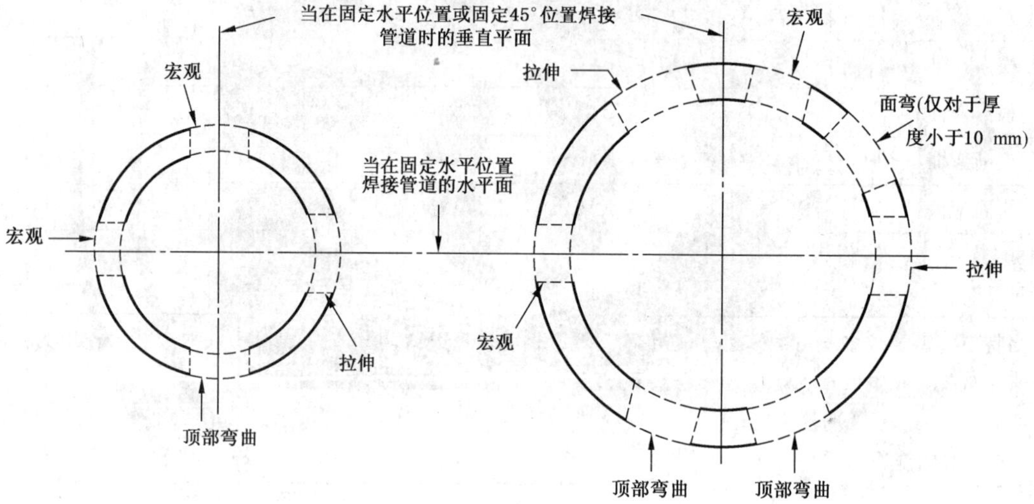

b) 直径 90 mm 及以下的管道用样品位置　　c) 外直径大于 90 mm 的管道用样品位置

图 B.2 在固定水平位置或固定 45°倾斜位置中焊接的管道中的对接焊缝用试件和试样位置

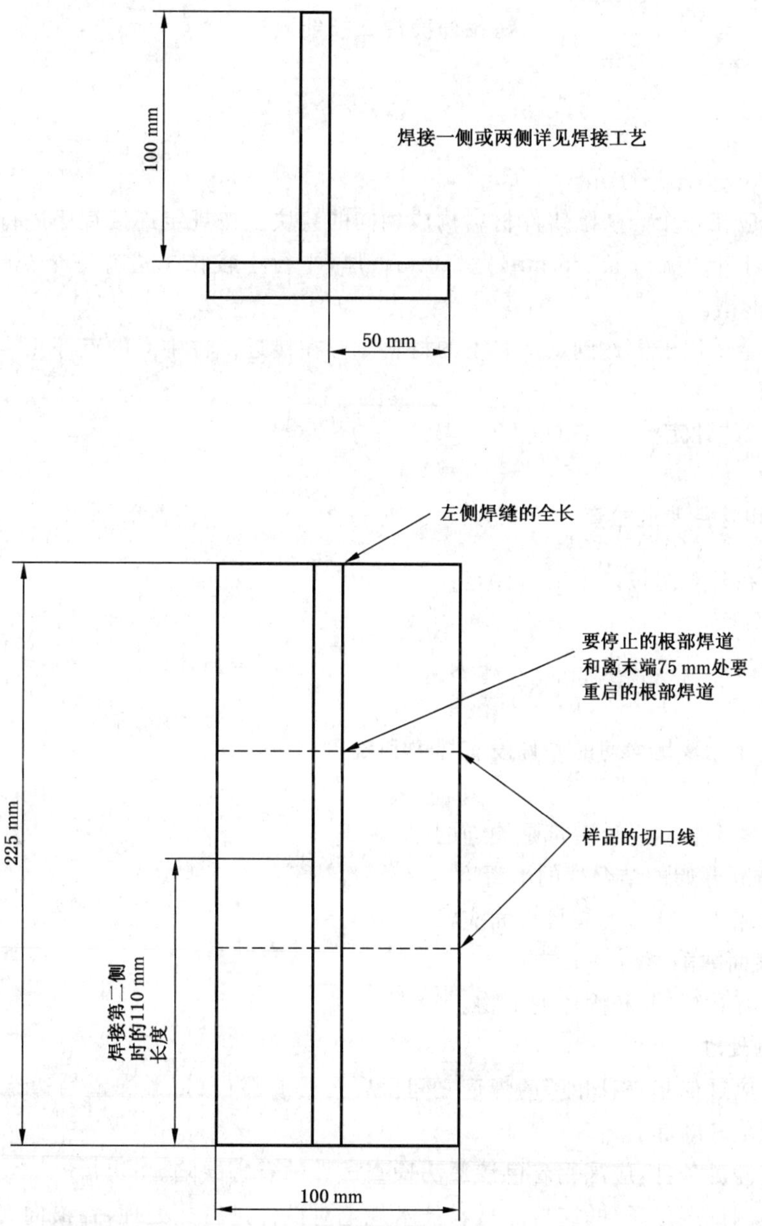

图 B.3 板中角焊缝用试件

附 录 C
（规范性附录）
铸铝外壳焊工技能测试

C.1 试件

焊工技能测试应在一个与缺陷铸件材料构成相同的铸块上按规定焊接程序进行。

测试件应不小于 150 mm 长、75 mm 宽、10 mm 厚，平行于较长一边有一个 20 mm 宽并且最小厚度为 4 mm 的"V"形槽。

应该堆积焊接金属以建立达到试件厚度的材料。应在接近试件中心的点停止堆焊并重新开始。

C.2 焊工技能测试的评定

C.2.1 外观检查和着色渗透检查

完工的试件应在外观上按以下因素评定：

因素 1：焊接厚度

堆焊的厚度应与试件的厚度相同，并应大于而不是小于规定尺寸。

因素 2：轮廓形状

焊接部分的轮廓应该是均匀的并且没有焊瘤和咬边。

因素 3：表面均匀性

焊接面应在其整个长度上外观都是均匀的。

因素 4：焊接重新开始的结合处的平滑度

焊接重新开始焊道结合处的焊接表面应没有凹凸。

因素 5：没有表面缺陷

焊接表面应没有孔隙、洞和固体夹杂物。

因素 6：焊道的处理

每条焊道宽度应近似相等且相邻的焊道之间没有沟槽或豁口；每条焊道的边缘不应在另一条焊道表面产生尖锐的凹陷和隆起。

如果外观检查满足条件，应采用着色渗透法检查试件的有害缺陷。

如果着色渗透测试满足条件，应按照材料技术规范对试件进行热处理，并横向切割来得到两个截面拉伸试样和四个宏观试样。

C.2.2 宏观试样检查

蚀刻试样应按以下因素评定：

因素 1：融合程度

整个熔焊面区域应完全融合，并且焊接金属的焊道应完全融合。

因素 2：根部渗透程度

堆焊的根部溶合。

因素 3：非金属夹杂物和气孔

焊接应具有清洁的外观并且没有气孔、孔隙、非金属夹杂物、鳞状物和氧化膜。

C.2.3 拉伸试样的检查

拉伸试样应具有与母材基本相同的性能。

铸件焊补应按焊补工艺规定进行,参考 GB/T 9438—1999。

C.3 焊工评定

圆满完成焊工技能测试的焊工应予以认可并在 12 个月内不需做更多的测试。

重新评定应在与 C.1 中的尺寸类似的试件上进行。检查可以不做焊接后的热处理,并且限于外观检查和两个宏观试样的检查。

除非焊工在上述的 12 个月期间对其工作定期地射线拍照进行了评定,否则应按 12 个月的间隔重复测试。

附 录 D
（资料性附录）
记录表格样例

记录表格见表 D.1 和表 D.2。

表 D.1 表格样例 1

<table>
<tr><td colspan="2">（组织的象征或标志）</td><td colspan="3">焊接工艺的认可试验和焊接工技能测试的记录
1. 程序细节</td><td>试验记录号</td></tr>
<tr><td colspan="2">制造商姓名</td><td colspan="3">试验车间位置或现场</td><td>制造商工艺文件编号(及版次)</td></tr>
<tr><td colspan="5">焊接工艺</td><td rowspan="4">母材组别
规格
材料牌号
试件尺寸</td></tr>
<tr><td colspan="5">接头类型</td></tr>
<tr><td colspan="5">焊接位置</td></tr>
<tr><td colspan="5">试件位置</td></tr>
<tr><td colspan="5">焊接准备(尺寸草图),包含任何支撑</td><td>焊道顺序和完成的焊接尺寸(草图)</td></tr>
<tr><td colspan="5">准备和清洁方法</td><td rowspan="4">焊接条件
焊道/层号
尺寸
电流
电压
极性
机械氩弧焊用弧长
熔化极氩弧焊用送丝速度
气流速率　　喷嘴直径
焊接速度(机械的)
脉冲焊</td></tr>
<tr><td colspan="5">焊接消耗品
填充材料
制作和类型
成分
保护气体
制作和类型
成分</td></tr>
<tr><td>钨电极</td><td colspan="2">类型</td><td colspan="2">直径</td></tr>
<tr><td>电源</td><td colspan="2">类型</td><td colspan="2"></td></tr>
<tr><td colspan="5">刨焊根</td><td rowspan="4">焊后热处理：
方法
控制
温度
时间</td></tr>
<tr><td colspan="2"></td><td>温度</td><td>方法</td><td>控制</td></tr>
<tr><td colspan="2">预热</td><td></td><td></td><td></td></tr>
<tr><td colspan="2">焊层间</td><td></td><td></td><td></td></tr>
<tr><td colspan="6">其他信息见 B.3.2。　　如有需要使用补充表格</td></tr>
<tr><td colspan="2">制表人</td><td colspan="3">日期</td><td>焊接工身份：
姓名
得分</td></tr>
<tr><td colspan="5">批准范围
材料范围
厚度范围
直径范围</td><td>备注(若有的话)</td></tr>
</table>

表 D.2 表格样例 2

<table>
<tr><td colspan="3">（组织的象征或标志）</td><td colspan="3">焊接工艺的认可试验和焊接工技能测试的记录
2.试验结果</td><td>试验记录号</td></tr>
<tr><td colspan="7">说明“接受”,“不可接受”(附原因)或给出数值结果</td></tr>
<tr><td colspan="7">非破坏性试验(仅焊接工艺试验)</td></tr>
<tr><td colspan="5">外观</td><td colspan="2">射线成像</td></tr>
<tr><td colspan="5">着色或荧光渗透</td><td colspan="2">超声波</td></tr>
<tr><td colspan="7">破坏性试验</td></tr>
<tr><td>试验</td><td colspan="2">抗拉强度</td><td colspan="2">屈服或0.2%强度 验证应力</td><td colspan="2">裂缝位置</td></tr>
<tr><td>单位</td><td colspan="2">MPa</td><td colspan="2">MPa</td><td colspan="2"></td></tr>
<tr><td>横向拉伸</td><td colspan="2"></td><td colspan="2"></td><td colspan="2"></td></tr>
<tr><td colspan="5">弯曲试验</td><td colspan="2" rowspan="2">角焊缝断裂(结果)
1.</td></tr>
<tr><td colspan="2">情况介绍</td><td colspan="2">之前直径</td><td>结果</td></tr>
<tr><td colspan="2">根部/表面/侧面</td><td colspan="2"></td><td></td><td colspan="2">2.</td></tr>
<tr><td colspan="2">根部/表面/侧面</td><td colspan="2"></td><td></td><td colspan="2">3.</td></tr>
<tr><td colspan="2">根部/表面/侧面</td><td colspan="2"></td><td></td><td colspan="2" rowspan="3">宏观检查</td></tr>
<tr><td colspan="2">根部/表面/侧面</td><td colspan="2"></td><td></td></tr>
<tr><td colspan="5"></td></tr>
<tr><td colspan="7">附加试验和结果,例如化学分析、微观检查、切口试验</td></tr>
<tr><td colspan="7">本记录的陈述是正确的。
制造商代表

职位</td></tr>
</table>

参 考 文 献

[1] GB/T 1173—1995 铸造铝合金
[2] GB/T 3191—1998 铝及铝合金挤压棒材
[3] GB/T 3375—1994 焊接术语
[4] GB/T 3880.1—2006 一般工业用铝及铝合金板、带材 第1部分:一般要求
[5] GB/T 3880.2—2006 一般工业用铝及铝合金板、带材 第2部分:力学性能
[6] GB/T 3880.3—2006 一般工业用铝及铝合金板、带材 第3部分:尺寸偏差
[7] GB/T 4437.1—2000 铝及铝合金热挤压管 第1部分:无缝圆管
[8] GB/T 4437.2—2003 铝及铝合金热挤压管 第2部分:有缝管
[9] GB/T 5611—1998 铸造术语
[10] GB/T 6893—2000 铝及铝合金拉(轧)制无缝管
[11] GB/T 8005.1—2008 铝及铝合金术语 第1部分:产品及加工处理工艺
[12] GB/T 9438—1999 铝合金铸件
[13] GB/T 10623—2008 金属材料 力学性能试验术语
[14] GB/T 11023—1989 高压开关设备六氟化硫气体密封试验方法
[15] GB/T 22383—2008 额定电压72.5 kV及以上刚性气体绝缘输电线路
[16] GB/T 16865—1997 变形铝、镁及其合金加工制品拉伸试验用试样
[17] JB/T 4730—2005 承压设备无损检测
[18] JB/T 4734—2002 铝制焊接容器

ICS 29.035.01
K 15

中华人民共和国国家标准化指导性技术文件

GB/Z 28820.1—2012/IEC/TS 61244-1:1993

聚合物长期辐射老化 第1部分:监测扩散限制氧化的技术

Long-term radiation ageing in polymers—Part 1:Techniques for monitoring diffusion-limited oxidation

(IEC/TS 61244-1:1993,IDT)

2012-11-05 发布

2013-02-01 实施

中华人民共和国国家质量监督检验检疫总局
中国国家标准化管理委员会
发布

前　言

GB/Z 28820《聚合物长期辐射老化》由3部分组成：

——第1部分：监测扩散限制氧化的技术；

——第2部分：预测低剂量率下老化的程序；

——第3部分：低压电缆材料在役监测程序。

本部分为GB/Z 28820的第1部分。

本部分按照GB/T 1.1—2009给出的规则起草。

本部分使用翻译法等同采用IEC/TS 61244-1:1993《聚合物长期辐射老化　第1部分：监测扩散限制氧化的技术》。

本部分由中国电器工业协会提出。

本部分由全国电气绝缘材料与绝缘系统评定标准化技术委员会(SAC/TC 301)归口。

本部分起草单位：深圳市旭生三益科技有限公司、机械工业北京电工技术经济研究所、上海电缆研究所、上海核工业研究设计院、上海特缆电工科技有限公司、江苏上上电缆集团有限公司、上海电缆厂有限公司、临海市亚东特种电缆料厂、上海凯波特种电缆料厂有限公司、无锡江南电缆有限公司、常州八益电缆股份有限公司、上海至正道化高分子材料有限公司、上海创新高温线缆厂、浙江万马电缆股份有限公司、深圳市沃尔核材股份有限公司、北京北重汽轮机电机有限责任公司、北京新福润达绝缘材料有限责任公司。

本部分主要起草人：卢伟、居学成、郭丽平、刘亚丽、陆燕红、顾申杰、孙萍、王松明、王怡瑶、李国锋、段春来、赵文明、周叙元、侯海良、沈彧、唐松柏、康树峰、刘凤娟、刘琦焕。

引　言

通常评估一种聚合材料在各种不同的使用环境中预期的寿命是很有必要的。为了延长使用寿命，常用加速老化技术来预测使用寿命，这种技术就是利用高于周围环境的条件而获得结果。在各种实际应用中，都存在直接暴露在空气中的条件，这就表明氧化作用是材料降解的重要原因。遗憾的是，聚合物在老化过程中暴露于空气中经常导致不均匀的氧化示例结果。因此，有必要尝试一种方法既能理解氧化的过程又能推断长期条件的暴露对加速老化的影响。

非均相氧化的复杂性是最重要的，其中包含了扩散限制氧化。在各种环境中，这种复杂具有意义的方法包括多年来公认的热[1]辐射[2-4]和紫外辐射[5]。当一种材料氧消耗的速率大于周围环境经扩散补给材料内部氧气的速率时，扩散限制氧化就能发生。这一实例导致氧气的浓度从样品表面平衡吸附值很平滑地降到样品内部的较低值或不存在的值。这将引起材料的非均相氧化，以及在材料表面发生氧化平衡(例如相当于空气饱和的环境)，从而减少或不发生内部氧化。

材料的几何形状的影响很重要，加上氧消耗的速率，氧渗透系数及周围样品氧气的分压[5-8]也有影响。因为氧消耗的速率通常取决于环境的压力水平(如温度，辐射剂量率)，并且当材料降解[9-10]时，氧消耗的速率和氧渗透系数也会变化，随着压力水平及降解的不同，扩散限制氧化的重要性也将不同。这表明了样品在高压环境条件下被氧化的百分比实质上低于低压应用条件下被氧化的百分比[5-7,10-16]。因此，为了能确定地推断短期加速是否能模拟长期的空气老化条件，关键是需要监控及定量理解扩散限制氧化的影响。

最近，通过对这个领域进行的大量改进研究，表明扩散限制氧化技术是能够实现的。本部分回顾了这个领域。第2章将描述实验剖析方法，该方法可用来监测扩散限制氧化。第3章将简要介绍这个现象理论上的描述。理论曲线图的形状取决于氧渗透系数和氧消耗速率，这些数量必须测量或者估计，以从数据上证实理论的有效性。拓展了许多实验方法来测量渗透系数，并且大量的数据在文献中可以找到。第4章将介绍一些重要的文献。估计氧消耗速率的实验方法将在第5章简要地回顾。实验数据支持理论的处理方法在第6章介绍。一旦信赖的理论处理方法存在，这个理论就能用来选择实验老化条件或者预测这种影响的重要性，所以扩散影响就不重要。如果不可能消除在空气老化条件下的扩散影响，就增加在老化时周围样品的氧气压力，这在某些实例中用来得到期望的结果，在第7章会概述氧气过压技术。

GB/Z 28820的第2部分将单独出版并描述预测低剂量率下辐射老化的程序。

聚合物长期辐射老化
第1部分:监测扩散限制氧化的技术

1 范围

当有氧存在时,聚合物在包括温度、辐射或者紫外线的各种环境中老化,受扩散限制氧化的影响,导致非均相老化。这些影响使得理解老化过程和推断加速长期的暴露条件变得很困难。本部分回顾定量监控这些影响的实验技术,并且对评估重要性提供了理论方程式。

2 监测扩散限制氧化的剖析技术

扩散限制氧化影响的存在表明各种不同的性能与一定的氧化作用有关,这种氧化作用取决于材料中的空间位置。因此,任何能绘制成空间变化图的技术可以用来监测扩散限制氧化。因为聚合物的几何结构利用低至几个毫米或更小的横截面来表示,并且扩散限制氧化影响在小尺寸上起作用。因此,剖析技术应具有 100 μm 的分辨率。另外一个与敏感度有关的问题是被测数据,一般聚合物的降解要精确到相当于小于 1%的聚合物被氧化。所以,一种有用的剖析技术应具备的条件是:具有合理的结果、对微小的化学变化敏感,可广泛地应用研究,以及操作和分析相对较简单。本章简要描述了一些特别有用的技术。

2.1 红外剖析技术

由于薄片样品具有提供详细化学信息的能力,红外光谱用来监测扩散限制氧化的影响已经超过25 年[17]。不管是样品厚度的作用还是超薄切片的作用,任何氧化敏感的红外峰都能被监控到,从而可以得到非均相氧化的信息。许多研究数据表明,聚烯烃材料中羰基的吸收峰大约是 1 720 cm^{-1}的区域,如聚乙烯和聚丙烯,较高敏感度地表征这个区域的红外吸收峰,并且这些材料未老化时不具有吸收峰。由于羰基区域代表多种氧化产物(如酮、醛、酯和酸类)吸收峰的叠加,并且在不同波长下具有不同的消光系数,因此可简化假设来提取半定量信息。在大多数情况下,可以选择多种羰基峰的最大高度或所在区域。需要注意市场上的材料含有添加剂(如抗氧化剂,阻燃剂),经常在羰基区域有吸收峰,因此将FTIR光谱用于这些材料的测试变得复杂化了。图 1 展示了一种材料老化后经过超薄切片得到的红外剖析示例图[18]。聚烯烃材料放在空气中,在 100 ℃下老化 6 d 后,描绘出了相对氧化程度(羰基峰的吸光率)对样品表面离空气的距离的图。氧化程度与空气接触的距离有近似指数级的相关性,热老化材料可以观察到类似的图形[10,13,14]。

二次红外处理方法是利用包装用薄膜在机械压力下得到多层样品。老化后,薄膜被分开,进行单独分析。非稳态的低密度聚乙烯材料在空气中经过 γ-射线老化,用这种方式得到的羰基剖析图如图 2 所示[19]。这个剖析图很对称,因为多层样品的两个表面都是暴露在空气中。这些样品的剖析图在完全氧化和未氧化区域有个突然的转变,在图 1 幂函数图上可以观察到这种不同的表现。

另外一个引人注意的改进是用显微傅里叶红外光谱(FTIR)作为剖析方法。Jouan 和其他作者[20,21]首创了这种方法,并且用光氧化的方法分析了 PVC 材料的羰基吸收峰[20],也绘制了苯乙烯-丁二烯(SBR)橡胶和腈橡胶[21]的图。图 3 显示了 SBR 膜两面都在空气中光氧化 100 h 的分析图[21]。这种情况下,远离空气时氧化明显减少,与图 1 的结果很类似。

2.2 模量剖析

模量剖析技术[14,15]可以快速和准确地得到样品每个毫米的横截面上超过20数量级的拉伸屈服结果(D)($1/D$ 与材料的拉伸模量很相近)。这种技术适用于分析弹性体,因为这类材料的模量在切断时很敏感,并且交联后能加工和老化。

这个仪器是由一台热力学分析仪改装的,如图4所示。仪器上有一个很小的缺口,将样品放到里面。这个微小的样品台,是用来得到样品的横截面。将样品置于样品台并磨制后,在选定的位置用选择的载荷来测量缺口穿过横截面的表面。光学显微镜和 X-Y-Z 方向位置调节器被用来确定测量位置。对那些有直角横截面的样品,三个样品按照类似三明治那样的排列来放入样品台,使得分析时可以穿过样品的中间。这就避免了样品台高模量铝板材料引起的虚边缘。这个仪器对各种弹性体材料测量具有较好的准确性(比常规的模量测试仪要精确±10%),再现性(通常要好±5%)及线性(带有载荷)[14]已得到验证。

图5～图7为厚度1.68 mm的合成橡胶片,放置在70 ℃的空气中经三种不同剂量率的 γ-射线老化的模量分析图。图中的纵坐标为样品厚度,P 表示从样品暴露于空气中的一个表面到另一个表面距离的百分比。图形在幂函数形状(见图1)、U-形(见图3)以及阶梯形状(见图2)之间。未老化的Viton© 的模量为5.4 MPa,与样品的横截面位置无关,在图5显示为水平线。当辐射剂量率达到最高为5.49 kGy/h(图5)时,由扩散限制氧化引起的非均相氧化同老化一起发生。氧化降解发生在暴露于空气中的样品表面附近,导致模量快速下降。在厌氧的条件下,样品内部发生老化,产生模量增加是以交联为主。少于0.04 MGy时有非均匀发生,这相对于最终的拉伸性质[6,7,11]有比较适中的变化(10%～20%)。模量分析对初期的老化阶段很灵敏。图6给出了0.9 kGy/h低于6倍剂量率的结果,此时扩散限制氧化的影响减小了但仍然很明显。最后,在0.14 kGy/h时(见图7),在样品中的氧化变慢,确保进行均相氧化。在典型的加速辐射老化的高剂量率特性条件下,整个过程中的降解主要是交联(从宏观上观察的),然而,在长期低剂量率老化条件下,主要是裂解。这个结论很清楚地强调了当扩散限制氧化的存在对加速环境恶劣有重大的影响,即使加速的结果被用来预测长期低水平的环境。

图8给出了厚度1.9 mm的氯丁二烯橡胶样品分别在150 ℃和100 ℃鼓风烘箱条件下老化的模量分析结果。不可忽略及复杂的扩散限制氧化的影响很明显的存在。在150 ℃下(图8a)),扩散影响存在于较早的老化阶段。在100 ℃下(图8b)),扩散影响不是很明显。事实上,在老化的初级阶段,基本是均相氧化,末期阶段则扩散影响变得很明显。这种随着老化时间增加扩散限制影响增加的现象与弹性体在空气中的热老化具有共性。这经常由降解引起,随着老化的进行,聚合物逐渐变硬(模量增加),于是就产生氧气渗透率引起聚合物降解。其他一些促进因素[10],例如,氧消耗率可延长老化时间。如果要从加速的温度来得到在较低温度下长期的预测结果,整理出这些复杂的扩散限制氧化影响是很有必要的。

注:Viton© 是 DuPont de Nemours 提供的一种产品的商品名。给出这些信息是为了方便使用这个文件的读者,并不是被国际电工委员会任命的产品名。如果能够得到相同的结果,等效的产品也可以使用。

2.3 密度剖析

密度剖析技术是利用密度梯度来得到样品薄片连续的密度。它基于氧化反应经常导致聚合物的密度有明显增加这个事实。虽然测量密度有很多方法,但是这些方法中只有密度梯度法可以获得极其微小样品空间分辨率的准确结果。为了利用密度剖析方法,已经发现了不被聚合物完全吸收的系列液体,因为材料的膨胀会使数据的解释变复杂。由于大多数聚烯烃吸收水分很少,所以用盐水溶液对这些材料成功的运用了密度剖析方法。在70 ℃、剂量率6.65 kGy/h下,当达到0.32 MGy的辐射老化后[22],市场用的两种厚度的EPDM橡胶材料的密度剖析数据列于图9。氧化的程度与密度的增加几乎呈线性关系,密度的变化以对基准位置画横线标绘出。每个交叉点的垂直距离估计在测量变化的实验中都存在,水平距离表示每个切片的厚度和位置。这种分析图的形状再次显示了是在U-形状和阶梯-形状之间。正如预料的那样,当样品的厚度减小时,扩散限制氧化的影响变得较小。

密度剖析相对于模量剖析来说,是一种较难以掌握以及耗费时间较长的实验技术,实际中一般优先使用后者,特别是用于弹性体。但是,在一定的老化条件下,裂解和交联发生的间隔中,弹性体的降解达到平衡,这意味着模量老化的敏感度很小。在这个时候,密度剖析是很有帮助的。

2.4 X-射线微量分析

另一种监测扩散限制氧化影响的技术包含了X-射线微量分析(XMA)的使用[24]。在氧化过程中,大多数产品是聚合物分子链上包含羰基基团和过氧化基团被氧化。老化后,将材料的横截面切片暴露并浸入0.1 N的KOH异丙醇溶液中,来转变这些基团使得到含钾的样品。转变后,钾的分析图也存在于这两种氧化样品的图中。利用X-射线微量分析仪的电子探针测量钾的分布[24]。

图10展示了EPDM材料在室温下,以1 kGy/h在空气中辐射老化的一些代表性的结果。结果表明剂量至少多达330 kGy时,氧化区域的厚度是保持适度不变的,这意味着直到这个剂量时,氧消耗速率和氧渗透系数是保持适度不变的。图11展示了经过各种不同的接触热老化,相同材料的XMA剖析图。可以发现70 ℃的结果很有趣,老化时间长达4 000 h还发生均一氧化,但更长时间后的非均一氧化显得很明显。由此说明渗透和/或消耗速率随着老化时间变化显著。也很有趣的表明了在两种不同的老化环境(辐射与热)中得到的剖析图形状非常不同。事实上,观察所有接触热老化(见图1、图8和图11)和接触辐射(见图2、图5、图6、图9和图10)的剖析图,发现这类图形是很相似的。

2.5 其他剖析技术

一些其他的技术也表明能作为剖析工具。对可溶解的材料,Bowmer和其他作者[25]利用凝胶渗透色谱方法对裂解和交联进行分析。另外一些对交联比较敏感的技术包括使用核磁共振脉冲的梯度变化,测量材料自扩散常数对扩散限制氧化影响的图[26]。图12给出了低密度聚乙烯样品在空气和真空中辐射老化的一些结果。Wilski和其他作者[27,28]首创了黏度剖析技术,来说明扩散影响对受γ-辐射的聚乙烯,聚丙烯和PVC很重要。Kuriyama等[29]得出了受γ-辐射的聚乙烯的凝胶率对剂量率的分析图。Yoshii等[30]成功地将化学反应色谱法应用于受γ-辐射的聚丙烯样品。图13展示了一些结果。最近的刊物已经发表了监控多相催化氧化的实验方法,涵盖了以上剖析技术的细节,也介绍了其他潜在地有用的实验方法[6]。

3 扩散限制氧化理论处理方法

扩散限制氧化可以导致一种材料的氧化反应耗氧比它通过扩散影响从周围空气中补充的氧气快。从而,扩散限制氧化的理论模型分析图就必须结合扩散公式来处理氧气的消耗速率,后者起源于动力学,适合于材料的氧化。一种特别有用的扩散限制氧化理论处理方法适用于很厚的片材,L由Cunliffe和Davis[5]最早阐述,他们利用由双分子反应终止的氧化动力学来表示。最近,Gillen和Clough[6,7,22,23]表明由单分子终止的氧化动力学产生了非常相同的理论结果。这部分推导的细节在附录A中给出。

这个剖面图是由依赖于两个参数的那些理论方法衍生出来的,α和β,分别由式(1)和式(2)给出:

$$\alpha=\frac{(C_1L^2)}{D} \quad \cdots\cdots(1)$$

$$\beta=C_2Sp=C_2[O_2]_e \quad \cdots\cdots(2)$$

式中:

L ——片的厚度;

C_1、C_2——与化学降解有关的动能率常量；

D、S ——材料中氧气的扩散系数和溶解度参数；

p ——周围大气中氧气分压；

$[O_2]_e$——表示样品边缘氧气的浓度。

两个表面都接触氧的片材的常规氧化的典型理论剖析在图14～图16中展示[5-7,23]。P是材料一个表面与氧气接触和另一表面与氧气接触的距离百分比。可以发现在U型的氧化图中β值很小，而在阶梯型图中β值很大，并且在样品的阶梯型图中氧化区和未氧化区有个很突然的转变。为了得到β的一个中间值，可以采用在这两个形状之间的结果。比较理论图和早期实验得到的分析图可以看出，理论分析一般可以灵活的表示各种实测的不同的分析图。

如果实验数据可以用来计算两个典型参数α和β的值，那么在附录A中推导出的理论关系，见式(3)可以得到验证：

$$\frac{(R_O L^2)}{pP_{OX}}=\frac{\alpha}{\beta+1} \qquad \cdots\cdots(3)$$

式中：

R_O ——平衡耗氧速率；

P_{OX} ——材料中的渗氧速率(等于D乘以S)。

可以利用公式计算出临界厚度L_c，小于这个厚度时，样品所进行的氧化将超过90%是均相氧化。只要得出α_c与β的比值就能实现这种情况(α值等同于90%的完全氧化)：

$$\frac{(R_O L_c^2)}{pP_{OX}}=\frac{\alpha_c}{\beta+1} \qquad \cdots\cdots(4)$$

$\alpha_c/(\beta+1)$的值对β值绘的图在图17给出；β的值由1.3的较低值到10的较高值不同。如果能确定$C_c=\alpha_c/(\beta+1)$，式(4)可写成以下的公式：

$$L_c=\left[\frac{C_c p P_{OX}}{R_O}\right]^{0.5} \qquad \cdots\cdots(5)$$

如果选择合适的C_c值，式(5)就能估计R_O和P_{OX}的测试结果(参考以下第4章和第5章)，这样在不考虑扩散影响时就可以计算出样品厚度的上极限。从图17的结果很清楚看到，即使是目前讨论的理论也不能确定得到式(5)中C_c唯一的值。许多研究学者[5,16]为了估计L_c将C_c假设等于8，这样较大的β值就有合理的选择(阶梯型的分析图)；其他学者[31]将其假设等于1，这样就对较小的β值很适合(U型的分析图)。因此我们想在这些数值中选定一个单独的数值，这样对没出现过的图形，我们可用一个简单的公式来估计扩散影响的重要性。选择一个中间值4时，公式可表示为：

$$L_c=2\left[\frac{pP_{OX}}{R_O}\right]^{0.5} \qquad \cdots\cdots(6)$$

该公式将在第6章被采用和验证。虽然$C_c=4$看起来像是一个随意的选择，但不管分析图是怎么样的，这是样品均相氧化的合理保证。在β值很小的糟糕条件下，完全氧化的样品有75%是样品均相氧化。因此式(6)给出了适合估算L_c的完整表达式，尽管还有隐含的氧化动力学的细节没考虑。

4 渗透测量

为了用式(6)来估计扩散影响的重要性，需要估计材料中的渗氧系数P_{OX}。因为P_{OX}等于D乘以S(分别是氧气扩散系数和溶解系数)，所以理解为在数量上是等效的。幸好，聚合物的这三个氧气参数的测量已经进行了许多年，所以有大量的文献介绍了实验技术，并且有许多聚合材料的数据。有很多好的文献和报道，其中有少量很著名[1,9,32-37]。

渗氧系数通常可以通过查阅文献获得；如果在文献中查不到现成的，还可利用商业说明书或者分析服务公司来获得重要材料的实验结果。

5 氧消耗测量

许多早期氧消耗速率的测量中，R_O，代表的是材料老化期间周围氧气压力的下降(也称为耗氧量的测量结果)。这种方法应用在高能量辐射老化环境中比较困难。更重要的是，这种老技术容易低估真实的耗氧量，因为材料与氧气反应会产生一些气体产物，从而减小了压力降低。

越来越多的现代技术被用来分析确定老化前后的氧气量。例如，一种典型的方法[38-40]是将一定量的聚合物薄片或粉末放入一个玻璃试剂瓶(容积已知)，并用盖子密封。往试剂瓶充一定量的氧气，且是密封的并在相关环境中老化。老化后，利用气相色谱仪分析试剂瓶中保留的气体。这就要估测聚合物降解产生的气体及耗掉的氧气。为实现这个实验，制备足够的小尺寸样品很重要，这样就可以测量没有扩散限制氧化时的耗氧量。实验结束后，可以利用式(6)来估算或测量渗透系数 P_{OX}，证实扩散的影响不存在。

如附录 A 所示，即使在没有扩散影响时，耗氧速率也取决于样品周围氧气的分压。这表明试剂瓶中最初和最终的分压平均值应该与相关的分压值接近(一般是指在空气中的)，或者说无法用分压来进行验证。对于辐射环境，同样不考虑扩散影响，应该警惕每个 Gy 的吸收剂量所消耗的氧气速率取决于剂量率[38,40]。这就意味着既要证实没有剂量率时的影响，也要测量相关的老化或模型下剂量率的结果。

6 理论与实验结果的比较

在第 3 章总结了定量检验[22,23]氧化的理论分析(附录 A 给出了理论的更多讨论细节)。由于理论是在稳态条件下假设的，必须找到 R_O 和 P_{OX}(分别是耗氧率和渗氧率)随着老化时间保持相对不变的系统。

这种状态常常以高能量辐射环境对待。例如，工业用的弹性体经过 γ 引发氧化，达到适当的吸收剂量(0.5 MGy~1 MGy)[7,15]时，R_O 保持相对不变。另外，0.5 MGy 的剂量时，P_{OX}的变化很难超过 10%~20%[9]。图 9 中的 EPDM 材料在 70 ℃以 6.65 kGy/h 的剂量率老化到了 0.32 MGy，符合上面的规律[22,23]。图 9 中密度的变化分析图主要是由氧化引起的，两种厚度(a)为 0.302 cm，b)为0.18 cm)的分析结果与第 3 章描述的理论相吻合。当 $\beta=6$ 及 $\alpha=154.5$(0.302 cm 厚的样品)和 $\alpha=55$(0.18 cm 厚的样品)时，实验数据与理论值最吻合。这种计算出的结果分析图在图 9 中用实线绘出。注意这是两个参数都适合，因为 α 的两个值必须与样品厚度的平方比有关，可以从式(1)中看出。由结果可以清楚发现这些理论确实能很好的表征分析图的形状以及对 L 的依赖性。对厚样品 α 和 β 的结果适合这个关系：

$$\frac{\alpha}{\beta+1}=22.1\pm3 \qquad \cdots\cdots(7)$$

对相同的 EPDM 材料做单独实验测量耗氧率(R_O)为$(5.6\pm0.2)\times10^{-10}$ mol/md/(CGy·cm^3) cm^3，在 70 ℃下渗氧速率为$(2.4\pm0.2)\times10^{-14}$ mol/(mPa·s)。再加上 17.6 kPa 的氧气分压，给 0.302 cm 厚的样品有以下的公式：

$$\frac{R_O L^2}{pP_{OX}}=22.2\pm3 \qquad \cdots\cdots(8)$$

因为单独计算的结果等于上面式(7)得到的结果，所以从数量上与式(3)给出的理论关系相一致。

现在我们对理论模型产生了一定的信赖，检验式(6)很有意思，这个公式是估计氧气渗透到样品内近似距离的理论表达式。对辐射老化的 EPDM 样品，式(6)将 L_c 定为 1.27 mm。对 3.02 mm 厚的样品(图 9a))，表明氧气的穿透距离达到了每个与空气接触表面距离的 21%；对 1.8 mm 厚的样品(图 9b))，预测每个面可以达到 35%的深度。如果一个厚度等于 L_c(1.27 mm)的样品老化了，有充分的理论($\beta=6$,$\alpha=27$)可以预测整个氧化中有90%的情形为均相氧化。对于图5～图7的Viton©材料,R_O是大约保持不变的,且整个剂量范围在0～1.05 MGy时都等于7.5×10^{-10} mol/(Gy·cm³),而$P_{OX}\approx5.0\times10^{-15}$ mol/(mPa·s)[15]。这使L_c为0.55 mm时为5.49 kGy/h,相当于图5中预测17%的氧气渗透比。为0.9 kGy/h,L_c增加到1.36 mm或者图6的数据预测的40%的渗透比。比较实验图和式(6)得到的结果,可很清楚的发现式(6)这种近似关系式对估计样品的厚度很有帮助,如果能方便测量或估计耗氧率与渗氧率,就可以消除扩散限制氧化的影响。

可以注意到对Viton©材料的实验分析结果很有趣,这个结果表明氧气的穿透距离几乎不依赖于剂量。也发现R_O不依赖于剂量[15],这表明P_{OX}不会随着剂量发生显著的变化,这个结果与许多其他在辐射环境中老化的弹性体得到的结果相一致[9]。

最后,将式(6)应用在氯丁二烯橡胶材料热老化结果的初级阶段,在图8中给出。在150 ℃时,老化第一天测出R_O的值是6.7×10^{-3} mol/(m³·s)[10]。虽然随着老化时间的延长,P_{OX}下降很明显,但在第一天下降很小,所以能估计150 ℃时$P_{OX}\approx7.7\times10^{-14}$ mol/(mPa·s)[10]。从而估计L_c为0.89 mm,这相当于样品每个面的氧气渗透量达22%,与老化一天后的实验结果很一致。假设R_O和P_{OX}的活化能分别为84 kJ/mol和42 kJ/mol,估计在100 ℃热老化的初级阶段L_c等于2 mm。这表明最初是均相氧化,与图8给出的实验结果一致。后来,在两种温度下,扩散限制氧化变得很严重,主要是由于材料变硬使得P_{OX}降低很多[10]。

7 氧气过压技术

另外一种用来消除扩散限制氧化影响的令人感兴趣的方法被称为氧气过压技术,Seguchi和其他作者[42,43]一起首创了辐射环境。他们实现这个实验的仪器如图18所示[43]。这个仪器是由一个与氧气源连接的带有压力调节器的压力容器和安全保护装备组成,如安全阀或安全膜。在辐射环境中,总剂量约大于0.1 MGy时,由样品反应产生的气体必须从容器中除去;在辐射期间完成这个过程的方法需要连续的渗漏气体(氧气和产物)。考虑到安全,建议氧气的压力保持在1 MPa以下。压力容器也要控制好温度。因为再一次考虑到安全,建议辐射中的纯聚合物样品温度保持在50 ℃以下,合成的聚合物温度保持在70 ℃以下(与空气中相比,热氧化使氧气压变大发生在较低的温度下)。

从式(5)可明显的看到增加样品周围氧气的压力p将得到较大的L_c值,因此将减小扩散限制氧化影响。因为p在空气中是等于0.02 MPa,在1 MPa下的氧气过压实验将使L_c增加7倍。正如上面所讨论的,式(5)中的C_c值由适合于实验的β值而定(见图17)。在空气中的老化,有大量证据(见图2、图5、图6、图9、图10、图12和图13)表明β是中间值。因为β与p是成比例的(见式(2)),所以高压氧气的环境将使β增加10～50倍。因此适合高氧压力的β值范围应该在30～5 000,式(5)中的C_c值将等于9 ± 1,这与Seguchi和其他作者分析得到的数值8相一致[8,42]。应该注意的是在老化条件下,当β取很小的中间值时,增加氧气压力可导致样品边缘的氧化,也会增加氧气穿透到样品内的深度(见附录A)。在这个实例中,增加氧气压力来消除扩散限制氧化影响最终将会使样品均相氧化,但是在老化条件下需要更高的压力才发生这种情况。仅仅当边缘氧化或者等同的氧消耗G-因子(在辐射环境中)对氧气压力(如0.02 MPa或更高)不敏感的证据存在时,过压技术可用来严格的消除扩散影响。Seguchi和其他作者[38]解决了这个问题,并证实了在较宽的氧压范围内,许多不稳定材料的氧消耗G-因子是恒定不变的。这说明空气中这些材料的β值是相对较大的(如大于10)。

化学剂量率的影响对辐射老化材料不重要(如扩散影响存在时,降解仅仅取决于剂量,而不是剂量率),在高剂量率下,氧气过压技术能用来消除扩散影响,因此允许较低剂量率下的预测。图19展示了EPR绝缘电缆材料在空气中高剂量率和低剂量率下老化及在高压氧气中高剂量率下老化得到的延伸率及拉伸强度数据。在空气中老化的条件下观察到的剂量率影响是由高剂量率下扩散限制氧化引起的,可以通过增加氧气压力的高剂量率实验来消除。

8 总结

本部分给出实例来表明扩散限制氧化影响在各种不同的环境中老化的聚合物中能普遍地观察到，这里的环境包括热辐射，高能量辐射及紫外辐射。由于这些影响使理解氧化降解机理和推算暴露在长期辐射条件下的短期加速老化更复杂，应监控和掌握或消除/减小这些影响。最近发展起来的实验剖析技术及理论剖析模型能实现这一目的。在本部分中简要给出了一些最有用的实验剖析技术，这些技术对判定扩散影响的重要性和监控对实验条件的依赖性很有作用。文件简要概述了理论模型，并通过模型与实验数据的比较，对理论模型的可靠性给予肯定。这种信任表明老化实验开始前，像式(6)这样简单的公式是用来估计样品厚度与必须加速消除扩散氧化影响的关键结合。这有利于帮助消除外在的且很难解释的实验性暴露。用各种实验剖析技术能证实扩散影响是不重要的。

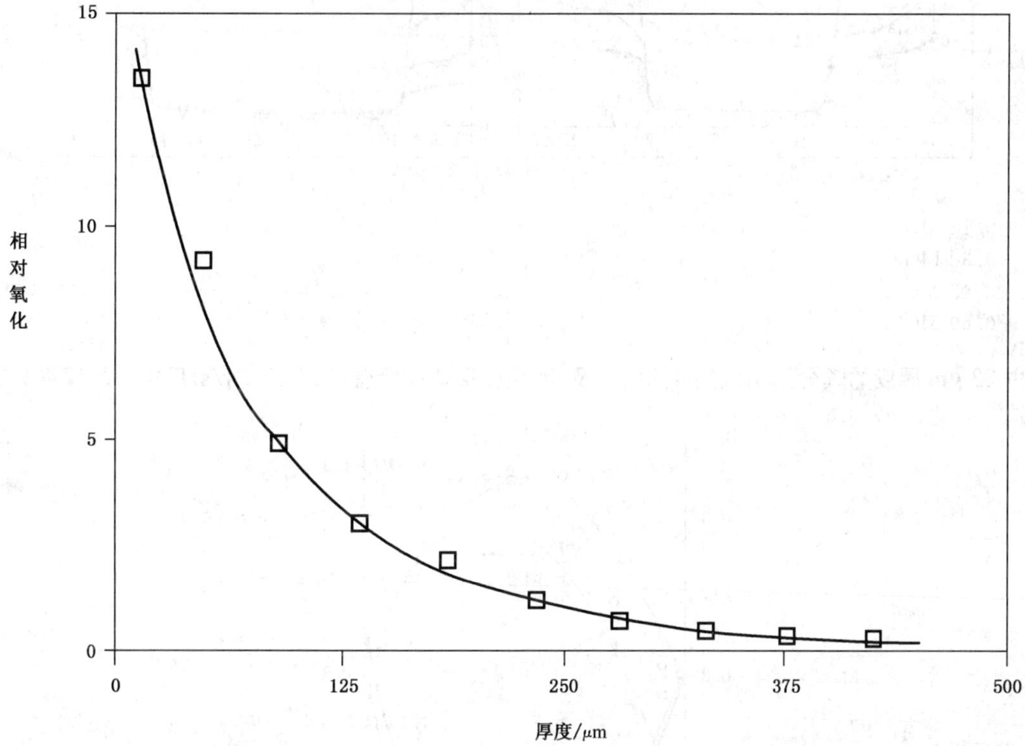

图1　聚烯烃材料在100 ℃的空气中老化6 d后的相对氧化程度(羰基的吸光率)与材料表面接触空气的距离图[18]

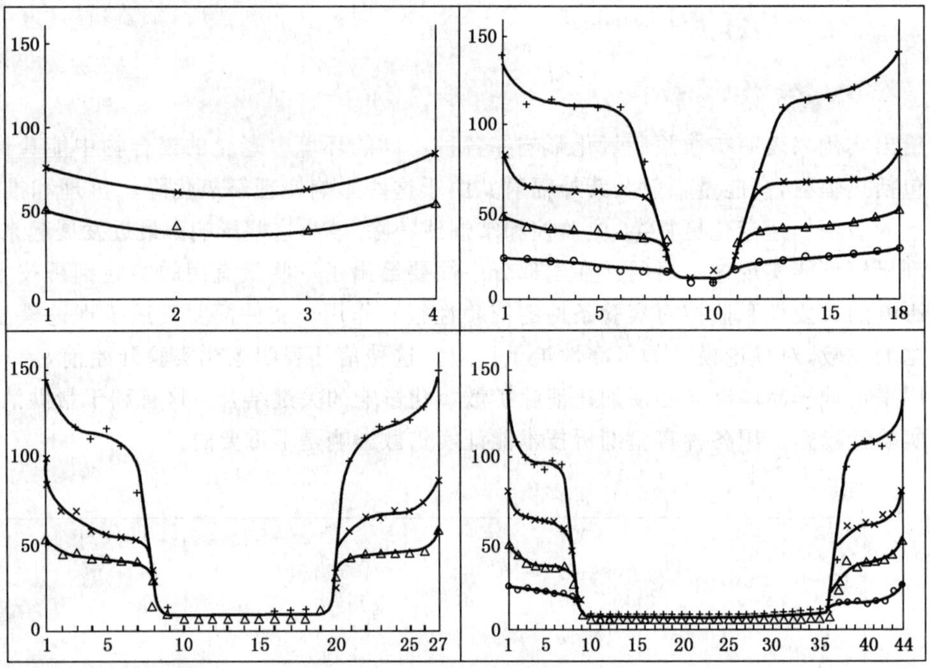

○——0.14 MGy；
△——0.30 MGy；
×——0.45 MGy；
+——0.60 MGy。

图2 由22 μm厚度的膜分别组成的4、18、27及44层多层样品受辐照(0.69 Gy/s)后羰基的深度分布图[19]

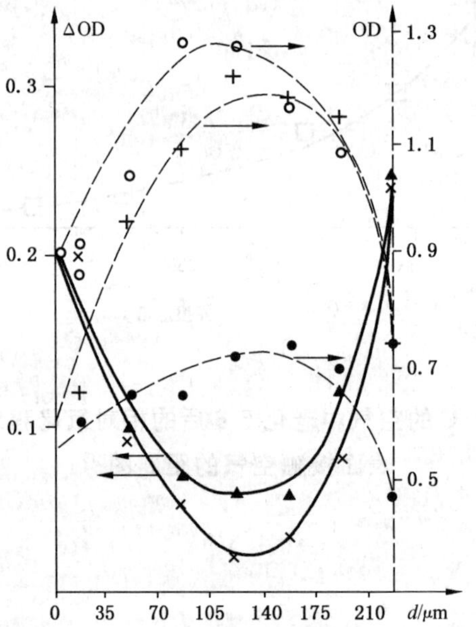

▲——在1 717 cm^{-1}处是羰基；
+——在962 cm^{-1}处是1.4-反式；
×——在3 440 cm^{-1}处是羟基；
●——在910 cm^{-1}处是1.2；
○——1,4-cis在700 cm^{-1}处是1.4-顺式；
d——切片的宽度。

图3 显微红外光谱法测定的在SBR膜光氧化100 h后的光化产品及残留的双键分析图[21]

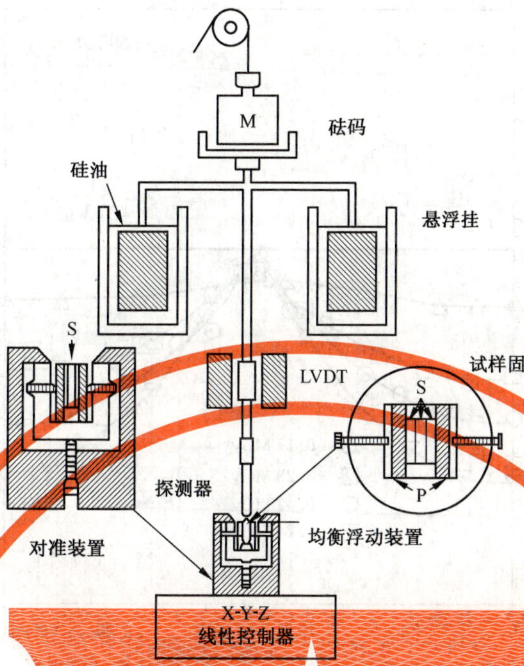

图 4　模量分析示意图(试样固定架上端的放大视图显示有用 S 标识的 3 个样品放在以 P 标识的金属盘之间,左边的细节图展示试样夹在对准装置中的侧面视图[14,15])

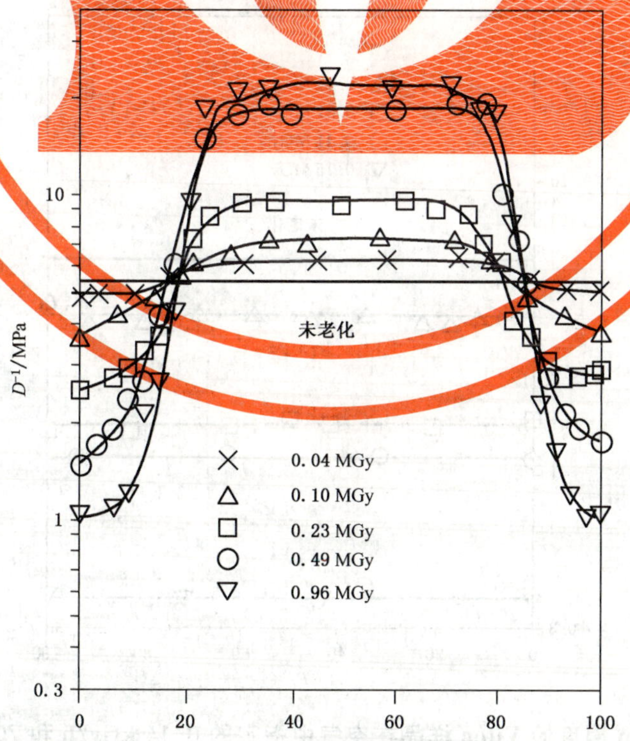

图 5　1.68 mm 厚度的 Viton 样品在空气中指定的 5.49 kGy/h 和 70 ℃的辐射剂量条件下老化后的模量剖析图[15]

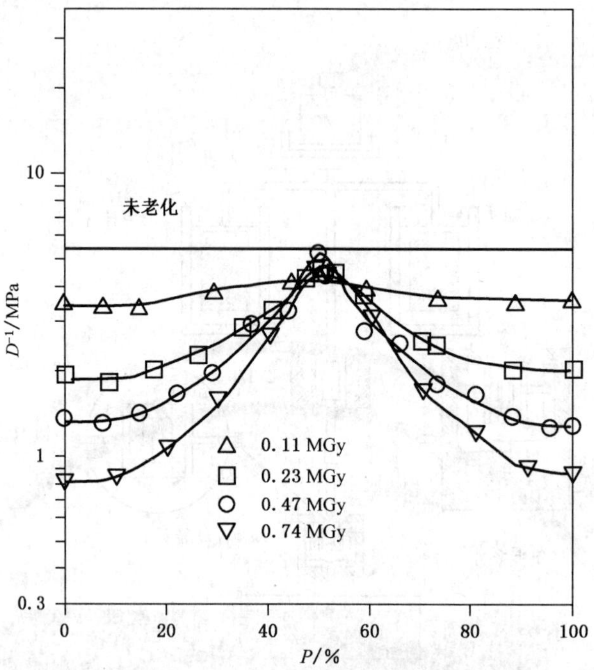

图6　1.68 mm 厚度的 Viton 样品在空气中指定的 0.90 kGy/h 和 70 ℃ 的辐射剂量条件下老化后的模量剖析图[15]

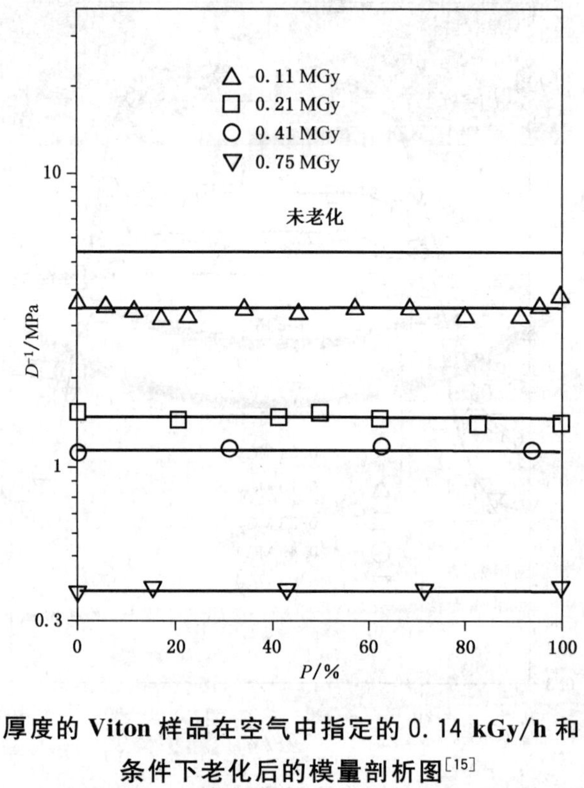

图7　1.68 mm 厚度的 Viton 样品在空气中指定的 0.14 kGy/h 和 70 ℃ 的辐射剂量条件下老化后的模量剖析图[15]

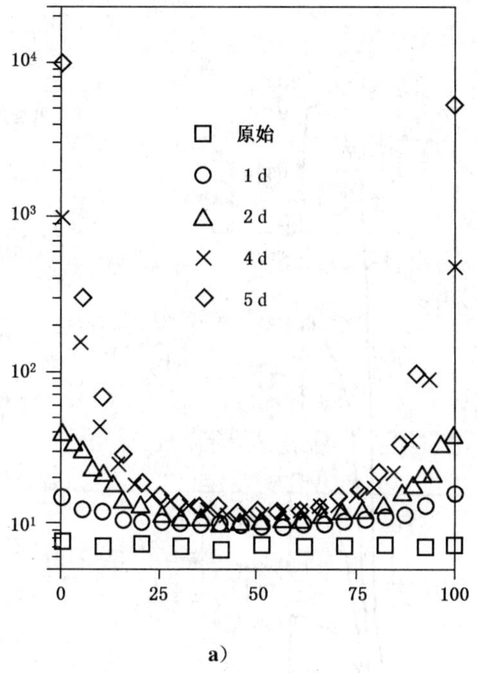

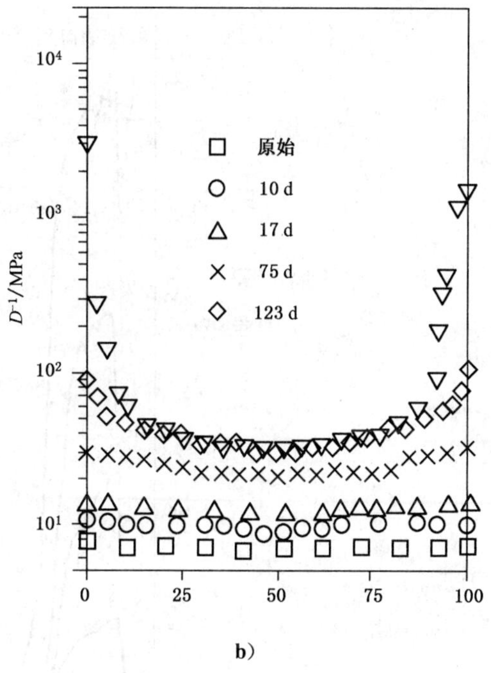

图 8 厚度为 1.9 mm 的氯丁二烯橡胶样品分别暴露在 150 ℃(a))和 100 ℃(b))较高的空气中的模量分析图[10]

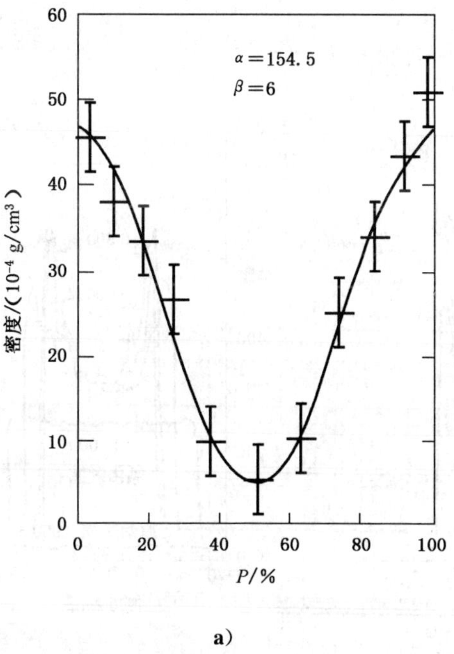

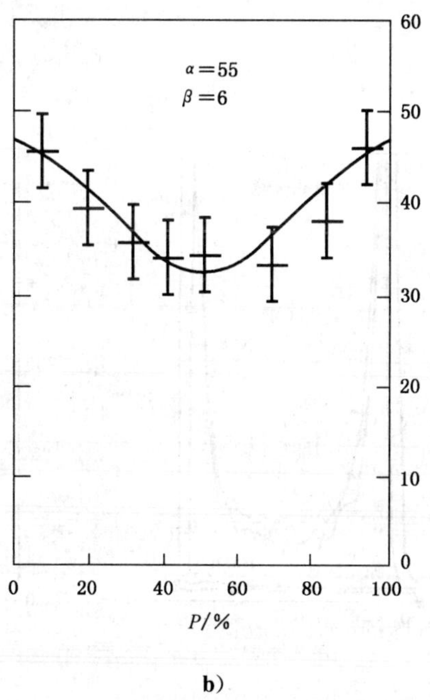

图 9 厚度 3.02 mm(a))和 1.8 mm(b))的 EPDM 片在 6.65 kGy/h、70 ℃条件下并置于空气中老化后的实验密度剖析图(十字叉)。曲线表明实验结果与理论结果一致[22,23]

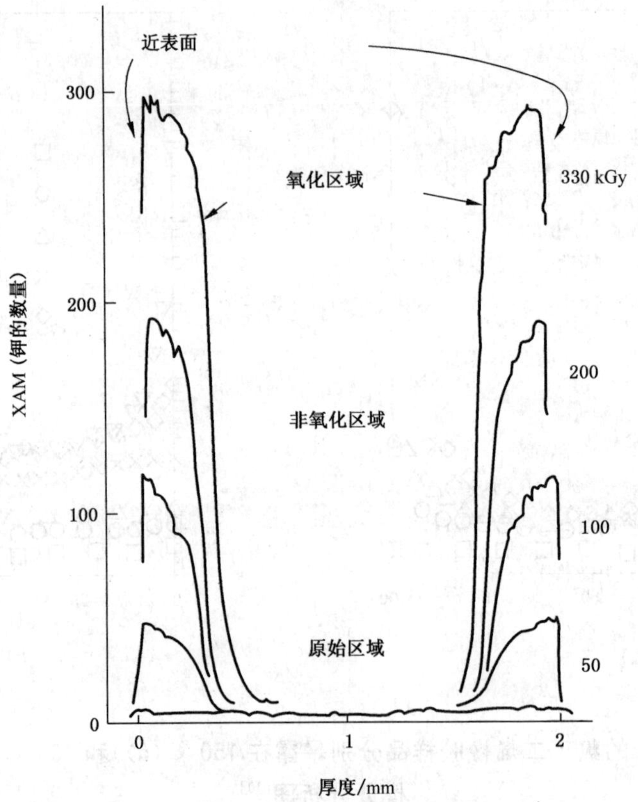

图 10 用 XMA 剖析 2 mm 厚的 EPDM 片在空气中以 1 kGy/h 辐射时的整体辐射剂量影响结果[24]

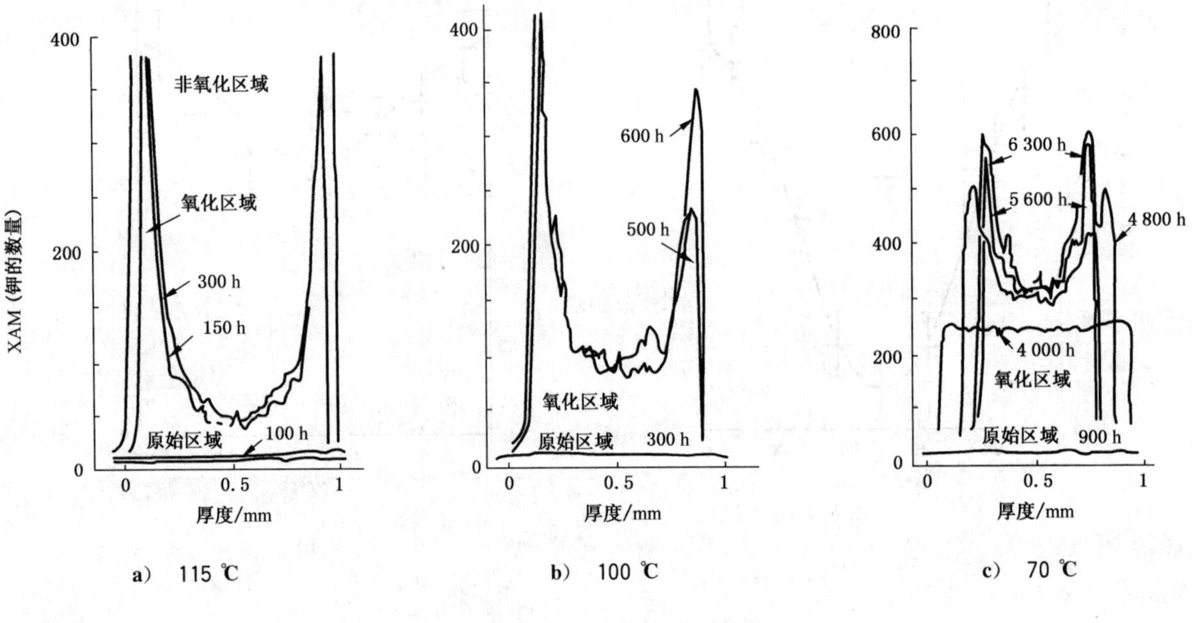

图 11 1 mm 厚的 EPDM 片在空气中热老化后的 XMA 剖析图[24]

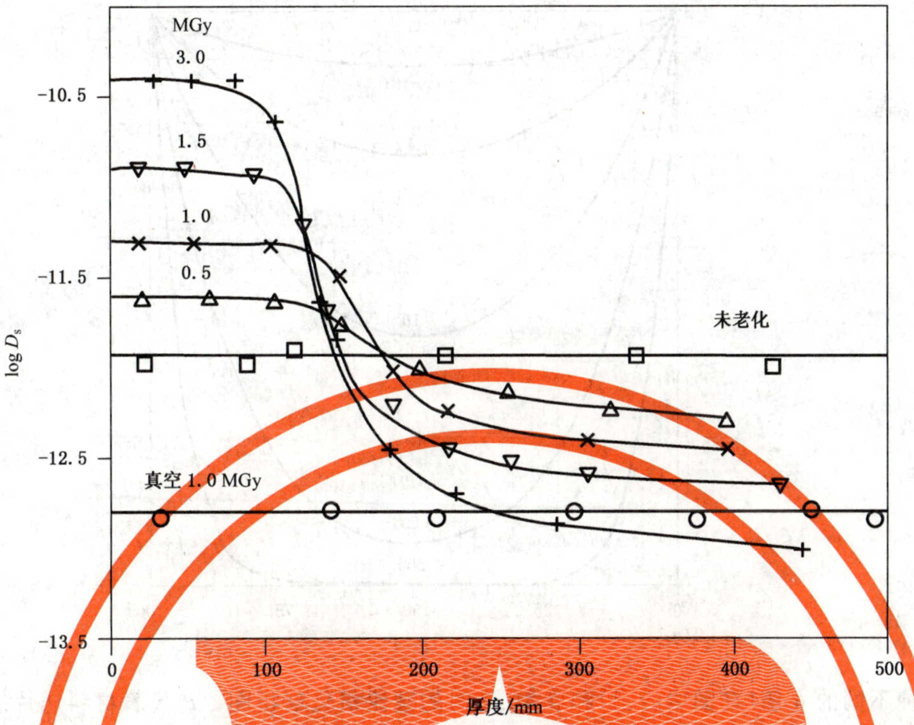

注：D_s 单位为平方米每秒(m^2/s)。

图 12 低密度聚乙烯样品在空气和真空中以指定的 0.6 Gy/s 的辐射剂量被 γ 射线辐射后的 NMR 自扩散系数与样品表面距离的关系图[26]

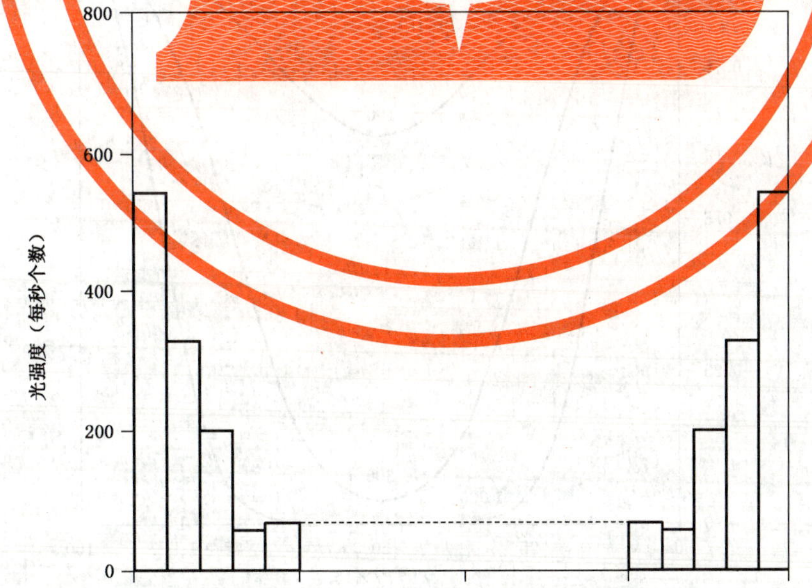

图 13 聚丙烯材料在空气中以 2 kGy/h 到达 0.05 MGy 被 γ 射线辐射后的化学反应色谱图[30]

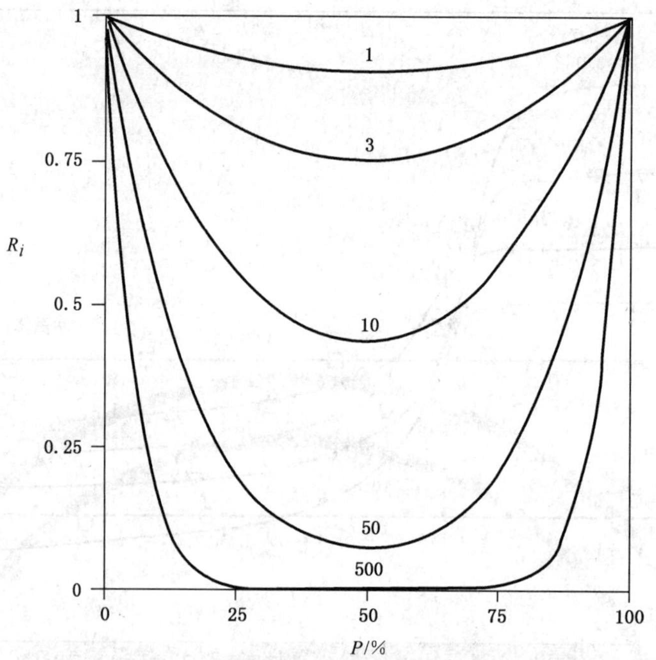

图 14 各种不同的 α 值(在图中给出)和 β=0.1 时的理论氧化剖析图。P 代表材料切片的一个表面与氧气接触和另一表面与氧气接触的距离百分比[7][23]

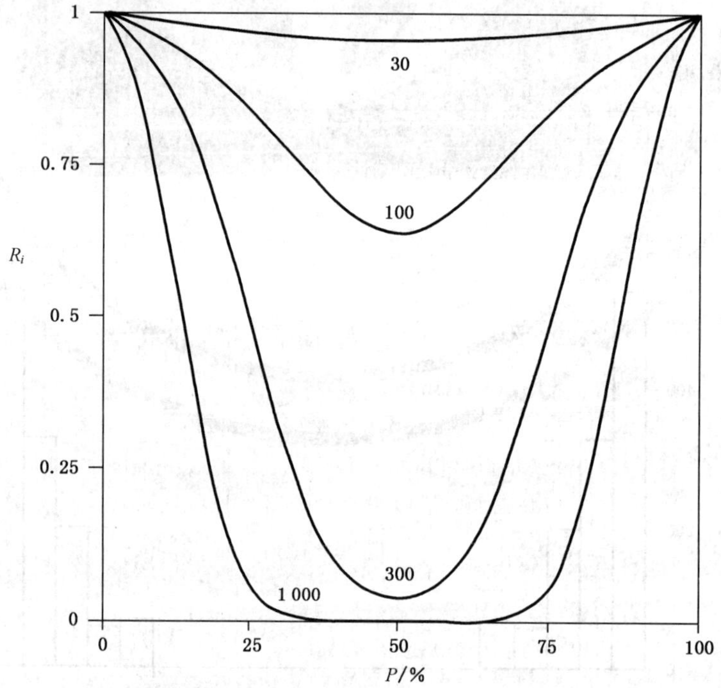

图 15 等同于图 14,只不过 β=10

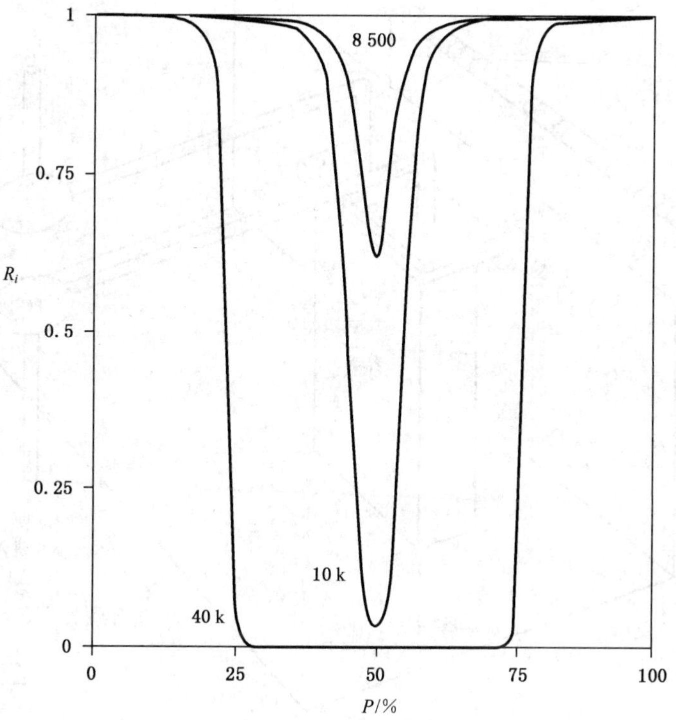

图 16　等同于图 14,只不过 $\boldsymbol{\beta}$=1 000

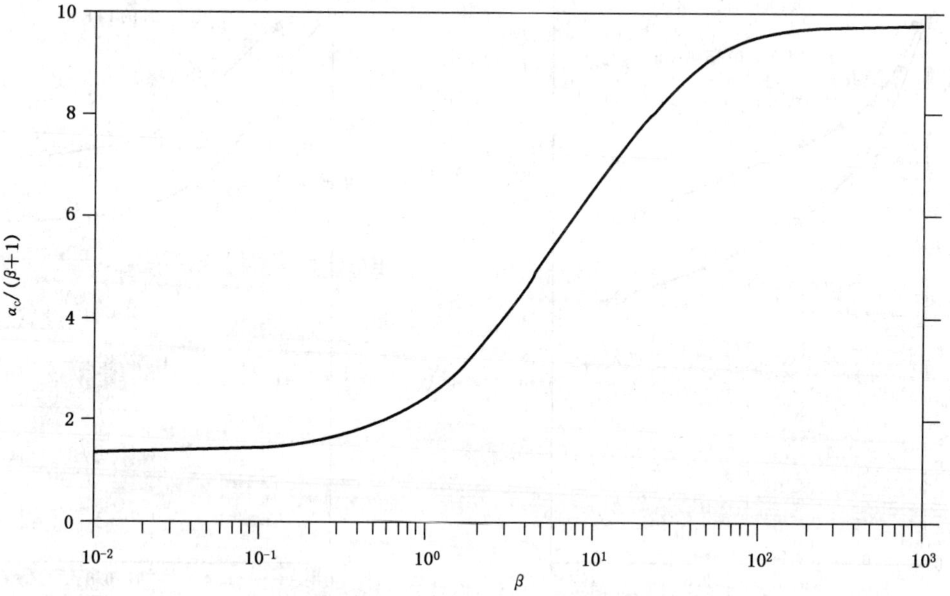

图 17　$\boldsymbol{\alpha}_c/(\boldsymbol{\beta}+1)$值与 $\boldsymbol{\beta}$ 值的关系图,其中 $\boldsymbol{\alpha}_c$ 表示完全氧化的值与 90%的氧化值相当[7][23]

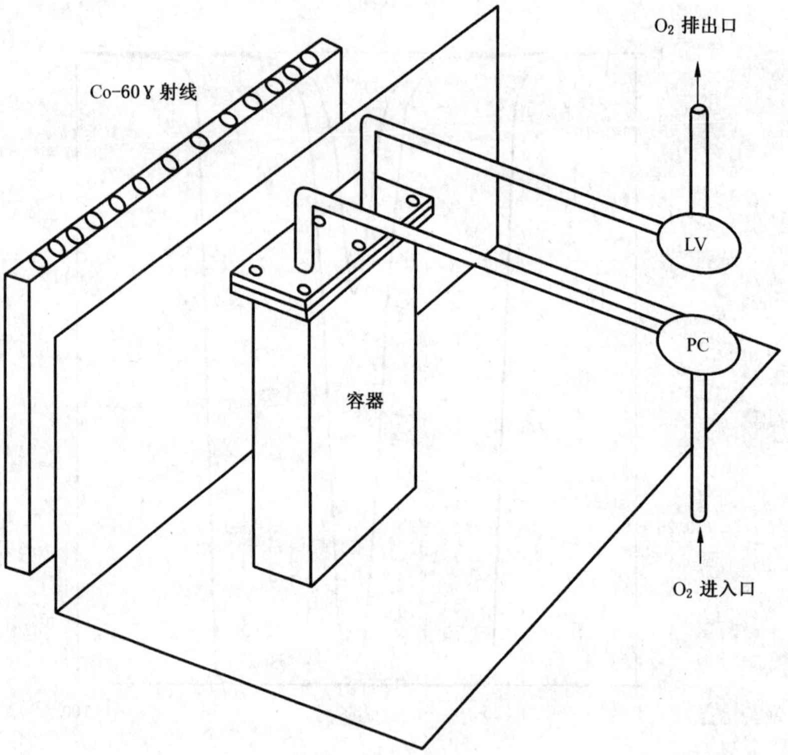

图 18　在增加氧气压力条件下辐射所用的仪器示意图。PC 是一个压力调节器，LV 是泄漏阀[43]

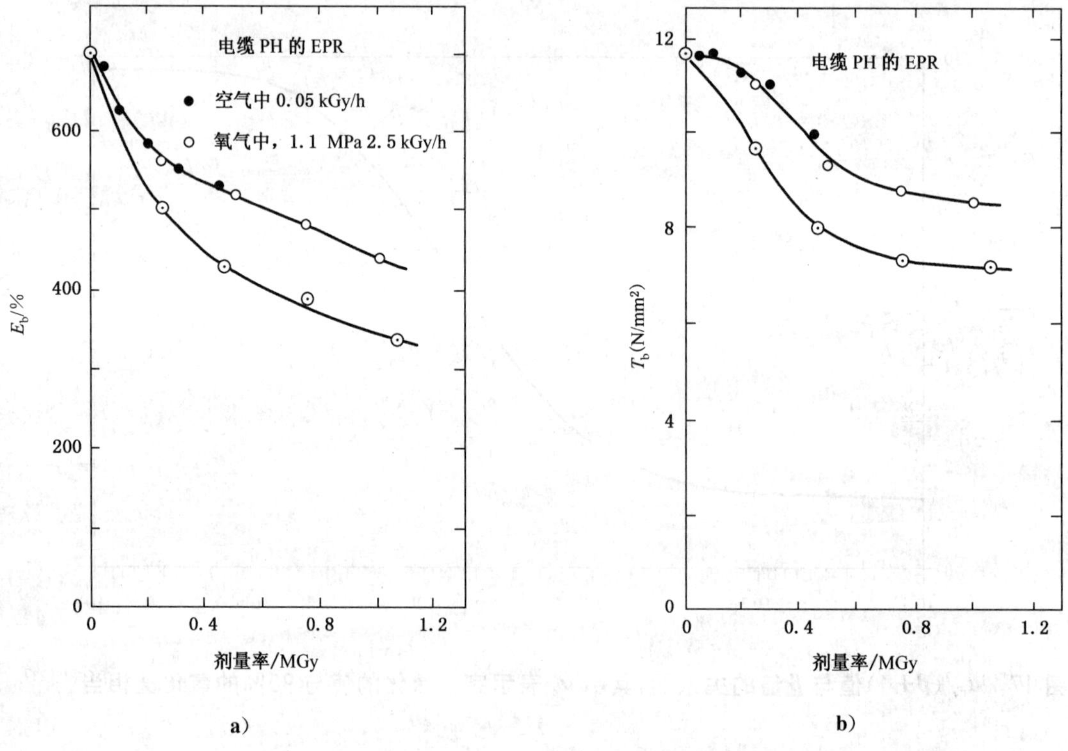

图 19　EPR 材料分别在空气中以指定的高和低剂量率老化及在图 18 所给的增加氧压的仪器中以高剂量率老化后的断裂伸长率(a))和拉伸强度(b))

开始	聚合物	$\xrightarrow{R_i}$	$R-$	(1)
繁殖	$R-+O_2$	$\xrightarrow{k_2}$	RO_2-	(2)
	RO_2-+RH	$\xrightarrow{k_3'}$	$ROOH+R-$	(3)
双分子终止	$R-+R-$	$\xrightarrow{k_4}$	Products	(4)
	RO_2-+R-	$\xrightarrow{k_5}$	Products	(5)
	RO_2-+RO_2-	$\xrightarrow{k_6}$	Products $+O_2$	(6)
单分子终止	RO_2-	$\xrightarrow{k_7}$	Products	(7)
	$R-$	$\xrightarrow{k_8}$	Products	(8)
分支	$ROOH$	$\xrightarrow{k_9}$	$RO-+-OH$	(9)

图 20　用来表示聚合物氧化过程的简化的动力学图解[44,45]

附 录 A
（资料性附录）
扩散限制氧化理论处理方法的推导

理论模型的发展需要结合扩散关系式与聚合物老化过程中氧耗率公式。在聚合物的氧化过程中，严格推导氧耗率对详细了解多元的动力学很有必要，但这个目的不切实际。关注推导的动力学公式可以发现，大多数氧化的模型试图以图 20 中这样常见的氧化图[44,45]来表示有机材料氧化的初级近似值，这是由各种不同的压力感应的(热，机械的，紫外光，电离辐射等)。在初级阶段发生的主要不同就是产生了自由基。由于 R_i 与老化时间无关，但与辐射剂量率成线性关系，因此，γ 引发通常最容易控制引发速率。另外，在高温下的热氧化研究中经常发生副反应，使氧化过程复杂化，但在低温，伽马引发氧化时，这些副反应不是那么重要。在热老化研究中发现，随着老化时间的延长，副反应的影响越来越严重且会引起氧化速率增加，进一步使定量模拟限制扩散氧化复杂化。出于以上原因，伽马引发的氧化似乎是早期试图定量测试扩散限制氧化模型的最简单可行的实验条件。另外，副反应的发生和氧化速率会随时间改变，所以有必要对简单实验建立的模型进行一些修正。

因为伽马引发的氧化包括中间段的温度和时间周期，因此将假设用图 20 中的反应(1)～(8)来表示化学量是足够的。这个图包含了双分子终止阶段(反应(1)～(6))，起初是由有机溶剂的氧化来推导的，这用来解释聚合物的氧化提出了很多年。利用稳态分析假设运动链的长度很长(许多增长周期与终止反应相比)且 $k_5^{\,2}=4k_4k_6$，给出氧消耗率为[44]：

$$\frac{\mathrm{dO_2}}{\mathrm{d}t}=\frac{C_{1b}[\mathrm{O_2}]}{1+C_{2b}[\mathrm{O_2}]} \qquad \text{(A.1)}$$

这里的

$$C_{1b}=\frac{k_2R_i^{\,0.5}}{(2k_4)^{0.5}}\ \text{和}\ C_{2b}=\frac{k_6^{\,0.5}k_2}{k_4^{\,0.5}k_3} \qquad \text{(A.2)}$$

且 $k_3=k'_3[\mathrm{RH}]$。

对许多聚合物材料，主要是单分子的终止反应。例如，有足量的抗氧化剂时，自由基(RO_2 · 和 R ·)能终止初期的假反应，得到的氧化图由 3 反应(1)～(3)及(7)和(8)构成。给出的氧化率为[6,7,23]：

$$\frac{\mathrm{dO_2}}{\mathrm{d}t}=\frac{C_{1u}[\mathrm{O_2}]}{1+C_{2u}[\mathrm{O_2}]} \qquad \text{(A.3)}$$

这里的

$$C_{1u}=\frac{k_2R_i}{k_8}\ \text{和}\ C_{2u}=\frac{k_2k_7}{k_8(k_3+k_7)} \qquad \text{(A.4)}$$

从式(A.1)和式(A.3)可清楚地发现单分子和双分子体系的氧消耗率都很依赖于氧气的浓度。但是，公式中的常量不同，尤其是依赖的引发速率 R_i 不同。单分子的氧消耗率由 R_i 的引发能决定，R_i 是双分子的一半引发能量。如果在各种不同的良好表征引发速率方法中有可靠的数据，就能区分这两种体系。

假设氧消耗速率和氧气渗透系数与时间没关系，Cunliffe 和 Davis[5]用双分子动力学公式来说明氧气消耗量，表明可以结合扩散公式来推导厚度为 L 的片材的理论氧化剖析图。假设维扩散(L 比其他两个片的厚度要小的多)，Fickian 行为及稳态条件及横坐标沿着厚度方向是对称的，则有：

$$D\frac{\mathrm{d}^2[\mathrm{O_2}(x)]}{\mathrm{d}x^2}=-R[\mathrm{O_2}(x)] \qquad \text{(A.5)}$$

其中：

$[\mathrm{O_2}(x)]$ ——在 x 点时氧气的浓度；

$R[O_2(x)]$ ——在 x 点时通过反应消除氧气的速率；

D ——材料中氧气的扩散系数。

取代式(A.1)或式(A.2)给出的动力学模型结果可得到 $R[O_2(x)]$：

$$D\frac{d^2[O_2(x)]}{dx^2}=\frac{C_1[O_2(x)]}{1+C_2[O_2(x)]} \quad \cdots\cdots (A.6)$$

在样品的表面($x=0$ 和 L)，氧气的浓度为：

$$[O_2(0)]=[O_2(L)]=[O_2]_S=SP \quad \cdots\cdots (A.7)$$

这里氧气表面(平衡)的浓度是根据 Henry 法则来假设，并由 S 和 P 的乘积得出，S 和 P 分别是聚合物中氧气的溶解度和样品周围氧气的分压。另一个发生在样品中的临界条件是：

$$\frac{d[O_2(L/2)]}{dx}=0 \quad \cdots\cdots (A.8)$$

用下面的公式来转化上面的可推导出：

$$x=\frac{x}{L} \quad 及\ \theta=\frac{[O_2]}{[O_2]_S} \quad \cdots\cdots (A.9)$$

Cunliffe and Davis[5]表明式(A.6)可以写成：

$$\frac{d^2\theta}{dx^2}=\frac{\alpha\theta}{1+\beta\theta} \quad \cdots\cdots (A.10)$$

这里

$$\alpha=\frac{C_1L^2}{D} \quad 及\ \beta=C_2SP=C_2[O_2]_S \quad \cdots\cdots (A.11)$$

他们将这些结果应用在双分子动力学结果上(C_1 和 C_2 分别等于 C_{1b} 和 C_{2b})，很清楚的发现如果利用了 C_{1u} 和 C_{2u}，在单分子动力学中可以得到相同的结果。临界条件变为 $X=0$ 和 $X=1$ 时 $\theta=1$ 及 $X=0.5$ 时 $d\theta/dX=0$。大量的方法得到了氧气的相对浓度对空间位置的一系列结果。如果 θ_i 引用样品在 i 处的相对氧气浓度，结合式(A.2)或式(A.4)定义 α 和 β，可得出在 i 处氧化率的公式为：

$$R[\theta_i]=\frac{\alpha D\theta_i[O_2]_S}{L^2(1+\beta\theta_i)} \quad \cdots\cdots (A.12)$$

类似地，表面的氧化速率(R_S)与氧消耗速率是等同的，用式(A-13)表示：

$$R_S=\frac{\alpha D[O_2]_S}{L^2(1+\beta)} \quad \cdots\cdots (A.13)$$

因此，在 i 处的相对氧化速率表示为：

$$R_i=\frac{R[\theta_i]}{R_S}=\frac{\theta_i(1+\beta)}{1+\beta\theta_i} \quad \cdots\cdots (A.14)$$

以上的分析可用来推导理论氧化分析图(R_i 对代表性的位置)及对应的相对氧气浓度图(θ_i 对位置)[6]。图 14～图 16 给出了有代表性的 R_i 得出的 3 个 β 值和各种不同的 α 值。

重新排列式(A.13)并注意到：

$$D[O_2]_S=pP_{OX} \quad \cdots\cdots (A.15)$$

这里的 P_{OX} 是材料中氧气的渗透系数，得到的式(3)给出了很有用的理论关系。

在周围氧气的分压条件下，利用理论来验证样品表面的氧化与预测的依赖性很有意思。可以很容易的从式(A.1)或式(A.3)及式(1)和式(2)中看到，氧消耗平衡速率(R_O)或材料边缘的等效氧化速率(R_e)表示为：

$$R_O=R_e=\frac{dO_2}{dt}=\frac{C_1[O_2]_e}{1+C_2[O_2]_e}=\frac{C_1Sp}{1+\beta} \quad \cdots\cdots (A.16)$$

因此，如果用 β_r 来引用提到的氧气分压 p_r 下的 β 值，在所提到的条件下，氧气压力 p 下的边缘氧化速率可表示为：

$$\frac{R_e(p)}{R_e(p_r)}=\frac{1+\beta_r}{(p_r/p)+\beta_r} \qquad (A.17)$$

这说明对于给定的一种材料，在空气老化条件下(0.02 MPa)，如果 β 等于 3，增加样品周围氧气压力到 1 MPa(10 atm)时，将会引起样品表面的氧化速率增加 33％。

参 考 文 献

[1] G. J. Amerongen, Rubber Chem. Tech., 37, 1065 (1964).

[2] H. Matsuo and M. Dole, J. Phys. Chem., 63, 837 (1959).

[3] A. Charlesby, Atomic Radiation and Polymers, Pergamon Press, New York (1960).

[4] A. Chapiro, Radiation Chemistry of Polymeric Systems, Interscience Publishers,. New York (1962).

[5] A. V. Cunliffe and A. Davis, Polym. Degrad, Stab., 4, 17 (1982).

[6] K. T. Gillen and R. L. Clough, in Handbook of Polymer Science and Technology, Vol. 2: Performance Properties of Plastics and Elastomers, Ch. 6, N. P. Cheremisi-noff, Ed., Marcell Dekker. Inc., New York (1989).

[7] K. T. Gillen and R. L. Clough, in Irradiation effects on Polymers, Ch. 4, D. W. Clegg and A. A. Collyer, Eds., Elsevier Applied Science Publishers Ltd., London (1991).

[8] T. Seguchi, S. Hashimoto, W. Kawakami and E. Kuriyama, Radiation Damage of Polymer Materials. 1. Simulation Studies on Distribution of Oxygen Concentration in Polymer Film under Irradiation in Oxygen, Japan Atomic Energy Research Institute Report, JAERI-M 7315 (1977).

[9] T. Seguchi and Y. Yamamoto, Diffusion and Solubility of Oxygen in Gamma-Ray Irradiated Polymer Insulation Materials, Japan Atomic Energy Research Institute Report, JAERI-M 1299 (1986).

[10] R. L. Clough and K. T. Gillen, Polym. Deg. and Stabil., 38, 47 (1992).

[11] R. L. Clough, K. T. Gillen and C. A. Quintana. J. Poiym. Sci., Poiym. Chem. Ed., 23, 359 (1985).

[12] R. L. Clough and K. T. Gillen, in Polymer Stabilization and Degradation, ACS Symposium Series No. 280, p. 411, P. P. Klemchuk, Ed., American Chemical Society, Washington, D. C. (1984).

[13] K. T. Gillen, R. L. Clough and N. J. Dhooge, Polymer, 27. 225 (1986).

[14] K. T. Gillen, R. L. Clough and C. A. Quintana, Polym. Degrad. and Stab., 17, 31 (1987).

[15] K. T. Gillen and R. L. Clough, Polym. Eng. and Sci., 29, 29 (1989).

[16] T. Seguchi, S. Hashimoto, K. Arakawa, N. Hayakawa, W. Kawakami and I. Kuriyama, Radiat. Phys. Chem., 17, 195 (1981).

[17] R. C. Giberson, J. Phys. Chem. 66, 463 (1962).

[18] J. Y. Moisan, in Polymer Permeability, p. 119, J. Comyn, Ed., Elsevier Applied Science Publishers, London (1985).

[19] G. Papet, L. Audouin-Jirackova and J. Verdu, Radiat. Phys. Chem., 33, 329 (1989).

[20] X. Jouan and J. L. Gardette, Polym. Commun., 28, 329 (1987).

[21] X. Jouan, C. Adam, D. Fromageot, J. L. Gardette and J. Lemaire, Polym. Degrad. and Stabil., 25, 247 (1989).

[22] K. T. Gillen and R. L. Clough, Polym. Preprints, 31, No. 2, 387 (1990).

[23] K. T. Gillen and R. L. Clough in Radiation Effects on Polymers, R. L. Clough and S. Shalaby, Eds., ACS Symposium Series, No. 475, American Chemical Society, Washington, D. C. (1991), p. 457.

[24] Y. Morita. T. Yagi and W. Kawakami in Radiation Effects on Polymers, R. L. Clough and

S. Shalaby, Eds. , ACS Symposium Series, No 457. American Chemical Society, Washington, D. C. (1991), p. 485.

[25] T. N. Bowmer, L. K. Cohen, J. H. O'Donnell and D. J. Winzor, J. Appl. Polym. Sci. , 24, 425 (1979).

[26] M. V. Belousova, V. D. Skirda, O. E. Zgadzai, A. I. Maklalov. I. V. Potapova. B. S. Romanov and D. D. Rumyanthev, Acta Polym. , 36. 557 (1985).

[27] H. Wilski, E. Gaube and S. Rosinger, Kerntechnik, 5, 281 (1963).

[28] H. Wilski, Kunstoffe, 53, 862 (1963).

[29] I. Kuriyama, N. Hayakawa, Y. Nakase, J. Ogura, H. Yagyu and K. Kasai, IEEE Trans. Electr. Insul. , EI-14, 272 (1979).

[30] F. Yoshii, T. Sasaki, K: Makuuchi and N. Tamura, J. Appl. Polym. Sci. , 31, 1343 (1986).

[31] N. C. Billingham and P. D. Calvert, in Developments in Polymer Stabilisation, Vol. 3, G. Scott, Ed. , Applied Science Publishers, Ltd. (1980).

[32] Polymer Permeability, J. Comyn, Ed. , Elsevier Applied Science, London (1985).

[33] Engineering Design for Plastics, E. Baer, Ed. , Reinhold Publ. Corp. , New York (1964).

[34] R. M. Felder and G. S. Huvard, in Methods of Experimental Physics, 16c, pp. 315-377, Academic Press, New York (1980).

[35] V. T. Stannett, Polym. Eng. Sci. . 18. 1129 (1978).

[36] S. T. Hwang, C. S. Cho i and K. Kammermeyer, Separ. Sci. , 9, 461 (1974).

[37] S. Pauly in Polymer Handbook, 3rd Ed. , pp. VV435-449, J. Brandrup and E. H. Immergut, Eds. , John Wiley and Sons, New York (1989).

[38] K. Arakawa, T. Seguchi, Y. Watanabe, N. Hayakawa, J. Polym. Sci. , Polym. Chem. Ed. , 20, 2681 (1982).

[39] K. Arakawa, T. Seguchi, N. Hayakawa, S. Muchi, J. Polyrn. Sci. , Polym. Chem. Ed. , 21, 1173 (1983).

[40] K. Arakawa, T. Seguchi, Y, Watanabe, N. Hayakawa, I. Kuriyarna, S. Muchi, J. Polym. Sci. , Polyrn. Chem. Ed. , 29, 2123 (1981).

[41] K. Arakawa, T. Seguchi, K. Yoshida, Radiat. Phys. Chem. , 27, 157 (1986).

[42] T. Seguchi, Y. Yamamoto and H. Yagyu, Hitachi Cable Review, 4, 37 (1985).

[43] T. Seguchi, H. It 0 and K. Yoshida, Design and Construction of Accelerated Ageing Facility for Cables, Japan Atomic Energy Research Institute Report, JAERI-M 83-089 (1983).

[44] J. L. Bolland, Proc. Roy. Soc. , 186, 218 (1946).

[45] L. Bateman, Quarterly Rev. (London), 8, 147 (1954).

ICS 29.035.01
K 15

中华人民共和国国家标准化指导性技术文件

GB/Z 28820.2—2012/IEC/TS 61244-2:1996

聚合物长期辐射老化 第2部分:预测低剂量率下老化的程序

Long-term radiation ageing in polymers—Part 2:Procedures for predicting ageing at low dose rates

(IEC/TS 61244-2:1996,IDT)

2012-11-05 发布　　2013-02-01 实施

中华人民共和国国家质量监督检验检疫总局
中国国家标准化管理委员会　发布

前　　言

GB/Z 28820《聚合物长期辐射老化》由3部分组成：

——第1部分：监测扩散限制氧化的技术；

——第2部分：预测低剂量率下老化的程序；

——第3部分：低压电缆材料在役监测程序。

本部分为GB/Z 28820的第2部分。

本部分按照GB/T 1.1—2009给出的规则起草。

本部分使用翻译法等同采用IEC/TS 61244-2:1996《聚合物长期辐射老化　第2部分：预测低剂量率下老化的程序》。

本部分由中国电器工业协会提出。

本部分由全国电气绝缘材料与绝缘系统评定标准化技术委员会(SAC/TC 301)归口。

本部分起草单位：机械工业北京电工技术经济研究所、上海电缆研究所、深圳市旭生三益科技有限公司、中国电器工业协会标准化工作委员会、上海核工业研究设计院、上海特缆电工科技有限公司、江苏上上电缆集团有限公司、上海电缆厂有限公司、临海市亚东特种电缆料厂、上海凯波特种电缆料厂有限公司、无锡江南电缆有限公司、常州八益电缆股份有限公司、上海至正道化高分子材料有限公司、上海创新高温线缆厂、浙江万马电缆股份有限公司、深圳市沃尔核材股份有限公司、北京北重汽轮机电机有限责任公司、北京新福润达绝缘材料有限责任公司。

本部分主要起草人：刘亚丽、刘淑芬、孙建生、卢伟、居学成、郭丽平、顾申杰、孙萍、王松明、王怡瑶、周才辉、段春来、赵文明、周叙元、侯海良、沈彧、唐松柏、康树峰、刘凤娟、刘琦焕。

引　言

聚合物在辐射条件下的行为特性受辐照环境的影响很大，尤其是有氧气存在的情况下。当聚合物在含氧环境中受到辐照时，通常观察发现达到一定降解程度所需要的辐照剂量随剂量率变化。尽管多年以前人们就已经知道聚合材料辐射老化中这种剂量率影响，但对于影响过程直到近年来才有足够了解，并制定预测方法。聚合物中剂量率影响的类型如图1所示[1]，其中 *DED*(等效破坏剂量)定义为达到特定破坏参数(如断裂伸长率、拉伸强度、压缩形变等)所需要的剂量。

图1给出了大多数(但不是全部)聚合物比较常见的行为特性。在惰性气体环境中，用曲线1表示，在超过大剂量率范围内聚合物的降解与剂量率无关。当剂量率低至热老化影响占主导时，曲线1将接近惰性条件下热老化的曲线。在如图1的双对数曲线图中，热老化将用一条斜率等于1的直线来表示。

当有氧存在时，在扩散限制氧化和依赖于时间的化学反应等多个过程中会体现出剂量率的影响。在高剂量率条件下，扩散限制氧化变得比较重要(如图1所示)；在该区域内 *DED* 将随剂量率的增大而增大。应当注意到图1只是一个原理图，仅能用于说明可能发生的行为特性的类型，尤其是扩散限制区域，要取决于聚合物的类型和厚度、氧的渗透率以及材料对表面性能的敏感性等多种因素。所观察到的降解受氧化层厚度的影响很大。当剂量率足够高时，氧化将发生在很浅的表层，而不会影响到大多数聚合物的总体性能。在这种情况下观察到的降解和在惰性环境中观察到的降解相似且 *DED* 会接近惰性老化线。发生非均相氧化之前允许的最大剂量率可根据理论方法或使用剖面技术进行确定。这些程序在本部分中有详细论述。在均相氧化区域，大多数聚合物的剂量率影响都不大。当剂量率减小时，*DED*-剂量率双对数曲线的斜率通常为常数或近似为常数(如图1中曲线Ⅱ所示)，直到剂量率低至热老化占主导时为止。对Ⅱ类行为特性，*DED*-剂量率图的斜率由主导化学反应的反应速率确定。如果反应速率相对于初始反应速率比较高时，则斜率较小并且可能接近0；而当反应速率较低时，斜率较大但仍小于1。

对于含氧环境中受到辐照的几种聚合物，在均相氧化区域中观察到更加复杂的剂量率影响(例如图1中曲线Ⅲ)。具有Ⅲ类行为特性的一个很好的例子是PVC，一般认为这是由于辐照生成中间过氧化氢物的裂化所致[2-4]，详见5.5。

聚合物长期辐射老化
第2部分:预测低剂量率下老化的程序

1 范围

GB/Z 28820的本部分内容适用于预测低剂量率下老化的程序。

本部分给出了3种根据高剂量率试验数据外推得到一般使用条件下低剂量率数据的方法。这些方法均假设在试验条件下已实现均相氧化。本部分适用于各种弹性体、热塑性材料和部分热固性材料。各种方法本身也在不断改进与完善之中。为了能够对低剂量率条件进行预测,需要相当多的试验数据。指数外推法主要用于等温数据,而叠加法可利用各种不同温度条件下得到的数据。

2 规范性引用文件

下列文件对于本文件的应用是必不可少的。凡是注日期的引用文件,仅注日期的版本适用于本文件。凡是不注日期的引用文件,其最新版本(包括所有的修改单)适用于本文件。

GB/T 26168.1—2010 电气绝缘材料 确定电离辐射的影响 第1部分:辐射相互作用和剂量测定(IEC 60544-1:1994,IDT)

GB/T 26168.2—2010 电气绝缘材料 确定电离辐射的影响 第2部分:辐照和试验程序(IEC 60544-2:1991,IDT)

GB/T 26168.3—2010 电气绝缘材料 确定电离辐射的影响 第3部分:辐射环境下应用的分级体系(IEC 60544-4:2003,IDT)

GB/Z 28820.1—2012 聚合物长期辐射老化 第1部分:监测扩散限制氧化的技术(IEC/TS 61244-1:1993,IDT)

3 指数外推法

3.1 简介

指数外推法是基于在空气或过氧的环境中和等温条件下,对不同辐射剂量时得到的实验数据进行外推。剂量率上限值是实现均相氧化的条件(见3.4)。不同剂量率条件下得到的试验数据都是用来图形外推至工作剂量率下的终点,这一终点指标是用做图法外推至工作剂量率得到的。

3.2 试验程序

可以根据现有文献资料,也可以计算氧化层厚度来估计实验材料的最大剂量率(参照GB/Z 28820.1—2012)。在确定最大剂量率之后,还需要选择至少两个(最好3个)其他剂量率,每个剂量率应当至少比前一个剂量率低一个数量级。

应根据GB/T 26168.2—2010的一般原则来选择试样类型、辐射源、剂量测定和温度控制方法。尽管如参照GB/Z 28820.1—2012中所述氧气过压技术可能带来试样过渡老化风险,但所有辐照还是应当在空气中或恒定过压氧气条件下进行。应使用GB/Z 28820.1—2012中所述剖面技术检查试样厚度方向上的氧化均匀性。试验报告中应包括辐照源、剂量率、大气、温度、试样类型和厚度等详细内容。

3.3 评估和外推

对于推荐使用外推法使用的材料(即弹性体和热塑性塑料),通常采取材料的断裂伸长率做为测量数据。而对于其他的材料,测量拉伸强度或其他参数指标可能更加有效。使用断裂伸长率作为测量参数,确定各剂量率的终点指标,绘制相对于吸收剂量的相对伸长率 e/e_0(e_0 是断裂伸长率的初始值)。一些终点指标可以从图 2 的内插值得到,典型终点指标可以是 $e/e_0=0.75$,0.5 或 0.4。为实现不需要外推就能够确定终点指标,应使用足够多的吸收剂量。

绘制达到终点指示的剂量(即等效破坏剂量 *DED*)相对于剂量率的双对数曲线图(如图 3 所示)。对于某些材料(如某些聚烯烃),该双对数曲线图形表现为线性关系。因此,能够通过外推得到低剂量率数据。终点剂量由式(1)确定:

$$DED = K \cdot \dot{D}^{n} \qquad \cdots\cdots(1)$$

式中:

$\dot{D}$ ——剂量率;

K 和 n ——试验材料的经验参数。

3.4 局限性

外推法是评估低剂量率下某些聚合物行为特性的一种有效方法,但从图 1 可以发现其潜在的局限。对于所有材料,它必须在剂量率低至热老化成为主导(如图 1 所示)的条件下分解。在外推使用的 *DED*-剂量率双对数曲线图中,热老化极限用一条斜率为 1(即恒定时间条件)的直线表示,而外推数据的斜率通常小于 1。对热主导区域剂量率进行外推时可能导致 *DED* 预测值过高[如图 4a)所示]。如果有单独热老化数据,则可以在一定程度上说明这个问题,这样可以确定合适的单独热影响结果。如果附加数据表明热影响占主导,则可以用热影响结果进行预测。指数外推也不能用于在均相氧化区域中表现出综合剂量率影响的材料(如图 1 中Ⅲ类曲线)。对于这些材料,当外推至低剂量率时,Ⅲ类曲线"膝部"区域得到的数据可能会导致错误结果[如图 4b)所示]。

尽管线性外推法假设所有试验均具备均相氧化条件,但对于某些材料,使用非均相氧化的剂量率会出现预期效果。例如,对图 7 所示 XLPE 材料的特性,使用的两个较高的剂量率可能会导致非均相氧化,但在该剂量率范围内其图形是线性的,且具有和低剂量率下相同的斜率。这可能是因为薄氧化层中裂缝随后会扩大至整体未氧化材料,因此观察到的微观性质由氧化表面层降解或由交联增加的脆性确定。

3.5 示例

以下给出了对几种聚烯烃使用线性外推法的一些示例。

聚丙烯:

对该材料在 4.45 Gy/h～2 000 Gy/h 的剂量率范围内进行试验。聚丙烯单丝纤维在空气中辐照的相对断裂伸长率 e/e_0 如图 5 所示[5]。使用终点判据 $e/e_0=0.5$,可以从这些图形中内插得到终点剂量 *DED* 的值。这些 *DED* 值如图 6 所示,从图中可以看出,在该剂量率范围内,*DED* 对数与剂量率对数之间呈线性关系,其斜率为 0.26。

对于这种材料,由于材料厚度(0.4 mm)原因,在各种剂量率下都得到均相氧化。

交联聚乙烯(XLPE):

对于这种 XLPE 电缆材料[7],在 100 Gy/h～1.8×10^5 Gy/h 的剂量率范围内进行试验,终点指标 $e/e_0=0.5$ 所得数据如图 7 所示。这是一个可能在两个最高剂量率下已经发生非均相氧化的示例,但对于这种材料,在各种剂量率条件下其曲线斜率均相同。

聚烯烃

这是一个在两个最高剂量率下可能已经发生非均相氧化的聚烯烃电缆材料的示例(如图8所示),但在本例中曲线斜率有显著变化,并且对于这些数据不能使用指数外推法。

4 依赖于时间的叠加数据

4.1 简介

与时间相关的叠加数据是可以用于外推至低剂量率的第二种程序,该程序需要使用在辐照高温条件下得到的附加数据。该方法利用在热老化中已经广泛应用的时间-温度叠加原理,在此处扩展至包括热-辐射环境的时间-温度-剂量率的叠加[8,9]。

热老化中的叠加程序使用的是不同等温条件下得到的关于时间的实验数据。假设使用高温来加速材料均匀降解,通过使用倍数位移因子,使数据在时间轴线上移位至参考温度时的那条曲线[如图9a)所示]。在热-辐射环境中,可使用类似程序来移位在恒定温度和恒定剂量率下得到的依赖于时间的数据,其示意图见图9b)。通过提高温度来加速材料降解,获得的相关低剂量率的数据是比较接近试验方法的。

在热老化中,移动因子 $b(T)$ 与温度之间的函数关系通常具有比较简单的形式,如 Arrhenius 关系式。根据经验从这种函数关系推导得到的活化能表示整个热老化的有效活化能。对于热-辐射老化,根据依赖于时间的数据确定的位移因子 $a(T,D)$ 通常不会表现出温度和剂量率之间的简单函数关系。在某些情况下,可以确定出一个经验关系式[8,9],以便能够外推到低剂量率。4.5中给出了使用本程序的一些示例。

4.2 试验程序

应根据GB/T 26168.2—2010的一般原则来选择试样类型、辐射源、剂量测定和温度控制方法。尽管如GB/Z 28820.1—2012中所述氧气过压技术可能导致试样过度老化的风险,但所有辐照还是应当在空气或恒定氧过压的空气条件下进行。所用破坏参数应当反映对材料的使用情况,例如对密封材料将压缩永久变形作为破坏参数比较合适,而对于电缆材料则是将断裂伸长率作为破坏参数更加合适。应使用GB/Z 28820.1—2012中所述剖面技术检查试样厚度方向上的氧化均匀性。试验报告应包括辐照源、剂量率、大气、温度、试样类型、试样厚度及破坏参数测量值等详细内容。

应得到至少3种不同剂量率且每种剂量率至少两种(最好3种)温度的数据。对于每种不同温度-剂量率条件,应当至少测量3次。另外,应当得到至少3种不同温度时未受辐照材料上的类似数据。这些是本方法的最低数据要求。如果能够提供更多数据,则可以得到更准确的位移因子估计值。

4.3 评估

评估的第一阶段是将恒定温度下得到的破坏参数-时间对数曲线与未受辐照材料的曲线叠加,得到一个主曲线(如图10所示)。确定各温度下的位移因子曲线 $b(T)$,并且将其用于叠加数据。然后绘制这些数值对 $1/T$ 的关系曲线,其中 T 是温度(单位是K)(如图11所示)。利用 Arrhenius 关系,根据直线图形的斜率确定单独热老化的活化能。

$$b(T)=\exp\left\{-\frac{E}{R}\left(\frac{1}{T}-\frac{1}{T_{\mathrm{ref}}}\right)\right\} \quad \cdots\cdots(2)$$

式中:

$b(T)$——位移因子;

E ——活化能;

R ——气体常数(8.314 J·kmol^{-1}·K^{-1});

T_{ref} ——参考温度，即 $b(T)=1$ 时的温度。为方便评估，通常选 T_{ref} 作为热-辐射老化测量中使用的一个温度。

在评估的第二阶段，将热-辐射老化条件下得到的时间依赖数据叠加在主曲线上（如图 12 所示）。确定每种温度-剂量率条件下叠加数据所需要的位移因子 $a(T,D)$、温度 T 和剂量率 D。在本评估阶段，所用各种温度和剂量率条件下的 $a(T,D)$ 值均已知。

对于某些聚合物，可以使用位移因子 $a(T,D)$ 与温度及剂量率之间的经验关系式(3)：

$$a(T,D)=\exp\left\{-\frac{E}{R}\left(\frac{1}{T}-\frac{1}{T_{ref}}\right)\right\}\left[1+k\cdot\dot{D}^{x}\cdot\exp\left\{\frac{E_x}{R}\left(\frac{1}{T}-\frac{1}{T_{ref}}\right)\right\}\right] \quad \cdots\cdots\cdots(3)$$

式中：

T ——温度（单位为 K）；

T_{ref}——参考温度；

$\dot{D}$ ——剂量率；

E ——模型参数；

k ——模型参数；

x ——模型参数；

图 11 中 E 是单独热老化时的活化能值。

将根据实验得到的 $a(T,D)$ 值代入上述经验关系式可确定参数 k 和 x。

当 $T=T_{ref}$ 时，公式可简化为：

$$a(T_{ref},D)=1+k\cdot\dot{D}^{x} \quad \cdots\cdots\cdots(4)$$

式中：参数 x 的值通常为 $x\leqslant1$。如图 13 所示，参数 x 是高剂量率下图形斜率的极限值。参数 k 用于确定曲线在剂量率轴线上的位置。

根据经验数据确定参数 k 和 x 之后，就可以用经验模型计算更低剂量率下或更低温度下的 DED 值，计算如式(5)：

$$DED=\dot{D}\cdot\frac{t_m}{a(T,D)} \quad \cdots\cdots\cdots(5)$$

式中：t_m 为在参考条件下（$T=T_{ref}$ 且 $D=0$）达到选定破坏程度所需要的时间。

$a(T,D)$ 根据式(3)计算得到，如图 14 所示。高剂量率下 DED-剂量率双对数曲线图形的极限斜率为 $(1-x)$。

4.4 局限性

尽管是经验关系式，但叠加模型[式(3)]的一般形式在辐照环境中仍具有实用意义。4.5 中给出了使用本模型的一些示例。

本经验模型仅适用于那些破坏参数-时间对数曲线形状不随温度和剂量率变化的材料。在实践中，仅限用于那些热降解和辐射降解受同一机理主导（例如氧化）的材料。如果曲线形状发生变化，则不能进行数据叠加并且本方法也不适用。本程序能够令人满意地对材料在低剂量率下从均相区域向热降解区域移动时的 DED 变化进行建模（图 1 中曲线Ⅱ），但不能用于那些在均相区域表现出复合剂量率影响的材料（图 1 中曲线Ⅲ）。本程序不能用于通过聚合物热转变进行外推。

4.5 示例

EPDM 弹性体：

EPDM 弹性体作为密封材料使用时，将压缩永久变形作为破坏参数。在 35 Gy/h～1 000 Gy/h 的剂量率范围内进行热-辐射老化时，其表现出非常小温度依赖性（当 $T<90$ ℃时）[9]。使用在该剂量率范围内得到的 $a(T,D)$ 值来估计模型参数时会发现：在热老化占主导的低剂量率下，叠加模型预测结果

具有明显的温度依赖性。在 3.5 Gy/h 剂量率下长期试验显示，该模型能够令人满意地预测出这种绝缘装置材料的行为特性(见图 15)。

使用该模型计算作为剂量率函数的预期 *DED* 值时会发现：在较大剂量率范围内 *DED* 值与剂量率无关。通过使用在高温条件下试验得到的数据，可以评估出 20 ℃条件下剂量率低至 1.8×10^{-3} Gy/h 时的降解情况(见图 16)。应注意，对于本材料，在使用指数外推法时需要使用热影响数据的极低剂量率条件下，热影响占主导地位。

丁腈橡胶：

这种材料也作为密封材料使用，但与上例中 EPDM 弹性体不同。丁腈橡胶在 100 Gy/h～1 000 Gy/h 的剂量率范围内进行辐照时表现出明显的温度依赖性[9]。采用叠加模型计算该材料的数据，并且用其计算作为剂量率函数的 *DED* 值(见图 17)。对于丁腈弹性体，40 ℃条件下剂量率小于 350 Gy/h 时的降解以热影响为主，见图 17 中 *DED*-剂量率图形中斜率为 1 的直线所示。

乙烯-醋酸乙烯酯聚合物：

这是一种适用经验模型的双层 EVA/EVA 电缆护套材料。与前两个模型参数 x 取值为 1 的示例不同，本材料将数据代入模型时需要将模型参数 x 的值取为 0.7[10]。*DED*-剂量率双对数曲线图显示即使在高剂量率条件下，也具有明显的剂量率依赖性(见图 18)。高剂量率时图形斜率为$(1-x)$。

5 *DED* 数据叠加

5.1 简介

本程序也是利用热-辐射老化高温条件下得到的数据，但本程序中是对 *DED*-剂量率双对数曲线图而不是对破坏参数-时间对数使用时间-温度-剂量率叠加。根据 *DED*-剂量率数据叠加得到的位移因子通常是温度的简单函数(如 Arrhenius 关系式[3])，并且通常可根据以下氧化机理进行合理化处理[4]。本程序能够适用于各种不同材料，包括那些不能使用依赖于时间叠加数据的材料。

5.2 试验程序

应当根据 GB/T 26168.2—2010 中的一般原则来选择试样类型、辐射源、剂量测定和温度控制方法。尽管如 GB/Z 28820.1—2012 中所述氧气过压技术可能带来试样过度老化风险，但所有辐照还是应当在空气或恒定氧气过压条件下进行。应标明会导致非均相氧化的温度-剂量率条件。应当使用 GB/Z 28820.1—2012 中所述剖面技术检查试样厚度方向上的氧化均匀性。试验报告中应当包括辐照源、剂量率、大气、温度、试样类型和厚度和破坏参数测量值。

为了能够进行叠加，需要有几种不同剂量率和至少两种温度条件下的数据。为了确定 *DED* 值，需要得到各种温度-剂量率条件下的充足数据。*DED* 值可以在几种不同破坏程度下进行评估。

5.3 评估

对每种温度-剂量率条件，根据破坏参数-剂量图形(如图 2 所示)确定其 *DED* 值，然后绘制这些 *DED* 值与对数(剂量率)的关系图形(不包括非均相氧化的数据)(如图 19 所示)。采用根据 Arrhenius 关系[式(2)]计算得到的位移因子，将数据点沿剂量率轴线水平移动。采用试凑法确定活化能 E，直到得到所有数据的叠加值(如图 20 所示)。在某些情况下，根据叠加过程确定的经验活化能与热老化的活化能相等。如果能够确定可得到不同破坏程度叠加数据的单个 E 值，则该 E 值可用于外推至低剂量率。

5.4 局限性

尽管 *DED* 数据叠加法能够令人满意地用于在均相区域(图 1 中Ⅱ类和Ⅲ类行为特性)和热影响主

导区域外推数据，但如果温度范围处于或接近聚合物热转变时则不能使用本方法。

本方法所确定活化能值的不确定性取决于多个因素。当剂量率影响较小（即 *DED* 随剂量率变化很小）时，则具有很大的不确定性。对于热影响已主导地位的剂量率条件，*E* 的不确定性则非常小并且和单独热降解时接近。

5.5 示例

以下给出了使用 *DED* 数据叠加的一些示例。

氯丁橡胶电缆护套：

在对各种热-辐射联合环境中对该材料进行了拉伸测量[3]。采用 *DED* 数据叠加确定的活化能与根据热老化确定的活化能相同。对于这种特殊材料，对均相数据和非均相数据都会发生叠加（见图 21），这是因为在非均相试样中，氧化表层区域产生的裂缝可能会扩散至远离表层区域的氧化程度不高的主体材料。这样使得伸长量与试样中氧化均匀性之间关系不大。可以发现图 21 中叠加数据逐渐接近代表单独热老化的那条线，表明 45 ℃条件下当剂量率小于 1 Gy/h 时该材料中的降解主要取决于热高温环境影响。

Hypalon 电缆护套：

均相氧化试样 *DED* 数据的叠加可以使用与单独热老化所得数据叠加时相同的活化能（见图 22）[3]。与上例中讨论的氯丁橡胶材料不同，非均相数据并不位于叠加曲线上，表明本材料伸长量对试样内部氧化状态比较敏感。

PVC 电缆护套：

这种特殊 PVE 电缆护套材料在热-辐射条件下的行为特性已得到广泛研究[1,3,4]。使用 96×10^6 J/kmol 的活化能可以对较大温度和剂量率范围内数据进行最佳叠加。叠加数据为一条 S 形曲线，在该曲线中剂量率影响将随剂量率降低而降低（见图 23）。这是典型的Ⅲ类行为特性（如图 1 所示）。与前两例不同的是，根据叠加确定的活化能不等于单独热影响时的活化能（142×10^6 J/kmol）。对本材料降解反应动力学的详细研究表明，剂量率影响和高温加速降解的原因是由于辐照生成过氧化氢物而产生了裂解[4,11]，这种裂解直接决定了降解的速率。该决定速率步骤使用的活化能为 96×10^6 J/kmol，即与根据叠加确定的经验值完全相同。如图 23 所示叠加曲线形状也与所含化学反应的详细反应动力学理论模型一致。

6 结论

前面各节中讨论了几个预测辐照环境中低剂量率下聚合材料长期行为特性的方法。所述每个程序都需要有较长时间内得到的大量数据。每种方法都在其限定范围内具有实用价值，但这些方法都不能用于具有多种机理（具有不同表观活化能）的场合。

指数外推法在所有预测技术中最为简单，所需试验数据也最少，但当剂量率低至热老化占主导时该程序不能使用，但它适用于对聚合物（如聚烯烃）在接近室温温度（20 ℃～30 ℃）条件下得到的数据进行外推。因为使用数据有限，当以 10 倍以上剂量率外推时应当特别注意。

两种叠加方法均可利用高温条件下得到的数据，并且都能预测热老化比较明显的剂量率区域内的行为特性，但这两种方法需要的试验数据要远远多于指数外推方法所需要的试验数据。依赖于时间叠加的数据并不能适用于所有材料，例如不能用于表现出复合剂量率影响（如Ⅲ类行为特性）的材料。对于适用的材料，则可以用该程序计算非常复杂温度-剂量率条件的影响。*DED* 数据叠加（第 5 章）可以用于大多数材料，但与所有其他方法一样，该程序不能用于对聚合物热转变区域或对剂量率-温度范围内主导机理发生变化的场合进行外推。

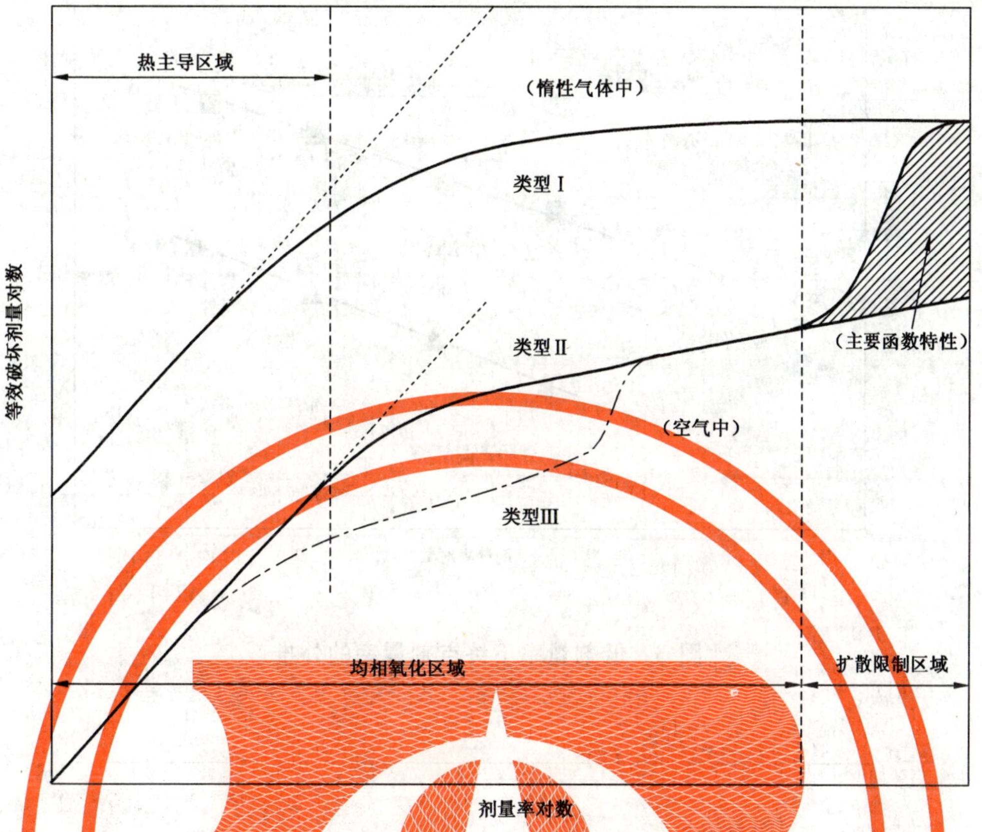

图 1　聚合物材料发生辐射老化的剂量率类型图

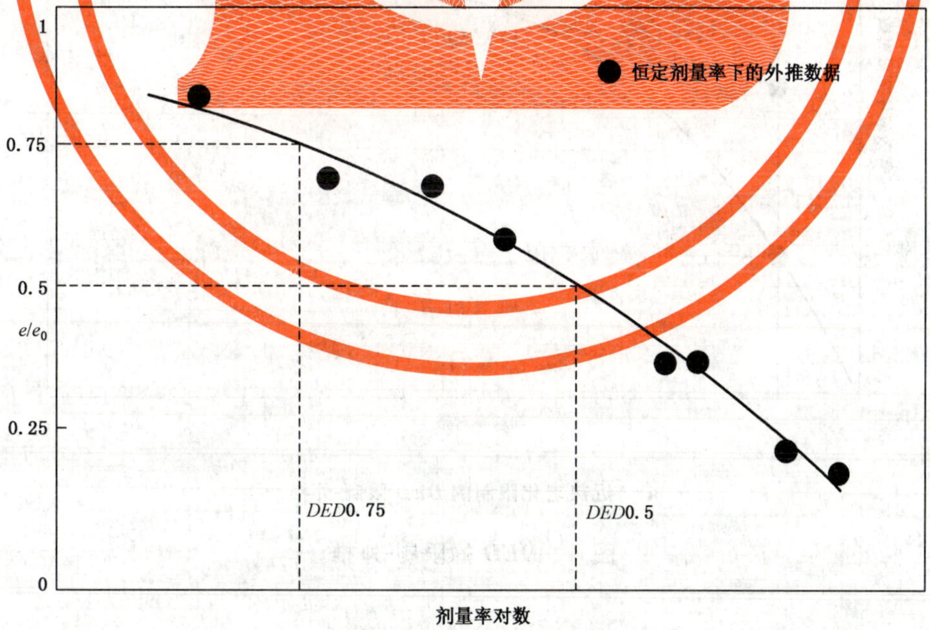

图 2　终点剂量率的插值

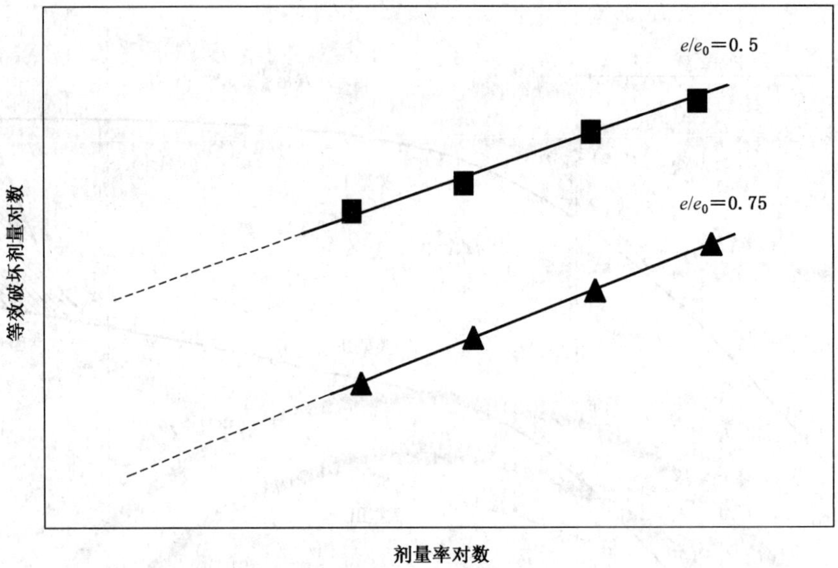

图 3　低剂量率下终点剂量率的外推

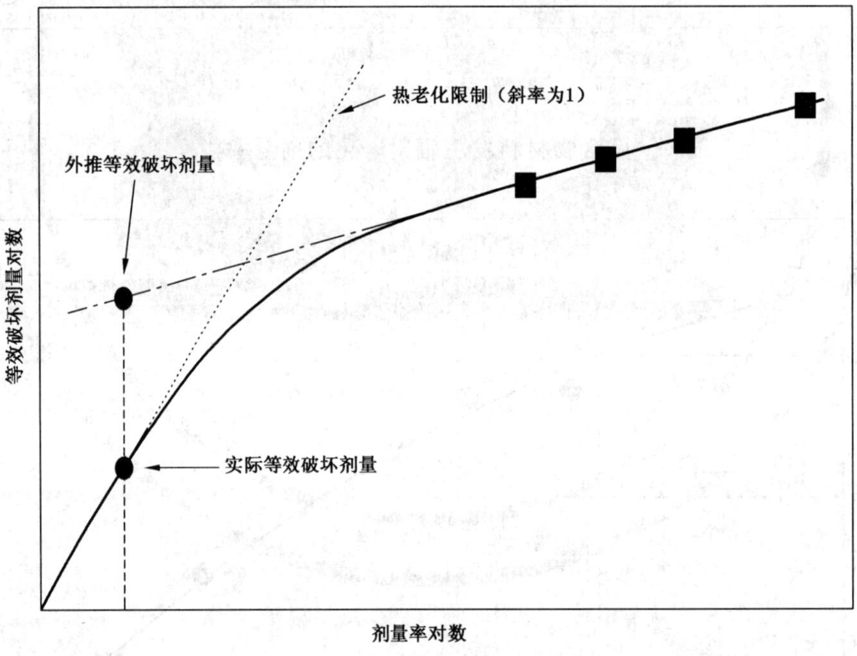

a)　近热老化限制的 ***DED*** 限制-外推

图 4　***DED*** 的限制-外推

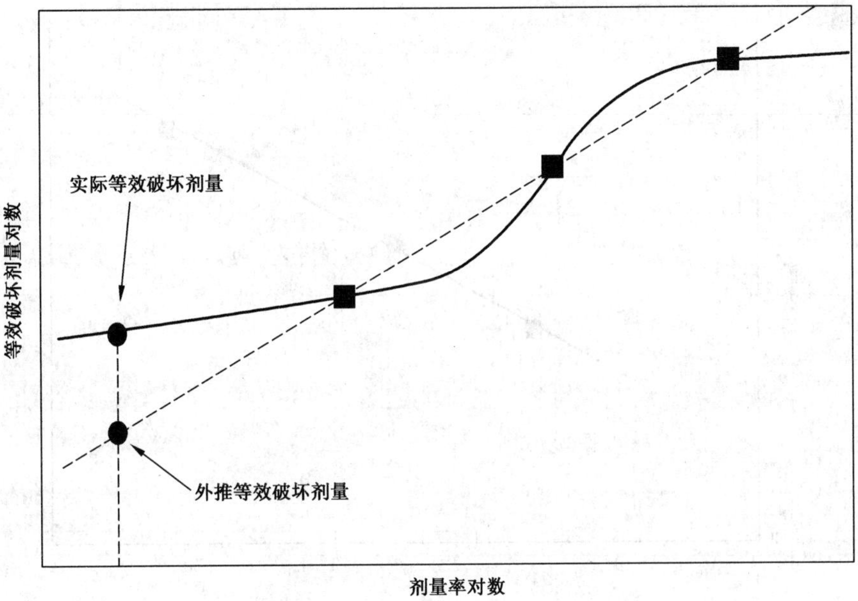

b) Ⅲ类特性聚合物的 *DED* 的限制-外推

图 4(续)

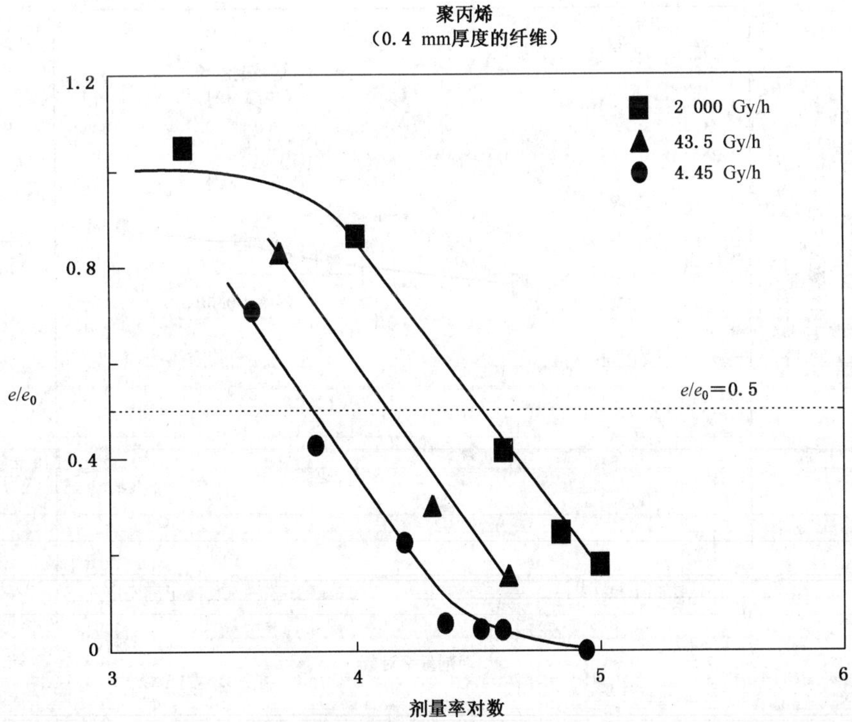

图 5 聚丙烯纤维在空气中的断裂伸长率(见文献 7)

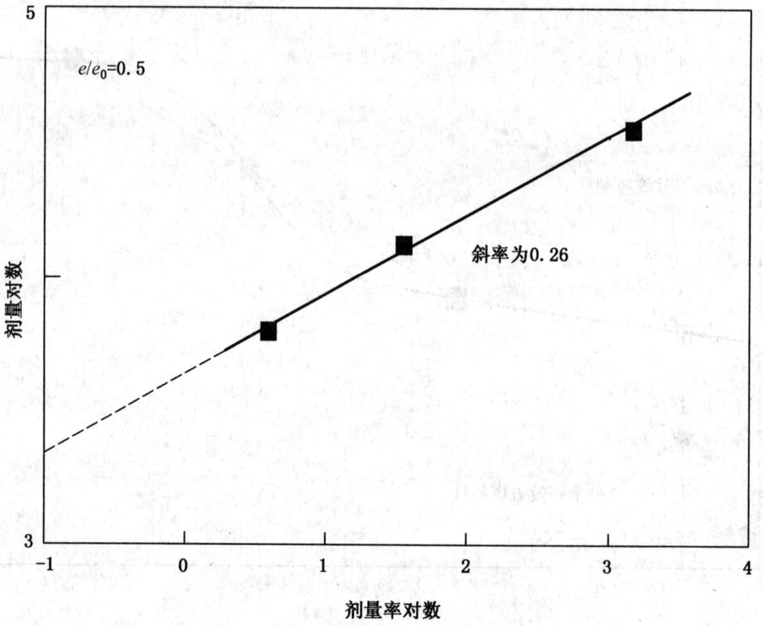

图 6 图 5 中数据的终点剂量外推

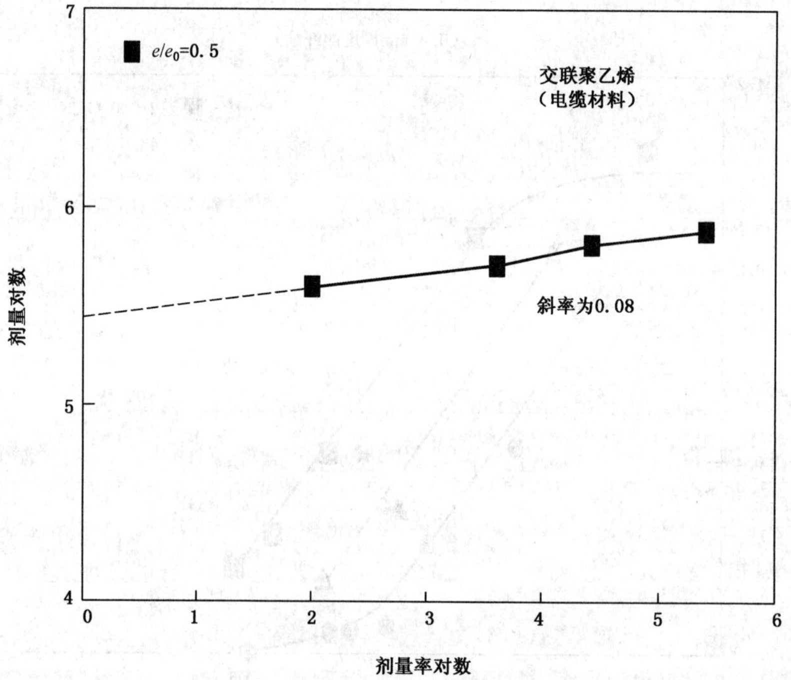

图 7 XLPE 终点剂量的外推[7]

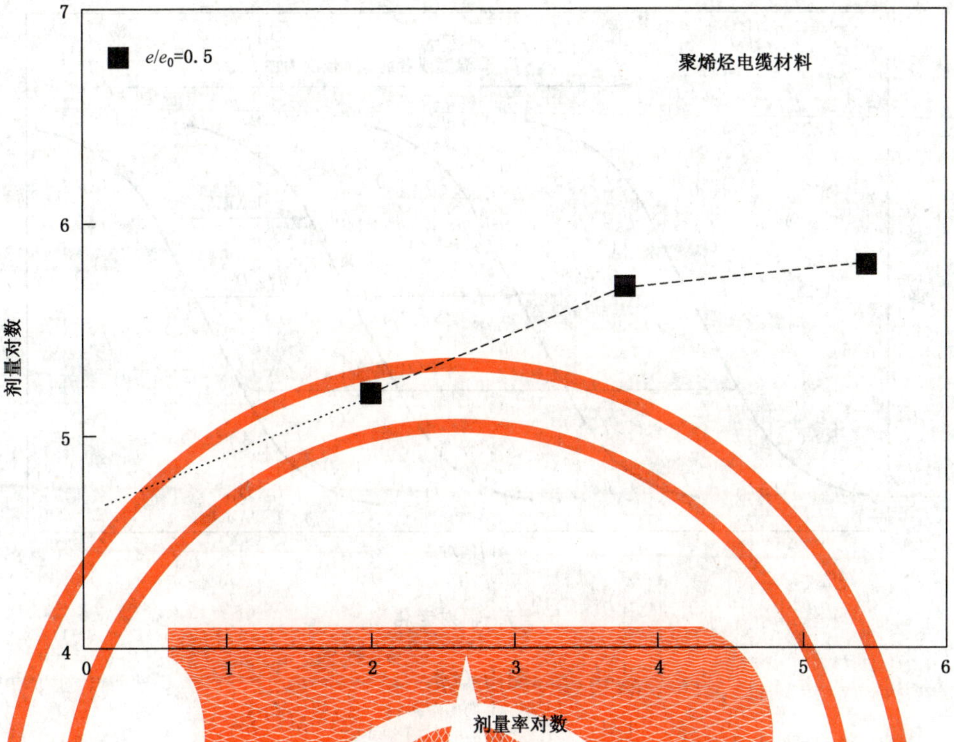

图 8　终点剂量的外推不可行的实例

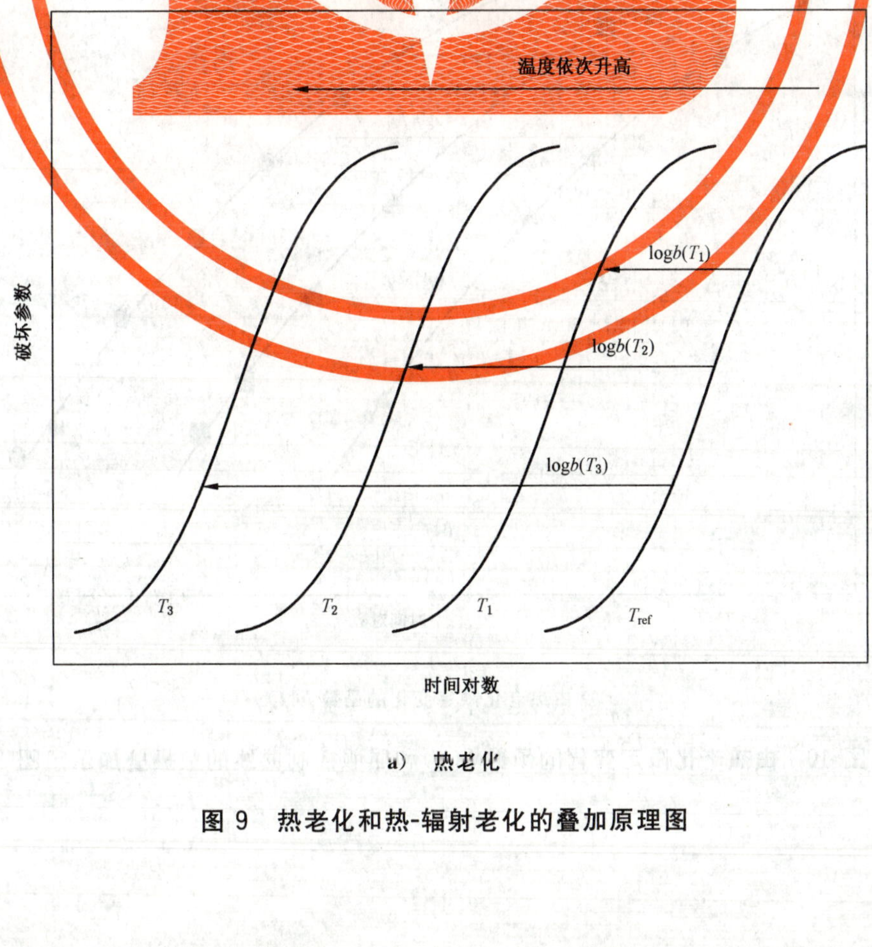

a)　热老化

图 9　热老化和热-辐射老化的叠加原理图

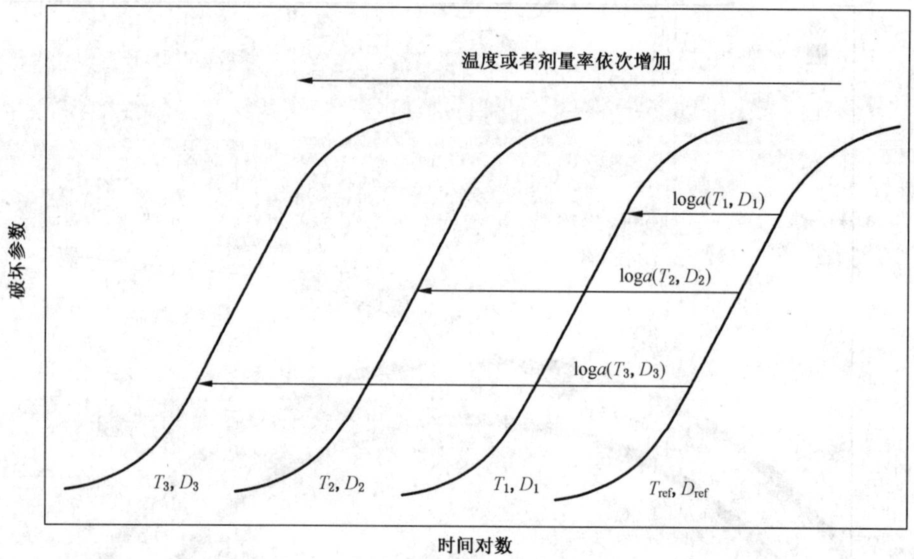

b） 热-辐射老化

图 9（续）

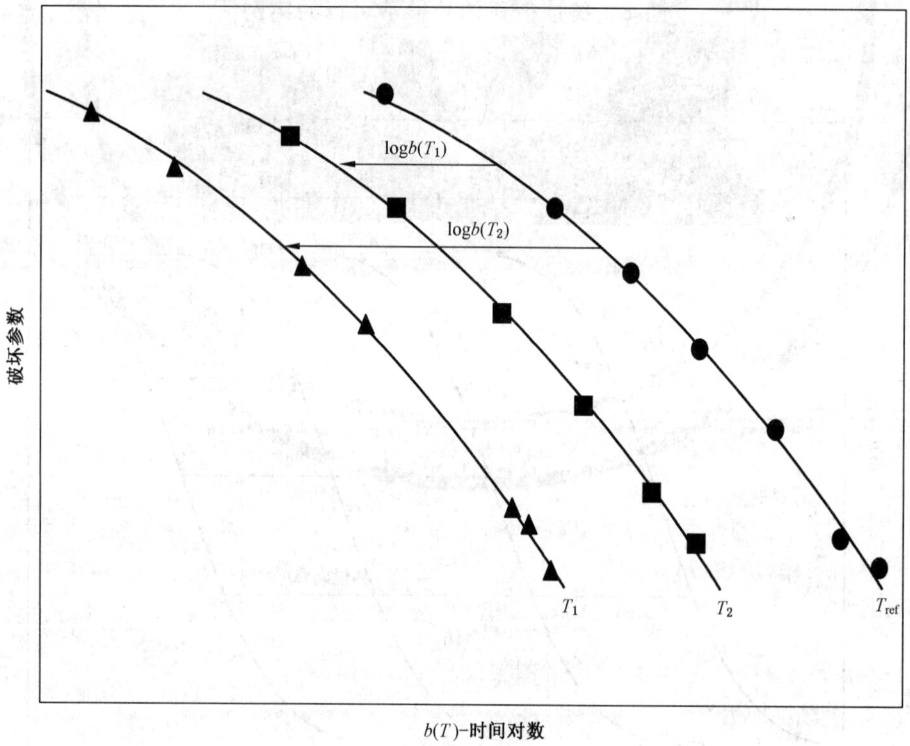

a） 由热老化限定变化的函数 **b(T)**

图 10 由热老化限定变化的函数 **b(T)** 和屈服控制曲线的数据叠加示意图

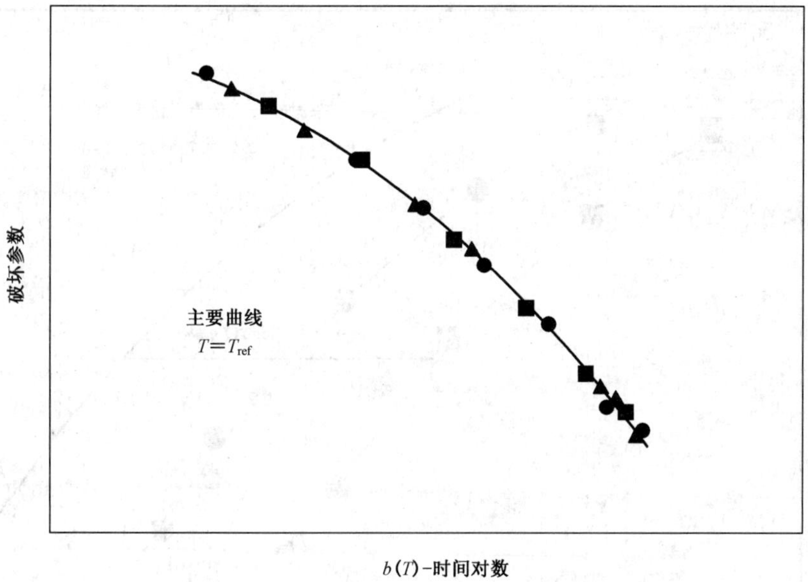

b） 屈服控制曲线的数据叠加

图 10（续）

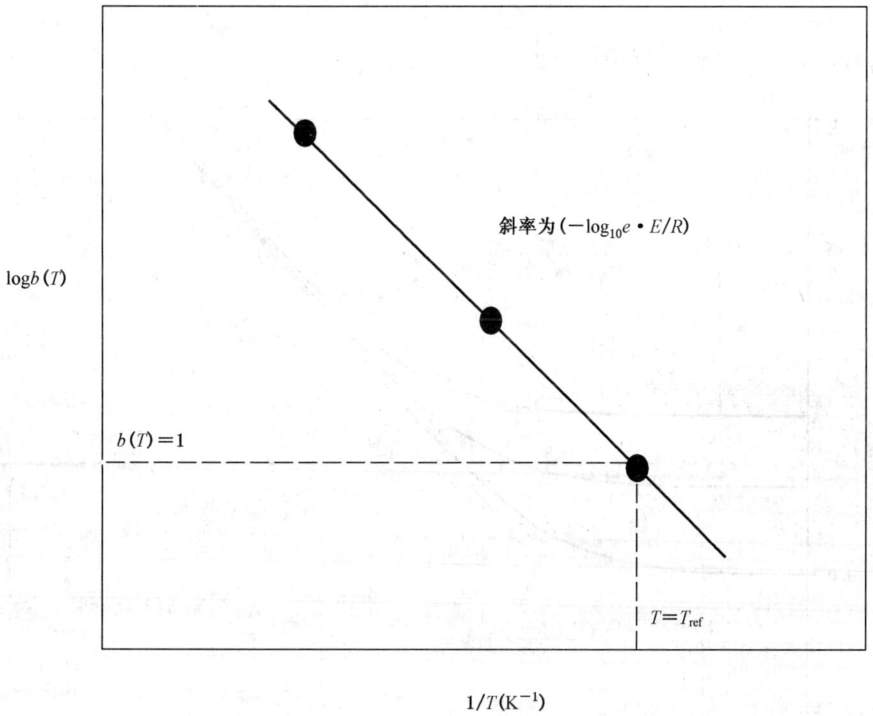

图 11 活化能 *E* 的测定

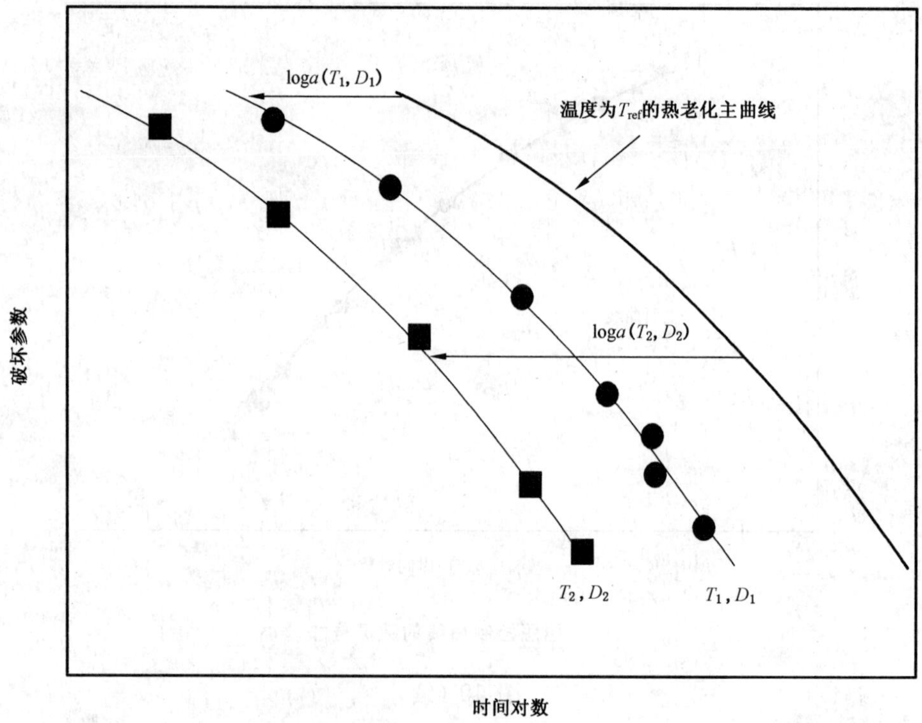

图 12　热-辐射老化的函数 $a(T,D)$ 的测定

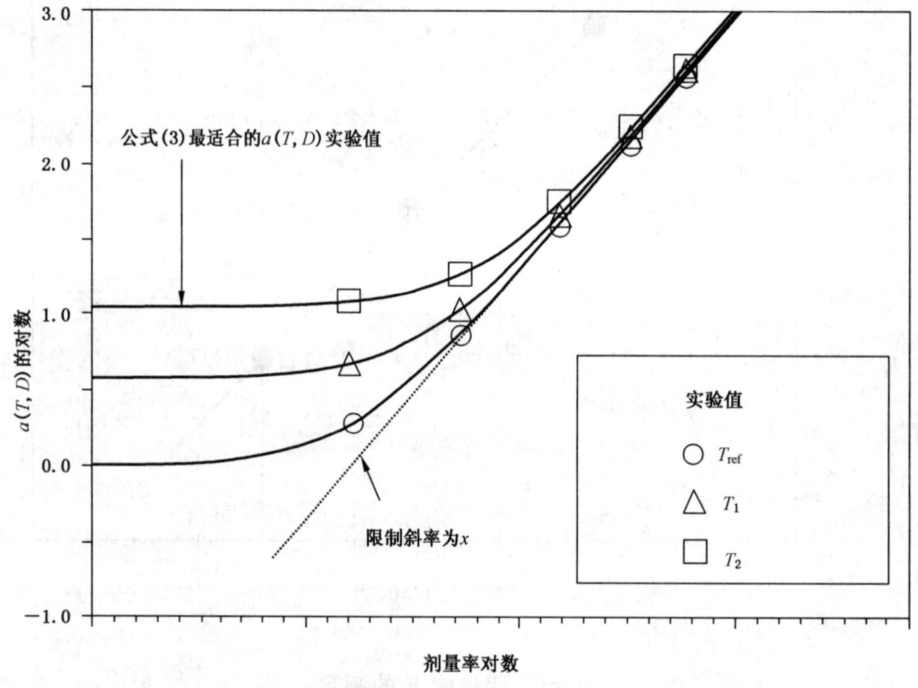

图 13　试验模型-公式(3)的 $a(T,D)$ 的拟合实验值

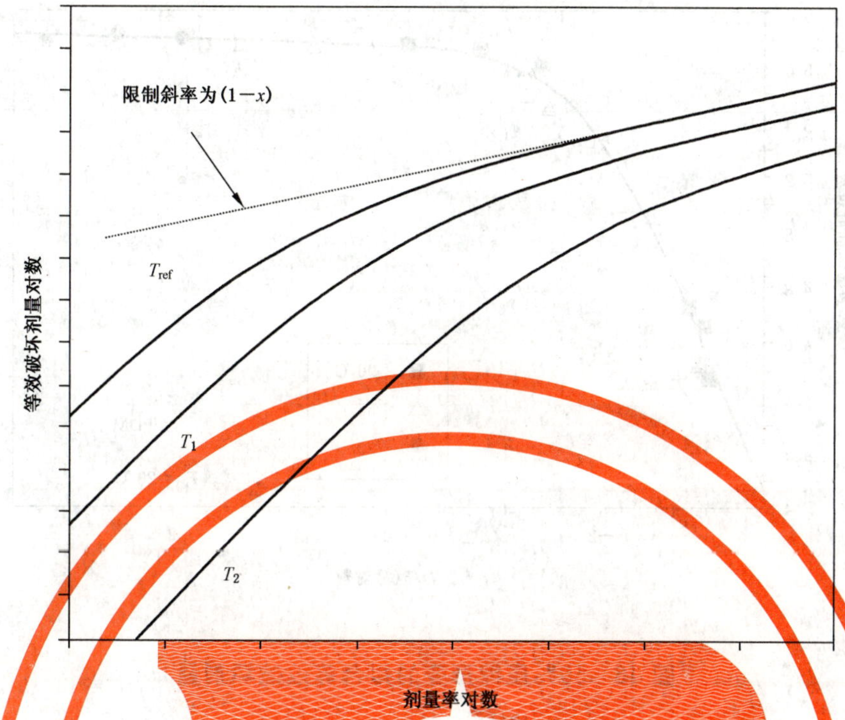

图 14 利用公式(3)计算的等效破坏剂量

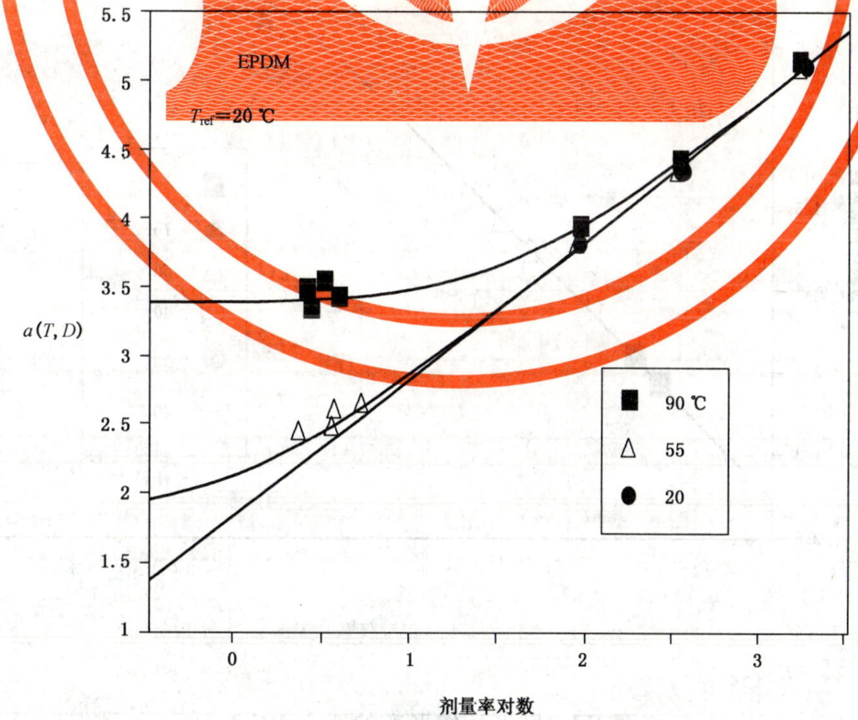

图 15 EPDM 弹性体试验数据的叠加模型

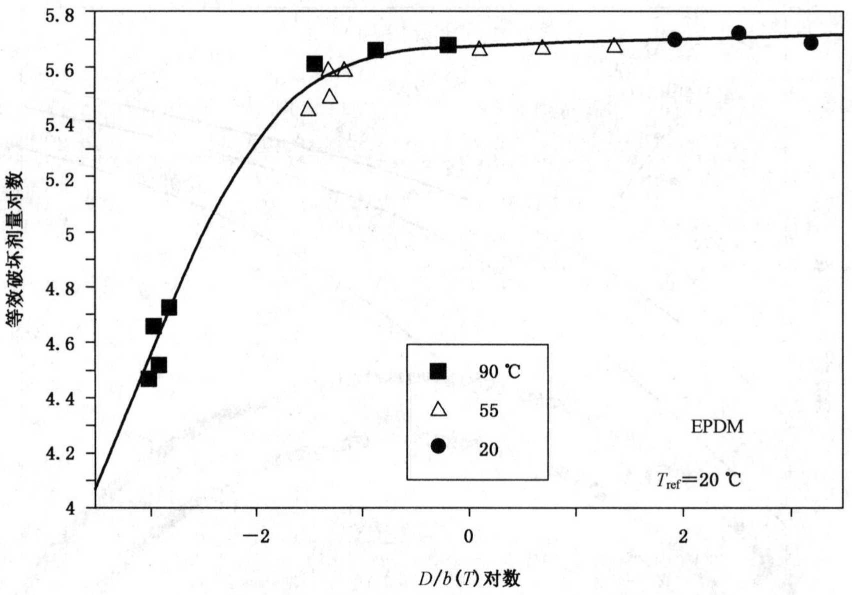

图 16 50%压缩形变的拟合等效破坏剂量

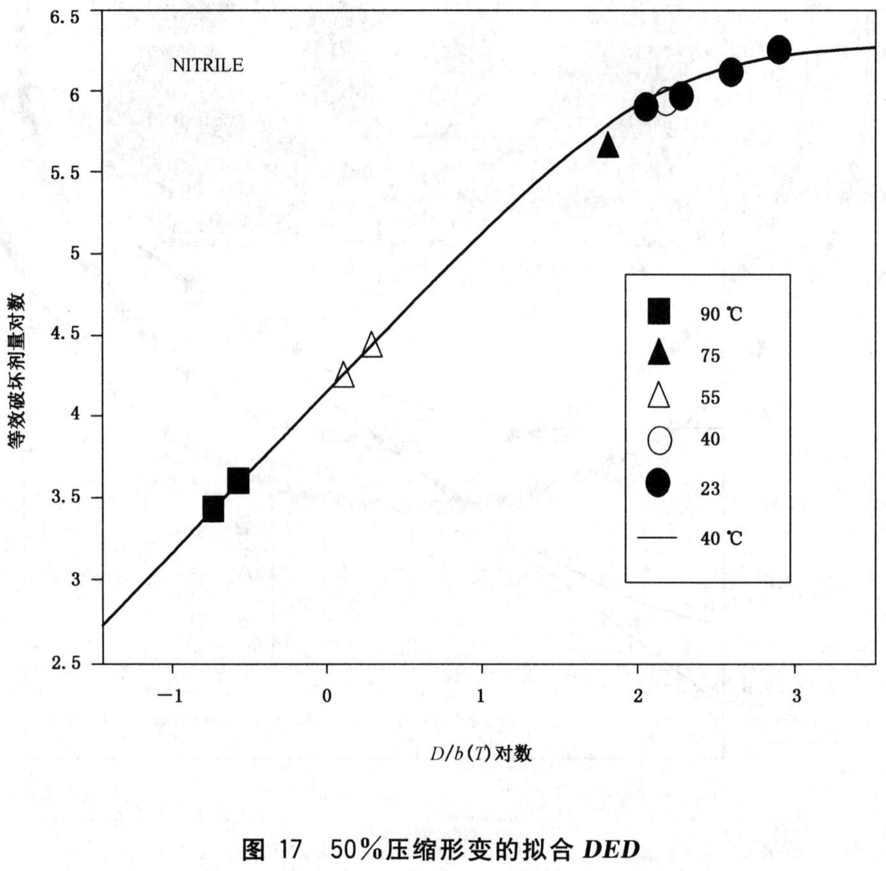

图 17 50%压缩形变的拟合 ***DED***

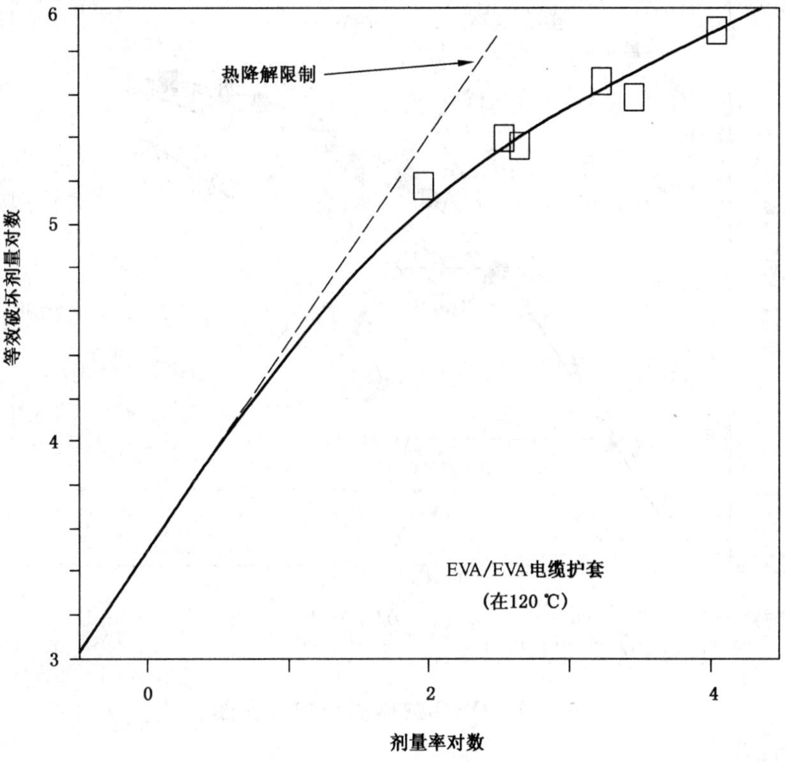

图 18　e/e_0 为 0.5 的拟合等效破坏剂量

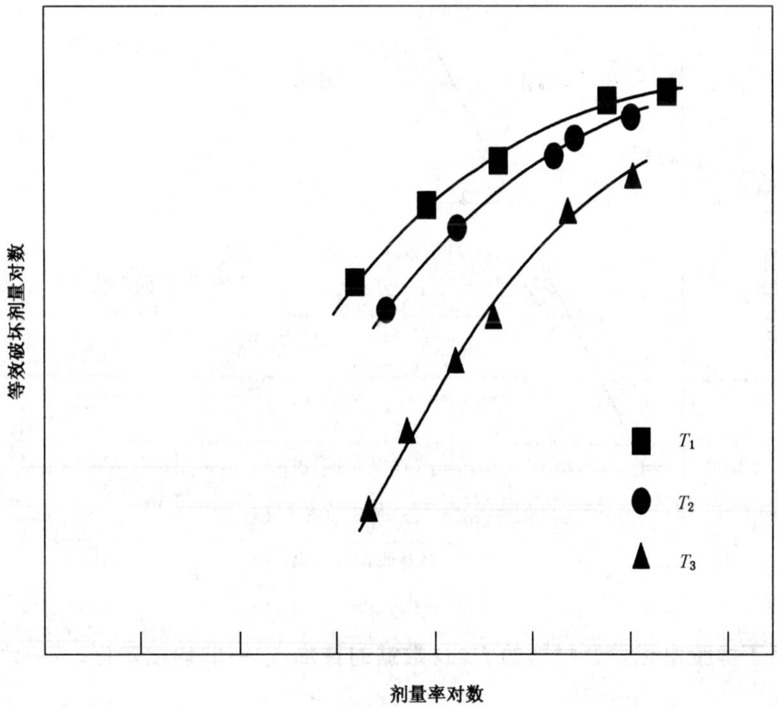

图 19　热-辐射老化的等效破坏剂量

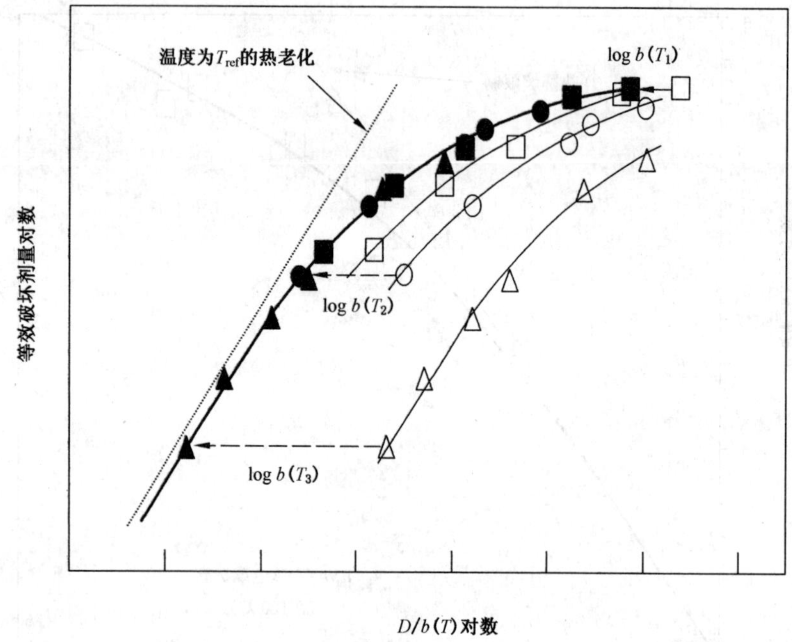

图 20 ***DED*** 数据的叠加示意图

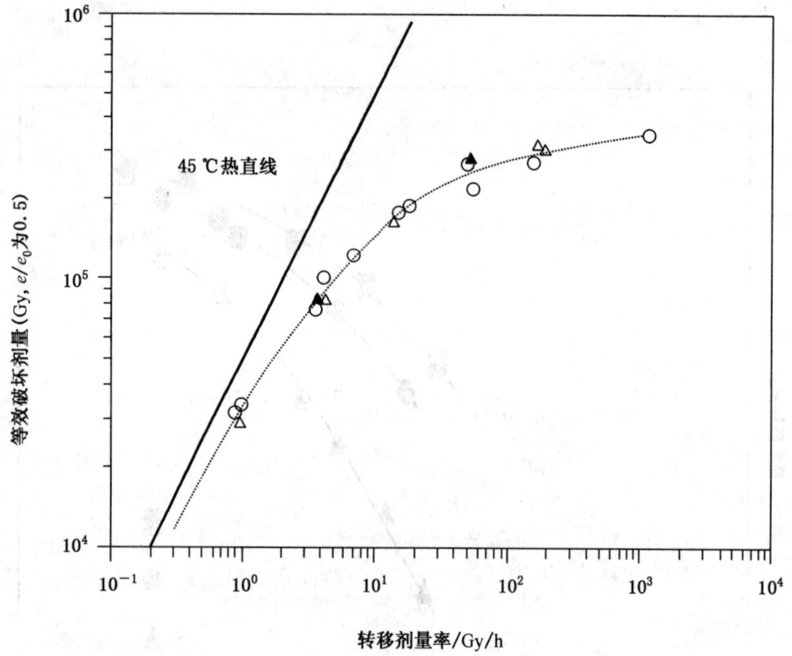

图 21 氯丁橡胶电缆护套材料的 ***DED*** 数据的叠加(○—非均相氧化,△—均相氧化)

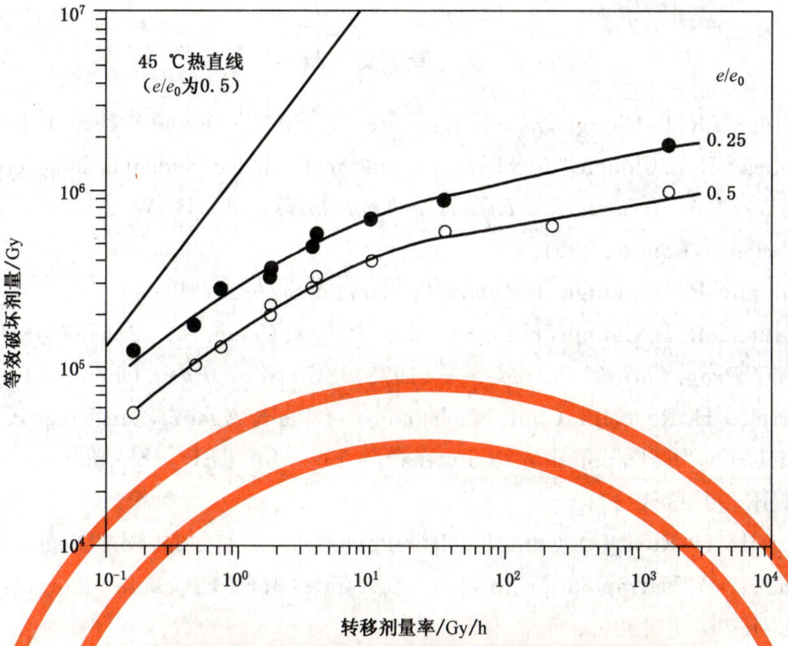

图 22 Hypalon 电缆护套材料-均相氧化的 *DED* 数据的叠加

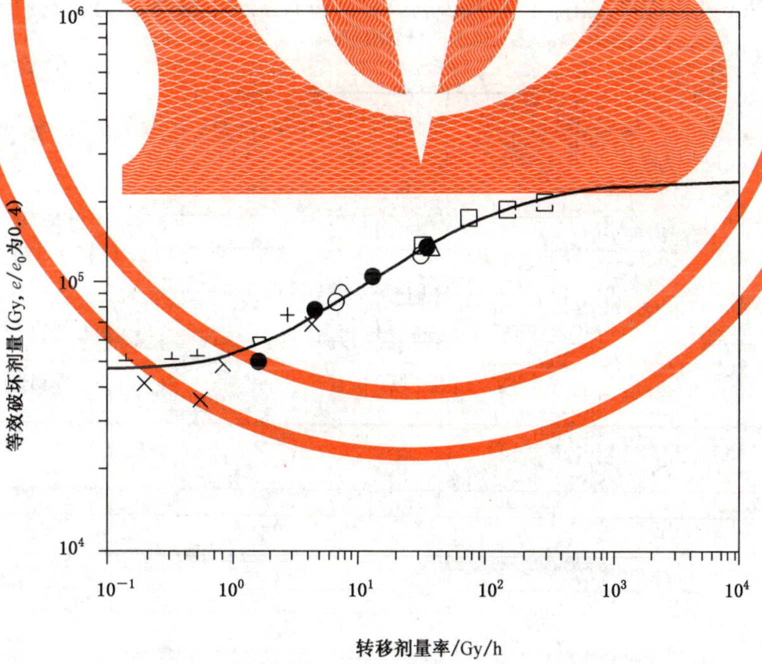

图 23 显示Ⅲ类特性的 PVC-均相氧化的 *DED* 数据的叠加

参 考 文 献

[1] K. T. Gillen&R. L. Clough, Sandia Labs Report SAND90-2009(Nov. 1990).

[2] K. T. Gillen&R. L. Clough, "Accelerated ageing methods for predicting long term mechanical performance of polymers", in *lrradiation Effects on polymers*, eds. D. W. Clegg and A. A. Collyer, Elsevier Applied Science, London 1991.

[3] K. T. Gillen&R. L. Clough, *Polymer Degrad. &Stab.* 24(1989)137.

[4] K. T. Gillen&R. L. Clough, *J. Polym. S*,. , *Polym. Chem.* Ed. ,23(1985)2683.

[5] H. Wilski, *Prog. Colloid Polym. Sci.* (1975)58 77, *Rad. Phys.* Chem. 29(1987)1-14.

[6] W. Morrell&H. Rost, Int. Conf. Nuclear Power Plant Ageing, San Diego, California(1985).

[7] H. Danielsson, "Extrapolation to lower dose rates for LEP cable materials", CERN Intemal Report TIS/CFM/IR/90-03(1990).

[8] W. Morrell&H. Rost, Int. Conf. Nuclear Power Plant Ageing, San Diego, California(1985).

[9] H. Danielsson, "Extrapolation to lower dose rates for LEP cable materials", CERN Intemal Report TIS/CFM/IR/90-03(1990).

[10] S. G. Bumay&J. W. Hitchon, in "Influence of radiation on materials properties": 13th int. Syemp. ASTM STP 956(Part Ⅱ), eds. F. A. Garner, C. H. Henager&N. Igata, 1987, p. 609.

[11] S. G. Bumay, ACS Symposium Series No. 475 on "Radiation Effects on Polymers", P. 524-533, eds. R. L. Clough&S. W. Shalaby, American Chemical Society(1991).

[12] S. G. Burnay, unpublished data.

[13] R. L. Clough&K. T. Gillen, *J. Polym. Sci.* , Polym. Chem. Ed. ,19(1981)2041.

ICS 29.035.01
K 15

中华人民共和国国家标准化指导性技术文件

GB/Z 28820.3—2012/IEC/TS 61244-3:2005

聚合物长期辐射老化 第3部分:低压电缆材料在役监测程序

**Long-term radiation ageing in polymers—
Part 3:Procedures for in-service monitoring of low-voltage cable materials**

(IEC/TS 61224-3:2005,IDT)

2012-11-05 发布　　2013-02-01 实施

中华人民共和国国家质量监督检验检疫总局
中国国家标准化管理委员会　发布

前言

GB/Z 28820《聚合物长期辐射老化》由3部分组成：

——第1部分：监控扩散限制的氧化的技术；

——第2部分：预测低剂量率下老化的程序；

——第3部分：低压电缆材料在役监测程序。

本部分为GB/Z 28820的第3部分。

本部分按照GB/T 1.1—2009给出的规则起草。

本部分使用翻译法等同采用IEC/TS 61244-3:2005《聚合物长期辐射老化　第3部分：低压电缆材料在役监测程序》。

本部分由中国电器工业协会提出。

本部分由全国电气绝缘材料与绝缘系统评定标准化技术委员会归口(SAC/TC 301)。

本部分起草单位：上海电缆研究所、机械工业北京电工技术经济研究所、深圳市沃尔核材股份有限公司、深圳市旭生三益科技有限公司、上海核工业研究设计院、上海特缆电工科技有限公司、江苏上上电缆集团有限公司、上海电缆厂有限公司、临海市亚东特种电缆料厂、上海凯波特种电缆料厂有限公司、无锡江南电缆有限公司、常州八益电缆股份有限公司、上海至正道化高分子材料有限公司、上海创新高温线缆厂、浙江万马电缆股份有限公司。

本部分主要起草人：孙建生、刘亚丽、郭丽平、康树峰、卢伟、居学成、顾申杰、孙萍、王松明、王怡瑶、周才辉、段春来、赵文明、周叙元、侯海良、沈彧、唐松柏、刘淑芬、刘凤娟、刘琦焕。

引　言

在辐射环境中,聚合物广泛作为电气绝缘材料使用(例如,控制电缆、仪表电缆和电力电缆)。在上述使用环境下,它们的运行寿命为核电站的整个工作寿命,或许超过40年,而且可能在整个寿命期间或者期末还会在事故条件下运行。尽管已有许多数据评价了聚合物绝缘材料在辐射条件下的性能,但是对于经历长期、低剂量率辐照的电缆性能,尚无确切的评估数据。因此,在核电站运行期间,需要对电缆绝缘材料的降解情况进行在役监测。合适的电缆监测技术是核电站监测方案的基础,它能保证核电站延寿和许可证更新。本部分主要内容是关于辐射环境下电缆性能的监测技术,同样适用于其他聚合物。这些技术同样可以用于聚合物的单一热老化监测。

聚合物长期辐射老化
第3部分:低压电缆材料在役监测程序

1 范围

GB/Z 28820的本部分,总结了目前主要采用的电缆监测技术。这些技术主要针对低压电缆的降解的监测。每种方法的优点和局限及发展状况都会在相关章节中提到。

2 规范性引用文件

下列文件对于本文件的应用是必不可少的。凡是注日期的引用文件,仅注日期的版本适用于本文件。凡是不注日期的引用文件,其最新版本(包括所有的修改单)适用于本文件。

GB/T 26168.4—2010 电气绝缘材料 电离辐射影响的测定 第4部分:运行中老化的评定程序(IEC 60544-5:2003,IDT)

3 缩略语

下列缩略语适用于本文件。

BR 丁基橡胶
CM 状态监测
CSPE 氯磺化聚乙烯
CP 氯丁二烯
DLO 扩散限制氧化
DSC 差示扫描量热仪
EPR 乙丙橡胶
EVA 乙烯醋酸乙烯酯共聚物
IR 红外光谱
OIT 氧化诱导期
OITP 氧化诱导温度
NIR 近红外光谱
NMR 核磁共振
PE 聚乙烯
PVC 聚氯乙烯
PEEK 聚醚醚酮
SBR 丁苯橡胶
TGA 热重分析
XLPE 交联聚乙烯
XLPO 交联聚烯烃

4 对监测技术的要求

理想的电缆监测技术需要满足很多要求。现实中，还没有一种技术能够满足全部要求，因此需要用到多种技术。在每一种情况中，要充分运用这些技术都需要基准数据（例如，同样配方同一生产厂的未老化材料）。

理想的监控技术应具有下列属性：

——非侵入性，给电缆造成的干扰最小；

——在正常运行时能够使用；

——不需要设备断电；

——和可识别的降解判据有关联；

——适用的电缆材料和结构范围广泛；

——使用的地点易找；

——能够测量热点处的降解；

——能重现且能对环境条件进行补偿（温度、湿度）；

——比周期性电缆置换费用低廉；

——有参考数据库。

5 可用的技术

5.1 概述

可用于电缆监测的技术有多种。其中一些已经在核电站中应用，另外一些还只处于试验室评估阶段。GB/T 26168.4—2010 已经描述了那些有广泛使用经验的方法。分别是：

——压痕模量计；

——氧化诱导期（OIT）和氧化诱导温度（OITP）；

——热重分析（TGA）；

——密度测量；

——电缆留样。

同一类型的监测方法还可以组合起来应用，如：

a） 现场测量，无需取样

——压痕模量；

——声速；

——近红外反射；

——扭矩试验。

b） 现场测量，微量取样

——模量绘图；

——核磁共振松弛；

——红外光谱；

——氧化诱导期（OIT）和氧化诱导温度（OITP）；

——热重分析（TGA）；

——密度测量；

——溶剂吸收量和凝胶含量。

以下将就这些方法展开详细描述。

5.2 无需取样的现场测量方法

5.2.1 概述

“现场”表示该方法仅能给出被测试点的信息，有可能会遗漏局部的降解区域。这些方法只能在人力可到达的区域内使用，并且除了在电缆终端绝缘暴露处测试绝缘材料外，仅能用于测试电缆护套材料。由于断裂伸长率的变化能表征降解，只有当这些技术的测试结果与材料的断裂伸长率的变化交叉相关时，这些方法才可以用于预测。这种类型的试验会给出电缆状态的直接的现场数据。由于电缆护套比绝缘材料更易降解(通常如此)，采用这种方法就能提早获得电缆故障的警告。熟练人员现场用手工进行弯曲试验就能对电缆状态得出定性的信息。

5.2.2 压痕模量

压痕模量仪能够测量和聚合物压缩模量相关的参数。将已知形状的探针压入聚合物表面，就能测量载荷和位移。具体参见 GB/T 26168.4—2010。

5.2.3 声速

这项技术还处于发展中，现阶段(2005 年)还只在 PVC 电缆上进行过测试[1-3]。按式 1 计算声速，式中固体媒介中的声音速度与其密度和弹性模量相关。

$$C^2 = \frac{E}{\rho} \qquad \cdots\cdots(1)$$

式中：

C ——声音的速度；

E ——弹性模量；

ρ ——聚合物密度。

在电缆材料的老化过程中，模量和密度都会变化。因此，老化过程中声音速度也会发生变化。

测试仪采用压电传感器传送和接收图 1 所示一系列脉冲信号。信号通过时间可以用传感器间距(最大至几厘米)的函数来表示，获得的函数的斜率就是速度。已经在 20 kHz 下测量了一系列 PVC 护套电缆以及从这些电缆上剥下带状的护套材料的声音速度。将从护套材料带状试样上获得的数据与完整电缆上获得的数据进行对比，发现这种技术还受电缆形状尺寸、相邻的屏蔽和绝缘组件的影响。随着 PVC 配方的不同，在此频率下的声音速度变化很大，因此，如果要将这项技术运用于实际，就需要获得核电站中每一种电缆的基准数据[1]。还有人使用 1 MHz 脉冲进行测试[2,3]，结果发现，声音速度仅与 PVC 护套材料的降解有关，而与电缆形状和配方无关(见图 2)。

局限

声音速度测定仪只能检测传感器探针间的少量护套材料的性能。测量结果受电缆结构和护套材料具体配方影响很大。因此，还需要大量的基准数据。此项技术还在发展中，而且仅对 PVC 护套材料做了测试。目前已经开发出来便携式的测试仪样机，但尚未投入现场使用。对老化降解的高敏感度说明本技术也许值得继续开发。

5.2.4 近红外反射

聚合物老化期间红外光谱会发生变化，主要是羰基(C＝O)、羟基(O—H)和羧基(COOH)这些官能团。这些官能团可以在透射的红外光谱上见到，在现场使用的是便携式的附有光学探头的近红外反射(NIR)。NIR 也可以用来确定电缆材料及其化合物[4]。

用在 PVC 护套电缆上的近红外波长是 1 300 nm～2 100 nm(7 692 cm^{-1}～4 762 cm^{-1})[1]，测量时用一个光纤探头压在护套上。光通路长度的微小变化导致的基线偏移可以在吸收光谱上看到。微小的基线偏移可以通过对吸收光谱(见图 3)进行一阶求导消除,因为吸收光谱的一阶导数就是吸收光谱在每一波长上的斜率。红外光谱的很多区域都和 PVC 材料的断裂伸长率的变化有很好的相关性,例如,图 4 的光谱中 1 640 nm～1 650 nm(6 098 cm^{-1}～6 060 cm^{-1})的变化就是 PVC 的热老化。这种使用光纤为反射测量探头的技术正处于早期发展阶段。

局限

近红外反射光谱(NIR)只能检测到电缆材料很浅的表面。表面的情况可能不能反映材料本体的降解情况。和本类型的其他技术手段一样,近红外反射光谱获得的数据仅限于和探头直接接触的表面。在解释数据时必须留意到一些聚合物中的稳定剂也会在相同的波长出峰。这项技术对电缆的尺寸或结构不敏感,但是每种材料都需要校准曲线。NIR 技术不适用于炭黑填充的材料。

5.2.5 扭矩模量

电缆护套材料的降解还可以采用扭矩-应力回应方法测量[5]。用一对夹头夹住电缆外层,在其中一个夹头上施加一个小角度扭矩,角度为 5°～10°,频率最大为 2 Hz。装置示意图见图 5a)、图 5b)和图 5c)分别是扭矩试验仪的桌上型和便携式的原型机。已经将 PVC 电缆性能的初始数据用来优化扭矩实验的测试条件。

在 0 Hz～2 Hz 频率范围内,扭转频率对扭矩值的影响很小,对于 PVC 材料来说最佳试验频率是 0.8 Hz。在转角为 10°及以下时,无论是刚出厂的还是已经老化的电缆,扭矩值随着扭转角线性上升。在转角更高的情况下,电缆中其他组件会对结果产生重大影响。作为非破坏性试验,推荐试验中的最大转角为 10°。关于两夹头之间电缆长度的影响,也进行了研究。在较短的电缆上测试结果受绝缘、导体或其他护层影响很大,随着电缆长度增加,扭矩-应力回应的灵敏度会降低。PVC 电缆最佳试验长度为 50 mm。

不管是在热老化的材料上还是在连续经受辐射和热化学老化的电缆上,用原型试验仪测得的扭矩值和断裂伸长率都有很强的联系(见图 6 和图 7)。在相当大的伸长率范围内,伸长率和扭矩都存在线性关系。只有在加速试验的非均匀氧化作用下才能观察到线性关系的偏离(见图 8)。扭矩试验反映的是护套材料的综合性质,然而断裂伸长率却是由材料氧化程度更高的表面上的裂纹所决定。在核电站中的大多数电缆上发生的是均匀氧化。

已经成功开发出在运行电缆上使用的便携式扭矩试验仪(见图 5c))。这使得在现场电缆上无损获取数据变得可能。

局限

和所有的现场测试技术一样,这种测试方法也仅能用于人力可到达的区域。由于扭矩试验受电缆结构和尺寸的影响巨大,所以在实际运用中需要很多类型电缆的基准数据。如果现场环境条件会导致非均匀氧化,采用这种技术就会低估电缆护套材料的降解程度。虽然对电缆进行操作时存在轻微影响,但是这种技术仍可认为是无损检测。

5.3 微量取样的现场试验

5.3.1 概述

这些方法也局限于人力可到达的区域,并且所提供的信息也主要是护套材料的。只有终端部位的绝缘才能检测。当这些技术的测试结果与断裂伸长率基准数据的变化交叉相关时,这些方法可以用于预测。所有这些技术在实验室中都需要备有相当复杂的设备。

尽管其中有些方法的现场试验已经积累了经验,有些国家还是拒绝取样试验。下文大致描述了这些方法。具体内容参见引用文件。

5.3.2 模量绘图法

模量绘图法是最近15年内发展起来的，它是将反向拉伸柔量(与拉伸模量紧密相关)以分辨率50 μm定量画图[6,7]。这样的分辨率意味着可以在小片电缆护套或绝缘材料的试样上进行测试。这项技术是基于商用热机械分析仪进行多处简单的改造而成。它分为两个步骤，先将一个抛物面形状的不锈钢尖端插入试样打磨过的横断面，形成一个凹口，然后在凹口处使用一个线性可变差动传感器进行压痕定量监测。与探头的几何形状和加载情况有关的压痕导致"模量"值的典型偏差在±5%左右。

由于这项技术对模量的变化很敏感，它能检测的材料类型和压痕模量仪一致。图9和图10说明了在加速热老化研究中伸长率结果和模量测试的典型关系。图9是氯磺化聚乙烯(CSPE)护套料薄试样(0.4 mm厚度)在5个老化温度下的实验结果关系，图10是一种氯丁胶(CP)护套料在3个加速老化温度下的结果。图11是一种CSPE护套料在4种辐照温度组合下老化的结果。所有这三个例子说明伸长率结果和模量测试的确有关系。并且这种关系与老化条件无关。

这种结果是让人鼓舞的，因为它暗示了在实际的核电站中较低温度和剂量率下依然可能存在这样的关系。此外，它清楚表明在模量值到达25 MPa～35 MPa时断裂伸长率为50%(一个常用的"终点"判据)。对一种CP护套料和七种CSPE护套料进行单纯热老化和组合老化后也取得相同的实验结果，即模量值到达35 MPa±15 MPa时，断裂伸长率为50%[8,9]。

因此，当使用模量检测技术时CP和CSPE护套材料"通用的"失效值为35 MPa比较合适。当无法或没有对材料进行热老化时采用这种方法有巨大的优势。

局限

只能在人力可到达的区域取样，所以仅能检测电缆护套或可接触到的电缆终端绝缘材料。为寻找本项技术与伸长率的相互关系，可能需要大量基准数据。

5.3.3 NMR松弛

这种方法通过将试样在合适的溶液中溶胀来提高其核磁共振松弛测试的灵敏度[8,10-12]。测试可以在许多商用NMR机器上进行。试验是可重复的，在15 min～20 min内就可以完成制样、数据收集和数据分析。

对大量的热老化材料的筛选研究表明NMR方法可用于主要的电缆材料。即使是通常因为具有高模量结晶相导致很多CM技术很难适用的XLPO绝缘材料上[12]，也能采用这种技术。NMR松弛技术对材料非晶相内的交联度很灵敏，因此结晶对机械性能的混淆影响就可以消除。

图12和图13分别是一种热老化CP护套料和热老化XLPO绝缘料的NMR测试结果(质子自旋弛豫时间T2)和伸长率测试结果的相互关系。试验通常需要使用10 mg试样。但是，也有结果表明使用0.1 mg的试样也可行[11]，NMR方法被认为是非破坏性的。此外，能够利用如此少量的试样进行检测，说明它能够对不适用其他方法检测的很薄的复合绝缘材料进行测试。

局限

即使采用的试样量很少，取样也只能限于人力可到达的区域内对护套或绝缘材料进行。为了测定在过度降解之前电缆聚合物材料的NMR松弛时间的变化，需要相当大量的基准数据。

5.3.4 红外光谱(IR)

在老化过程中，红外光谱会发生变化，变化主要是在羰基(C=O)、羟基(O—H)和羧基(COOH)这样的官能团上。代替现场测试的方法是从电缆上取样在实验室进行红外光谱试验。试样通常是从材料表面取得的碎屑或小条，但量非常小，不会对电缆运行造成影响。经常使用在1 720 cm^{-1}的羰基峰的变化来确定材料的降解程度[13-15]。

图14是辐射老化的XLPE羰基吸收峰的变化情况，图15是热老化的XLPE羰基吸收峰的变化情

况。这个官能团在氧化降解的早期阶段很灵敏,但是在机械性能发生显著降低的后期阶段并不灵敏。

局限

除非绝缘是暴露在外的,否则只能在电缆护套上取样进行 IR 光谱试验。取样的深度要比现场 IR 反射试验取样的深度更深,但是这也不能说明材料整体的状况。取样只能在人力可到达的区域,并且对降解后期阶段灵敏度不够。这项技术也不适用于炭黑填充聚合物。

5.3.5 氧化诱导期(OIT)和氧化诱导温度(OITP)

氧化诱导试验所用的试样是从电缆组件(例如电缆护套材料)上取得的微量样品,并不影响电缆运行。可以用商用差示扫描量热计(DSC)在恒定温度下测得氧化诱导期(OIT)或者在恒定的升温速率下测得氧化诱导温度(OITP)。这两个试验是互补的,但是由于氧化诱导期难以测定,一般都用 OITP。OIT 随着降解程度的增加而下降。试验的详细情况参见 GB/T 26168.4—2010。

5.3.6 热重分析(TGA)

如氧化诱导试验一样,热重分析使用的试样也是从电缆组件上取得的微量样品,并不影响电缆运行。采用商用标准的热重分析设备,测试在一定升温速率下试样的质量损失。TGA 设备获得的绝对值和试样室内的氧气含量有关,低氧含量的情况下得到初始值比较高。随着辐射降解程度的提高,TGA 温度有降低趋势。试验的详细情况参见 GB/T 26168.4—2010。

5.3.7 密度

聚合物在空气中老化,氧化在降解中起主要作用。氧化过程包括分解和交联,在聚合物分子链中形成氧化产物和气态分解产物。这些化学变化导致很容易就能测出密度的上升。试验的详细情况参见 GB/T 26168.4—2010。

5.3.8 凝胶含量和溶剂吸收量方法

这个方法相对简单易行[8,16-18],需要的试样是从电缆上取下小的材料样品。在用良溶剂煮沸试样之前要对其称重,在溶胀之后再进行称重。然后在真空炉内干燥去除溶剂,完全干燥后再次称量。溶剂吸收量是溶胀的重量减去最后干燥的重量,凝胶含量是最终重量除以初始重量。当交联反应超过分解反应时,凝胶含量上升,反之则凝胶含量下降。交联程度越高溶胀度越低,当分解反应超过交联反应时,溶胀度就上升。由于模量和硬度的变化对交联反应和分解反应都很敏感,对适合压痕模量和模量绘图测试的材料和环境,溶胀度和凝胶含量测量方法也是很好的状态监测技术。对于 PVC 材料和诸如丁基橡胶、CP 和 CSPE 等橡胶材料,选用这种测试方法很合适[8,18]。图 16 就是一个 CP 护套料在三个不同老化温度下的可溶物含量对伸长率作图的结果[8]。本技术也适用于 XLPO 材料,把 XLPE 材料在 130 ℃进行老化(见图 17)和把一种 XLPO 材料在 125 ℃进行老化(见图 18)的结果证明了这一点。要使可溶物含量对老化敏感,难点在于精确称量 50 mg 以下的溶胀试样的重量[8]。另一方面,如果要使用凝胶含量方法,那么为了精确称量初始重量和最终干燥重量,试样重量应为 1 mg 或以下。

局限

取样范围仅限于人力可到达区域,所以主要检测的是护套和终端上暴露的绝缘材料。为了确定电缆材料在降解之前凝胶含量和溶剂吸收量的变化,需要大量的基准数据。

6 总结

本部分总结了很多正在使用以及正在开发的电缆状态监测技术。表 1 中总结了这些方法,说明了它们的限制、现状和设备成本。最先进的技术在 GB/T 26168.4—2010 中已经包括。

目前没有一种技术能够适用于所有电缆材料或电缆结构，但是，很快会研发出更有效的方法满足电缆监测的需要。

表 1 电缆状态监测可用技术总结

技术	测量参数	被测材料	限制[d]	现状(2005)	设备成本	参考文件
现场测量-无需取样[d]						
压痕模量	弹性模量	弹性体，CSPE，热老化的 PVC，聚烯烃	不适用于辐照老化 PVC	a	中	GB/T 26168.4—2010
声音速度	声音速度	热老化的 PVC	受电缆结构和配方影响	c	中	[1-3]
近红外反射	红外反射	热老化的 PVC	表面污物，炭黑填充材料不适用	c	高	[4]
扭矩试验仪	扭矩	PVC	受电缆结构影响	c	中	[5]
现场测量-微量取样[d]						
模量绘图	弹性模量	弹性体，硅树脂，CP，CSPE，EPR		a	中	[6,7]
核磁共振松弛	NMR 松弛时间	弹性体，XLPO，CP，CSPE，EPR		b	中	[8,10-12]
红外光谱	红外吸收	XLPE，PE，SBR，EPR	降解后期不敏感，炭黑填充材料不适用	b	高	[13-15]
氧化诱导期/温度	氧化开始	XLPE，EPR，PEEK，EVA	表面污物，PVC 不推荐	a	中	GB/T 26168.4—2010
热重分析（TGA）	质量损失	辐射老化 PVC	热老化 PVC 不适用	a	中	GB/T 26168.4—2010
密度测量	密度	XLPE，PE，CSPE，EPR，PVC		a	低	GB/T 26168.4—2010
凝胶含量和溶剂吸收量	最后干燥重量、初始重量溶胀重量、最后干燥重量	弹性体，XLPO，CP，CSPE，BR，PVC		a	低（实验室用途）	[8,16-18]

[a] 使用中的技术，具有相当多的经验和数据。

[b] 处于试验室阶段，尚需发展。

[c] 探索中的技术，目前尚无开发或未在使用。

[d] 所有现场实验都仅限于人力可及范围，除了在终端，试验针对的是护套材料。对于取样测试，仅限于电缆表面的性能。

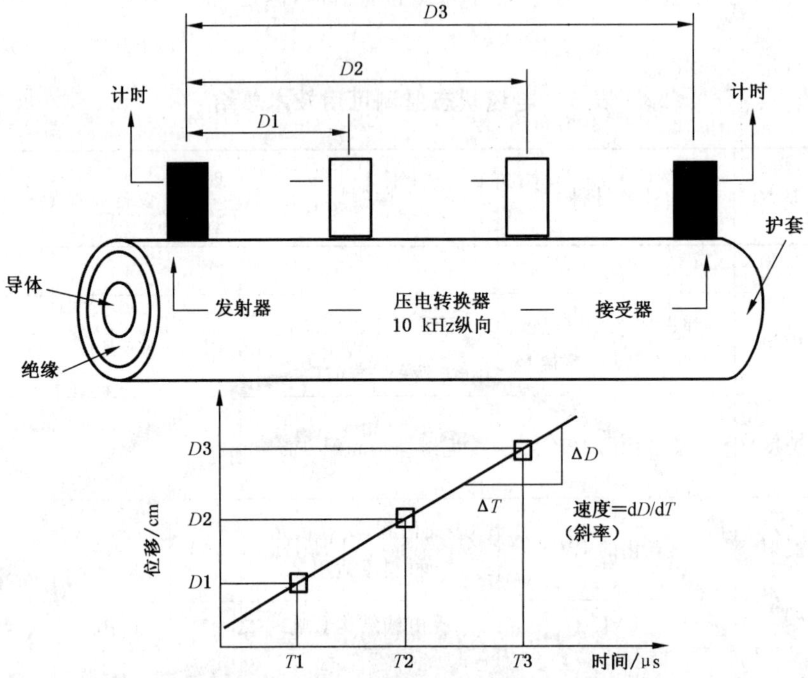

图 1　声波速度计的工作原理示意图[1]

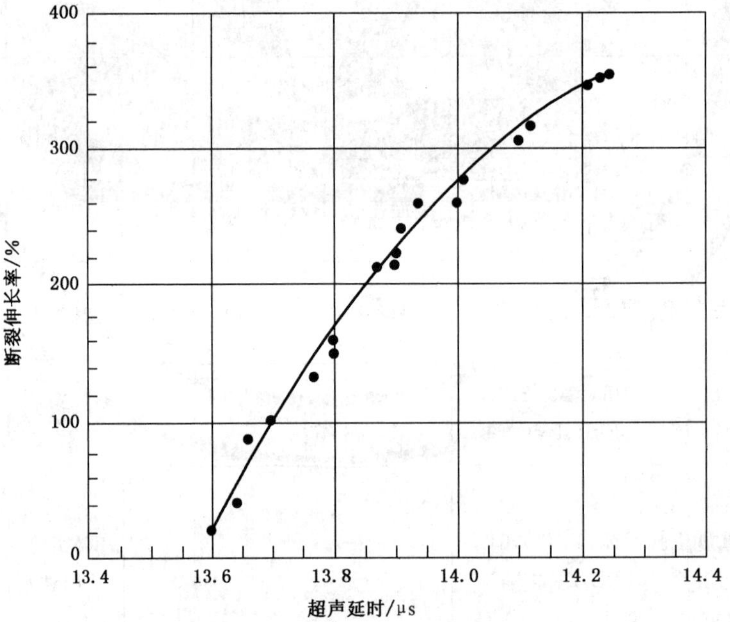

a)　聚氯乙烯护套材料的超声波传播时间和断裂伸长率之间的关系的示例

图 2　声音速度试验结果[3]

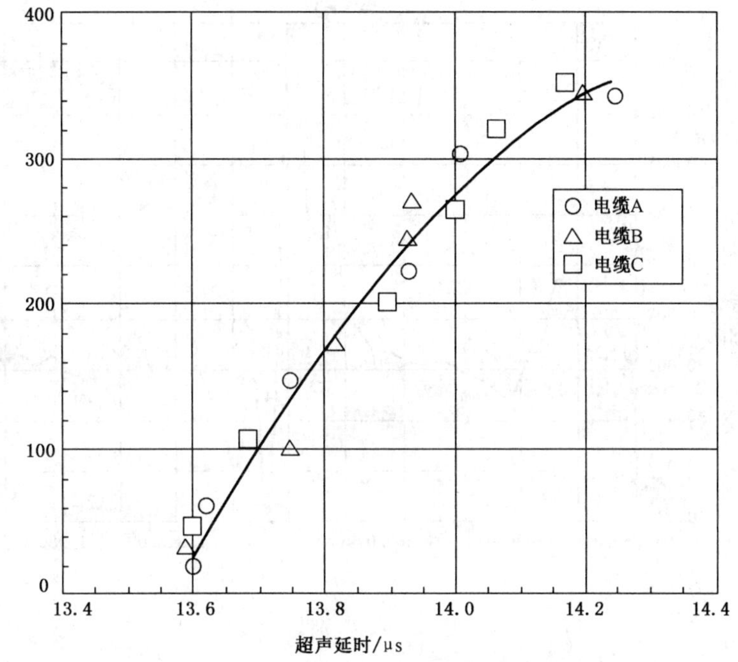

b) 不同厂家生产的各种电缆的叠合曲线之间的比较

图 2（续）

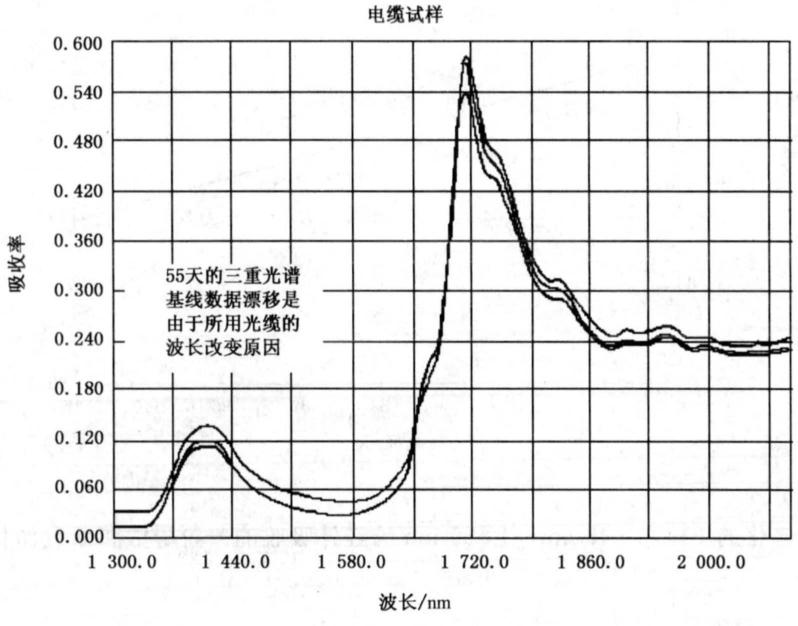

图 3 PVC 材料红外吸收波长的变化和用一阶导数消除基线偏移[1]

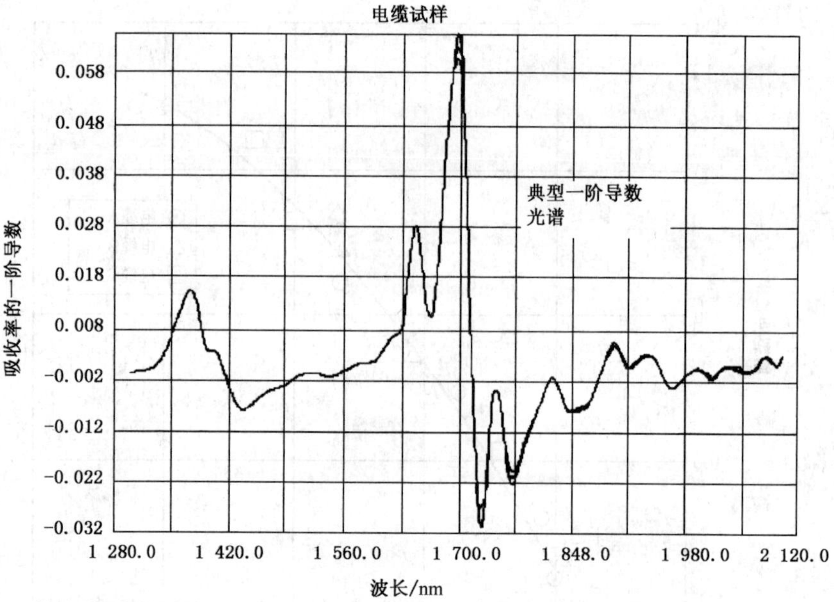

图 3（续）

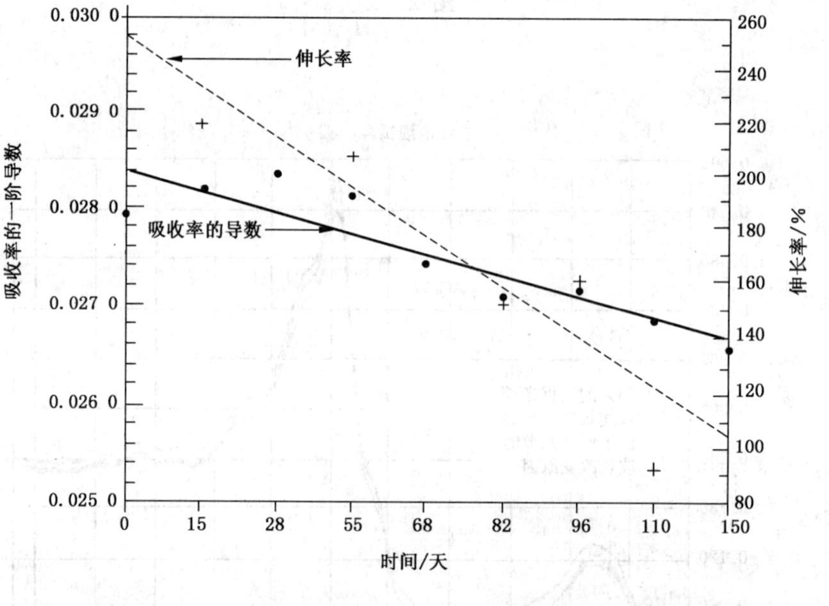

图 4　110 ℃老化的 PVC 1 640 nm～1 650 nm 的红外吸收的一阶导数和断裂伸长率的关系[1]

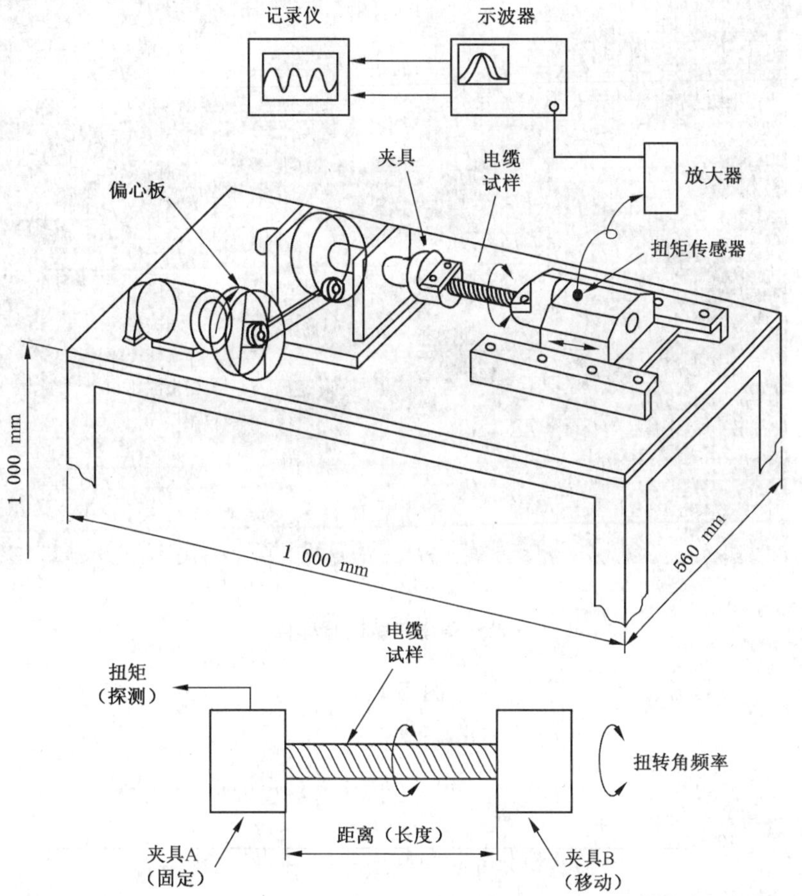

a） 扭矩试验仪示意图[5]

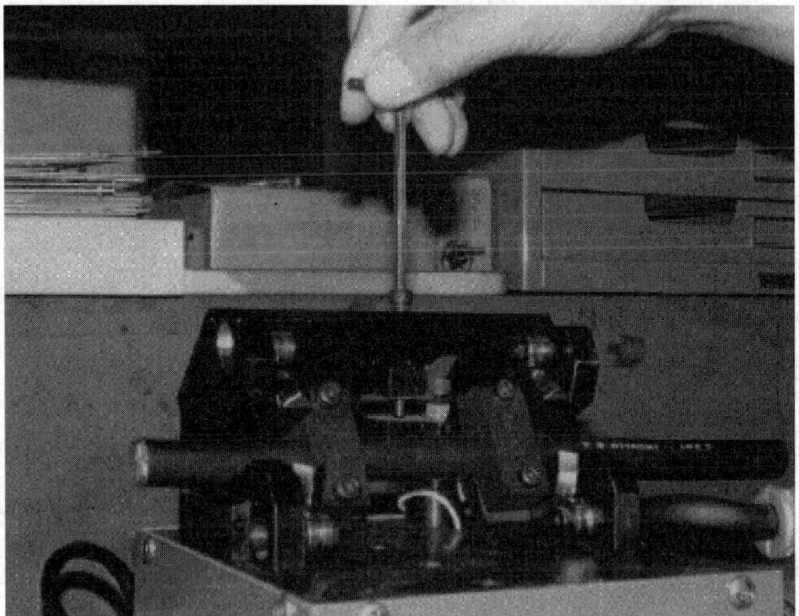

b） 桌面型扭矩试验样机

图 5 扭矩试验仪示意图和照片

c） 便携扭矩试验样机

图 5（续）

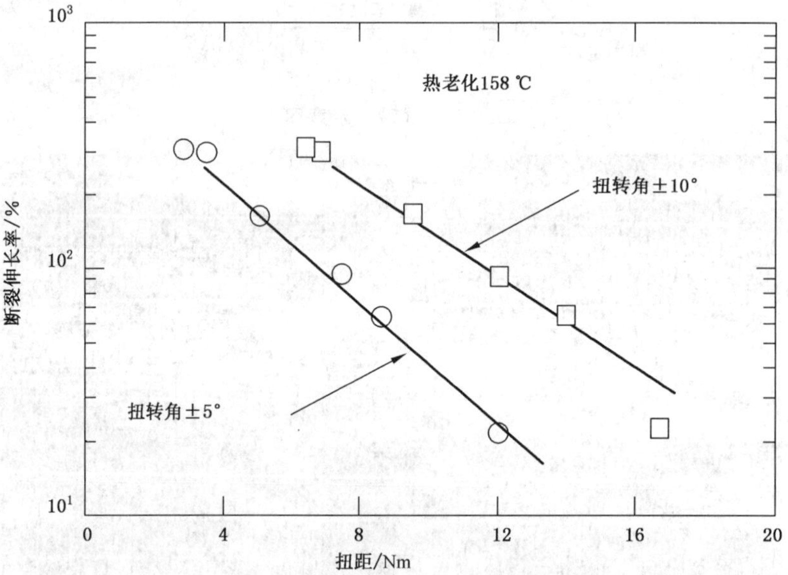

图 6　158 ℃老化的阻燃 PVC 电缆的断裂伸长率对扭矩值作图[5]

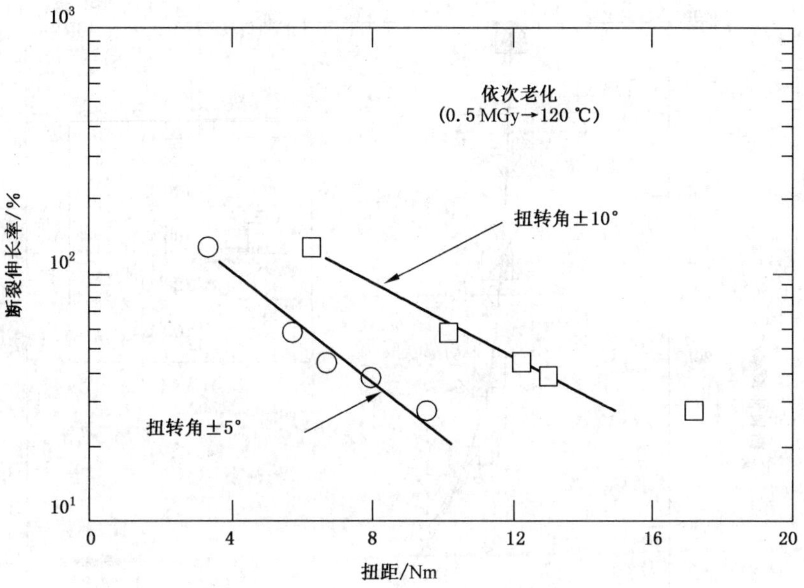

图 7　依次经过 0.5 MGy 辐射老化和 120 ℃热老化的 PVC 电缆的断裂伸长率对扭矩值作图[5]

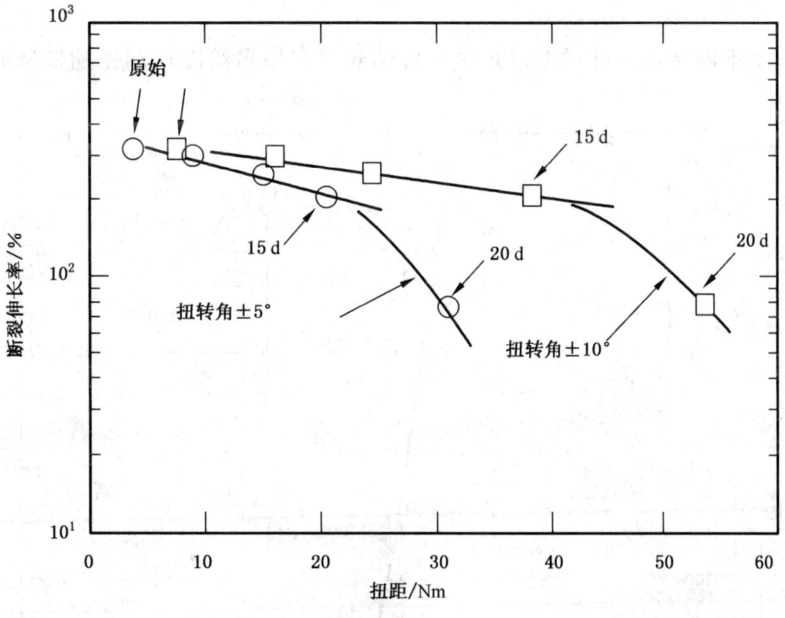

图 8　120 ℃老化的 PVC 电缆的断裂伸长率对扭矩值作图[5]

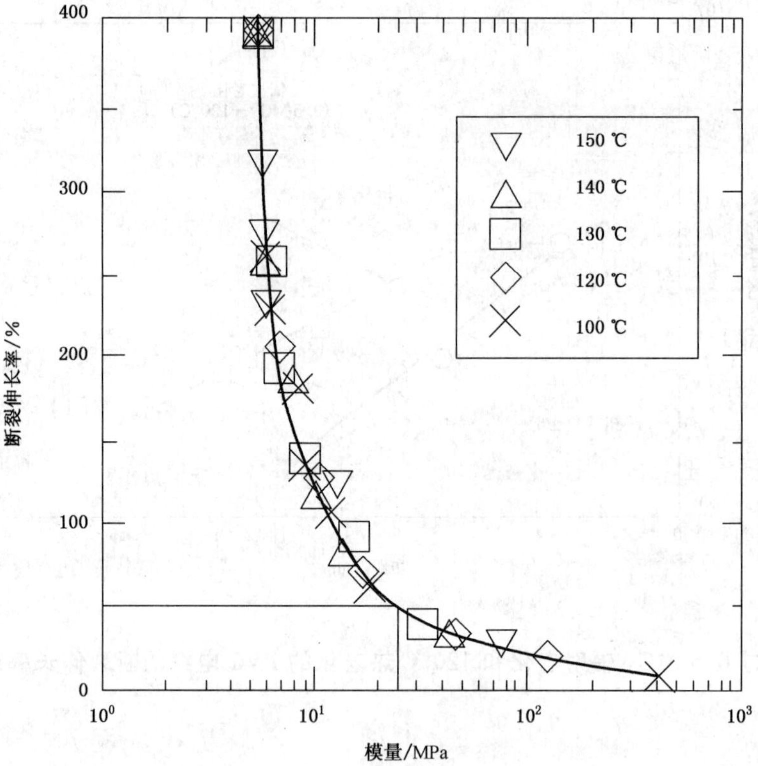

图 9　5 个不同温度老化的 CSPE 护套拉伸长度和模量绘图仪测得的模量的关系[6]

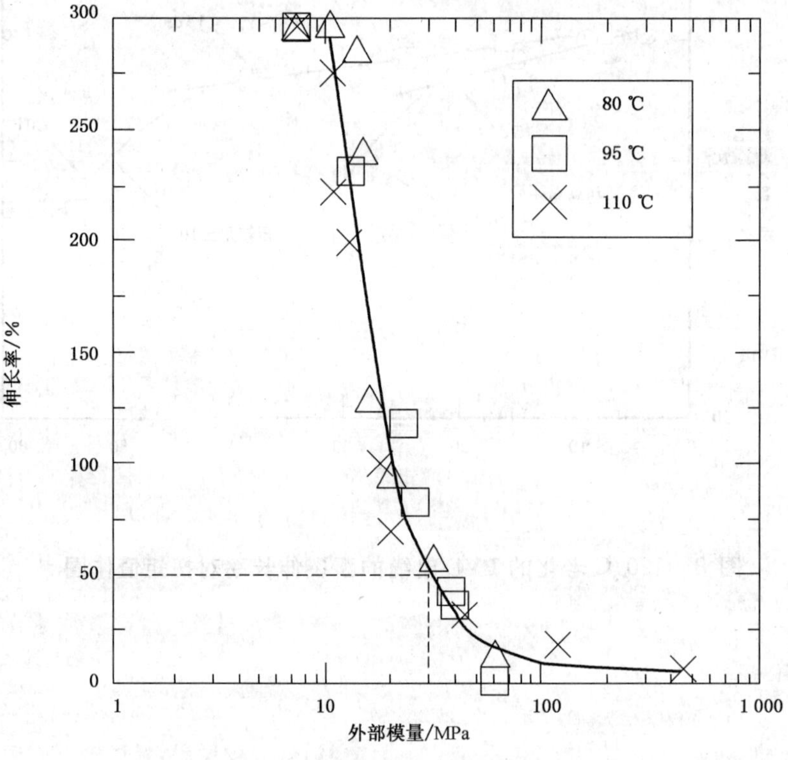

图 10　3 个不同温度老化的 CP 护套拉伸长度和模量绘图仪测得的模量关系[8]

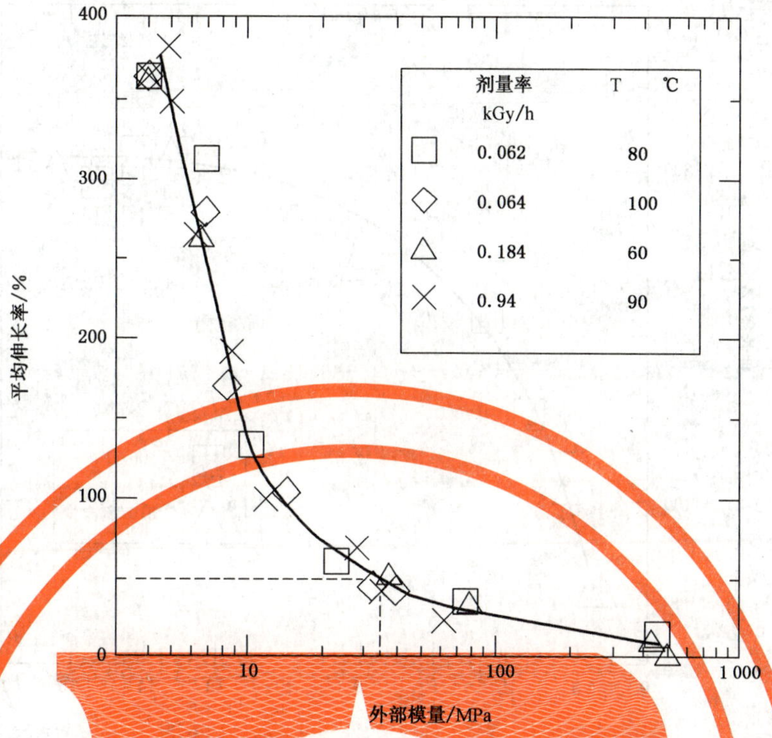

图 11　4 种不同组合环境老化的 CSPE 护套平均拉伸长度和模量绘图仪测得的模量关系[9]

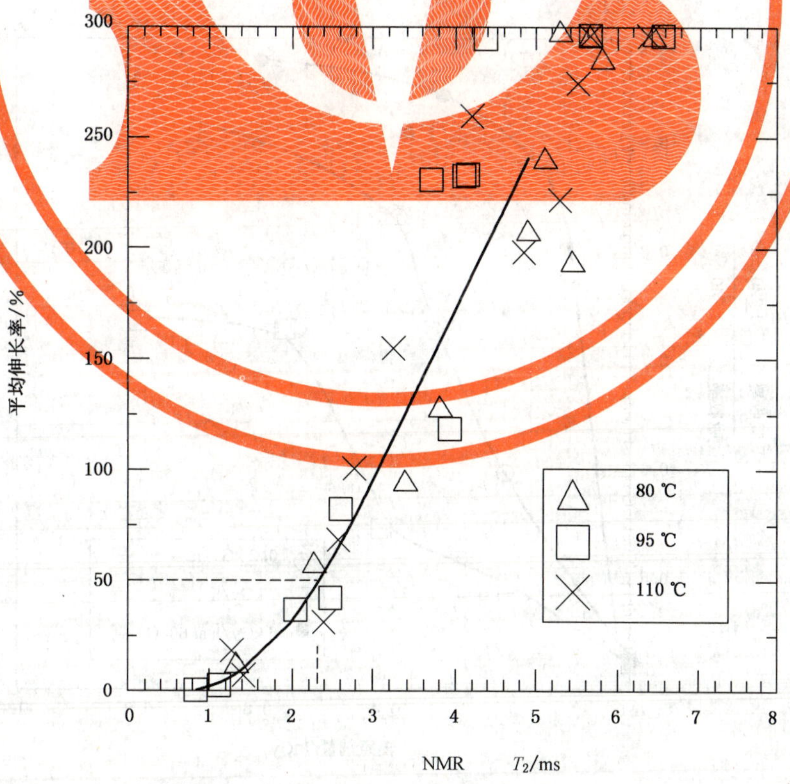

图 12　3 个不同温度老化的 CP 护套拉伸长度和 NMR 松弛时间关系[8]

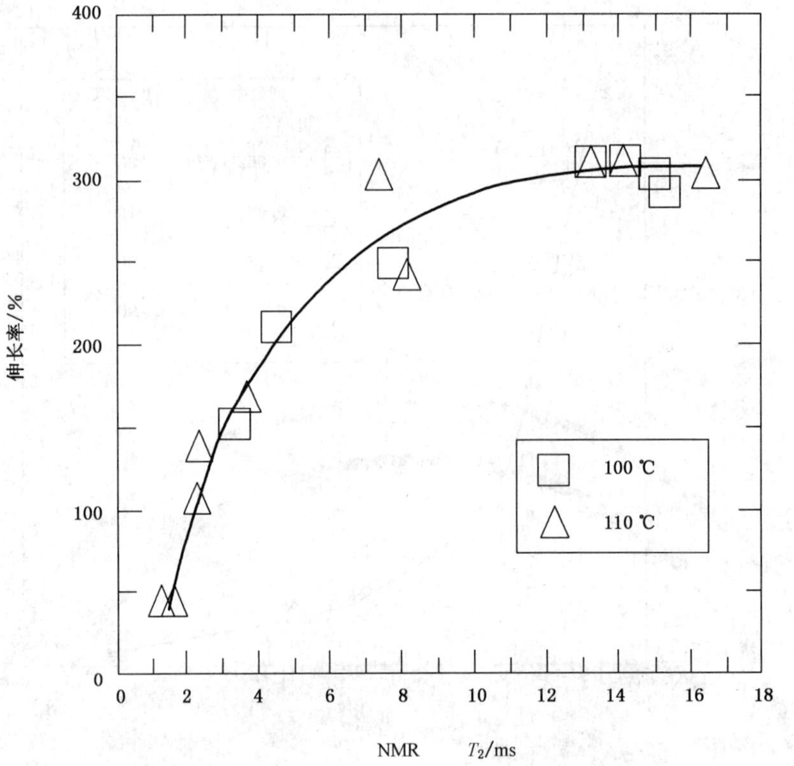

图 13 2 个不同温度老化的 XLPO 绝缘拉伸长度和 NMR 松弛时间的关系[12]

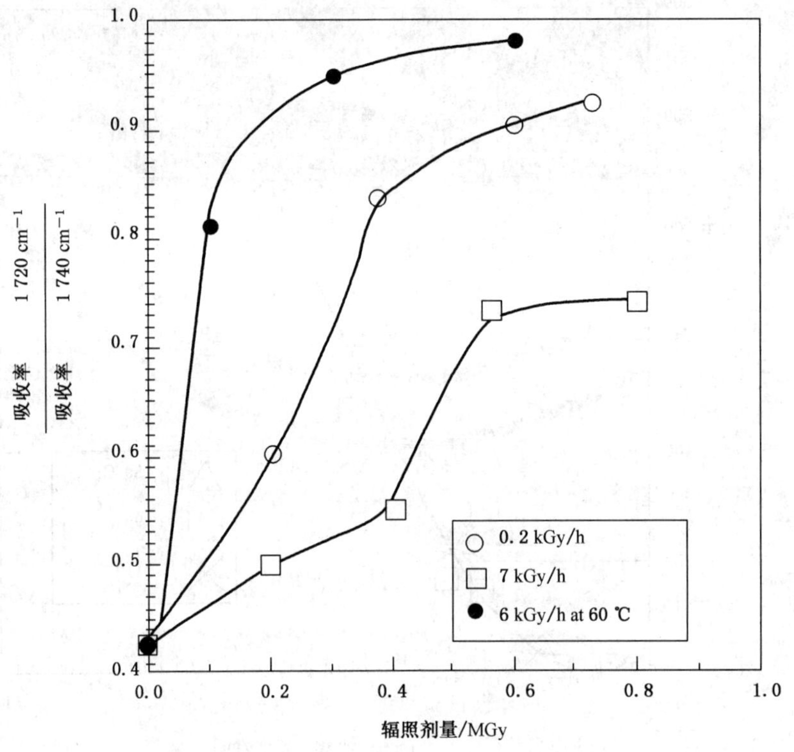

图 14 不同剂量辐射老化的 XLPE 的羰基吸收峰[15]

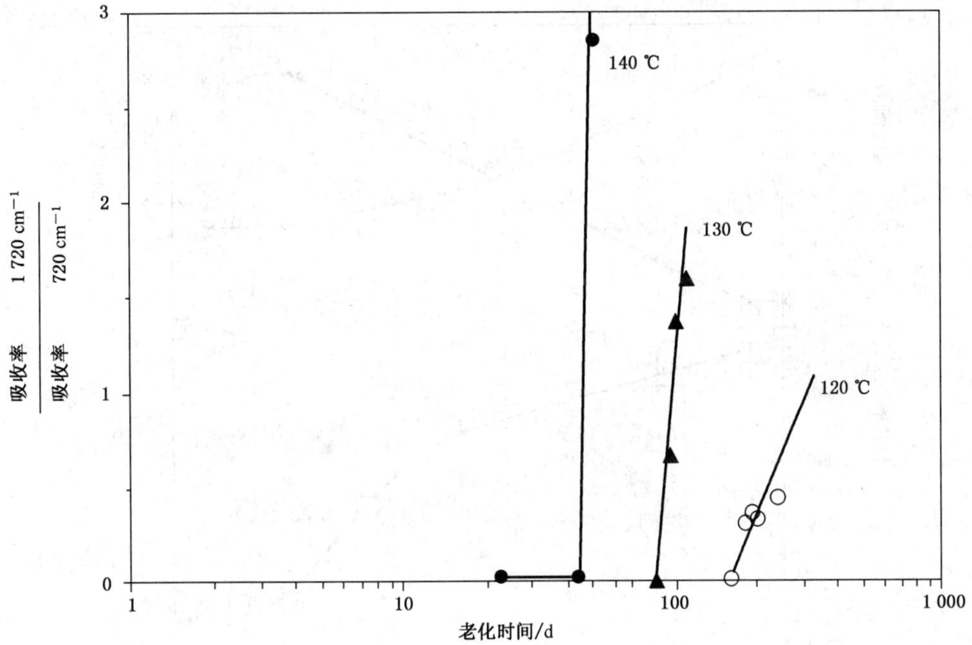

图 15 热老化的 XLPE 的羰基吸收峰[14]

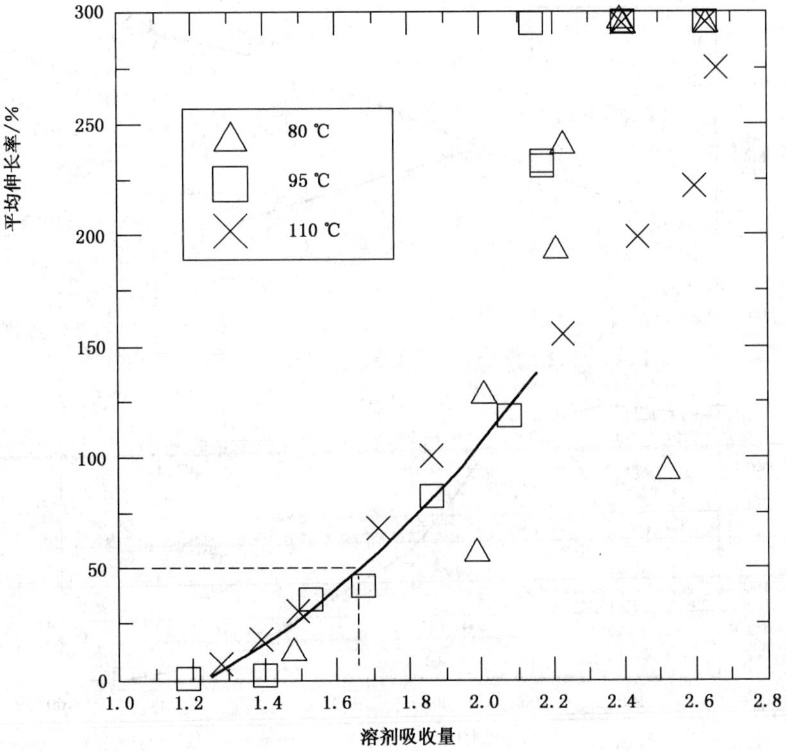

图 16 3 种不同温度老化的 CP 护套拉伸长度和溶剂吸收量的关系[8]

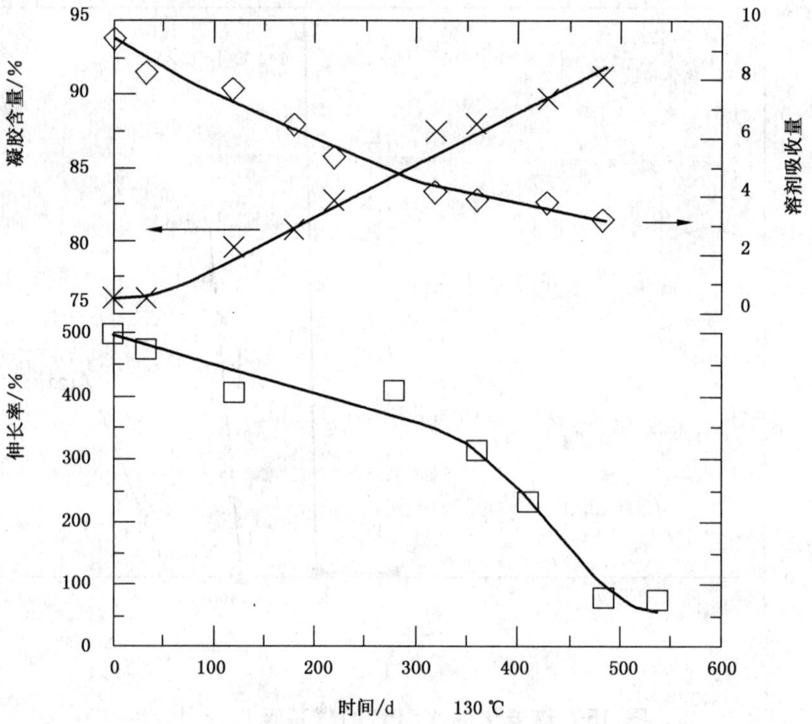

图 17 130 ℃老化的 XLPE 绝缘的伸长率和凝胶含量及溶剂吸收量的试验结果对比[18]

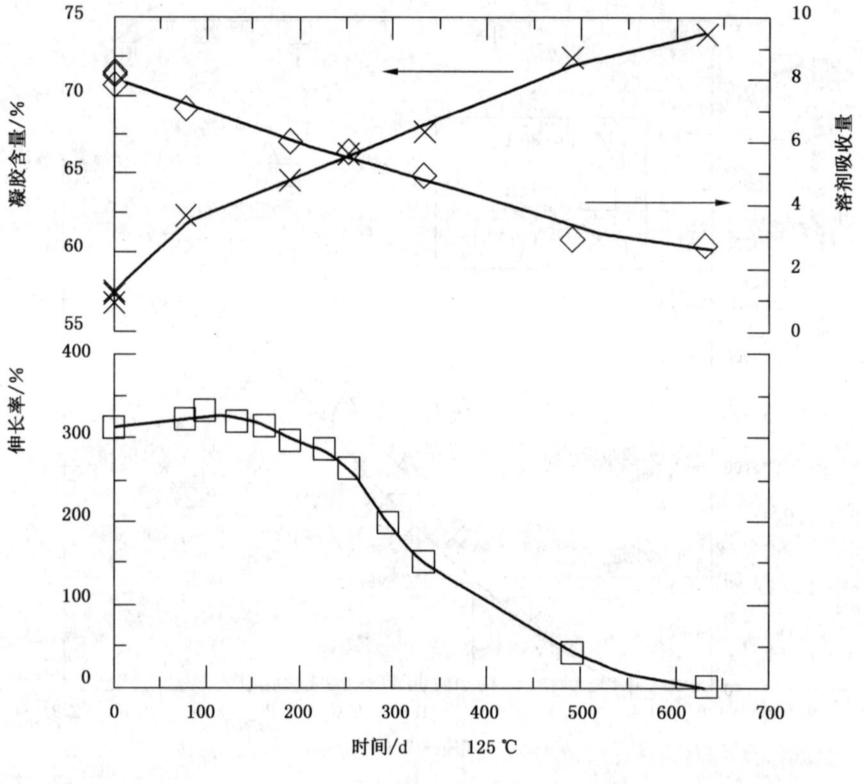

图 18 125 ℃老化的 XLPO 绝缘伸长率和凝胶含量及溶剂吸收量的试验结果对比[18]

参 考 文 献

[1] STONKUS, D. J., LEHOCKEY, E. M., AZIZIAN, H. and ANANDAKUMARAN, K. In situ diagnostic monitoring of power plant cables, Proceedings EPRI workshop on Power plant cable condition monitoring, San Francisco, Feb. 1993.

[2] IKEDA, T., IKEHARA, J., ASHIDA, T. and FUJII, M. The degradation diagnosis of polymeric materials by ultrasonic waves—Part 1: Degrading mechanisms of polymeric materials and the degradation diagnosis of low voltage cables by the ultrasonic method, Mitsubishi Cable Industries Review, Mitsubishi Cable Industries Ltd, No. 94, 43-47 (Nov 1998) (in Japanese, with English summary and figure captions).

[3] IKEDA, T., IKEHARA, J., ASHIDA, T., FUJII, M. and KAWASAKI, K. The degradation diagnosis of polymeric materials by ultrasonic waves—Part 2: Development of the ultrasonic degradation tester 'U-203', Mitsubishi Cable Industries Review, Mitsubishi Cable Industries Ltd, No. 95, 27-32 (Jun 1999) (in Japanese, with English summary and figure captions).

[4] AZIZIAN, H., Cable Material Identification and Cable Ageing Monitoring using Non—Destructive, Non—Invasive Near Infrared Spectroscopy, EPRI Cable Condition Monitoring WG Meeting, July21-23, 1998, Albuquerque, New Mexico, USA.

[5] KUSAMA, Y., YAGI, T., MORITA, Y, KAMIMURA, S. and YAGYU, H. New method for detecting degradation in installed cables in nuclear power plants, NUREG/CP-0119 (1991) Vol. 1 p. 261, Proc. 19th Water Reactor Safety Information meeting, USNRC.

[6] GILLEN, K. T., CLOUGH, R. L. and QUINTANA, C. A. Modulus Profiling of Polymers, Polym. Degrad. Stabil., 17, 31 (1987).

[7] GILLEN, K. T., TERRILL, E. R. and WINTER, R. W. Modulus Mapping of Rubbers Using Micro-and Nano—Indentation Techniques, Rubber Chemistry and Technology—Rubber Reviews. Invited Review, 74, 428 (2001).

[8] GILLEN, K. T., ASSINK, R. A. and BERNSTEIN, R. Condition Monitoring Approaches Applied to a Polychloroprene Cable Jacketing Material, Polym. Degrad. Stabil., 84, 419 (2004).

[9] GILLEN, K. T. and BERNSTEIN, R. Condition Monitoring Approaches Applied to a CSPE Cable Jacketing Material, in preparation.

[10] ASSINK, R. A., CELINA, M. and MINIER, L. M. Condition Monitoring of a Thermally Aged Elastomer by 1H NMR T2 Relaxation Measurements of Solvent Swelled Samples, J. Appl. Polym. Sci., 86, 3636 (2002).

[11] ASSINK, R. A. CELINA, M. and GILLEN, K. T. Monitoring the Condition of Thermally Aged Polymers by NMR Relaxation Measurements, Polymer News, 28, 102 (2003).

[12] HARRIS, D. J., ASSINK, R. A. and GILLEN, K. T. 1H T2 NMR Monitoring of Crosslinked Polyolefin Ageing, J. Appl. Poly. Sci., 90, 2578 (2003).

[13] ANANDAKUMARAN, K., BRAUN, J. M., MORRA, R. and STONKUS, D. J. Characterisation of aged station cable insulations-comparison of electrical and physical tests, Proceedings EPRI workshop on Power plant cable condition monitoring, San Francisco, Feb. 1993.

[14] ANANDAKUMARAN, K. and STONKUS, D. J. Assessment of oxidative thermal degradation of crosslinked PE and EPR cable insulation, Polymer Eng. Sci. 32, p. 1386-1393 (1992).

[15] ANANDAKUMARAN, K. and STONKUS, D. J. Accessing radiation induced degradation

at low and high dose rates, IAEA Advisory Group Meeting on Stabilisation of polymers and organic materials in radiation field, College Park, Maryland, 1991.

[16] CELINA, M., GILLEN, K. T., WISE, J. and CLOUGH, R. L. Anomalous Ageing Phenomena in a Crosslinked Polyolefin Cable Insulation, Radiat. Phys. Chem., 48, 613 (1996).

[17] CELINA, M., GILLEN, K. T. and CLOUGH, R. L. Inverse Temperature and Annealing Phenomena During Degradation of Crosslinked Polyolefins, Polym. Degrad. Stabil., 61, 231 (1998).

[18] ANANDAKUMARAN, K. et al., Improved Conventional Testing of Power Plant Cables, EPRI TR-105581, September, 1995.

[19] IEC 60505:2004, Evaluation and qualification of electrical insulation systems.

[20] IEC 60544-1:1994, Electrical insulating materials—Determination of the effects of ionizing radiation—Part 1: Radiation interaction and dosimetry.

[21] IEC 60544-2:1991, Guide for determining the effects of ionization radiation on insulating materials—Part 2: Procedures for irradiation and test.

[22] IEC 60544-4:2003, Electrical insulating materials—Determination of the effect of ionizing radiation—Part 4: Classification system for service in radiation environments.

[23] IEC 61244-1:1993, Determination of long-term radiation ageing in polymers—Part 1: Techniques for monitoring diffusion-limited oxidation.

[24] IEC 61244-2:1996, Determination of long-term radiation ageing in polymers—Part 2: Procedures for predicting ageing at low dose rates.

ICS 35.240.70
L 67

中华人民共和国国家标准

GB/T 28821—2012

关系数据管理系统技术要求

Technical requirements of relational database management system

2012-11-05 发布　　　　2013-02-01 实施

中华人民共和国国家质量监督检验检疫总局
中国国家标准化管理委员会　发布

前　言

本标准按照 GB/T 1.1—2009 给出的规则起草。

请注意本文件的某些内容可能涉及专利。本文件的发布机构不承担识别这些专利的责任。

本标准由全国信息技术标准化技术委员会(SAC/TC 28)提出并归口。

本标准起草单位：中国电子技术标准化研究所、清华大学、武汉达梦数据库有限公司、北京人大金仓信息技术股份有限公司、天津神舟通用数据库技术有限公司。

本标准主要起草人：卫凤林、李莹、高林、王建民、叶晓俊、冯玉才、章涛、冯玉、李海翔、何清法、刘伎。

关系数据管理系统技术要求

1 范围

本标准规定了关系数据库管理系统的功能性、可靠性、易用性、维护性和标准依从性要求。

本标准适用于关系数据库管理系统产品的研制、测试、评估和采购。

2 规范性引用文件

下列文件对于本文件的应用是必不可少的。凡是注日期的引用文件,仅注日期的版本适用于本文件。凡是不注日期的引用文件,其最新版本(包括所有的修改单)适用于本文件。

GB 18030—2005 信息技术 中文编码字符集

GB/T 20273—2006 信息安全技术 数据库管理系统安全技术要求

ISO/IEC 9075 信息技术 数据库语言 SQL(Information technology—Database languages SQL)

数据仓库元模型规范(Common Warehouse Metamodel(CWM)Specification)

JAVA 数据库互联规范(Java DataBase Connectivity,JDBC)

开放数据库互联规范(Open Database Connectivity,ODBC)

对象连接与嵌入数据库规范(Object Linking and Embedding Database,OLE DB)

Olap4j 规范(Olap4j Specification)

用于分析的 XML 规范(XML for Analysis Specification)

XML 查询语言(XQuery:An XML Query Language)

3 术语和定义

下列术语和定义适用于本文件。

3.1

数据库系统 database system

储存、管理、处理和维护数据的软件系统,主要由数据库、数据库管理系统和数据库管理员组成。

3.2

关系数据库 relational database

采用关系数据模型的数据库。

3.3

数据库管理系统 database management system

用于建立、使用和维护数据库的软件。

3.4

联机事务处理 online transaction processing

要求快速响应用户请求的数据库联机操作,对于数据的安全性、完整性要求很高。

3.5

联机分析处理 online analytical processing

对数据仓库中海量数据进行复杂、有效的分析处理,从而实现对决策的支持。

4 缩略语

CWM 数据仓库元模型(Common Warehouse Metamodel)
DBMS 数据库管理系统(Database Management System)
ETL 数据提取、转换和加载(Extraction—Transformation—Loading)
HOLAP 混合联机分析处理(Hybrid Online Analytical Processing)
JDBC JAVA 数据库互联(Java DataBase Connectivity Standard)
MDX 多维表达式(Multidimensional Expressions)
MOLAP 多维联机分析处理(Multidimensional Online Analytical Processing)
ODBC 开放数据库互联(Open Database Connectivity)
OLAP 联机分析处理(Online Analytical Processing)
OLE DB 对象连接与嵌入(Object Linking and Embedding Database)
OLTP 联机事务处理(Online Transaction Processing)
RDB 关系数据库(Relational Database)
RDBMS 关系数据库管理系统(Relational Database Management System)
ROLAP 关系联机分析处理(Relational Online Analytical Processing)
SMP 对称多处理结构(Symmetric Multi—Processing)
SQL 结构化查询语言(Structured Query Language)
XML 可扩展置标语言(Extensible Markup Language)
XMLA 用于分析的 XML(XML for Analysis)

5 符合性

对于关系数据库管理系统是否符合本标准的规定如下：

a) 关系数据库管理系统若满足本标准基本要求中的所有要求，则称其满足本标准的基本要求；
b) 关系数据库管理系统在满足所有基本要求的前提下，若满足某部分扩展要求，则称其满足本标准的基本要求和该部分扩展要求；
c) 关系数据库管理系统若满足本标准基本要求和扩展要求中的所有要求，则称其满足本标准的所有要求。

6 功能性要求

6.1 安装配置

6.1.1 基本要求

6.1.1.1 软件安装

软件安装要求如下：

a) 应提供统一的图形化安装和软件组件管理向导工具；
b) 应提供依据安装环境相应的合理化的数据库管理系统的初始化参数缺省配置值；
c) 应提供数据库管理系统实例运行配置参数图形化维护管理功能。

6.1.1.2 数据库创建与维护

数据库创建与维护要求如下：

a) 应提供独立于软件安装的数据库创建与配置管理图形化工具；

b) 工具应提供创建、修改、删除数据库的功能。

6.1.1.3 数据库存储配置

数据库存储配置要求如下：

a) 应提供数据库数据文件的存储空间管理命令或图形化工具；

b) 应提供数据库日志文件的存储空间管理命令或图形化工具；

c) 应提供数据库归档文件的存储空间管理命令或图形化工具。

6.1.1.4 安装配置日志

安装配置日志要求如下：

a) 应提供软件安装与配置操作的日志记录功能；

b) 安装配置记录信息应完整正确，易于阅读理解。

6.1.2 扩展要求

6.1.2.1 数据库模板

数据库模板要求如下：

a) 应提供缺省的数据库实例和数据库存储的推荐配置参数；

b) 应提供图形界面支持用户依据应用需求自定义相应的数据库模板。

6.1.2.2 选件安装与卸载

选件安装与卸载要求如下：

a) 应提供数据库扩展组件的安装与卸载功能；

b) 应提供扩展组件功能启用/禁用的管理功能；

c) 应提供功能依赖组件分析检查的管理功能。

6.1.2.3 软件智能维护

应提供基于网络的智能升级提醒或远程软件维护功能。

6.2 可扩展性

6.2.1 基本要求

6.2.1.1 平台支持

平台支持要求如下：

a) 应支持多种硬件平台；

b) 应支持多种操作系统运行环境。

6.2.1.2 物理存储

应提供数据库物理读写块大小的配置功能。

6.2.1.3 逻辑存储

逻辑存储要求如下：

a) 应提供数据库存储对象空间使用参数的配置功能；

b) 应提供表默认创建索引数据存储参数管理功能。

6.2.1.4 数据类型

数据类型应支持 ISO/IEC 9075 中规定的基本类型。

6.2.1.5 字符集配置

字符集配置要求如下：

a) 应提供中文和英文字符集的配置功能；

b) 应提供时区设置功能。

6.2.2 扩展要求

6.2.2.1 分布式处理

应提供多数据库的透明连接，实现多数据库分布式事务处理功能。

6.2.2.2 数据类型

应提供用户自定义的数据类型处理功能。

6.2.2.3 物理存储

应提供裸设备的数据存储管理功能。

6.2.2.4 数据模型

数据模型要求如下：

a) 应提供全文数据的有效存储和检索功能；

b) 应提供 XML 数据的有效存储和检索功能。

6.2.2.5 统一身份认证

应提供目录服务器的数据库外部认证和授权管理的开发接口及工具。

6.3 可伸缩性

6.3.1 基本要求

6.3.1.1 存储可伸缩性

存储可伸缩性要求如下：

a) 应提供分区表跨表空间（文件组）表数据、索引数据存储和存储属性设置功能；

b) 应提供表空间（文件组）或表数据存储压缩功能。

6.3.1.2 执行可伸缩性

执行可伸缩性基本要求如下：

a) 应支持集群的运行环境；

b) 应支持对称多处理器(SMP)的运行环境。

6.3.1.3 可用可伸缩性

可用可伸缩性基本要求如下：

a) 应提供高效的在线重组表与索引的结构和数据的功能；

b) 应提供备用数据库快速切换处理功能。

注：可用可伸缩性指保证 DBMS 高效可用的可伸缩解决方法。

6.3.2 扩展要求

6.3.2.1 执行可伸缩性

应提供数据库内部 SQL 并行处理功能。

6.3.2.2 可用可伸缩性

可用可伸缩性扩展要求如下：

a) 应提供数据库、表空间(文件组)、表数据快速迁移的功能；

b) 应提供数据库集群负载均衡的处理功能。

6.3.2.3 管理可伸缩性

应提供执行可伸缩、存储可伸缩、可用可伸缩管理的图形化管理功能。

6.4 大数据量支持

6.4.1 基本要求

6.4.1.1 表容量

表容量要求如下：

a) 应提供跨磁盘数据文件数据存储管理功能；

b) 应提供海量数据存储对象在线重组管理功能。

6.4.1.2 大对象存储管理

应提供千兆(GB)级文本或二进制大对象的存储定义和数据存储管理功能。

6.4.1.3 水平分区表

水平分区表要求如下：

a) 应提供数据库表水平分区管理功能；

b) 应提供多种数据库表水平分区方式，同时提供对不同数据分区设置个性化的存储空间管理功能。

6.4.2 扩展要求

6.4.2.1 垂直分区表

应提供垂直分区表功能，同时可以设置不同分区的存储管理策略。

6.4.2.2 组合分区

应提供水平和垂直组合分区表、分区索引的管理功能。

6.4.2.3 大对象数据存储

应提供大对象数据外部存储管理功能。

6.5 图形化管理

6.5.1 基本要求

6.5.1.1 DBMS参数配置

应提供图形化界面管理DBMS运行参数、服务器资源使用限额、并发连接数限额和可连接的IP地址参数。

6.5.1.2 数据库属性设置

应提供图形化界面配置数据库级别的属性配置参数。

6.5.1.3 多数据库服务器管理

应提供多个数据库服务器图形化集中管理的功能与管理信息库。

6.5.1.4 物理存储配置管理

应提供图形化界面管理数据库数据文件、日志文件、归档文件的物理存储位置和空间大小分配功能。

6.5.1.5 逻辑存储配置管理

应提供图形化界面管理数据库、表空间(文件组)、数据库对象逻辑空间分配功能。

6.5.1.6 数据库运行模式管理

应提供图形化界面管理数据库缓存分配、数据库服务器进程/线程设置和数据库归档的运行模式。

6.5.1.7 模式管理

应提供图形化界面管理模式创建、模式删除和模式对象查看的功能。

6.5.1.8 表对象管理

应提供图形化界面,对表对象进行管理,包括:

a) 创建表,修改表名称、字段名称与类型、添加或删除表字段;
b) 提供有效的表结构与数据重组;
c) 图形化条件选择查询数据并进行编辑修改;
d) 图形化显示表属性及依赖关系;
e) 提供表数据存储空间管理。

6.5.1.9 索引对象管理

应提供图形化界面,对索引对象进行管理,包括:

a) 创建、修改索引信息；

b) 提供多种索引定义类型；

c) 提供索引的存储空间管理；

d) 提供有效的索引数据重组。

6.5.1.10 视图对象管理

应提供图形化界面，对视图对象进行管理，包括：

a) 创建、删除视图；

b) 查看、修改视图；

c) 查看视图数据、支持条件查询；

d) 图形化显示视图属性及依赖关系。

6.5.1.11 约束对象管理

应提供图形化界面，对约束对象进行管理，包括：

a) 主键、外键、非空、检查、唯一、默认值约束定义与修改设置；

b) 约束延时、生效状态控制；

c) 约束启用、禁用控制；

d) 表、字段、视图的数据库对象约束查看、相关性图形化显示。

6.5.1.12 触发器对象管理

触发器对象管理基本要求如下：

a) 应提供图形化界面创建、修改、删除触发器；

b) 应提供触发器的编辑器，支持关键词显式标记的触发器编辑管理功能界面。

6.5.1.13 存储过程/函数管理

存储过程/函数管理基本要求如下：

a) 应提供图形化界面创建、修改、删除存储过程/函数，检查和调试存储过程/函数的功能；

b) 应提供存储过程/函数的编辑器，支持关键词显式标记的存储过程/函数编辑管理功能界面。

6.5.1.14 用户权限管理

用户权限管理基本要求如下：

a) 应提供图形化界面创建、删除用户，修改用户信息；

b) 应提供对用户访问的数据库对象进行授权管理的功能。

6.5.1.15 角色权限管理

应提供图形化界面创建、删除角色，启用、禁止角色，对角色的权限进行授权管理的功能。

6.5.1.16 数据库对象授权管理

应提供模式、表、视图、存储过程/函数、数据库链接对象的授权管理。

6.5.1.17 用户口令策略管理

应提供图形化界面设置用户口令/密码策略。

6.5.1.18 数据库审计

应提供图形化界面,支持审计策略定义、审计数据查看功能。

6.5.1.19 备份管理

应提供图形化界面,对多种数据备份处理方式进行管理。

6.5.1.20 恢复管理

应提供图形化界面,对多种数据还原/恢复处理方式进行管理。

6.5.1.21 数据归档管理

应提供图形化界面,对归档模式、归档文件位置、归档文件命名规则和归档启用/停用进行管理。

6.5.1.22 数据迁移

应提供图形化界面,支持外部数据源数据的导入、导出数据到外部数据源的管理功能。

6.5.1.23 数据库复制

应提供图形化界面,对多种数据复机制与处理方式制进行管理。

6.5.1.24 作业调度管理

应提供图形化界面,对任务调度进行管理。

6.5.1.25 Web 管理页面

应提供基于浏览器的数据库图形化管理工具。

6.5.2 扩展要求

6.5.2.1 同义词

应提供图形化界面创建和删除同义词功能。

6.5.2.2 序列

应提供图形化界面创建和删除序列功能。

6.5.2.3 外部表

应提供图形化界面创建和删除外部表数据存储目录、外部表结构功能。

6.5.2.4 物化视图对象管理

物化视图对象管理要求如下：

a） 应提供图形化界面创建、修改和删除物化视图；

b） 在物化视图定义中应支持数据更新方式、更新周期,包括物化视图数据存储参数的设置。

6.5.2.5 触发器对象管理

触发器对象管理扩展要求如下：

a) 应提供语法提示的触发器编辑管理功能界面；

b) 应提供检查和调试触发器的功能。

6.5.2.6 存储过程/函数管理

应提供语法提示的存储过程/函数编辑管理功能界面。

6.5.2.7 数据库连接管理

数据库连接管理要求如下：

a) 应提供图形化界面创建、编辑、删除数据库连接；

b) 应提供数据库连接对象的授权管理功能。

6.5.2.8 分区表对象管理

应提供图形化界面，对分区功能进行管理，包括：

a) 设置每个分区的存储参数；

b) 按分区进行备份和恢复；

c) 按分区条件重组分区表数据；

d) 按指定分区管理数据。

6.5.2.9 分区索引对象管理

应提供图形化界面创建、修改和删除分区索引，包括分区索引数据存储参数的设置、分区索引数据存储配置。

6.5.2.10 服务器资源管理

应提供图形化界面，支持用户连接、服务器资源分配管理功能。

6.5.2.11 运行监控

应支持多实例集成监控与管理，操作系统和网络资源集成监控与管理。

6.6 面向数据库开发的管理工具

6.6.1 基本要求

6.6.1.1 命令行 SQL 交互式工具

应提供远程向数据库服务器发送 SQL、SQL 执行计划查看和 SQL 执行统计信息查看的功能。

6.6.1.2 图形化 SQL 交互式工具

图形化 SQL 交互式工具应提供以下功能：

a) 导入、编辑、保存、执行 SQL 语句和 SQL 脚本；

b) 编辑、保存、调试和执行存储过程/函数；

c) 快速复制、编辑现有数据库对象；

d) 图形化显示执行计划、执行统计信息。

6.6.1.3 预编译支持工具

预编译支持工具要求如下：

a） 应提供C语言嵌入式SQL编程接口；
b） 应提供预编译工具。

6.6.2 扩展要求

面向数据库开发的管理工具要求如下：
a） 应提供数据库对象概念模型生成、编辑功能；
b） 应提供服务器资源配置向导；
c） 应提供远程数据库服务启动、关闭功能。

6.7 商务智能工具

6.7.1 基本要求

6.7.1.1 ETL组件

ETL组件基本要求如下：
a） 应提供电子表格、文本、关系数据库和XML源数据的可视化展示和抽取功能；
b） 应支持图形化的数据转换的流程编辑界面，提供的数据转换功能应包括列映射、派生列、条件性拆分、排序、联接、聚合、SQL脚本、Java脚本；
c） 应提供图形化的ETL流程自动化调度界面；
d） 应支持脚本自定义数据集成过程的开发接口及运行调度机制。

6.7.1.2 存储管理

存储管理基本要求如下：
a） 应提供海量数据的多种数据仓库存储模式定义；
b） 应提供海量数据的多种数据仓库数据访问方法。

6.7.1.3 OLAP

OLAP基本要求如下：
a） 应提供多维概念模型及其基本对象的图形化定义与管理；
b） 应提供钻取、切片、切块、旋转的多维数据分析操作；
c） 应提供MOLAP/ROLAP/HOLAP的物理存储方式；
d） 应提供满足OLAP功能的业务操作图形化界面。

6.7.1.4 数据挖掘

数据挖掘基本要求如下：
a） 应提供多种数据挖掘模型及基本对象图形化定义与管理功能；
b） 应支持分类算法、回归算法、聚类算法、关联算法、时序算法的多种数据挖掘算法，并且提供用户自定义算法的处理功能；
c） 应提供图形化的数据挖掘模型训练与管理。

6.7.1.5 报表分析

报表分析要求如下：
a） 应提供多种格式、多种方式的商务智能报表设计器；
b） 应提供电子表格、HTML报表、XML报表、自定义中文报表的多种结果展示方式；

c） 应提供基于服务器的多数据源、多格式、多导出方式的报表平台。

6.7.1.6 元数据管理

元数据管理基本要求如下：

a） 应提供技术元数据和商业元数据的提取和图形化建模管理；

b） 应提供支持数据仓库元数据规范的信息目录；

c） 应提供商务智能组件操作的多种日志的保存和展现方式。

6.7.1.7 通用商务智能开发套件

通用商务智能开发套件要求如下：

a） 应提供数据仓库、在线分析处理、数据挖掘应用开发接口；

b） 应提供基本的商务智能开发工具。

6.7.1.8 数据集成

数据集成要求如下：

a） 应提供多数据源数据同步、数据迁移功能；

b） 应提供磁盘映像方式的数据物理同步功能；

c） 应提供基于 SQL 多数据源数据同步、迁移功能。

6.7.2 扩展要求

6.7.2.1 ETL 组件

ETL 组件扩展要求如下：

a） 应提供衡量数据质量的管理功能；

b） 应提供图形化的工作负载流程控制与优化分析功能。

6.7.2.2 存储管理

应可利用关系数据库管理系统的安全、归档、备份、维护、恢复功能对数据仓库涉及的中间数据进行有效的管理。

6.7.2.3 OLAP

应提供满足决策支持业务需求的、高效的 OLAP 业务操作。

6.7.2.4 数据挖掘

数据挖掘扩展要求如下：

a） 应提供合适的挖掘模型查看、挖掘准确性图表和预测功能；

b） 应提供数据挖掘模型验证的提升图、利润图、分类矩阵、交叉验证。

6.7.2.5 元数据管理

元数据管理扩展要求如下：

a） 应提供元数据自动化提取功能，应提供元数据一致性检查和维护的图形化管理工具；

b） 元数据管理应遵循 CWM 规范，应提供基于信息目录的开发接口；

c） 应提供商务智能套件不同级别的日志提示、警告，并提供日志风险分析功能。

6.7.2.6 通用商务智能开发套件

通用商务智能开发套件扩展要求如下：

a) 应提供面向商业开发套件的商务智能组件包；

b) 应提供商务智能应用监控与优化管理工具。

6.7.2.7 数据集成

应提供集成数据的正确性、一致性、完整性分析管理功能。

6.8 数据字典

6.8.1 基本要求

6.8.1.1 表对象创建信息

应提供表用户名称、表名称与结构、表数据的存储表空间(文件组)和数据记录的统计信息。

6.8.1.2 索引对象信息

应提供索引名称、索引类型、所属表信息、索引数据的存储表空间(文件组)和数据记录的统计信息。

6.8.1.3 字段对象信息

应提供字段名称、所属表信息、数据类型、长度、精度、是否允许空值标志、缺省值、不同值个数、最大值与最小值的统计信息。

6.8.1.4 约束对象信息

应提供约束名称、约束类型、所属表信息和是否延迟检查的语义约束信息。

6.8.1.5 数据库实例信息

应提供安装的主机信息、实例标识、版本，实例启动时间、当前状态、运行模式，服务器处理器、内存使用，物理和逻辑 I/O 与用户会话运行的统计信息。

6.8.1.6 数据库信息

应提供数据库标识、名称、创建时间、数据库结构、日志归档模式、最近的检查点信息和数据库状态的统计信息。

6.8.1.7 数据文件信息

应提供文件标识、文件名称、文件创建日期、所属表空间(文件组)、可用状态和读写状态的统计信息。

6.8.1.8 日志文件信息

应提供日志文件标识、文件名称、日志文件大小或保留周期、日志文件的归档状态和日志文件的状态的统计信息。

6.8.1.9 表空间(文件组)信息

应提供表空间(文件组)标识、表空间(文件组)名称、表空间(文件组)类型、表空间(文件组)容量大小、表空间(文件组)物理存储文件和表空间(文件组)相关的存储管理参数的统计信息。

6.8.2 扩展要求

6.8.2.1 表对象信息

应提供表状态、表逻辑存储空间(文件组)分配、分配空间的使用、存储的数据块和数据存储压缩的统计信息。

6.8.2.2 索引对象信息

应提供索引逻辑存储空间使用、索引数据使用统计信息。

6.8.2.3 数据库信息

应提供保证数据库可用性的统计信息。

6.8.2.4 数据文件信息

应提供文件大小和文件块大小的统计信息。

6.8.2.5 日志文件信息

应提供日志文件类型、日志数据一致性管理的统计信息。

6.8.2.6 表空间(文件组)信息

应提供表空间使用的统计信息。

6.9 结构完整性

6.9.1 基本要求

6.9.1.1 表对象数据存储完整性

应提供与表结构和表数据相关对象结构及其数据存储的完整性和有效性的管理功能。

6.9.1.2 索引对象数据存储完整性

应提供索引碎片、索引结构及其数据存储的完整性和有效性的管理功能。

6.9.1.3 视图、存储过程/函数对象完整性

应提供分析检查视图、存储过程/函数与其他对象之间结构依赖的一致性和有效性的管理功能。

6.9.2 扩展要求

6.9.2.1 数据库实例完整性

应提供数据库实例运行时的内存结构、后台进程配置及其各种组件使用信息的一致性和有效性的管理功能。

6.9.2.2 数据库存储结构完整性

应提供数据库物理数据文件、日志文件、归档文件逻辑和物理存储结构一致性和有效性的管理功能。

6.10 运行状态监控实时性

6.10.1 基本要求

6.10.1.1 缓存信息

应提供数据库实例数据缓存、日志缓存、数据字典缓存的数据字典视图与图形化管理工具。

6.10.1.2 服务器进程信息

应提供数据库服务器进程信息、对应的运行程序名称、进程的私有缓存信息的数据字典视图与图形化查看工具。

6.10.1.3 数据库连接信息

应提供连接标识、连接状态、连接用户相关信息的数据字典视图与图形化查看工具。

6.10.1.4 用户会话信息

应提供会话标识、进程/线程标识、用户标识、最近的用户请求命令、缺省模式、客户应用程序、登陆时间、会话状态的数据字典视图与图形化查看工具。

6.10.1.5 数据库事件信息

应提供数据库实例、数据库、数据库对象、物理 I/O、逻辑 I/O 事件标识、等待时间汇总、超时时间汇总、平均等待时间汇总的数据字典视图与图形化查看工具。

6.10.2 扩展要求

6.10.2.1 服务器进程信息

应提供对应操作系统进程信息、对应的跟踪信息、进程类型、进程启动用户信息的数据字典视图与图形化管理工具。

6.10.2.2 数据库连接信息

应提供使用协议、连接类型、当前事务信息的数据库连接信息数据字典视图与图形化管理工具。

6.10.2.3 用户会话信息

应提供会话状态、客户终端机器信息、客户操作系统信息、等待此会话的锁信息、等待时间统计信息、使用时间统计信息、会话跟踪信息的数据字典视图与图形化管理工具。

6.10.2.4 系统运行统计信息

应提供用户相关、日志相关、缓存相关、操作系统相关、SQL 语句相关、调试相关的统计数据名称、统计数据类型、统计信息值的数据字典视图与图形化管理工具。

6.10.2.5 数据库事件信息

应提供数据库实例、数据库、数据库对象、物理 I/O、逻辑 I/O 事件标识、名称、等待时间汇总、超时时间汇总、平均等待时间汇总的数据字典视图与图形化管理工具。

6.11 准确性维护

6.11.1 基本要求

6.11.1.1 事务特性

应支持事务的原子性、一致性、隔离性和持久性。

6.11.1.2 统计信息维护

应提供数据库、数据库存储对象结构、数据、统计信息更新维护命令或工具。

6.11.1.3 数据字典实时性

应提供 SQL 执行计划、SQL 优化统计信息查看的数据字典视图或图形化管理工具。

6.11.2 扩展要求

6.11.2.1 数据库一致性维护

数据库一致性维护要求如下：

a) 应提供数据库存储结构、数据库对象逻辑结构、数据库数据一致性诊断和维护功能；
b) 应提供数据库一致性修补建议和向导工具。

6.11.2.2 数据库自管理

数据库自管理要求如下：

a) 应提供数据库数据字典变更管理功能；
b) 应提供数据库数据捕获、重放管理功能。

6.12 互操作性

6.12.1 基本要求

6.12.1.1 数据库数据导入/导出

应提供同/异构数据库、表对象定义、索引对象、约束对象及其管理和数据的迁移功能。

6.12.1.2 数据库数据复制

应支持同构数据库之间多种复制模型。

6.12.1.3 同构数据文件转储

应支持同一 DBMS 不同版本数据库文件之间的快速迁移和升级。

6.12.1.4 异构数据库访问

应提供异构数据库数据联机访问功能。

6.12.2 扩展要求

6.12.2.1 数据库数据导入/导出

应提供同/异构数据库存储过程/函数、触发器、视图对象的迁移功能。

6.12.2.2 数据库数据复制

数据库数据复制要求如下：

a) 应支持异构数据库之间至少两种复制模型；

b) 应提供多数据库实时异步数据复制功能。

6.12.2.3 异构数据库访问

应提供异构数据库存储过程/函数对象联机 SQL 访问功能。

7 可靠性要求

7.1 成熟性

7.1.1 基本要求

7.1.1.1 产品功能稳定性

产品功能稳定性要求如下：

a) 应提供高可靠、高性能、高安全功能演示程序；

b) 应提供不同版本数据库升级维护工具。

7.1.1.2 运行稳定性

运行稳定性要求如下：

a) 应支持 7×24 h 稳定运行；

b) 应提供事务、系统和介质故障的数据库数据正确恢复功能。

7.1.2 扩展要求

7.1.2.1 智能维护

智能维护要求如下：

a) 应提供数据库管理系统软件在线升级提醒功能；

b) 应提供在线数据库实例配置管理与建议功能。

7.1.2.2 通用性

应提供与多种操作系统、中间件相互适配的开发接口或组件。

7.2 网络传输容错性

7.2.1 基本要求

7.2.1.1 网络故障

应提供同构数据库网络故障中断数据库会话容错处理功能。

7.2.2 扩展要求

应提供异构数据库网络故障中断数据库会话容错处理功能。

7.3 数据加载容错性

7.3.1 基本要求

7.3.1.1 数据库启动/关闭

数据库启动/关闭要求如下：

a） 应支持数据库实例启动/关闭时错误检测和处理能力；

b） 应支持数据库打开/关闭时错误检测和处理能力。

7.3.1.2 加载异常数据的容错性

应支持加载任意文件格式、任意大小数据库文件出现错误时的故障检测和处理能力。

7.3.2 扩展要求

无。

7.4 数据库运行容错性

7.4.1 基本要求

7.4.1.1 事务恢复

应支持集中式事务恢复或分布式事务恢复处理能力。

7.4.1.2 死锁检测

应支持事务死锁检测和处理能力。

7.4.1.3 系统恢复

应支持数据库节点故障后的恢复能力。

7.4.1.4 备用服务器

应支持主服务器故障时快速地切换到备用服务器处理相应数据库请求的能力。

7.4.1.5 提示警告

应提供数据库结构修改、数据库运行配置修改重要操作时的提示与警告信息。

7.4.2 扩展要求

7.4.2.1 多实例快速切换

多实例快速切换要求如下：

a） 应支持集群环境下的事务并行处理及均分负载处理能力；

b） 应支持数据库在故障时的容错和无断点恢复能力。

7.4.2.2 数据库多路复用

数据库多路复用要求如下：

a） 应支持数据库控制数据多路复用能力；

b） 应支持在线/归档日志多路复用能力。

7.5 备份/恢复容错性

7.5.1 基本要求

7.5.1.1 备份容错性

应支持数据库备份执行故障时的备份数据一致性处理能力。

7.5.1.2 恢复容错性

应支持完全数据库恢复执行故障时的恢复数据一致性处理能力。

7.5.2 扩展要求

7.5.2.1 备份容错性

应支持在线数据库多种备份策略执行故障时的备份数据一致性处理能力。

7.5.2.2 恢复容错性

应支持在线、部分数据库恢复执行故障时的恢复数据一致性处理能力。

7.6 鲁棒性

7.6.1 基本要求

7.6.1.1 可恢复能力

应支持数据库事务故障、系统故障、存储介质故障不同级别的可恢复能力。

7.6.1.2 存储过程/函数容错性

应保证用户自定义的存储过程/函数、触发器运行异常时 DBMS 运行的稳定性。

7.6.2 扩展要求

7.6.2.1 风险检测与 DBMS 自管理

风险检测与 DBMS 自管理要求如下：

a) 应支持各种可能导致 DBMS 运行风险的检测能力；
b) 应提供 DBMS 出现风险时的处理方法和支持工具。

7.6.2.2 通知/警告信息

通知/警告信息要求如下：

a) 应提供数据库运行重要事件时通知管理员的方法和工具；
b) 应提供数据库通知/警告基线定义并提供数据库运行重要事件、行为警告并通知管理员的方法和工具。

7.7 本地备份

7.7.1 基本要求

7.7.1.1 联机全库备份

应提供联机状态下对数据库相关文件进行全库备份的功能。

7.7.1.2 联机增量备份

应提供联机状态下对数据库相关文件进行部分、增量备份的功能。

7.7.1.3 备份元数据管理

应提供多种在线备份元数据的管理命令或工具。

7.7.2 扩展要求

7.7.2.1 备份管理

备份管理要求如下：

a) 应支持多种备份数据存储介质；

b) 应支持与第三方数据备份软件适配能力。

7.7.2.2 备份数据管理

应支持备份数据的加密、压缩和安全存储的管理能力。

7.8 异地备份

7.8.1 基本要求

7.8.1.1 基于主机

应提供基于主机的数据库高级复制技术，包括基于日志的备用数据库远程数据库备份技术。

7.8.1.2 远程容灾

应提供远程容灾接口与辅助管理功能。

7.8.2 扩展要求

7.8.2.1 远程容灾

应提供生产中心与备份中心之间的容灾备份/恢复配置管理工具。

7.9 逻辑备份/恢复

7.9.1 基本要求

7.9.1.1 逻辑备份

逻辑备份要求如下：

a) 应提供指定的数据库对象定义及相关数据的备份功能；

b) 应提供指定用户/模式下的所有、指定数据库对象定义及相关数据的备份功能；

c) 应提供指定数据库的所有用户/模式下的所有或指定数据库对象定义及相关数据的备份功能。

7.9.1.2 逻辑恢复

逻辑恢复要求如下：

a) 应提供指定的数据库对象定义及相关数据的恢复功能；

b) 应提供指定用户/模式下的所有、指定数据库对象定义及相关数据的恢复功能；

c) 应提供指定数据库的所有用户/模式下的所有或指定数据库对象定义及相关数据的恢复功能。

7.9.2 扩展要求

7.9.2.1 备份数据管理

应提供备份数据的加密和压缩的管理功能。

7.9.2.2 还原数据的一致性检查

应提供依据备份元数据检查还原数据一致性诊断的命令或工具。

7.10 数据库恢复

7.10.1 基本要求

7.10.1.1 数据库还原

应支持多种存储介质的部分、完整数据库数据还原处理能力。

7.10.1.2 系统故障恢复

应支持系统故障重启后能正常运行且保证数据库数据一致的能力。

7.10.1.3 完全介质故障恢复

应支持多种完全介质故障恢复的能力。

7.10.2 扩展要求

7.10.2.1 高级恢复

应提供基于时间点、基于指定事务的介质故障恢复功能。

7.10.2.2 误操作恢复

应提供在误删除数据库对象后恢复原数据库对象和数据的功能。

7.10.2.3 恢复管理

应提供高级恢复数据一致性检查、备份和还原数据管理的功能。

8 易用性要求

8.1 DBMS 安装

8.1.1 基本要求

8.1.1.1 安装配置

应提供易于理解的、集成的 DBMS 安装配置的图形化工具。

8.1.1.2 安装界面统一性

在不同操作系统上的 DBMS 安装配置图形界面应相同或相似。

8.1.1.3 配置参数一致性

在不同操作系统上安装 DBMS 时，配置参数应完整并相同或相似。

8.1.1.4 安装手册完整性

应提供对 DBMS 安装配置过程中可能出现的问题的回答和帮助。

8.1.2 扩展要求

8.1.2.1 操作系统配置参数的自动化设置

安装过程中应能自动检测产品所需的操作系统及软硬件参数的配置信息，并依据产品配置在图形界面中显示必要的缺省值。

8.1.2.2 DBMS 配置参数的自动化设置

DBMS 在安装过程中应依据自动化检测到的运行环境配置数据库实例相关参数。

8.1.2.3 DBMS 组件升级配置管理工具

DBMS 组件升级配置管理工具要求如下：

a) 应提供产品选件安装管理功能界面；

b) 应提供组件配置选件管理、组件升级分析与控制管理功能。

8.2 数据库维护

8.2.1 基本要求

8.2.1.1 数据库维护

应提供数据库创建、数据库修改、数据库升级、数据库删除、数据库模板维护的命令或图形化工具。

8.2.1.2 物理存储维护

应提供数据库物理存储结构配置参数、物理存储完整性分析、存储空间分配和使用情况、物理存储重组的图形化维护命令或工具。

8.2.1.3 逻辑存储维护

应提供数据库逻辑存储结构配置参数、逻辑结构完整性分析、逻辑对象存储空间分配和使用情况的图形化维护命令或工具。

8.2.2 扩展要求

8.2.2.1 数据库一致性检查

应提供数据对象结构数据一致性维护和检查的命令或图形化工具。

8.2.2.2 数据库任务作业调度

应提供数据库任务自动化调度作业管理的命令或图形化工具。

8.3 SQL 交互工具

8.3.1 基本要求

8.3.1.1 DBMS 元数据展示

应有图形化展示 DBMS 管理的各种元数据界面，展示的内容应具有层次性，包括模式、非模式数据字典信息。

8.3.1.2 查询计划

应提供指定查询/事务的统计信息分析命令，图形化显示指定查询的执行计划和执行统计信息的功能。

8.3.2 扩展要求

8.3.2.1 动态语法提示

应提供关键词显式标记、动态语法提示的 SQL 编辑器。

8.4 企业管理器

8.4.1 基本要求

8.4.1.1 整体易理解性

企业管理器界面应规范、一致、合理。

8.4.1.2 界面元素易理解性

企业管理器界面窗口、菜单、图标、文字、快捷键应统一并易于理解。

8.4.1.3 数据库管理对象层次性

企业管理器应提供数据库实例、数据库、数据库对象结构相一致的、多层次的逻辑管理界面。

8.4.2 扩展要求

8.4.2.1 联机帮助

企业管理器应提供上下文相关的联机帮助。

8.4.2.2 管理元数据库

企业管理器应提供易于理解的、集中的管理元信息库及其图形化管理工具。

8.5 数据库对象向导

8.5.1 基本要求

8.5.1.1 数据库连接向导

应提供客户端和服务器端网络配置向导工具，对网络连接参数、网络服务别名、主机、端口、协议相关内容进行配置。

8.5.1.2 数据库向导

应提供创建、修改、删除数据库的功能，且提供以下参数配置功能：

a) 数据库数据文件、日志文件、归档文件相关物理存储配置参数；
b) 数据库逻辑空间分配配置参数；
c) 数据库属性相关配置参数。

8.5.1.3 表向导

应提供创建、修改、删除表的功能，且提供定义表结构、约束、存储配置管理的功能。

8.5.1.4 索引向导

应提供创建、修改、删除索引的功能，且提供定义索引结构、类型、存储配置管理的功能。

8.5.1.5 视图向导

应提供创建、修改、删除视图的功能，且提供视图定义的功能。

8.5.1.6 约束向导

应提供创建、修改、删除约束的功能，且提供约束定义的功能。

8.5.1.7 触发器向导

应提供创建、修改、删除触发器的功能，且提供触发条件、事件、逻辑配置管理的功能。

8.5.1.8 存储过程/函数向导

应提供创建、修改、删除存储过程/函数的功能，且提供定义存储过程/函数的功能。

8.5.1.9 用户向导

应提供创建、修改、删除用户的功能，且提供定义用户的功能。

8.5.1.10 角色向导

应提供创建、修改、删除角色的功能，且提供用户自定义角色的功能。

8.5.2 扩展要求

8.5.2.1 数据库向导

应提供创建、修改、删除数据库的功能，且提供以下参数配置功能：

a) 字符集、数据块大小的数据库属性相关配置参数；
b) 同/异构多数据库链接配置参数；
c) 多节点多实例数据配置参数。

8.5.2.2 数据库诊断向导

应提供基于跟踪日志的故障分析功能。

8.6 实例调优向导

8.6.1 基本要求

8.6.1.1 数据库内存配置

应提供依据物理内存规划数据库可用内存,依据可用内存和负载大小自动设置或向用户建议不同数据缓存区大小的功能。

8.6.1.2 数据库进程/线程配置

应提供依据负载大小和服务器配置自动设置或建议数据库进程/线程配置的功能。

8.6.2 扩展要求

8.6.2.1 存储参数调优向导

应提供数据库物理和逻辑存储参数性能监测与调优的向导工具。

8.6.2.2 性能瓶颈分析工具

应提供DBMS性能瓶颈跟踪、DBMS运行过程监测与调优的向导工具。

8.7 SQL调优向导

8.7.1 基本要求

8.7.1.1 等待事件跟踪

应提供跟踪不同级别数据库等待事件的命令或工具。

8.7.1.2 工作负载跟踪

应提供查看系统以往的SQL执行历史,识别工作负载和系统资源大额共享应用的高负载或主要的SQL语句。

8.7.2 扩展要求

8.7.2.1 SQL监测

SQL监测要求如下:

a) 应提供实时监测SQL执行过程中数据库服务器资源使用情况并提供报警信息;
b) 应提供SQL查询计划的缓存管理功能。

8.7.2.2 SQL调优向导

应依据指定SQL累计执行统计信息,给出数据存储、数据存取、SQL改写的优化建议。

8.7.2.3 指定执行计划

应提供用户对于SQL按照指定的查询计划执行的功能。

8.7.2.4 存储方案建议器

应提供为问题查询集提供分区表、分区索引、索引的数据存储方案优化的功能。

8.8 文档完整性

8.8.1 基本要求

8.8.1.1 数据库编程手册

应包括 SQL 语言、嵌入式 SQL 编程、ODBC 接口、JDBC 接口、OLEDB 接口、存储过程/函数的使用手册。

8.8.1.2 数据库使用文档

应包括产品安装、产品简介与演示、疑问解答、管理员操作指南、管理员参考手册、产品说明、企业管理器使用指南、SQL 交互式工具使用指南、网络配置维护使用手册和维护文档。

8.8.1.3 文档的一致性

所有文档之间、单一文档自身描述、文档描述与 DBMS 产品之间不应存在矛盾。

8.8.1.4 联机帮助

联机帮助应准确、完整、上下文相关。

8.8.2 扩展要求

无。

9 维护性要求

9.1 易分析性

9.1.1 基本要求

9.1.1.1 故障跟踪支持工具

故障跟踪支持工具要求如下：

a） 应提供数据库实例、网络通讯、数据库对象的跟踪日志，日志数据应准确、完整；

b） 应提供捕获并记录实例、数据库在特定时间点的状态信息命令或工具。

9.1.1.2 故障诊断支持工具

应提供 DBMS 升级和维护、数据库运行、数据库备份/恢复故障定位和故障处理功能。

9.1.2 扩展要求

9.1.2.1 数据库事件监控工具

应提供在特定事件或事务发生时收集监控数据库活动事务数据的命令或工具。

9.1.2.2 安全合规支持工具

应提供依据用户安全策略分析 DBMS 安全特性及运行参数是否合规处理的功能。

9.1.2.3 故障诊断支持工具

应提供基于SQL重放的故障诊断处理功能。

9.2 易改变性

9.2.1 基本要求

9.2.1.1 基线定位

应提供依据工作负载和运行环境的数据库实例、数据库配置参数建议值。

9.2.1.2 实例功能改变能力

应提供按照支持系统的不同配置对进程、资源使用相关参数进行相应优化并修改的辅助工具或命令。

9.2.1.3 数据库结构改变能力

数据库结构改变能力要求如下：

a) 应提供数据库级物理存储位置、逻辑存储参数配置功能；

b) 应提供在线重组表数据存储位置、逻辑空间分配的功能。

9.2.1.4 数据库选件配置

应提供数据库功能组件安装/卸载、启用/禁用的管理功能。

9.2.2 扩展要求

9.2.2.1 运行平台迁移能力

应提供不同平台下数据库结构改变和海量数据库快速迁移处理功能。

9.2.2.2 故障处理能力

应提供与错误修改排除或者与DBMS运行环境变化相适应的有关DBMS软件属性建议配置或解决方法。

9.3 产品升级和维护

9.3.1 基本要求

9.3.1.1 安装/卸载操作的简易性

安装/卸载操作的简易性要求如下：

a) 应提供依据用户在安装/卸载中提出的问题回答给出DBMS和数据库自动化升级、维护必要的一致性和完整性处理功能；

b) 应提供基于组件的可定制的产品选件安装向导。

9.3.1.2 版本升级维护辅助工具

版本升级维护辅助工具要求如下：

a) 应提供版本升级维护辅助工具；

b) 应提供不同版本差异及版本升级的条件信息。

9.3.2 扩展要求

9.3.2.1 技术支持

应提供统一的产品维护技术网站或者管理升级补丁程序的FTP站点，支持客户的软件个性化在线升级处理能力。

9.3.2.2 软件适用性

软件适用性要求如下：

a) 应提供DBMS运行硬件升级维护的支持能力；

b) 应提供DBMS软件升级维护的支持能力；

c) 应提供数据库应用维护的支持能力。

10 标准依从性要求

10.1 SQL标准依从性

10.1.1 基本要求

应依从ISO/IEC 9075中规定的“核心SQL”要求。

10.1.2 扩展要求

应依从ISO/IEC 9075中规定的“扩展SQL”要求。

10.2 ODBC接口规范依从性

10.2.1 基本要求

应依从ODBC接口规范的要求。

10.2.2 扩展要求

无。

10.3 OLE DB接口规范依从性

10.3.1 基本要求

应依从OLE DB接口规范核心集的要求。

10.3.2 扩展要求

应依从OLE DB接口规范中OLE DB for OLAP的要求。

10.4 面向JAVA的数据库访问接口规范依从性

10.4.1 基本要求

应依从JDBC接口规范的要求。

10.4.2 扩展要求

应依从 OLAP4J 多维查询接口规范的要求。

10.5 面向 XML 的查询语言规范依从性

10.5.1 基本要求

应依从 XQuery 规范最小一致性声明的要求。

10.5.2 扩展要求

面向 XML 的查询语言规范依从性如下：

a） 应依从 XQuery 可选特性的要求；

b） 应依从 XMLA 标准协议的要求。

10.6 安全标准依从性

10.6.1 基本要求

应依从 GB/T 20273—2006 中规定的二级要求。

10.6.2 扩展要求

应依从 GB/T 20273—2006 中规定的三级要求。

10.7 中文编码字符集标准依从性

10.7.1 基本要求

应依从 GB 18030—2005 中规定的要求。

10.7.2 扩展要求

无。

ICS 35.220.30
L 64

中华人民共和国国家标准

GB/T 28822—2012

电子名片交换格式通用规范

General specification for the exchange format of electronic business cards

2012-11-05 发布

2013-02-01 实施

中华人民共和国国家质量监督检验检疫总局
中国国家标准化管理委员会 发布

前　言

本标准按照 GB/T 1.1—2009 给出的规则起草。

请注意本文件的某些内容可能涉及专利。本文件的发布机构不承担识别这些专利的责任。

本标准由全国信息技术标准化技术委员会归口。

本标准起草单位:汉王科技股份有限公司、南京欢迎科技产品有限公司、中国电子技术标准化研究所、镇江金钛公司、东莞市索威计算机信息科技有限公司。

本标准主要起草人:刘昌平、刘迎建、丁力、高健、陈先、杜春辉、程怀玉、宗萌、王杰、李鑫梅。

电子名片交换格式通用规范

1 范围

本标准规定了用于交换的电子名片(gCard)信息格式。

本标准适用于电子名片信息交换的设备和电子名片信息管理系统。

2 规范性引用文件

下列文件对于本文件的应用是必不可少的。凡是注日期的引用文件，仅注日期的版本适用于本文件。凡是不注日期的引用文件，其最新版本(包括所有的修改单)适用于本文件。

GB 1988 信息技术 信息交换用七位编码字符集

GB 2312 信息交换用汉字编码字符集 基本集

GB 13000 信息技术 通用多八位编码字符集(UCS)

GB 18030 信息技术 中文编码字符集

GB/T 15537 信息技术 SGML 支持设施 公共文本拥有者标识符登记规程

GB/T 16264.6 信息技术 开放系统互连 目录 第6部分:选择的属性类型

3 术语和定义、缩略语

3.1 术语和定义

下列术语和定义适用于本文件。

3.1.1

形式公用标识符 formal public identifier

表示某一对象公用标识符的字符串表达式。其语法定义见 GB/T 15537。

3.1.2

统一资源定位地址 uniform resource locator

一种字符串表达式，能表示互联网或局部系统的任意资源。

3.2 缩略语

FPI:形式公用标识符(Formal Public Identifier)

GUID:全球唯一标识符(Globally Unique Identifier)

IANA:互联网名称与数字地址分配机构(The Internet Assigned Numbers Authority)

IETF:互联网工程任务组(Internet Engineering Task Force)

URL:统一资源标识符(Uniform Resource Locater)

XML:可扩展置标语言(extensible markup language)

XSD:XML Schema 定义(XML Schema Definition)

4 电子名片结构

4.1 一般说明

本标准定义的电子名片由名片头、名片体两部分组成，具体见附录 A。

本标准定义的电子名片可以定制出多个版面，可以在每个版面上指定展现哪些实义元素，并且可以采用修饰元素来规定如何展现这些实义元素。修饰元素可以作为元素的属性在每个元素里分别指定，也可以在名片头部分的版面元素里集中指定一个版面由哪些元素组成，这些元素如何展现。

从逻辑上说，每个 gCard 对象是单个或多个元素的集合，每个元素具有唯一的元素名，该元素名有一个或多个取值，还可能含有属性值，具体见附录 B。附录 C 给出了一个符合本标准的示例文件。附录 D 给出坐标系定义。

4.2 命名空间

XML 命名空间采用：http://www.cesi.ac.cn/gcard/schema

4.3 字符集

字符集在 XML 文件的前导说明部分的字符集元素值中给出。对于电子名片，应支持的字符集包括 GB/T 1988、GB 18030（至少支持强制部分）、GB 2312、GB 13000 等。

5 元素的属性类型

电子名片的各元素可能含有的元素属性类型有偏爱程度、类型、日历等等，见表 1。

表 1 电子名片所含的各种属性类型

类　型	说　明
PREF	首选，小于 255 的正整数，在同一元素有多个取值时，指定各自的偏爱程度。数值越大表示首选的优先级越高
TYPE	用于电话元素，表示联系电话的类型
CALSCALE	日历，取值为“Gregorian”和“Lunar”两种，分别表示阳历、阴历，指定所属的时间元素是哪种历法下的时间；如果元素使用该属性，则该属性必填
COORD	坐标，文本格式，用于指定元素展现的位置（左上角），取值为逗号分隔的文本，逗号前后都是数字，分别表示 X、Y 坐标，见附录 D
FILE-FORMAT	文件格式，jpg，png，gif，bmp，…；mp3，wmv，…
WIDTH	线度，正数，主要用于修饰图片、照片、矩形修饰元素，单位：像素
HEIGHT	高度，正数，主要用于修饰图片、照片、矩形修饰元素，单位：像素
NAME	名称，用于元素中表示元素名称
FONT-NAME	字体名，文本格式
FONT-SIZE	字体大小，正数
FONT-COLOR	前景色，文本格式（“＃”加 6 位 16 进制的数字，例如：＃FF0000）
LINE-COLOR	线色，文本格式（“＃”加 6 位 16 进制的数字，例如：＃FF0000）
FILL-COLOR	填充颜色，文本格式（“＃”加 6 位 16 进制的数字，例如：＃FF0000）
COUNTRY	国家，文本格式
PROVINCE	省，文本格式
CITY	市，文本格式
DISTRICT	区，文本格式

表 1（续）

类　型	说　　明
STREET	街道，文本格式
NUMBER	门牌号，文本格式
POST	邮政编码，文本格式
SURNAME	姓，文本格式
GIVEN	名，文本格式
DEPARTMENT	部门，文本格式
PAGE	元素所在版面，正整数，用于指定元素所在版面的序号
NO	序号，正整数，在版面元素中，用于描述版面序号

6　电子名片的预定义元素

6.1　名片头部分

6.1.1　名片唯一标识

标签：UID

用途：指定一个标识该 gCard 相关的个人或资源的 GUID。

至少出现次数：0

最多出现次数：1

元素属性：此元素无属性

取值：一个 GUID 值，全球唯一标识符

备注：生成方法见 GB/T 15537

示例：

〈UID〉3EFE43ED-7CC9-4CAE-99F8-F525C6790F32〈/UID〉

6.1.2　拥有者唯一标识

标签：OID

用途：指定一个标识该 gCard 文件的全球唯一标识符。

至少出现次数：0

最多出现次数：1

元素属性：此元素无属性

取值：一个 GUID 值

备注：生成方法参见 GB/T 15537

示例：

〈OID〉3EFE43ED-7CC9-4CAE-99F8-F525C6790F32〈/OID〉

6.1.3　版本号

标签：VERSION

用途：指定一个标识该 gCard 文件的版本号。

至少出现次数：0

最多出现次数:1

元素属性:此元素无属性

取值:一个 TEXT 值

示例:

〈VERSION〉1.0〈/VERSION〉

6.1.4 更新源

标签:SOURCE

用途:如果包含 SOURCE 类型,它的值提供一些关于如何找到 gCard 源的信息。

至少出现次数:0

最多出现次数:无限制

元素属性:此元素无属性

取值:一个 URI 值

示例:

〈SOURCE〉 http://www.nits.gov.cn /sample.XML〈/SOURCE〉

6.1.5 最近修改时间

标签:REV

用途:指定所属 gCard 文件的最近修改时间。

至少出现次数:0

最多出现次数:1

元素属性:此元素无属性

取值:一个时间戳值

示例:

〈REV〉 2010-07-21T09:30:00Z〈/REV〉

6.1.6 种类

标签:KIND

用途:用于表示 gCard 对象所属的种类。

至少出现次数:0

最多出现次数:1

元素属性:此元素无属性

取值:如下四值之一:"INDIVIDUAL"、"GROUP"、"ORG"、"LOCATION"、"THING",分别表示:个人、团体、组织、位置、事物。

示例:

〈KIND〉individual〈/KIND〉

6.1.7 格式化名称

标签:FN

用途:gCard 对象的格式化名称。该元素遵循 GB/T 16264.6 公共名元素的语义。

至少出现次数:1

最多出现次数:不限次数

元素属性:COORD、FONT-NAME、FONT-SIZE、FONT-COLOR、PAGE

取值:一个 TEXT 值

示例:

〈FN〉张三〈/FN〉

6.1.8 版面

标签:PAGE

用途:用户定义 gCard 的各个版面以及版面中的元素、显示风格。

至少出现次数:0

最多出现次数:不限次数

元素属性:NO、NAME

取值:内嵌子元素。

示例:

〈PAGE NO="1" NAME="个人信息版面"/〉

6.2 名片体部分

6.2.1 姓名

标签:N

用途:gCard 对象的格式化名称。该元素遵循 GB/T 16264.6 公共名元素的语义。

至少出现次数:0

最多出现次数:不限次数

元素属性:PREF、SURNAME、GIVEN、COORD、FONT-NAME、FONT-SIZE、FONT-COLOR、PAGE

取值:一个 TEXT 值

示例:

〈N PREF="1" SURNAME="张" GIVEN="三"〉张三〈/N〉

6.2.2 别名

标签:NICKNAME

用途:指定 gCard 对象的别名。

至少出现次数:0

最多出现次数:不限次数

元素属性:PREF、COORD、FONT-NAME、FONT-SIZE、FONT-COLOR、PAGE

取值:TEXT 值

示例:

〈NICKNAME〉小李〈/NICKNAME〉

6.2.3 出生日期

标签:BDAY

用途:指定了 gCard 对象的出生日期。

至少出现次数:0

最多出现次数:1

元素属性:CALSCALE、COORD、FONT-NAME、FONT-SIZE、FONT-COLOR、PAGE

取值:默认为一个 DATE 值

示例：

〈BDAY CALSCALE="Gregorian"〉1995-06-14〈/BDAY〉

6.2.4 出生地

标签：BIRTH

用途：指定 gCard 对象的出生地。

至少出现次数：0

最多出现次数：1

元素属性：COORD、FONT-NAME、FONT-SIZE、FONT-COLOR、PAGE

取值：一个 TEXT 值

示例：

〈BIRTH〉某省某市〈/BIRTH〉

6.2.5 去世日期

标签：DDAY

用途：指定 gCard 对象的去世日期。

至少出现次数：0

最多出现次数：1

元素属性：CALSCALE、COORD、FONT-NAME、FONT-SIZE、FONT-COLOR、PAGE

取值：默认为一个 DATE 值

示例：

〈DDAY CALSCALE="Gregorian"〉2000-06-21〈/DDAY〉

6.2.6 去世地

标签：DEATH

用途：指定 gCard 对象的去世地。

至少出现次数：0

最多出现次数：1

元素属性：COORD、FONT-NAME、FONT-SIZE、FONT-COLOR、PAGE

取值：TEXT 值

示例：

〈DEATH〉中华人民共和国某省某市〈/DEATH〉

6.2.7 纪念日

标签：ANNIVERSARY

用途：指定与 gCard 对象相关的纪念日，如结婚纪念日。

至少出现次数：0

最多出现次数：无限制

元素属性：CALSCALE、PREF、NAME、COORD、FONT-NAME、FONT-SIZE、FONT-COLOR、PAGE

取值：默认为一个 DATE 值

示例 1：

〈ANNIVERSARY CALSCALE="Gregorian" NAME="大学毕业纪念日"〉2009-06-20〈/ANNIVERSARY〉

示例 2：

〈ANNIVERSARY CALSCALE="Gregorian" NAME="结婚纪念日"〉2009-12-22〈/ANNIVERSARY〉

6.2.8 单位名称

标签：ORG

用途：指定与 gCard 对象相关的单位名称。

至少出现次数：0

最多出现次数：无限制

元素属性：PREF、DEPARTMENT、COORD、FONT-NAME、FONT-SIZE、FONT-COLOR、PAGE

取值：一个 TEXT 值

示例：

〈ORG PREF="1"DEPARTMENT="计算机学院"〉某大学〈/ORG〉

6.2.9 地址

标签：ADR

用途：指定 gCard 所有人地址信息，包括单位地址、工作地址、家庭地址等。

至少出现次数：0

最多出现次数：无限制

元素属性：PREF、COUNTRY、PROVINCE、CITY、DISTRICT、STREET、NUMBER、POST、COORD、FONT-NAME、FONT-SIZE、FONT-COLOR、PAGE

取值：一个 TEXT 值

备注：基于 GB/T 16264.6 中有关 TITLE 元素定义

示例：

〈ADR PREF="1"COUNTRY="中国"PROVINCE="北京" CITY="北京"DISTRICT="海淀区"STREET="一号路"NUMBER="一号"POST="050000"〉北京市海淀区一号路一号〈/ADR〉

6.2.10 称谓

标签：TITLE

用途：指定与所属 gCard 对象相关的个人在组织内的称谓，职位。

至少出现次数：0

最多出现次数：无限制

元素属性：PREF、COORD、FONT-NAME、FONT-SIZE、FONT-COLOR、PAGE

取值：一个 TEXT 值

备注：基于 GB/T 16264.6 中有关 TITLE 元素定义

示例：

〈TITLE〉研发总监〈/TITLE〉

6.2.11 时区

标签：TZ

用途：表示时区信息。

至少出现次数：0

最多出现次数：不限次数

元素属性:PREF、COORD、FONT-NAME、FONT-SIZE、FONT-COLOR、PAGE

取值:一个 URI 值,也可以是一个 TEXT 值

示例:

〈TZ〉-05:00〈/TZ〉

6.2.12 经纬度

标签:GEO

用途:表示地理位置信息。

至少出现次数:0

最多出现次数:不限次数

元素属性:PREF、NAME 、COORD、FONT-NAME、FONT-SIZE、FONT-COLOR、PAGE

取值:一个 URI 值

示例:

〈GEO NAME="工作单位位置"〉37.386013;-122.082932〈/GEO〉

6.2.13 职业

标签:ROLE

用途:指定所属 gCard 对象在某组织系统内所属的角色、职业或业务类别。

至少出现次数:0

最多出现次数:不限次数

元素属性:PREF、COORD、FONT-NAME、FONT-SIZE、FONT-COLOR、PAGE

取值:一个 TEXT 值

备注:基于 GB/T 16264.6 中的业务类别解释元素

示例:

〈ROLE〉行政管理〈/ROLE〉

6.2.14 排序串

标签:SORT-STRING

用途:指定对所属 gCard 对象的 FN 和 N 元素进行姓或名排序时的字符串。

至少出现次数:0

最多出现次数:1

元素属性:此元素无属性

取值:无

备注:此元素内嵌 SURNAME(表示以姓氏排序时的值)和 GIVEN(表示以名称排序时的值)两个属性,示例 1、2、3 分别给出了以姓名、笔画和拼音的排序串

示例 1:

〈fn〉张三〈/fn〉

〈fn surNAME="张" given="三"〉张三〈/fn〉

〈sort-string surNAME="张" given="三"〉〈/sort-string〉

示例 2:

〈fn〉〈text〉张三〈/text〉〈/fn〉

〈fn surNAME="张"given="三"〉张三〈/fn〉

〈sort-string surNAME=7 given=3〉〈/sort-string〉

示例 3：

〈fn〉〈text〉张三〈/text〉〈/fn〉

〈n surNAME="张" given="三"〉张三〈/n〉

〈sort-string surNAME="zhang" given="san"〉〈/sort-string〉

6.2.15 统一资源定位地址

标签:URL

用途:指定该 gCard 相关的统一资源定位地址。

至少出现次数:0

最多出现次数:不限次数

元素属性:NAME(必填)

取值:一个 URI 值

示例：

〈url name="附件"〉 http://www. w3. org/TR/xml/〈/url〉

6.2.16 性别

标签:SEX

用途:指定所属 gCard 对象的性别。

至少出现次数:0

最多出现次数:1

元素属性:COORD、FONT-NAME、FONT-SIZE、FONT-COLOR、PAGE

取值:0、1、2、9,分别表示未知、男、女、无意义

示例：

〈SEX〉1〈/SEX〉

6.2.17 像片

标签:PHOTO

用途:gCard 对象的像片信息。

至少出现次数:0

最多出现次数:不限次数

元素属性:NAME、FILE-FORMAT、COORD、WIDTH、HEIGHT、PAGE

取值:RFC2045 所规定的 BASE64 编码的二进制数据,也可以是一个指示外部图像数据的 URI 值。

备注:通过元素属性 TYPE 指定图像格式。它的值应为 IANA 注册的格式。

示例：

〈PHOTO

LE-FORMAT="Jpeg"〉iVBORw0KGgoAAAANSUhEUgAAABAAAAAQCAIAAACQkWg2AAAAAXNSR0IArs4c6QAAAARnQU1BAACxjwv8YQ
UAAAAgY0hSTQAAeiYAAICEAAD6AAAAgOgAAHUwAADqYAAAOpgAABdwnLpRPAAAAxZJREFUOE8N0d+L23QAAPDo4W7QTbxNdj/s9
domTZM0ze+kSS7Jt03TJE3bpPVybe+O3Y+eztKd2s157jynN3DopuxhTwcbgk6KDMSHwaYyBH8MHwTFMdjYkzB9dAN3ci+i7i/4
PHye2NCIoeE9T+6L/DM8tPPvfw92dx48+nt3dzeyN/J0ZN+zIwf+uP/78FNDcTj58OGff+08gtZk+BUDW7PpXlVYrPGhS3lF3Aa
pkgLPWsycxS5YXKcsvuSr3UCZK5LQvBRrSpMNZaqix91iynYwyyFKpYxt4mGZ9zXs1ba9uVx7uaGdWqkebxagpQL+vBq3xDGgRg
s2WvJpK2ALXtYsEUWAAn5yyROPtc2er/RD0Kt10Hqz0HHZmg47RbQW8sGiXp5XQZ1xZ8RpAy7qcElJtG2qF+rzJjGrw9C7c26/I
rcB7lt4fUYKDmultqwFdKWtAjvt11hLT7TK9OsveCs1bqlKQe+5YD0vdGRiRkU9M2N7dMFngE9rHp53MMfJlK10WM6shmKnwa80
GOiMJr2lsD0p0+JhR0yYRspys26Dc6pUq63Uy2RnRlqt0C118miV7toEdFaVNjiyx2KPkaaOuxriFLHA58IauxSICyDd0eHTgXw

2UM5Y1IeeAJ2iiDcobI3FV3PErJr21IRrwL6JNfPYCkCPyvBpI3upog7K6iDPXcnz0AkcPilkTkwzRzSyOY3WQaqeR5sGcjgXf5
Ecf4dFLhvCNZD7VpVuCuwPJA6dTMNbIr2pc0dy6ZYQn51OzgF0UYPXFKSPj17g0C9B7nuB+SWbuUuQv07GofcR5BxNbrFEF4uGq
YMhNfr4flmKHZeTG8T4RRa5nqO+w5FbKPIbRtyLxqABzn6S5S9Q1CYW76Jjy+Roh4t2paljzMQWPbFNxQbo+NXowR/jE3cSsdtj
h6CfWfMmC64J2qeyfD7HvCmifSn5mgK/baS2Pf5jA9+GRy4/F7k+NXJjYv/XB4ah+2L1juD8pDrflLzPnMIHOrMho+tq8tK8eaP
f/mrB/IgZH6SeuZoa+eLQns/3Q/8DKM3kHKSZoBkAAAAASUVORK5CYII=〈/PHOTO〉

6.2.18 籍贯

标签:NATIVE-PLACE

用途:gCard 对象的籍贯信息。

至少出现次数:0

最多出现次数:可以有不同语言的版本,相同的语言只可出现一次。

元素属性:COORD、FONT-NAME、FONT-SIZE、FONT-COLOR、PAGE

取值:一个 TEXT 值

示例:

〈NATIVE-PLACE〉某省某市〈/NATIVE-PLACE〉

6.2.19 银行账号

标签:BANK-ACCOUNT

用途:用以表示 gCard 对象相关的银行账号。

至少出现次数:0

最多出现次数:不限次数

元素属性:NAME、COORD、FONT-NAME、FONT-SIZE、FONT-COLOR、PAGE

取值:一个 TEXT 值

示例:

〈BANK-ACCOUNT NAME="转入账的某银行账户"〉6666665555555555〈/BANK-ACCOUNT〉

6.2.20 电话

标签:TEL

用途:指定一个电话号码。

至少出现次数:0

最多出现次数:不限次数

元素属性:PREF、TYPE、COORD、FONT-NAME、FONT-SIZE、FONT-COLOR、PAGE

取值:一个 URI 值,应依据 GB/T 16264.6 电话号码元素规定。

备注:电话元素的 TYPE 属性可以选取以下的值:

text:支持短信功能的电话

voice:话音电话

fax:传真

cell:移动电话

video:视频电话

pager:寻呼机号码

textphone:聋人电话装置

示例:

〈TEL TYPE="work"〉电话:+86-10-10086 〈/TEL〉

6.2.21 电子邮件

标签:EMAIL

用途:表示一个电子邮件地址。

至少出现次数:0

最多出现次数:不限次数

元素属性:PREF、NAME、COORD、FONT-NAME、FONT-SIZE、FONT-COLOR、PAGE

取值:一个 TEXT 值

示例:

〈email NAME="work"〉XXX@XXX.COM.CN〈/email〉

6.2.22 即时通信号码

标签:IMPP

用途:指定所属 gCard 对象的即时通信号码。

至少出现次数:0

最多出现次数:不限次数

元素属性:PREF、NAME、COORD、FONT-NAME、FONT-SIZE、FONT-COLOR、PAGE

取值:一个 URI 值

示例:

〈IMPP NAME="qq"〉9055256〈/IMPP〉

〈IMPP NAME="msn"〉XXX@XXX.COM〈/IMPP〉

6.2.23 职称

标签:JOB-TITLE

用途:指定所属 gCard 对象的扩展元素。

至少出现次数:0

最多出现次数:1

元素属性:PREF、COORD、FONT-NAME、FONT-SIZE、FONT-COLOR、PAGE

取值:一个 TEXT 值

示例:

〈JOB-TITLE〉高级工程师〈/JOB-TITLE〉

6.2.24 民族

标签:NATION

用途:指定所属 gCard 对象的扩展元素。

至少出现次数:0

最多出现次数:1

元素属性:COORD、FONT-NAME、FONT-SIZE、FONT-COLOR、PAGE

取值:一个 TEXT 值

示例:

〈NATION〉汉〈/NATION〉

6.2.25 矩形

标签:REANGLE

用途:用以修饰 gCard 对象的矩形。

至少出现次数:0

最多出现次数:无限制

元素属性:COORD、WIDTH、HEIGHT、FILL-COLOR、LINE-WIDTH、LINE-COLOR、PAGE

示例:

〈REANGLE PREF="1"LEFT-TOP="12.3,23.5" RIGHT-BOTTOM="11.2,44.3"/〉

6.2.26 图片

标签:IMAGE

用途:用以修饰 gCard 对象的图片。

至少出现次数:0

最多出现次数:无限制

元素属性:FILE-FORMAT、COORD、WIDTH、HEIGHT、PAGE

取值:RFC2045 所规定的 BASE64 编码的二进制数据,也可以是一个指示外部图像数据的 URI 值。

示例:

〈IMAGE FILE-FORMAT="jpeg"〉iVBORw0KGgoAAAANSUhEUgAAABAAAAAQCAIAAACQkWg2AAAAAXNSR0IArs4c6QAAAARnQU1BAACxjwv8
YQUAAAAgY0hSTQAAeiYAAICEAAD6AAAAgOgAAHUwAADqYAAAOpgAABdwnLpRPAAAAxZJREFUOE8N0d+L23QAAPDo4W7QTbxNdj/
s9domTZM0ze+kSS7Jt03TJE3bpPVybe+O3Y+eztKd2s157jynN3DopuxhTwcbgk6KDMSHwaYyBH8MHwTFMdjYkzB9dAN3ci+i7i
/4PHye2NCIoeE9T+6L/DM8tPPvfw92dx48+nt3dzeyN/J0ZN+zIwf+uP/78FNDcTj58OGff+08gtZk+BUDW7PpXlVYrPGhS3lF3
AapkgLPWsycxS5YXKcsvuSr3UCZK5LQvBRrSpMNZaqix91iynYwyyFKpYxt4mGZ9zXs1ba9uVx7uaGdWqkebxagpQL+vBq3xDGg
Rgs2WvJpK2ALXtYsEUWAAn5yyROPtc2er/RD0KtI0Hqz0HHZmg47RbQW8sGiXp5XQZ1xZ8RpAy7qcElJtG2qF+rzJjGrw9C7c26
/IrcB7lt4fUYKDmultqwFdKWtAjvt11hLT7TK9OsveCs1bqlKQe+5YD0vdGRiRkU9M2N7dMFngE9rHp53MMfJlK10WM6shmKnwa
80GOiMJr2lsD0p0+JhR0yYRspys26Dc6pUq63Uy2RnRlqt0C118miV7toEdFaVNjiyx2KPkaaOuxriFLHA58IauxSICyDd0eHTg
Xw2UM5Y1IeeAJ2iiDcobI3FV3PErJr21IRrwL6JNfPYCkCPyvBpI3upog7K6iDPXcnz0AkcPilkTkwzRzSyOY3WQaqeR5sGcjgX
f5Ecf4dFLhvCNZD7VpVuCuwPJA6dTMNbIr2pc0dy6ZYQn51OzgF0UYPXFKSPj17g0C9B7nuB+SWbuUuQv07GofcR5BxNbrFEF4u
GqYMhNfr4flmKHZeTG8T4RRa5nqO+w5FbKPIbRtyLxqABzn6S5S9Q1CYW76Jjy+Roh4t2paljzMQWPbFNxQbo+NXowR/jE3cSsd
tjh6CfWfMmC64J2qeyfD7HvCmifSn5mgK/baS2Pf5jA9+GRy4/F7k+NXJjYv/XB4ah+2L1juD8pDrflLzPnMIHOrMho+tq8tK8e
aPf/mrB/IgZH6SeuZoa+eLQns/3Q/8DKM3kHKSZoBkAAAAASUVORK5CYII=〈/IMAGE〉

6.2.27 扩展元素

标签:EXT

用途:指定所属 gCard 对象的扩展元素。

至少出现次数:0

最多出现次数:不限次数

元素属性: NAME(必填)、PREF、COORD、FONT-NAME、FONT-SIZE、FONT-COLOR、PAGE

取值:一个 TEXT 值

示例:

〈EXT NAME="爱好"〉象棋〈/EXT〉

附 录 A
（资料性附录）
电子名片文件划分及元素分类

A.1 电子名片

A.1.1 电子名片划分

以 XML 形式保存的电子名片文件(gCard 文件)分为名片头部分和名片体部分。

A.1.2 名片头部分

名片头部分包括元素:名片唯一标识、拥有者唯一标识、版本号、更新源、最近修改时间、种类、格式化名称、版面。

A.1.3 名片体部分

名片体部分包括元素:姓名、别名、出生日期、出生地、去世日期、去世地、纪念日、单位名称、地址、称谓、时区、经纬度、职业、排序串、统一资源定位地址、性别、相片、电话、籍贯、银行账号、电子邮件、即时通号码、职称、民族、矩形、图片、扩展元素。

A.2 名片元素分类

A.2.1 实义元素

具有实际意义并需要被显示出来的元素。包括:姓名、别名、出生日期、出生地、去世日期、去世地、纪念日、单位名称、地址、称谓、时区、经纬度、职业、性别、相片、电话、籍贯、银行账号、电子邮件、即时通号码、职称、民族、扩展元素。

A.2.2 功能元素

用于表现名片信息的元数据,不需要显示出来。包括:名片唯一性标识、拥有者唯一标识、版本号、更新源、最近修改时间、种类、格式化名称、排序串、统一资源定位地址。

A.2.3 修饰元素

没有实际意义,仅用于显示。包括:矩形、图片。

附 录 B
（规范性附录）
gCard 文件对应的 XSD 文件

```
<? xml version="1.0" encoding="utf-8"?>
<xs:schema targetNamespace="http://www.cesi.ac.cn/gcard/schema"
    elementFormDefault="qualified"
    xmlns="http://www.cesi.ac.cn/gcard/schema"
    xmlns:xs="http://www.w3.org/2001/XMLSchema"
    xmlns:gcard="http://www.cesi.ac.cn/gcard/schema"
>
  <xs:annotation>
    <xs:documentation>

      G—Card 1.0 Strict in XML Schema

      this specification descript electronic name card exchange agreement which is called G—Card.

      Namespace = http://www.cesi.ac.cn/gcard/schema

      For more information please check http://www.cesi.ac.cn/gcard

      Last update:2010/09/27
    </xs:documentation>
</xs:annotation>

<xs:annotation>
  <xs:documentation>
    =================document structure =================
  </xs:documentation>
</xs:annotation>

<xs:element name="GCARD">
  <xs:complexType>
    <xs:sequence>
      <xs:element name="HEAD">
        <xs:complexType>
          <xs:group ref="HEAD"></xs:group>
        </xs:complexType>
      </xs:element>
      <xs:element name="BODY">
      <xs:complexType>
```

```
        〈xs:group ref="BODY"〉〈/xs:group〉
      〈/xs:complexType〉
    〈/xs:element〉
  〈/xs:sequence〉
 〈/xs:complexType〉
〈/xs:element〉

〈xs:group name="HEAD"〉
  〈xs:sequence〉
    〈xs:element ref="UID" minOccurs="0" maxOccurs="1"〉〈/xs:element〉
    〈xs:element ref="OID" minOccurs="0" maxOccurs="1"〉〈/xs:element〉
    〈xs:element ref="VERSION" minOccurs="0" maxOccurs="1"〉〈/xs:element〉
    〈xs:element ref="SOURCE" minOccurs="0" maxOccurs="unbounded"〉〈/xs:element〉
    〈xs:element ref="REV" minOccurs="0" maxOccurs="1"〉〈/xs:element〉
    〈xs:element ref="KIND" minOccurs="0" maxOccurs="1"〉〈/xs:element〉
    〈xs:element ref="FN" minOccurs="1" maxOccurs="unbounded"〉〈/xs:element〉
    〈xs:element ref="PAGE" minOccurs="1" maxOccurs="unbounded"〉〈/xs:element〉
  〈/xs:sequence〉
〈/xs:group〉

〈xs:group name="BODY"〉
  〈xs:sequence〉
    〈xs:element ref="N" minOccurs="0" maxOccurs="unbounded"〉〈/xs:element〉
    〈xs:element ref="NICKNAME" minOccurs="0" maxOccurs="unbounded"〉〈/xs:element〉
    〈xs:element ref="BDAY" minOccurs="0" maxOccurs="1"〉〈/xs:element〉
    〈xs:element ref="BIRTH" minOccurs="0" maxOccurs="1"〉〈/xs:element〉
    〈xs:element ref="DDAY" minOccurs="0" maxOccurs="1"〉〈/xs:element〉
    〈xs:element ref="DEATH" minOccurs="0" maxOccurs="1"〉〈/xs:element〉
    〈xs:element ref="ANNIVERSARY" minOccurs="0" maxOccurs="1"〉〈/xs:element〉
    〈xs:element ref="ORG" minOccurs="0" maxOccurs="unbounded"〉〈/xs:element〉
    〈xs:element ref="ADR" minOccurs="0" maxOccurs="unbounded"〉〈/xs:element〉
    〈xs:element ref="TITLE" minOccurs="0" maxOccurs="unbounded"〉〈/xs:element〉
    〈xs:element ref="TZ" minOccurs="0" maxOccurs="unbounded"〉〈/xs:element〉
    〈xs:element ref="GEO" minOccurs="0" maxOccurs="unbounded"〉〈/xs:element〉
    〈xs:element ref="ROLE" minOccurs="0" maxOccurs="unbounded"〉〈/xs:element〉
    〈xs:element ref="SORT-STRING" minOccurs="0" maxOccurs="1"〉〈/xs:element〉
    〈xs:element ref="URL" minOccurs="0" maxOccurs="unbounded"〉〈/xs:element〉
    〈xs:element ref="SEX" minOccurs="0" maxOccurs="1"〉〈/xs:element〉
    〈xs:element ref="PHOTO" minOccurs="0" maxOccurs="unbounded"〉〈/xs:element〉
    〈xs:element ref="NATIVE-PLACE" minOccurs="0" maxOccurs="unbounded"〉〈/xs:ele-
ment〉
    〈xs:element ref="BANK-ACCOUNT" minOccurs="0" maxOccurs="unbounded"〉〈/xs:ele-
```

```
ment〉
    〈xs:element ref="TEL" minOccurs="0" maxOccurs="unbounded"〉〈/xs:element〉
    〈xs:element ref="EMAIL" minOccurs="0" maxOccurs="unbounded"〉〈/xs:element〉
    〈xs:element ref="IMPP" minOccurs="0" maxOccurs="unbounded"〉〈/xs:element〉
    〈xs:element ref="EXT" minOccurs="0" maxOccurs="unbounded"〉〈/xs:element〉
    〈xs:element ref="JOB-TITLE" minOccurs="0" maxOccurs="1"〉〈/xs:element〉
    〈xs:element ref="NATION" minOccurs="0" maxOccurs="1"〉〈/xs:element〉
    〈xs:element ref="IMAGE" minOccurs="0" maxOccurs="unbounded"〉〈/xs:element〉
    〈xs:element ref="RECTANGLE" minOccurs="0" maxOccurs="unbounded"〉〈/xs:element〉
  〈/xs:sequence〉
〈/xs:group〉

〈xs:annotation〉
  〈xs:documentation〉
    ================== element definition ===================
  〈/xs:documentation〉
〈/xs:annotation〉

〈xs:element name="UID"〉
  〈xs:simpleType〉
    〈xs:restriction base="xs:string"〉
      〈xs:pattern
value="([A-Z0-9]){8}-([A-Z0-9]){4}-([A-Z0-9]){4}-([A-Z0-9]){4}-([A-Z0-9]){12}"〉〈/xs:pat-
tern〉
    〈/xs:restriction〉
  〈/xs:simpleType〉
〈/xs:element〉
〈xs:element name="OID"〉
  〈xs:simpleType〉
    〈xs:restriction base="xs:string"〉
      〈xs:pattern
value="([A-Z0-9]){8}-([A-Z0-9]){4}-([A-Z0-9]){4}-([A-Z0-9]){4}-([A-Z0-9]){12}"〉〈/xs:pat-
tern〉
    〈/xs:restriction〉
  〈/xs:simpleType〉
〈/xs:element〉
〈xs:element name="VERSION"〉
  〈xs:simpleType〉
    〈xs:restriction base="xs:string"〉〈/xs:restriction〉
  〈/xs:simpleType〉
〈/xs:element〉
  〈xs:element name="SOURCE" type="xs:anyURI"〉〈/xs:element〉
  〈xs:element name="REV" type="xs:dateTime"〉〈/xs:element〉
```

```
  〈xs:element name="KIND"〉
    〈xs:simpleType〉
      〈xs:restriction base="xs:string"〉
        〈xs:enumeration value="INDIVIDUAL"〉〈/xs:enumeration〉
        〈xs:enumeration value="GROUP"〉〈/xs:enumeration〉
        〈xs:enumeration value="ORG"〉〈/xs:enumeration〉
        〈xs:enumeration value="LOCATION"〉〈/xs:enumeration〉
        〈xs:enumeration value="THING"〉〈/xs:enumeration〉
      〈/xs:restriction〉
    〈/xs:simpleType〉
  〈/xs:element〉
〈xs:element name="FN" type="xs:string"〉〈/xs:element〉
〈xs:element name="PAGE"〉
  〈xs:complexType〉
    〈xs:simpleContent〉
      〈xs:extension base="xs:string"〉
        〈xs:attribute name="NO" type="xs:positiveInteger"〉〈/xs:attribute〉
        〈xs:attribute name="NAME" type="xs:string"〉〈/xs:attribute〉
      〈/xs:extension〉
    〈/xs:simpleContent〉
  〈/xs:complexType〉
〈/xs:element〉

〈xs:element name="N"〉
  〈xs:complexType〉
    〈xs:simpleContent〉
      〈xs:extension base="xs:string"〉
        〈xs:attribute name="PREF" type="xs:positiveInteger"〉〈/xs:attribute〉
        〈xs:attribute name="SURNAME" type="xs:string"〉〈/xs:attribute〉
        〈xs:attribute name="GIVEN" type="xs:string"〉〈/xs:attribute〉
        〈xs:attribute name="COORD" type="xs:string"〉〈/xs:attribute〉
        〈xs:attribute name="FONT-NAME" type="xs:string"〉〈/xs:attribute〉
        〈xs:attribute name="FONT-SIZE" type="xs:string"〉〈/xs:attribute〉
        〈xs:attribute name="FONT-COLOR" type="xs:string"〉〈/xs:attribute〉
        〈xs:attribute name="PAGE" type="xs:positiveInteger"〉〈/xs:attribute〉
      〈/xs:extension〉
    〈/xs:simpleContent〉
  〈/xs:complexType〉
〈/xs:element〉
〈xs:element name="NICKNAME"〉
  〈xs:complexType〉
    〈xs:simpleContent〉
      〈xs:extension base="xs:string"〉
```

```
        <xs:attribute name="PREF" type="xs:positiveInteger"></xs:attribute>
        <xs:attribute name="COORD" type="xs:string"></xs:attribute>
        <xs:attribute name="FONT-NAME" type="xs:string"></xs:attribute>
        <xs:attribute name="FONT-SIZE" type="xs:string"></xs:attribute>
        <xs:attribute name="FONT-COLOR" type="xs:string"></xs:attribute>
        <xs:attribute name="PAGE" type="xs:positiveInteger"></xs:attribute>
      </xs:extension>
    </xs:simpleContent>
  </xs:complexType>
</xs:element>
<xs:element name="BDAY">
  <xs:complexType>
    <xs:simpleContent>
      <xs:extension base="xs:string">
        <xs:attribute name="CALSCALE" use="required">
          <xs:simpleType>
            <xs:restriction base="xs:string">
              <xs:enumeration value="Gregorian"></xs:enumeration>
              <xs:enumeration value="Lunar"></xs:enumeration>
            </xs:restriction>
          </xs:simpleType>
        </xs:attribute>
        <xs:attribute name="COORD" type="xs:string"></xs:attribute>
        <xs:attribute name="FONT-NAME" type="xs:string"></xs:attribute>
        <xs:attribute name="FONT-SIZE" type="xs:string"></xs:attribute>
        <xs:attribute name="FONT-COLOR" type="xs:string"></xs:attribute>
        <xs:attribute name="PAGE" type="xs:positiveInteger"></xs:attribute>
      </xs:extension>
    </xs:simpleContent>
  </xs:complexType>
</xs:element>
<xs:element name="BIRTH">
  <xs:complexType>
    <xs:simpleContent>
      <xs:extension base="xs:string">
        <xs:attribute name="COORD" type="xs:string"></xs:attribute>
        <xs:attribute name="FONT-NAME" type="xs:string"></xs:attribute>
        <xs:attribute name="FONT-SIZE" type="xs:string"></xs:attribute>
        <xs:attribute name="FONT-COLOR" type="xs:string"></xs:attribute>
        <xs:attribute name="PAGE" type="xs:positiveInteger"></xs:attribute>
      </xs:extension>
    </xs:simpleContent>
  </xs:complexType>
```

```
〈/xs:element〉
〈xs:element name="DDAY"〉
  〈xs:complexType〉
    〈xs:simpleContent〉
      〈xs:extension base="xs:string"〉
        〈xs:attribute name="CALSCALE" use="required"〉
          〈xs:simpleType〉
            〈xs:restriction base="xs:string"〉
              〈xs:enumeration value="Gregorian"〉〈/xs:enumeration〉
              〈xs:enumeration value="Lunar"〉〈/xs:enumeration〉
            〈/xs:restriction〉
          〈/xs:simpleType〉
        〈/xs:attribute〉
        〈xs:attribute name="COORD" type="xs:string"〉〈/xs:attribute〉
        〈xs:attribute name="FONT-NAME" type="xs:string"〉〈/xs:attribute〉
        〈xs:attribute name="FONT-SIZE" type="xs:string"〉〈/xs:attribute〉
        〈xs:attribute name="FONT-COLOR" type="xs:string"〉〈/xs:attribute〉
        〈xs:attribute name="PAGE" type="xs:positiveInteger"〉〈/xs:attribute〉
      〈/xs:extension〉
    〈/xs:simpleContent〉
  〈/xs:complexType〉
〈/xs:element〉
〈xs:element name="DEATH"〉
  〈xs:complexType〉
    〈xs:simpleContent〉
      〈xs:extension base="xs:string"〉
        〈xs:attribute name="COORD" type="xs:string"〉〈/xs:attribute〉
        〈xs:attribute name="FONT-NAME" type="xs:string"〉〈/xs:attribute〉
        〈xs:attribute name="FONT-SIZE" type="xs:string"〉〈/xs:attribute〉
        〈xs:attribute name="FONT-COLOR" type="xs:string"〉〈/xs:attribute〉
        〈xs:attribute name="PAGE" type="xs:positiveInteger"〉〈/xs:attribute〉
      〈/xs:extension〉
    〈/xs:simpleContent〉
  〈/xs:complexType〉
〈/xs:element〉
〈xs:element name="ANNIVERSARY"〉
  〈xs:complexType〉
    〈xs:simpleContent〉
      〈xs:extension base="xs:date"〉
        〈xs:attribute name="CALSCALE" use="required"〉
          〈xs:simpleType〉
            〈xs:restriction base="xs:string"〉
              〈xs:enumeration value="Gregorian"〉〈/xs:enumeration〉
```

```
              <xs:enumeration value="Lunar"></xs:enumeration>
            </xs:restriction>
          </xs:simpleType>
        </xs:attribute>
        <xs:attribute name="PREF" type="xs:positiveInteger"></xs:attribute>
        <xs:attribute name="NAME" type="xs:string"></xs:attribute>
        <xs:attribute name="COORD" type="xs:string"></xs:attribute>
        <xs:attribute name="FONT-NAME" type="xs:string"></xs:attribute>
        <xs:attribute name="FONT-SIZE" type="xs:string"></xs:attribute>
        <xs:attribute name="FONT-COLOR" type="xs:string"></xs:attribute>
        <xs:attribute name="PAGE" type="xs:positiveInteger"></xs:attribute>
      </xs:extension>
    </xs:simpleContent>
  </xs:complexType>
</xs:element>
<xs:element name="ORG">
  <xs:complexType>
    <xs:simpleContent>
      <xs:extension base="xs:string">
        <xs:attribute name="PREF" type="xs:positiveInteger"></xs:attribute>
        <xs:attribute name="DEPARTMENT" type="xs:string"></xs:attribute>
        <xs:attribute name="COORD" type="xs:string"></xs:attribute>
        <xs:attribute name="FONT-NAME" type="xs:string"></xs:attribute>
        <xs:attribute name="FONT-SIZE" type="xs:string"></xs:attribute>
        <xs:attribute name="FONT-COLOR" type="xs:string"></xs:attribute>
        <xs:attribute name="PAGE" type="xs:positiveInteger"></xs:attribute>
      </xs:extension>
    </xs:simpleContent>
  </xs:complexType>
</xs:element>
<xs:element name="ADR">
  <xs:complexType>
    <xs:simpleContent>
      <xs:extension base="xs:string">
        <xs:attribute name="PREF" type="xs:positiveInteger"></xs:attribute>
        <xs:attribute name="COUNTRY" type="xs:string"></xs:attribute>
        <xs:attribute name="PROVINCE" type="xs:string"></xs:attribute>
        <xs:attribute name="CITY" type="xs:string"></xs:attribute>
        <xs:attribute name="DISTRICT" type="xs:string"></xs:attribute>
        <xs:attribute name="STREET" type="xs:string"></xs:attribute>
        <xs:attribute name="NUMBER" type="xs:string"></xs:attribute>
        <xs:attribute name="POST" type="xs:string"></xs:attribute>
        <xs:attribute name="COORD" type="xs:string"></xs:attribute>
```

```
        <xs:attribute name="FONT-NAME" type="xs:string"></xs:attribute>
        <xs:attribute name="FONT-SIZE" type="xs:string"></xs:attribute>
        <xs:attribute name="FONT-COLOR" type="xs:string"></xs:attribute>
        <xs:attribute name="PAGE" type="xs:positiveInteger"></xs:attribute>
      </xs:extension>
    </xs:simpleContent>
  </xs:complexType>
</xs:element>
<xs:element name="TITLE">
  <xs:complexType>
    <xs:simpleContent>
      <xs:extension base="xs:string">
        <xs:attribute name="PREF" type="xs:positiveInteger"></xs:attribute>
        <xs:attribute name="COORD" type="xs:string"></xs:attribute>
        <xs:attribute name="FONT-NAME" type="xs:string"></xs:attribute>
        <xs:attribute name="FONT-SIZE" type="xs:string"></xs:attribute>
        <xs:attribute name="FONT-COLOR" type="xs:string"></xs:attribute>
        <xs:attribute name="PAGE" type="xs:positiveInteger"></xs:attribute>
      </xs:extension>
    </xs:simpleContent>
  </xs:complexType>
</xs:element>
<xs:element name="TZ">
  <xs:complexType>
    <xs:simpleContent>
      <xs:extension base="xs:string">
        <xs:attribute name="PREF" type="xs:positiveInteger"></xs:attribute>
        <xs:attribute name="COORD" type="xs:string"></xs:attribute>
        <xs:attribute name="FONT-NAME" type="xs:string"></xs:attribute>
        <xs:attribute name="FONT-SIZE" type="xs:string"></xs:attribute>
        <xs:attribute name="FONT-COLOR" type="xs:string"></xs:attribute>
        <xs:attribute name="PAGE" type="xs:positiveInteger"></xs:attribute>
      </xs:extension>
    </xs:simpleContent>
  </xs:complexType>
</xs:element>
<xs:element name="GEO">
  <xs:complexType>
    <xs:simpleContent>
      <xs:extension base="xs:string">
        <xs:attribute name="PREF" type="xs:positiveInteger"></xs:attribute>
          <xs:attribute name="NAME" type="xs:string"></xs:attribute>
          <xs:attribute name="COORD" type="xs:string"></xs:attribute>
```

```
        <xs:attribute name="FONT-NAME" type="xs:string"></xs:attribute>
        <xs:attribute name="FONT-SIZE" type="xs:string"></xs:attribute>
        <xs:attribute name="FONT-COLOR" type="xs:string"></xs:attribute>
        <xs:attribute name="PAGE" type="xs:positiveInteger"></xs:attribute>
      </xs:extension>
    </xs:simpleContent>
  </xs:complexType>
</xs:element>
<xs:element name="ROLE">
  <xs:complexType>
    <xs:simpleContent>
      <xs:extension base="xs:string">
        <xs:attribute name="PREF" type="xs:positiveInteger"></xs:attribute>
        <xs:attribute name="COORD" type="xs:string"></xs:attribute>
        <xs:attribute name="FONT-NAME" type="xs:string"></xs:attribute>
        <xs:attribute name="FONT-SIZE" type="xs:string"></xs:attribute>
        <xs:attribute name="FONT-COLOR" type="xs:string"></xs:attribute>
        <xs:attribute name="PAGE" type="xs:positiveInteger"></xs:attribute>
      </xs:extension>
    </xs:simpleContent>
  </xs:complexType>
</xs:element>
<xs:element name="SORT-STRING">
  <xs:complexType>
    <xs:attribute name="SURNAME" type="xs:string"></xs:attribute>
    <xs:attribute name="GIVEN" type="xs:string"></xs:attribute>
  </xs:complexType>
</xs:element>
<xs:element name="URL">
  <xs:complexType>
    <xs:simpleContent>
      <xs:extension base="xs:anyURI">
        <xs:attribute name="NAME" type="xs:string" use="required"></xs:attribute>
      </xs:extension>
    </xs:simpleContent>
  </xs:complexType>
</xs:element>
<xs:element name="SEX">
  <xs:complexType>
    <xs:simpleContent>
      <xs:extension base="xs:string">
        <xs:attribute name="COORD" type="xs:string"></xs:attribute>
        <xs:attribute name="FONT-NAME" type="xs:string"></xs:attribute>
```

```
        <xs:attribute name="FONT-SIZE" type="xs:string"></xs:attribute>
        <xs:attribute name="FONT-COLOR" type="xs:string"></xs:attribute>
        <xs:attribute name="PAGE" type="xs:positiveInteger"></xs:attribute>
      </xs:extension>
    </xs:simpleContent>
  </xs:complexType>
</xs:element>
<xs:element name="PHOTO">
  <xs:complexType>
    <xs:simpleContent>
      <xs:extension base="xs:base64Binary">
        <xs:attribute name="FILE-FORMAT" type="xs:string"></xs:attribute>
        <xs:attribute name="NAME" type="xs:string"></xs:attribute>
        <xs:attribute name="COORD" type="xs:string"></xs:attribute>
        <xs:attribute name="HEIGHT" type="xs:string"></xs:attribute>
        <xs:attribute name="WIDTH" type="xs:string"></xs:attribute>
        <xs:attribute name="PAGE" type="xs:positiveInteger"></xs:attribute>
      </xs:extension>
    </xs:simpleContent>
  </xs:complexType>
</xs:element>
<xs:element name="NATIVE-PLACE">
  <xs:complexType>
    <xs:simpleContent>
      <xs:extension base="xs:string">
        <xs:attribute name="COORD" type="xs:string"></xs:attribute>
        <xs:attribute name="FONT-NAME" type="xs:string"></xs:attribute>
        <xs:attribute name="FONT-SIZE" type="xs:string"></xs:attribute>
        <xs:attribute name="FONT-COLOR" type="xs:string"></xs:attribute>
        <xs:attribute name="PAGE" type="xs:positiveInteger"></xs:attribute>
      </xs:extension>
    </xs:simpleContent>
  </xs:complexType>
</xs:element>
<xs:element name="BANK-ACCOUNT">
  <xs:complexType>
    <xs:simpleContent>
      <xs:extension base="xs:string">
        <xs:attribute name="NAME" type="xs:string" use="required"></xs:attribute>
        <xs:attribute name="COORD" type="xs:string"></xs:attribute>
        <xs:attribute name="FONT-NAME" type="xs:string"></xs:attribute>
        <xs:attribute name="FONT-SIZE" type="xs:string"></xs:attribute>
        <xs:attribute name="FONT-COLOR" type="xs:string"></xs:attribute>
```

```
        <xs:attribute name="PAGE" type="xs:positiveInteger"></xs:attribute>
      </xs:extension>
    </xs:simpleContent>
  </xs:complexType>
</xs:element>
<xs:element name="TEL">
  <xs:complexType>
    <xs:simpleContent>
      <xs:extension base="xs:string">
        <xs:attribute name="PREF" type="xs:positiveInteger"></xs:attribute>
        <xs:attribute name="TYPE">
          <xs:simpleType>
            <xs:restriction base="xs:string">
              <xs:enumeration value="text"></xs:enumeration>
              <xs:enumeration value="voice"></xs:enumeration>
              <xs:enumeration value="fax"></xs:enumeration>
              <xs:enumeration value="cell"></xs:enumeration>
              <xs:enumeration value="video"></xs:enumeration>
              <xs:enumeration value="pager"></xs:enumeration>
              <xs:enumeration value="mobile"></xs:enumeration>
            </xs:restriction>
          </xs:simpleType>
        </xs:attribute>
        <xs:attribute name="COORD" type="xs:string"></xs:attribute>
        <xs:attribute name="FONT-NAME" type="xs:string"></xs:attribute>
        <xs:attribute name="FONT-SIZE" type="xs:string"></xs:attribute>
        <xs:attribute name="FONT-COLOR" type="xs:string"></xs:attribute>
        <xs:attribute name="PAGE" type="xs:positiveInteger"></xs:attribute>
      </xs:extension>
    </xs:simpleContent>
  </xs:complexType>
</xs:element>
<xs:element name="EMAIL">
  <xs:complexType>
    <xs:simpleContent>
      <xs:extension base="xs:string">
        <xs:attribute name="PREF" type="xs:positiveInteger"></xs:attribute>
        <xs:attribute name="NAME" type="xs:string"></xs:attribute>
        <xs:attribute name="COORD" type="xs:string"></xs:attribute>
        <xs:attribute name="FONT-NAME" type="xs:string"></xs:attribute>
        <xs:attribute name="FONT-SIZE" type="xs:string"></xs:attribute>
        <xs:attribute name="FONT-COLOR" type="xs:string"></xs:attribute>
        <xs:attribute name="PAGE" type="xs:positiveInteger"></xs:attribute>
      </xs:extension>
```

```
    </xs:simpleContent>
  </xs:complexType>
</xs:element>
<xs:element name="IMPP">
  <xs:complexType>
    <xs:simpleContent>
      <xs:extension base="xs:string">
        <xs:attribute name="PREF" type="xs:positiveInteger"></xs:attribute>
        <xs:attribute name="NAME" type="xs:string"></xs:attribute>
        <xs:attribute name="COORD" type="xs:string"></xs:attribute>
        <xs:attribute name="FONT-NAME" type="xs:string"></xs:attribute>
        <xs:attribute name="FONT-SIZE" type="xs:string"></xs:attribute>
        <xs:attribute name="FONT-COLOR" type="xs:string"></xs:attribute>
        <xs:attribute name="PAGE" type="xs:positiveInteger"></xs:attribute>
      </xs:extension>
    </xs:simpleContent>
  </xs:complexType>
</xs:element>
<xs:element name="EXT">
  <xs:complexType>
    <xs:simpleContent>
      <xs:extension base="xs:string">
        <xs:attribute name="PREF" type="xs:positiveInteger"></xs:attribute>
        <xs:attribute name="NAME" type="xs:string" use="required"></xs:attribute>
        <xs:attribute name="COORD" type="xs:string"></xs:attribute>
        <xs:attribute name="FONT-NAME" type="xs:string"></xs:attribute>
        <xs:attribute name="FONT-SIZE" type="xs:string"></xs:attribute>
        <xs:attribute name="FONT-COLOR" type="xs:string"></xs:attribute>
        <xs:attribute name="PAGE" type="xs:positiveInteger"></xs:attribute>
      </xs:extension>
    </xs:simpleContent>
  </xs:complexType>
</xs:element>
<xs:element name="JOB-TITLE">
  <xs:complexType>
    <xs:simpleContent>
      <xs:extension base="xs:string">
        <xs:attribute name="PREF" type="xs:positiveInteger"></xs:attribute>
        <xs:attribute name="COORD" type="xs:string"></xs:attribute>
        <xs:attribute name="FONT-NAME" type="xs:string"></xs:attribute>
        <xs:attribute name="FONT-SIZE" type="xs:string"></xs:attribute>
        <xs:attribute name="FONT-COLOR" type="xs:string"></xs:attribute>
        <xs:attribute name="PAGE" type="xs:positiveInteger"></xs:attribute>
      </xs:extension>
```

```
      </xs:simpleContent>
    </xs:complexType>
  </xs:element>
  <xs:element name="NATION">
    <xs:complexType>
      <xs:simpleContent>
        <xs:extension base="xs:string">
          <xs:attribute name="COORD" type="xs:string"></xs:attribute>
          <xs:attribute name="FONT-NAME" type="xs:string"></xs:attribute>
          <xs:attribute name="FONT-SIZE" type="xs:string"></xs:attribute>
          <xs:attribute name="FONT-COLOR" type="xs:string"></xs:attribute>
          <xs:attribute name="PAGE" type="xs:positiveInteger"></xs:attribute>
        </xs:extension>
      </xs:simpleContent>
    </xs:complexType>
  </xs:element>
  <xs:element name="IMAGE">
    <xs:complexType>
      <xs:simpleContent>
        <xs:extension base="xs:base64Binary">
          <xs:attribute name="FILE-FORMAT" type="xs:string"></xs:attribute>
          <xs:attribute name="COORD" type="xs:string"></xs:attribute>
          <xs:attribute name="HEIGHT" type="xs:string"></xs:attribute>
          <xs:attribute name="WIDTH" type="xs:string"></xs:attribute>
          <xs:attribute name="PAGE" type="xs:positiveInteger"></xs:attribute>
        </xs:extension>
      </xs:simpleContent>
    </xs:complexType>
  </xs:element>
  <xs:element name="RECTANGLE">
    <xs:complexType>
      <xs:attribute name="COORD" type="xs:string"></xs:attribute>
      <xs:attribute name="HEIGHT" type="xs:string"></xs:attribute>
      <xs:attribute name="WIDTH" type="xs:string"></xs:attribute>
      <xs:attribute name="PAGE" type="xs:positiveInteger"></xs:attribute>
      <xs:attribute name="FILL-COLOR" type="xs:string"></xs:attribute>
      <xs:attribute name="LINE-WIDTH" type="xs:string"></xs:attribute>
        <xs:attribute name="LINE-COLOR" type="xs:string"></xs:attribute>
      </xs:complexType>
  </xs:element>
      </xs:schema>
```

附 录 C
（资料性附录）
gCard 示例文件

〈? xml version="1.0" encoding="utf-8"?〉
〈GCARD xmlns="http://www.cesi.ac.cn/gcard/schema"〉
〈HEAD〉
〈UID〉F4660FE1-5C3C-41B5-99B1-01E80674A34B〈/UID〉
〈OID〉031258CC-3F6E-41EF-B37D-846DB7040EDE〈/OID〉
〈VERSION〉1.0〈/VERSION〉
〈SOURCE〉http://www.nits.gov.cn/sample-1.xml〈/SOURCE〉
〈REV〉2010-07-21T09:30:00Z〈/REV〉
〈KIND〉INDIVIDUAL〈/KIND〉
〈FN〉张三〈/FN〉
〈PAGE NO="1" NAME="个人信息"〉〈/PAGE〉
〈PAGE NO="2" NAME="工作信息"〉〈/PAGE〉
〈/HEAD〉
〈BODY〉
〈N PREF="1" SURNAME="张" GIVEN="三" PAGE="1" COORD="10,10" FONT-SIZE="12" FONT-NAME="宋体" FONT-COLOR="黑色"〉张三〈/N〉
〈NICKNAME PREF="1" PAGE="1" COORD="10,20" FONT-SIZE="12" FONT-NAME="宋体" FONT-COLOR="黑色"〉小三〈/NICKNAME〉
〈BDAY CALSCALE="Gregorian" PAGE="1" COORD="10,30"〉1932-5-7〈/BDAY〉
〈BIRTH PAGE="1" COORD="10,40"〉北京〈/BIRTH〉
〈DDAY CALSCALE="Gregorian" PAGE="1" COORD="10,50"〉2000-10-10〈/DDAY〉
〈DEATH PAGE="1" COORD="10,60"〉上海〈/DEATH〉
〈ANNIVERSARY CALSCALE="Gregorian" PREF="1" NAME="结婚纪念日" PAGE="1" COORD="10,70"〉1955-01-01〈/ANNIVERSARY〉
〈ORG PREF="1" PAGE="2" COORD="10,10" DEPARTMENT="某学院"〉某大学〈/ORG〉
〈ADR PREF="1" COUNTRY="中国" PROVINCE="北京" CITY="北京市" DISTRICT="海淀区" STREET="一号路" NUMBER="一号" POST="100000" PAGE="1" COORD="10,90"〉北京市海淀区一号路一号〈/ADR〉
〈TITLE PREF="1" PAGE="1" COORD="10,100"〉总经理〈/TITLE〉
〈TITLE PREF="2" PAGE="1" COORD="100,100"〉首席信息官〈/TITLE〉
〈TZ PREF="1" PAGE="1" COORD="10,110"〉-05:00〈/TZ〉
〈GEO PREF="1" NAME="单位坐标" PAGE="2" COORD="10,20"〉37.38;-122.08〈/GEO〉
〈ROLE PREF="1" PAGE="2" COORD="10,30"〉行政管理〈/ROLE〉
〈SORT-STRING SURNAME="张" GIVEN="三"〉〈/SORT-STRING〉
〈URL NAME="附件"〉http://www.w3.org/tr/xml〈/URL〉
〈SEX〉1〈/SEX〉
〈PHOTO NAME="单位照片" FILE-FORMAT="Jpeg" PAGE="2" COORD="10,50" WIDTH="500"

HEIGHT="400"〉00000000〈/PHOTO〉

〈NATIVE-PLACE PAGE="1" COORD="10,120"〉某省某市〈/NATIVE-PLACE〉

〈BANK-ACCOUNT NAME="转入账的某银行账户" PAGE="2" COORD="10,600"〉6222104400000000〈/BANK-ACCOUNT〉

〈TEL PREF="1" TYPE="cell" PAGE="2" COORD="10,610"〉13800000000〈/TEL〉

〈EMAIL PREF="1" NAME="work" PAGE="2" COORD="10,620"〉xxx@xxx.com〈/EMAIL〉

〈IMPP PREF="1" NAME="qq" PAGE="2" COORD="10,650"〉0000000〈/IMPP〉

〈EXT PREF="1" NAME="爱好" PAGE="1" COORD="10,200"〉篮球〈/EXT〉

〈JOB-TITLE PREF="1" PAGE="2" COORD="10,700"〉主任〈/JOB-TITLE〉

〈NATION PAGE="1" COORD="10,210"〉汉〈/NATION〉

〈IMAGE FILE-FORMAT="Jpeg" PAGE="2" WIDTH="300" HEIGHT="200" COORD="10,700"〉00000000〈/IMAGE〉

〈RECTANGLE PAGE="2" COORD="10,800" WIDTH="30" HEIGHT="20" FILL-COLOR="#FF0000" LINE-WIDTH="1" LINE-COLOR="#00FF00"〉〈/RECTANGLE〉

〈/BODY〉

〈/GCARD〉

附 录 D
（规范性附录）
坐标系定义

D.1 坐标系简介

D.1.1 用于定义元素的位置

D.1.2 坐标系定义通过属性 COORD 作用于姓名、地址、电话等实义元素及矩形、图像等非实义元素。

D.2 坐标系定义

D.2.1 本坐标采用平面直角坐标系，水平方向为 *X* 坐标，垂直方向为 *Y* 坐标。

D.2.2 水平坐标（*X* 坐标）轴方向为从左到右。

D.2.3 垂直坐标（*Y* 坐标）轴方向为从上到下。

D.2.4 左上角为坐标原点，原点坐标为（0.0，0.0）。

D.2.5 坐标值取值为实数，单位为像素（pixel）。

D.3 坐标值定义

一单位的坐标值，即 1 像素（pixel），在显示屏以 PPI（Pixels Per Inch）为 96 显示时，一单位的坐标在实际中对应约为 0.265 mm。

示例：（见图 D.1、图 D.2）

一般名片的大小为 90 mm×54 mm，用本标准描述的坐标系，其分辨率约为 340×204。

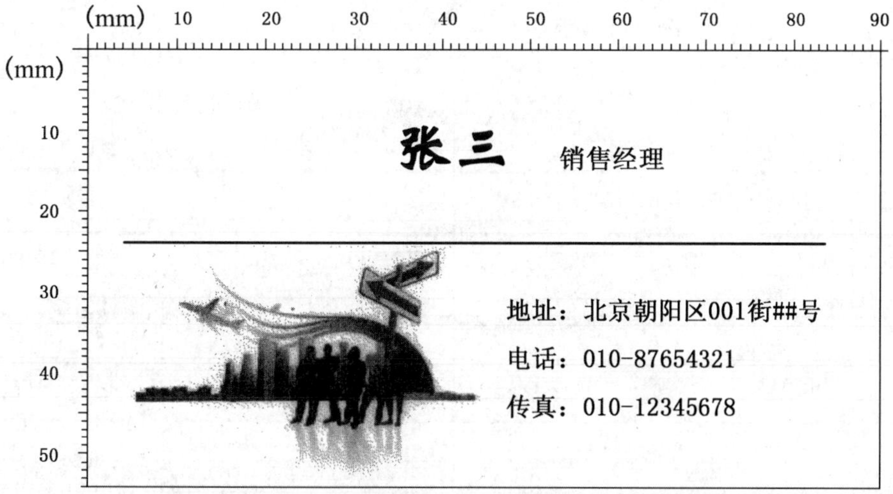

图 D.1 以毫米为单位的坐标系

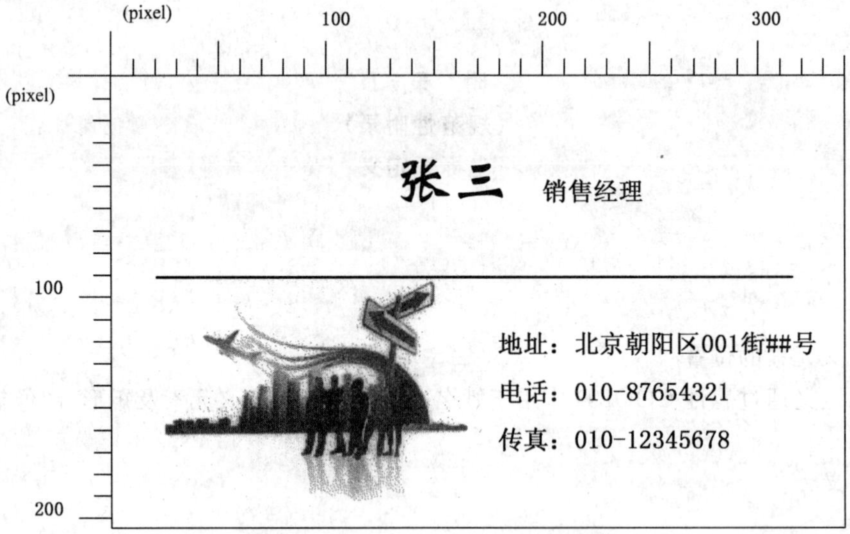

图 D.2 本坐标定义的坐标系

ICS 35.240.99
L 67

中华人民共和国国家标准

GB/T 28824—2012

信息技术　学习、教育和培训 数字权利描述语言

Information technology—Learning, education and training—Digital rights expression language

2012-11-05 发布　　2013-02-01 实施

中华人民共和国国家质量监督检验检疫总局
中国国家标准化管理委员会　发布

前　　言

本标准按照 GB/T 1.1—2009 给出的规则起草。

请注意本文件的某些内容可能涉及专利。本文件的发布机构不承担识别这些专利的责任。

本标准由全国信息技术标准化技术委员会(SAC/TC 28)提出并归口。

本标准起草单位:华中科技大学、华中师范大学、中国电子技术标准化研究所。

本标准主要起草人:吴砥、张屹、赵姝、杨晓露、魏晓光、宝艳、冯颖、张黎静、余云涛。

引　言

信息技术的发展带来了学习、教育和培训技术的全面革新，数字化学习越来越广为接受，成为传统学习、教育和培训模式的新发展。

数字化学习的重要环节之一是资源分发方式和服务方式，因特网的发展催生了教育资源分发方式和服务访问方式的革命，人们可以从世界任何地方的网站上浏览和下载内容，方便的共享这些资源。但同时，网络资源的易获得性和易复制性导致了版权管理方面的问题，资源的提供者和拥有者希望自己的权利受到保护，数字版权管理技术由此产生。数字版权管理涉及到资源、权利和主体，而权利描述语言是表示三者之间权利关系的桥梁。

本标准重点解决信息技术学习、教育和培训标准体系中权利保护的基本问题，有利于保护权利拥有者和使用者的合法权益，对网络教育的发展和教育资源的共享、重用和系统互操作起到积极作用。

信息技术　学习、教育和培训 数字权利描述语言

1　范围

本标准规定了信息技术学习、教育和培训领域的权利描述语言，建立了该领域的数字权利描述基本模型。

本标准适用于信息技术学习、教育和培训领域中强制共享需求较弱的场合。

2　规范性引用文件

下列文件对于本文件的应用是必不可少的。凡是注日期的引用文件，仅注日期的版本适用于本文件。凡是不注日期的引用文件，其最新版本(包括所有的修改单)适用于本文件。

GB/T 1988—1998　信息技术　信息交换用七位编码字符集

GB/T 2659—2000　世界各国和地区名称代码

GB/T 4880.1—2005　语种名称代码　第1部分:2字母代码

GB/T 7408—2005　数据元和交换格式　信息交换　日期和时间表示法

3　权利描述语言概述

本标准包括权利描述语言数据模型、语法说明和XML绑定。数据模型对权利描述语言的框架模型进行描述；语法说明规定了数据模型中元素的语义定义；XML绑定规定了如何以XML文档的形式对权利进行语法描述。

本标准的附录A列举了权利描述语言的2种实践应用示例。

本标准使用统一资源名称(Uniform Resource Name，URN)标记角色，并在URN之后添加前缀“itletcn”，以确保各项角色均代表信息技术学习、教育和培训领域的特定信息。例如："urn:itletcn:learner"表示学习者，"urn:itletcn:educator"表示教学者。

注：不同参与者对角色信息的交互以本领域角色声明的一致性为前提；本标准不涉及具体角色信息的定义，在信息技术学习、教育和培训领域中，实践操作实例中角色应添加前缀。

4　权利描述语言数据模型

4.1　概述

本标准定义了信息技术学习、教育和培训领域中权利描述语言的数据模型，为学习资源的发布、使用等的操作提供一种具有灵活性和互操作性的权利描述机制，通过这种机制描述受保护的学习资源、使用权利和权利接受者之间的关系。

4.2　数据模型

本标准定义的权利描述语言用于表示权利接受者在某种条件下对某些特定学习资源享有某种权利。其数据模型由许可发行者、权利接受者、权利、学习资源和条件5个基本实体组成，如图1所示。

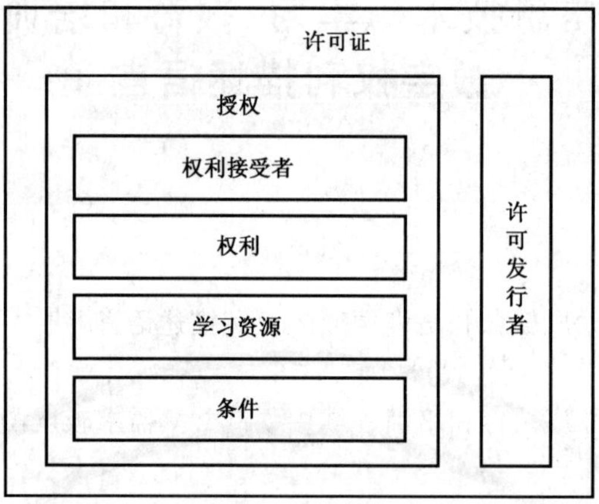

图 1 权利描述语言数据模型

图 2 为权利描述语言各实体在许可证中的逻辑组织结构的示例，该示例表示学习者 S 可以在 2008-04-10 至 2008-05-01 期间查看学习资源 http://www.AAAA.com/sampleBook.txt。

图 2 许可证基本结构示例

4.3 基本实体

4.3.1 许可证

许可证是权利描述语言的中心架构，是装载多个基本授权单元的容器，包括：某个权利接受者在某些条件下针对某些学习资源拥有的权利集；许可发行者的识别机制；许可发行者发布许可证将权限授予权利接受者，并在许可证中嵌套一些相关的文字描述。

许可证主要由许可发行者和授权单元组成，其模型如图 3 所示。一个许可证中至少有一个授权单元，在同一个许可证中的授权单元应具有相同的权利接受者。授权单元针对某个学习资源向权利接受者发布某种权利，依次包含权利接受者、权利、学习资源、条件 4 种元素。授权单元与权利接受者、权利和学习资源是一一对应的，但是授权单元可以对定义的权利设置多个条件。

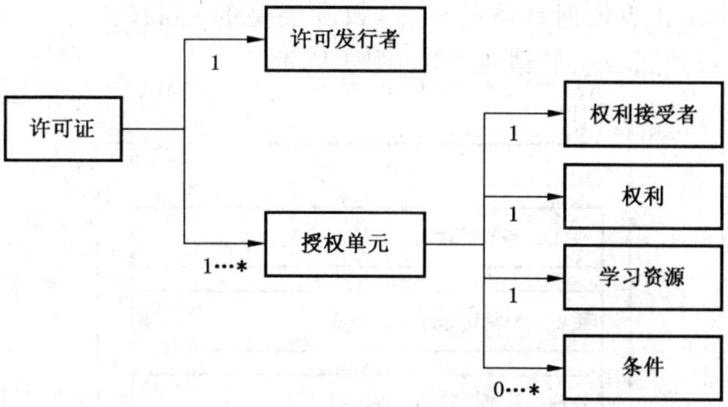

图 3 许可证模型

为准确定位许可证,许可证具有必选属性许可证唯一标识符(licenseID)。许可证还含有一些可选属性:名称(licenseName)、版本(licenseVision)、发布日期(licenseIssueData)、附件信息链接(licenseURI)、采用语言(licenseLanguage),以及可选元素许可证主题(licensetitle)用于表示许可证的基本信息。

4.3.2 许可发行者

许可发行者是许可证中用于规范发行主体的要素。许可发布者指在学习资源的创作、生产、分发时可以向权利接受者发布权利的实体,包括版权拥有者以及用户本身等等。权利发布者具有发布许可证、分配学习资源使用权的权利,也可以是许可证的签发者。许可发行者可对许可证进行数字签名,以标识发行者确实授出许可证中所装载的授权信息。从语法角度而言,多个发行者可签署同一许可证,该签名并不附加其他语义信息;这等价于各发行者独立的对某一许可证或其副本进行数字签名。

为准确定位许可发行者,许可发行者具有必选属性许可发行者唯一标识符(issuerId)。许可证发行者还含有可选属性许可证发行者引用符(issuerIdRef)表示引用的其他许可证发行者元素。

4.3.3 授权

授权是许可证内部装载向权利接受者授予权利的元素。

一个授权单元的结构及其包含的信息有 4 部分:权利接受者;该授权传递给权利接受者的权利;权利接受者行使该授权所装载权利的学习资源对象;行使授权权利须满足的条件。

为准确定位授权单元,授权单元具有必选属性授权单元唯一标识符(grantPartId)。授权单元还含有可选元素授权单元引用符(grantPartIdRef)表示引用的其他授权单元元素。

4.3.4 权利接受者

权利接受者,标记接收权利的实体的身份信息,指学习资源的接受者,包括中间环节或终端用户,对应为各种身份和性质的人,组织或机器设备等。每个权利接受者只指明一个当事人或者一个权利接受者集。权利接受者仅具有行使学习资源使用权利的权利。

为准确定位权利接受者,权利接受者具有必选属性权利接受者唯一标识符(principalId)。授权单元还含有可选属性权利接受者引用符(principalIdRef)表示引用的其他权利接受者元素。

4.3.5 权利

权利描述了权利接受者在一定条件下,可以在相关学习资源上执行的“动作”信息。最具代表性的权利标识了权利接受者可执行或操作相关学习资源的一个动作或一组动作。

权利代表对学习资源的处置方式,使权利接受者在授权认证的环境下,对某种学习资源本身行使相关的操作。权利元素本身不代表任何具体的操作,权利类型的元素在授权单元中出现且仅出现1次。权利类型主要分为使用、重用、管理、撤销4种,如图4所示。

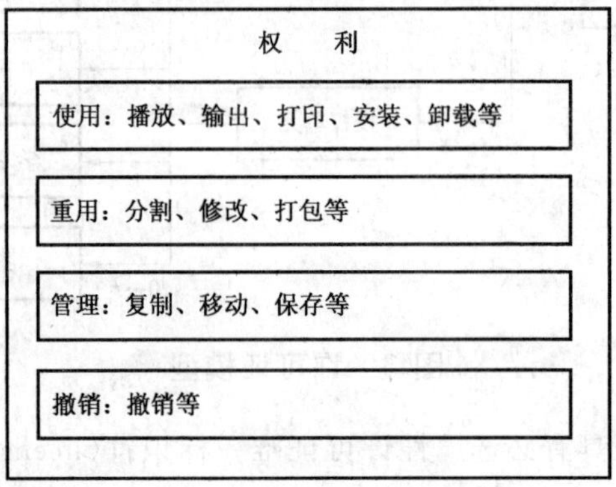

图4　权利模型

a) 使用类型

定义使用学习资源时的动作。播放:通过解码,在本地设备上观看视音频的学习资源。(针对不同的资源内容,与不同的应用相联系,播放会有相应的不同动作。)输出:先在本地设备解码,随后将码流输出到外部设备。打印:将本地设备上进行播放的图片学习资源,在输出设备上进行打印。安装:本地安装学习资源对应的学习系统或学习模块。卸载:本地卸载学习资源对应的学习系统或学习模块。

b) 重用类型

表示权利接受者获得学习资源后,可以再次使用的权利。修改:对学习资源进行一定程度的编辑和修改,形成新的学习资源。分割:对学习资源进行分割,形成新的学习资源。打包:对多个学习资源进行整合,形成新的学习资源。

c) 管理类型

表示针对学习资源的管理操作。复制:学习资源在本地设备上进行复制,复制之后的学习资源可以被直接使用,处于原位置的学习资源同样可以被直接使用。移动:学习资源在本地设备进行移动,移动之后的学习资源可以被直接使用,处于原位置的学习资源将被删除。保存:将在线观看的学习资源存储到本地设备。

d) 撤销类型

撤销:许可发布者取消权利接受者使用学习资源的权利。

4.3.6　学习资源

学习资源在教学系统和学习系统所创建得到学习环境中,学习者在学习过程中可以利用的一切显现的或潜隐的条件,是权利接受者被赋予权利的实施对象。学习资源可以是任意媒体格式的学习资源(如电子书、音视频文件,或者图像、图片)。

学习资源元素本身不代表任何具体的实体,学习资源类型的元素在授权单元中出现且仅出现1次。当授权单元中存在多种相关学习资源时,可通过学习资源组对该相关学习资源集合进行定义。

为准确定位学习资源,学习资源具有必选属性学习资源唯一标识符(resourceId)。学习资源还含有3个可选元素学习资源信息(resourceInfo)和学习资源所有者(resourcePossessor),用于表示学习资源的基本元素。

4.3.7 条件

条件定义权利接受者对学习资源使用相应权利时应满足的约束。一个简单的条件可以仅仅表示权利的有效期，稍复杂的可能会要求出示先行的、有效力的权利表述，且该权利应该由可信任实体发布。在这种机制下，各个权利相互独立，互不依赖。多个条件可耦合为1个条件，且该条件能够使单体条件同时得到体现。

条件元素本身不代表任何具体的实体，条件类型的元素在授权单元中可以不出现或出现多次。根据信息技术学习、教育和培训领域中的需求，条件一般可分为空间、时间等条件类型。当授权单元中存在多种条件时，可采用容器的方式将多种条件加载到容器中，并通过定义逻辑关系属性标明不同条件之间的关系。

条件类型可以大致分为空间、范围、时间、付费4种，如图5所示。

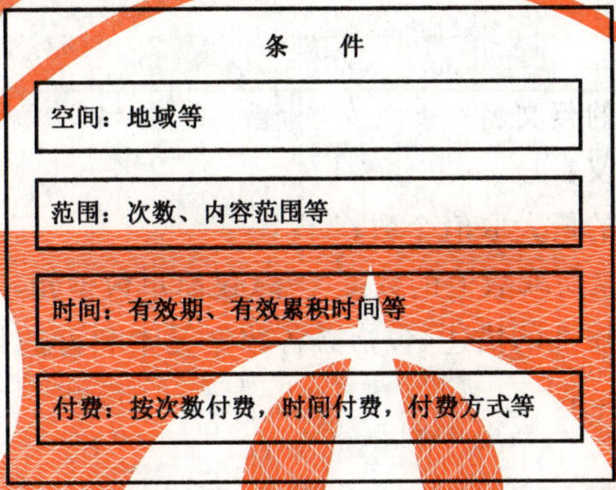

图5　条件模型

a) 空间条件

实现对地理范围的或者网络划分的限制。例如不同国家、城市、地区的限制。

b) 范围条件

实现对学习资源使用范围的约束。次数：约定使用权利的次数。内容范围：约定使用学习资源的相应权利时的有效范围。

c) 时间条件

实现对时间方面的约束限制。有效期：约定执行权利的有效时间段。有效累积时间：约束在某一累积时间段内执行权利。

d) 付费

实现对付费类型及方式的约束限制。付费类型主要分为按次数付费和按时间付费，前者表示按使用权利的次数付费，后者表示按使用权利的时间付费。付费方式主要分为提前付费、使用后付费和使用付费。提前付费表示在使用权利前付费，使用后付费表示在使用权利后付费，使用付费表示在使用权利时付费。

5 权利描述语言语法说明

5.1 概述

本标准为权利描述语言的元素定义了语法说明，并且提供了一个推荐使用的取值列表，列表支持扩展类型。使用推荐值的元素将具有最大程度的语义互操作性，这些元素将最大可能的被别的终端用户所理解。

5.2 数据结构

5.2.1 元素基本结构

权利描述通过许可证元素进行描述。许可证元素主要由5类子元素组成:许可发行者、权利接受者、权利、学习资源、条件。其他数据元素通过继承这五类数据元素从而对其性质进行扩展,以实现对许可证的完整描述。

5.2.2 元素属性

本标准定义的数据元素含有7个属性。数据元素是一个层次结构,包括聚合数据元素和简单数据元素(其中,简单数据元素即层次结构中的叶节点)。只有简单数据元素才有数据类型和值域。对于每个数据元素,其基本框架定义如下。

a) 编号:数据元素的编号;
b) 名称:数据元素的名称;
c) 英文名:数据元素对应的英文名;
d) 定义:对数据元素的定义;
e) 重数:数据元素所允许的最大取值个数;
f) 数据类型:描述数据元素所取数值的数据类型(仅简单数据元素才有);
g) 约束:对数据元素约束属性的描述,包括必备数据元素和可选数据元素,"M"表示必备数据元素;"O"表示可选数据元素。

5.2.3 数据类型

本标准规定的数据类型如下。

a) 通用资源标识符 anyURI
uri格式中的字符串[1-1024]。例如:"http://www.example.com/images/icon.gif","mailto:user@example.com"。
b) 日期 date
遵循GB/T 7408—2005定义的日历日期表示法,本标准中只有扩展的日历格式被支持(以连字符作分隔符),例如:"2006-03-22",且所有的日期组件须详细指定。
c) 日期时间 dateTime
遵循GB/T 7408—2005定义的日期和日的时间的组合完全表示法,扩展类型不可用。例如:"2006-03-22T12:33:25TZ","2006-03-022T12:33:25+01:00"。
d) 实型变量 decimal
一个带符号的允许小数点的实型数,前面无"-"号时为正,有"-"号时为负。例如:"1"、"0.5"、"-3.2"。
e) 持续时间 duration
表示时间段,例如:"3600.0","5400.0","7.2E+02"。
f) 整型变量 integer
一个整数型,前面无"-"号时为正,有"-"号时为负。例如:"24"、"-10"。
g) 语种 language
形式为语言编码['-'子编码],语言编码是对不同语言的编码,由GB/T 4880.1—2005定义,子编码(可以出现任意多次)是对国家的编码,由GB/T 2659—2000定义,例如:"en-US""en-GB","zh"。

h) 短字符串 string

由 GB/T 1988—1998 定义的字符序列组成。

5.3 数据元素列表

本标准定义的权利描述语言的数据元素如表 1 所示。

表 1 权利描述语言数据元素

编号	名称	英文名	定义	约束	重数	数据类型
1	许可证	license	某一个权利发布者对一权利接受者发布的针对某项数字资源的使用权利的授权声明	M	1	
1.1	许可证标识符	licenseId	表示许可证的唯一标识符	M	1	string
1.2	许可证名称	licenseName	表示许可证名称	O	1	string
1.3	许可证版本	licenseVision	表示许可证版本	O	1	string
1.4	许可证发布日期	licenseIssueData	表示许可证发布日期	O	1	datetime
1.5	许可证附加信息链接	licenseURI	表示许可证附加信息链接	O	1	anyURI
1.6	许可证使用语言类型	licenseLanguage	表示许可证使用语言类型	O	1	language
1.7	许可证主题	licenseTitle	表示以用户可读性语言对许可证的描述信息	O	1	string
2	许可发行者	issuer	表示许可证的发行者	M	1	
2.1	许可发行者标识符	issuerId	表示许可发行者的唯一标识符	M	1	string
2.2	许可证发行者引用符	issuerIdRef	表示引用的其他许可证发行者元素的 id	O	1	string
3	授权单元	grantPart	针对某种学习资源向权利接受者发布某种权利	M	1..*	
3.1	授权单元标识符	grantPartId	表示授权单元的唯一标识符	M	1	string
3.2	授权单元引用符	grantPartIdRef	表示引用的其他的授权单元的 id	O	1	string
4	权利接受者	principal	表示权利的接受者	M	1..*	
4.1	权利接受者标识符	principalId	表示权利接受者的唯一标识符	M	1	string
4.2	权利接受者引用符	principalIdRef	表示引用的其他权利接受者元素的 id	O	1	string
5	权利	right	表示许可证授权权利接受者元素对学习资源进行的行为类型	M	1	
5.1	输出	output	表示对学习资源的输出权利	O	1	
5.2	分割	split	表示对学习资源的分割权利	O	1	
5.3	打包	package	表示对学习资源的打包权利	O	1	
5.4	复制	copy	表示对学习资源的复制权利	O	1	
5.5	保存	save	表示对学习资源的保存权利	O	1	

表 1（续）

编号	名称	英文名	定义	约束	重数	数据类型
5.6	修改	modify	表示对学习资源的修改权利	O	1	
5.7	移动	move	表示对学习资源的移动权利	O	1	
5.8	播放	play	表示对学习资源的播放权利	O	1	
5.9	打印	print	表示对学习资源的打印权利	O	1	
5.10	安装	install	表示对学习系统的安装权利	O	1	
5.11	卸载	uninstall	表示对学习系统的卸载权利	O	1	
5.12	撤销	delete	表示撤销使用学习资源的权利	O	1	
6	学习资源	learningResource	表示学习资源	M	1..*	
6.1	学习资源标识符	resourceId	表示许可证授权权利接受者元素的学习资源的唯一标识符	M	1	string
6.2	学习资源信息	resourceInfo	表示学习资源的附加信息	O	1	string
6.3	学习资源所有者	resourcePossessor	表示许可证授权权利接受者元素的学习资源的所有者	O	1	string
7	条件	condition	表示使用学习资源的相应权利时应满足的约束	M	1..*	
7.1	有效期	validityInterval	表示权利使用的有效期	O	1	
7.1.1	起始时间	notBefore	表示有效期起始时间	O	1	datetime
7.1.1	截止时间	notAfter	表示有效期截止时间	O	1	datetime
7.2	操作限制	exerciseLimit	表示权利使用的限制	O	1	
7.2.1	使用次数	count	表示权利使用的次数	O	1	integer
7.3	地域限制	territory	表示权利使用的地域条件	O	1	
7.3.1	国家	country	表示权利使用的国家区域	O	1..*	string
7.3.2	城市	city	表示权利使用的城市区域	O	1..*	string
7.3.3	街区	street	表示权利使用的街区范围	O	1..*	string
7.3.4	邮编	postalcode	表示权利使用范围的邮编	O	1..*	string
7.4	按次数付费	FeePerUse	表示权利使用需按次数付费	O	1..*	
7.4.1	金额	amount	表示需付费金额	O	1	decimal
7.4.2	货币单位	currency	表示货币单位	O	1	string
7.4.3	交税税率	taxPercent	表示交税税率	O	1	decimal
7.5	按时间付费	FeePerInterval	表示权利使用需按时间付费	O	1..*	
7.5.1	金额	amount	表示需付费金额	O	1	decimal
7.5.2	货币单位	currency	表示货币单位	O	1	string
7.5.3	交税税率	taxPercent	表示交税税率	O	1	decimal
7.5.4	时间间隔	per	表示按时间付费的时间间隔	O	1	duration
7.6	付费方式	paymentMethod	表示付费方式	O	1..*	

表 1（续）

编号	名称	英文名	定义	约束	重数	数据类型
7.6.1	提前付费	prepay	表示付费方式为提前付费	O	1	
7.6.2	使用后付费	postpay	表示付费方式为使用后付费	O	1	
7.6.3	使用付费	peruse	表示付费方式为每次使用时付费	O	1	
7.7	有效范围限制	validityRange	表示权利接受者对学习资源使用相应权利时的有效范围信息	O	1..*	
7.7.1	下限值	min	表示有效范围的下限值	O	1	decimal
7.7.2	上限值	max	表示有效范围的上限值	O	1	decimal
7.8	有效累积时间	validityTime	表示权利接受者对学习资源使用相应权利时的有效累计时间约束	O	1..*	
7.8.1	累计时间	accumulatedTime	表示有效累计时间	O	1	duration
7.9	有效期持续时间	validityDuration	表示权利接受者对学习资源使用相应权利时的有效期持续时间	O	1..*	
7.9.1	持续时间	duration	表示持续时间	O	1	duration
注：约束中"O"表示"可选"；"M"表示"必备"。						

6 权利描述语言 XML 绑定

6.1 XML Schema

```
<? xml version="1.0" encoding="UTF-8"? >
<xsd:schema
xmlns ="urn:itletcn:2009:01-REL-B-NS"
xmlns:itletcn-r="urn:itletcn:2009:02-REL-R-NS"
xmlns:itletcn-c="urn:itletcn:2009:03-REL-C-NS"
xmlns:xsd="http://www.w3.org/2001/XMLSchema"
elementFormDefault="qualified" attributeFormDefault="unqualified">
    <xsd:element name="license" type="License"/>
    <xsd:complexType name="License">
        <xsd:sequence>
            <xsd:element name="licenseTitle" type="xsd:string" minOccurs="0"/>
            <xsd:element ref="GrantPart"/>
            <xsd:element ref="Issuer"/>
        </xsd:sequence>
        <xsd:attribute name="licenseVision" type="xsd:string" use="optional"/>
        <xsd:attribute name="licenseURI" type="xsd:anyURI" use="optional"/>
        <xsd:attribute name="licenseLanguage" type="xsd:string" use="optional"/>
        <xsd:attribute name="licenseIssueData" type="xsd:dateTime" use="optional"/>
        <xsd:attribute name="licenseName" type="xsd:string" use="optional"/>
```

```
        <xsd:attribute name="licenseId" type="xsd:string" use="required"/>
    </xsd:complexType>
    <xsd:element name="grantPart" type="GrantPart"/>
    <xsd:complexType name="GrantPart">
        <xsd:sequence>
            <xsd:element ref="Principal"/>
            <xsd:element ref="itletcn-r:Right"/>
            <xsd:element ref="LearningResource"/>
            <xsd:element ref="itletcn-c:Condition"/>
        </xsd:sequence>
        <xsd:attribute name="grantPartId" type="xsd:string" use="required"/>
        <xsd:attribute name="grantPartIdRef" type="xsd:string" use="optional"/>
    </xsd:complexType>
    <xsd:element name="issuer" type="Issuer"/>
    <xsd:complexType name="Issuer">
        <xsd:attribute name="issuerId" type="xsd:string" use="required"/>
        <xsd:attribute name="issuerIdRef" type="xsd:string" use="optional"/>
    </xsd:complexType>
    <xsd:element name="principal" type="Principal"/>
    <xsd:complexType name="Principal">
        <xsd:attribute name="principalId" type="xsd:string" use="required"/>
        <xsd:attribute name="principalIdRef" type="xsd:sring" use="optional"/>
    </xsd:complexType>
    <xsd:element name="learningResource" type="LearningResource"/>
    <xsd:complexType name="LearningResource">
        <xsd:sequence>
            <xsd:element name="resourcePossessor" type="xsd:string" minOccurs="0"/>
        </xsd:sequence>
        <xsd:attribute name="resourceId" type="xsd:string" use="required"/>
        <xsd:attribute name="resourceInfo" type="xsd:string" use="optional"/>
    </xsd:complexType>
    <xsd:element name="right" type="itletcn-r:Right"/>
    <xsd:complexType name="Right">
        <xsd:choice>
            <xsd:element name="output"/>
            <xsd:element name="split"/>
            <xsd:element name="package"/>
            <xsd:element name="copy"/>
            <xsd:element name="move"/>
            <xsd:element name="save"/>
            <xsd:element name="play"/>
            <xsd:element name="modify"/>
            <xsd:element name="print"/>
```

```
            <xsd:element name="install"/>
            <xsd:element name="uninstal"/>
            <xsd:element name="delete"/>
        </xsd:choice>
</xsd:complexType>
<xsd:element name="condition" type="itletcn-c:Condition"/>
<xsd:complexType name="Condition">
        <xsd:choice>
            <xsd:element ref="itletcn-c:ValidityInterval"/>
            <xsd:element ref="itletcn-c:ExerciseLimit"/>
            <xsd:element ref="itletcn-c:FeePerInterval"/>
            <xsd:element ref="itletcn-c:FeePerUse"/>
            <xsd:element ref="itletcn-c:Territory"/>
            <xsd:element ref="itletcn-c:PaymentMethod"/>
            <xsd:element ref="itletcn-c:ValidityRange"/>
            <xsd:element ref="itletcn-c:ValidityTime"/>
            <xsd:element ref="itletcn-c:ValidityDuration"/>
        </xsd:choice>
</xsd:complexType>
<xsd:element name="validityInterval" type="itletcn-c:ValidityInterval"/>
<xsd:complexType name="ValidityInterval">
        <xsd:complexContent>
            <xsd:extension base="itletcn-c:Condition">
                <xsd:sequence>
                    <xsd:element name="notBefore" type="xsd:dateTime"/>
                    <xsd:element name="notAfter" type="xsd:dateTime"/>
                </xsd:sequence>
            </xsd:extension>
        </xsd:complexContent>
</xsd:complexType>
<xsd:element name="exerciseLimit" type="itletcn-c:ExerciseLimit"/>
<xsd:complexType name="ExerciseLimit">
        <xsd:complexContent>
            <xsd:extension base="itletcn-c:Condition">
                <xsd:sequence>
                    <xsd:element name="count" type="xsd:integer"/>
                </xsd:sequence>
            </xsd:extension>
        </xsd:complexContent>
</xsd:complexType>
<xsd:element name="paymentMethod" type="itletcn-c:PaymentMethod"/>
<xsd:complexType name="PaymentMethod">
        <xsd:choice>
```

```
            <xsd:element name="prepay" type="itletcn-c:Prepay"/>
            <xsd:element name="postpay" type="itletcn-c:Postpay"/>
            <xsd:element name="peruse" type="itletcn-c:Peruse"/>
        </xsd:choice>
    </xsd:complexType>
    <xsd:element name="feePerInterval" type="itletcn-c:FeePerInterval"/>
    <xsd:complexType name="FeePerInterval">
        <xsd:complexContent>
            <xsd:extension base="itletcn-c:Condition">
                <xsd:sequence>
                    <xsd:element name="amount" type="xsd:decimal"/>
                    <xsd:element name="currency" type="xsd:string" minOccurs="0"/>
                    <xsd:element name="taxPercent" type="xsd:decimal" minOccurs="0"/>
                    <xsd:element name="per" type="xsd:duration"/>
                </xsd:sequence>
            </xsd:extension>
        </xsd:complexContent>
    </xsd:complexType>
    <xsd:element name="feePerUse" type="itletcn-c:FeePerUse"/>
    <xsd:complexType name="FeePerUse">
        <xsd:complexContent>
            <xsd:extension base="itletcn-c:Condition">
                <xsd:sequence>
                    <xsd:element name="amount" type="xsd:decimal"/>
                    <xsd:element name="currency" type="xsd:string" minOccurs="0"/>
                    <xsd:element name="taxPercent" type="xsd:decimal" minOccurs="0"/>
                </xsd:sequence>
            </xsd:extension>
        </xsd:complexContent>
    </xsd:complexType>
    <xsd:element name="territory" type="itletcn-c:Territory"/>
    <xsd:complexType name="Territory">
        <xsd:complexContent>
            <xsd:extension base="itletcn-c:Condition">
                <xsd:choice>
                    <xsd:element name="location">
                        <xsd:complexType>
                            <xsd:sequence>
                                <xsd:element name="country" type="xsd:string"/>
                                <xsd:element name="city" type="xsd:string"/>
                                <xsd:element name="postalCode" type="xsd:string"/>
                                <xsd:element name="street" type="xsd:string"/>
                            </xsd:sequence>
```

```
                    </xsd:complexType>
                </xsd:element>
            </xsd:choice>
        </xsd:extension>
    </xsd:complexContent>
</xsd:complexType>
<xsd:element name="validityRange" type="itletcn-c:ValidityRange"/>
<xsd:complexType name="ValidityRange">
    <xsd:complexContent>
        <xsd:extension base="itletcn-c:Condition">
            <xsd:sequence>
                <xsd:element name="min" type="xsd:decimal"/>
                <xsd:element name="max" type="xsd:decimal"/>
            </xsd:sequence>
        </xsd:extension>
    </xsd:complexContent>
</xsd:complexType>
<xsd:element name="validityTime" type="itlet-c:ValidityTime"/>
<xsd:complexType name="ValidityTime">
    <xsd:complexContent>
        <xsd:extension base="itletcn-c:Condition">
            <xsd:sequence>
                <xsd:element name="accumulatedTime" type="xsd:duration"/>
            </xsd:sequence>
        </xsd:extension>
    </xsd:complexContent>
</xsd:complexType>
<xsd:element name="validityDuration" type="itletcn-c:ValidityDuration"/>
<xsd:complexType name="ValidityDuration">
    <xsd:complexContent>
        <xsd:extension base="itletcn-c:Condition">
            <xsd:sequence>
                <xsd:element name="duration" type="xsd:duration"/>
            </xsd:sequence>
        </xsd:extension>
    </xsd:complexContent>
</xsd:complexType>
</xsd:schema>
```

6.2 元素说明

6.2.1 许可证元素

许可证元素<license>

说明:license 元素代表的是权利描述语言中许可证类的最外层的元素。

频度:在每个 XML 实例文档中的出现次数默认为有且仅有 1 次。

类型:license 元素的类型是由 License 元素(如图 6 所示)来定义。

属性:见 License。

元素:见 License。

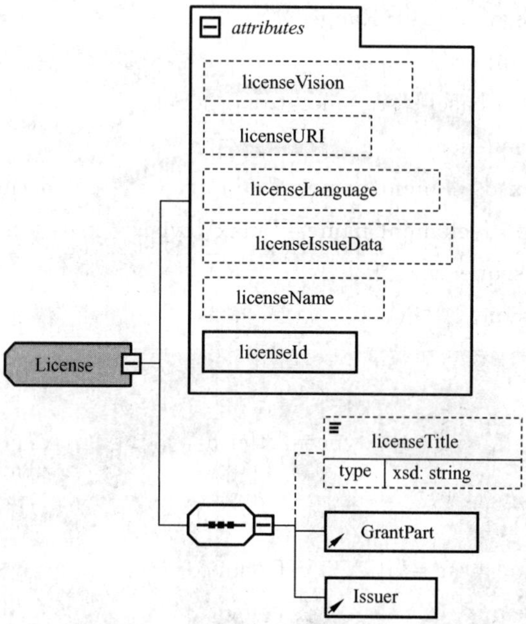

图 6　License 元素结构

〈License〉元素

说明:用 License 元素来定义权利描述语言中许可证类的类型。

类型:复杂类型(complexType)。

属性:〈License〉的属性及属性数据类型和约束如表 2 所示。

元素:licenseTitle,grantPart,issuer。

表 2　〈License〉的属性及属性数据类型和约束信息列表

属性名称	数据类型	约束	说明
licenseId	string	M	许可证标识符
licenseName	string	O	许可证名称
licenseVision	string	O	许可证版本
licenseURI	anyURI	O	许可证附加信息链接
licenseLanguage	language	O	许可证使用语言类型
licenseIssueData	dateTime	O	许可证发布日期
注:约束中"O"表示"可选";"M"表示"必备"。			

〈licenseTitle〉元素

说明:元素 licenseTitle 进行内容定义,并显示于用户界面中以用户可读性语言对许可证进行简单描述。

频度:在 License 元素下,该元素可以出现 0 次或是 1 次。

类型:由默认名称空间(即名为 http://www.w3.org/2001/XMLSchema 的名称空间)中 string 定义。

属性:无。

元素:无。

〈grantPart〉元素

说明:grantPart 元素用来表示资源发布商。

频度:在 License 元素下,该元素可出现 1 次或多次。

类型:grantPart 元素的类型是由 GrantPart 元素来定义。

属性:定义见 GrantPart。

元素:定义见 GrantPart。

〈issuer〉元素

说明:issuer 元素用来表示资源发布商。

频度:在 License 元素下,该元素有且仅出现 1 次。

类型:issuer 元素的类型是由 Issuer 元素来定义。

属性:定义见 Issuer。

元素:定义见 Issuer。

6.2.2 许可发行者元素

许可发行者元素〈issuer〉

说明:issuer 元素代表的是权利描述语言中许可证的发行者。

频度:在 license 元素下,该元素出现 1 次到多次。

类型:issuer 元素的类型是由 Issuer 元素(如图 7 所示)来定义。

属性:见 Issuer。

元素:见 Issuer。

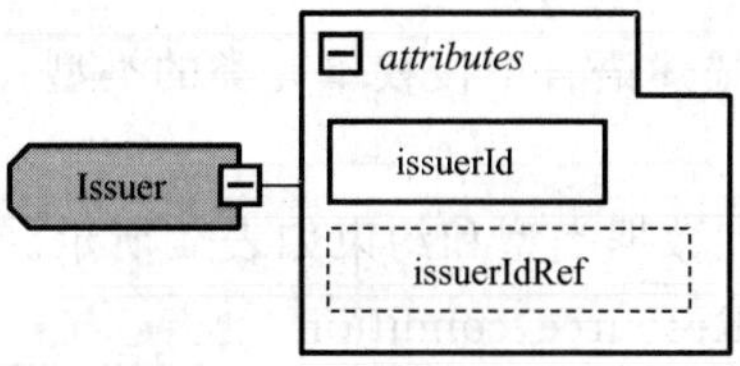

图 7 Issuer 元素结构

〈Issuer〉元素

说明:Issuer 元素描述权利描述语言中许可证发行者类型。

类型:复杂类型(complexType)。

属性:〈Issuer〉的属性及属性数据类型和约束如表 3 所示。

元素:无。

表 3 〈Issuer〉的属性及属性数据类型和约束信息列表

属性名称	数据类型	约束	说明
issuerId	string	M	许可发行者标识符
issuerIdRef	string	O	许可发行者引用符
注：约束中“O”表示“可选”；“M”表示“必备”。			

6.2.3 授权元素

授权元素〈grantPart〉

说明：grantPart 元素代表的是权利描述语言中授权单元类的最外层的元素。

频度：在 license 元素下，该元素出现 1 次到多次。

类型：grantPart 元素的类型是由 GrantPart 元素（如图 8 所示）来定义。

属性：见 GrantPart。

元素：见 GrantPart。

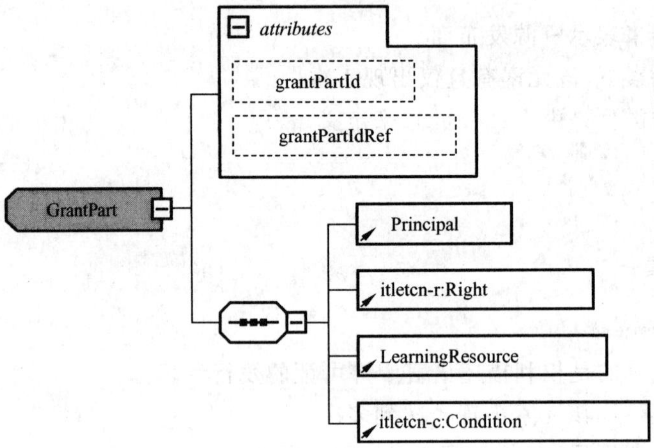

图 8 GrantPart 元素结构

〈GrantPart〉元素

说明：GrantPart 元素描述权利描述语言中授权单元类的类型。

类型：复杂类型（complexType）。

属性：〈GrantPart〉的属性及属性数据类型和约束如表 4 所示。

元素：principal，right，learningResource，condition。

表 4 〈GrantPart〉的属性及属性数据类型和约束信息列表

属性名称	数据类型	约束	说明
grantPartId	string	M	授权单元标识符
grantPartIdRef	string	O	授权单元引用符
注：约束中“O”表示“可选”；“M”表示“必备”。			

〈principal〉元素

说明:principal 元素定义了许可证中的权利接受者元素。

频度:默认出现次数(有且一定有 1 次)。

类型:principal 元素的类型是由 Principal 元素来定义。

属性:定义见 Principal。

元素:定义见 Principal。

〈right〉元素

说明:定义该授权单元中,权利接受者依据许可证可以行使的权利。

频度:默认出现次数(有且仅有 1 次)。

类型:right 元素的类型是由 Right 元素来定义。

属性:定义见 Right。

元素:定义见 Right。

〈learningResource〉元素

说明:定义该授权单元中,权利接受者依据许可证可以使用的学习资源。

频度:默认出现次数(有且仅有 1 次)。

类型:learningResource 元素的类型是由 LearningResource 元素来定义。

属性:定义见 LearningResource。

元素:定义见 LearningResource。

〈condition〉元素

说明:定义该授权单元中,权利接受者依据许可证应该遵守的约束。

频度:默认出现次数(0 次或 1 次。condition 元素中可以包含有多个约束条件)。

类型:condition 元素的类型是由 Condition 元素来定义。

属性:定义见 Condition。

元素:定义见 Condition。

6.2.4 权利接受者元素

权利接受者元素〈principal〉

说明:principal 元素代表的是权利描述语言中许可证的权利接受者。

频度:在 GrantPart 元素下,该元素出现 1 次到多次。

类型:principal 元素的类型是由 Principal(如图 9 所示)元素来定义。

属性:见 Principal。

元素:见 Principal。

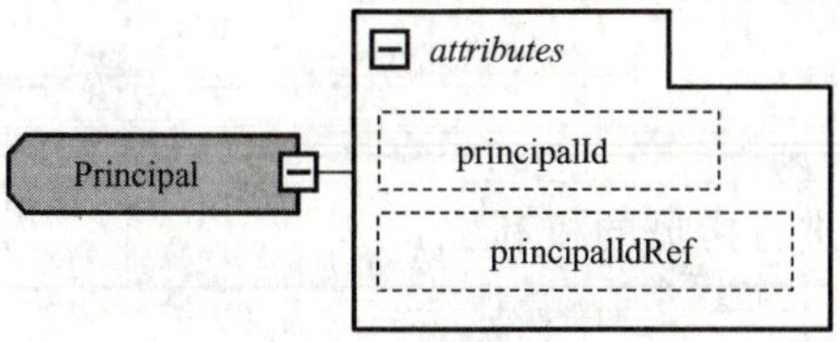

图 9 Principal 元素结构

〈Principal〉元素

说明:Principal 元素描述权利描述语言中许可证的权利接受者类型。

类型:复杂类型(complexType)。

属性:〈Principal〉的属性及属性数据类型和约束如表 5 所示。

元素:无。

表 5 〈Principal〉的属性及属性数据类型和约束信息列表

属性名称	数据类型	约束	说明
principalId	string	M	权利接受者标识符
principalIdRef	string	O	权利接受者引用符
注:约束中“O”表示“可选”;“M”表示“必备”。			

6.2.5 权利元素

权利元素〈right〉

说明:right 元素定义了许可证授权权利接受者元素对学习资源进行的行为类型的最外层容器。

频度:默认出现次数(有且仅有 1 次)。

类型:rihgt 元素的类型是由 Right 元素(如图 10 所示)来定义。

属性:定义见 Right。

元素:定义见 Right。

〈Right〉元素

说明:Right 元素定义许可证授权权利接受者元素对学习资源进行的行为类型。

类型:复杂类型(complexType)。

属性:无。

元素:output,modify,play,print,split,package,move,copy,save,install,uninstall,delete。

〈output〉元素

说明:output 表示对学习资源进行输出的权利。

类型:无。

〈split〉元素

说明:split 表示对学习资源进行分割的权利。

类型:无。

〈package〉元素

说明::package 表示对学习资源进行打包的权利。

类型:无。

〈copy〉元素

说明:copy 表示对学习资源进行拷贝的权利。

类型:无。

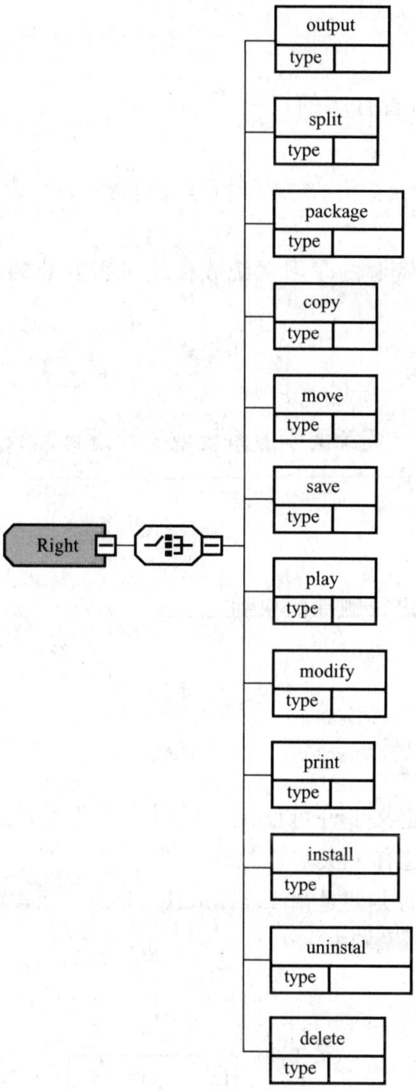

图 10 Right 元素结构

〈move〉元素

说明:move 表示对学习资源进行移动的权利。

类型:无。

〈save〉元素

说明:save 表示对学习资源进行保存的权利。

类型:无。

〈play〉元素

说明:play 表示对学习资源进行播放的权利。

类型.无。

〈modify〉元素

说明:modify 表示对学习资源进行修改的权利。

类型:无。

〈print〉元素

说明:print 表示对学习资源进行打印的权利。

类型:无。

〈install〉元素

说明:install 表示对包含学习资源的学习系统或模块进行安装的权利。

类型:无。

〈uninstall〉元素

说明:uninstall 表示对包含学习资源的学习系统或模块进行卸载的权利。

类型:无。

〈delete〉元素

说明:delete 表示对学习资源进行删除的权利。

类型:无。

6.2.6 学习资源元素

学习资源元素〈learningResource〉

说明:learningResource 元素定义了许可证授权权利接受者元素的学习资源类型的最外层容器。

频度:默认出现次数(有且一定有 1 次)。

类型:learningResource 元素的类型是由 LearningResource 元素(如图 11 所示)来定义。

属性:定义见 LearningResource。

元素:定义见 LearningResource。

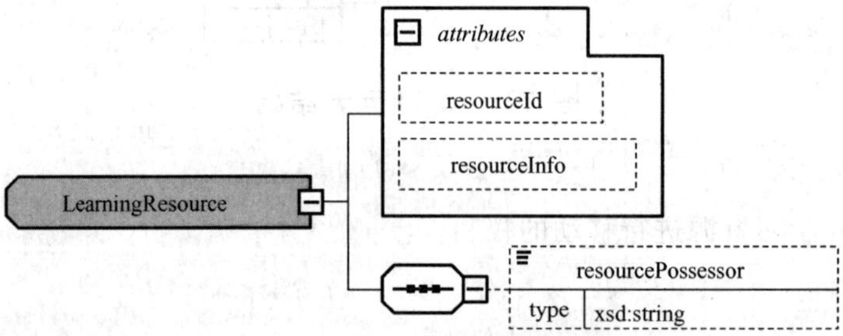

图 11 LearningResource 元素结构

〈LearningResource〉元素

说明:LearningResource 元素定义许可证授权权利接受者元素的学习资源类型说明信息。

类型:复杂类型(complexType)。

属性:〈LearningResource〉的属性及属性数据类型和约束如表 6 所示。

元素:resourcePossessor。

表 6 〈LearningResource〉的属性及属性数据类型和约束信息列表

属性名称	数据类型	约束	说明
resourceId	string	M	学习资源标识符
resourceInfo	string	O	学习资源信息
注：约束中“O”表示“可选”；“M”表示“必备”。			

〈resourcePossessor〉元素

说明：resourcePossessor 元素用来表示许可证授权权利接受者元素的学习资源的所有者。

频度：在 GrantPart 元素下，该元素出现 0 次或 1 次。

类型：由默认名称空间（即名为 http://www.w3.org/2001/XMLSchema 的名称空间）中 string 定义。

属性：无。

元素：无。

6.2.7 条件元素

条件元素〈condition〉

说明：condition 元素定义了权利接受者对学习资源使用相应权利时的约束类型的最外层容器。

频度：默认出现次数（0 次或 1 次）。

类型：condition 元素的类型是由 Condition 元素（如图 12 所示）来定义。

属性：定义见 Condition。

元素：定义见 Condition。

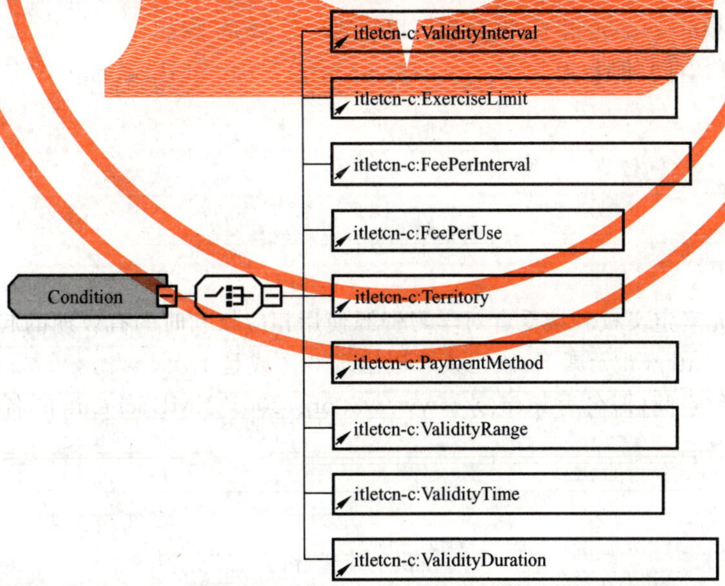

图 12 Condition 元素结构

〈Condition〉元素

说明：Condition 元素定义了权利接受者对学习资源使用相应权利时的约束类型。

类型：复杂类型（complexType）。

属性:无。

元素:validityInterval,exerciseLimit,feePerInterval,feePerUse,territory,paymentMethod,validityRange,validityTime,validityDuration。

〈validityInterval〉元素

说明:validityInterval 元素表示权利接受者对学习资源使用相应权利时的有效期约束。

类型:ValidityInterval。

〈ValidityInterval〉元素

说明:ValidityInterval 元素(如图 13 所示)定义权利接受者对学习资源使用相应权利时的有效期约束信息。

类型:复杂类型(complexType)。

属性:无。

元素:notBefore,notAfter。

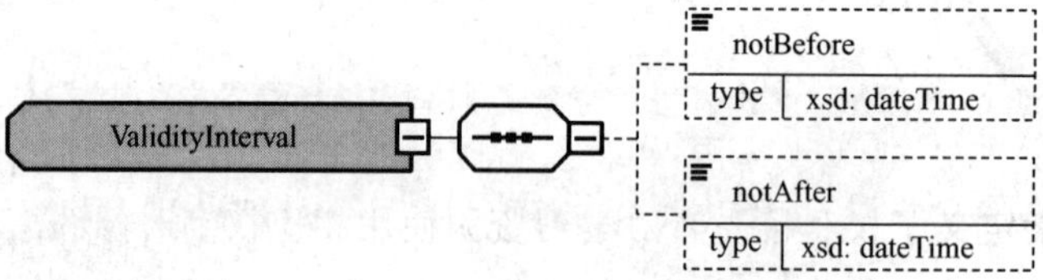

图 13 ValidityInterval 元素结构

〈notBefore〉元素

说明:notBefore 元素定义权利接受者对学习资源使用相应权利时的有效期的起始时间。

频度:在 ValidityInterval 元素下,该元素可以出现 0 次或是 1 次。

类型:由默认名称空间(即名为 http://www.w3.org/2001/XMLSchema 的名称空间)中 dateTime 定义。

属性:无。

元素:无。

〈notAfter〉元素

说明:notAfter 元素定义权利接受者对学习资源使用相应权利时的有效期的起始时间。

频度:在 ValidityInterval 元素下,该元素可以出现 0 次或是 1 次。

类型:由默认名称空间(即名为 http://www.w3.org/2001/XMLSchema 的名称空间)中 dateTime 定义。

属性:无。

元素:无。

〈exerciseLimit〉元素

说明:exerciseLimit 元素表示权利接受者对学习资源使用相应权利时的操作次数约束。

类型:ExerciseLimit。

〈ExerciseLimit〉元素

说明:ExerciseLimit 元素(如图 14 所示)定义权利接受者对学习资源使用相应权利时的操作次数约束信息。

类型:复杂类型(complexType)。

属性:无。

元素:count。

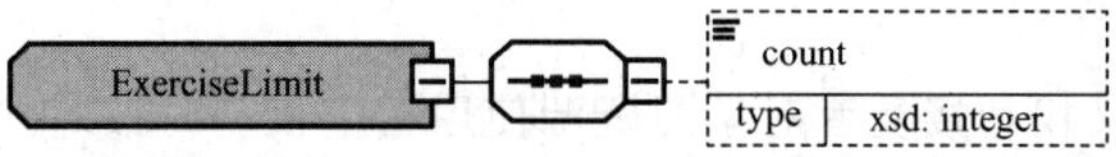

图 14 ExerciseLimit 元素结构

〈count〉元素

说明:count 元素定义权利接受者对学习资源使用相应权利时的具体操作次数。

频度:在 ExerciseLimit 元素下,该元素有且出现 1 次。

类型:由默认名称空间(即名为 http://www.w3.org/2001/XMLSchema 的名称空间)中 integer 定义。

属性:无。

元素:无。

〈feePerInterval〉元素

说明:feePerInterval 元素表示权利接受者对学习资源使用相应权利时的付费类型为按时间付费。

类型:FeePerInterval。

〈FeePerInterval〉元素

说明:FeePerInterval 元素(如图 15 所示)定义权利接受者对学习资源使用相应权利时按时间付费类型的信息。

类型:复杂类型(complexType)。

属性:无。

元素:amount,currency,taxPercent,per。

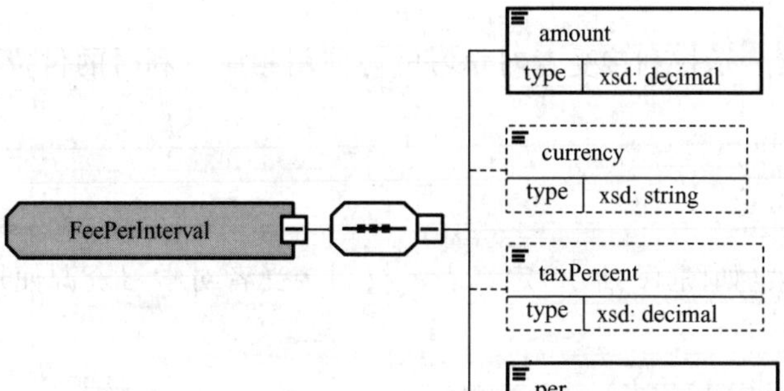

图 15 FeePerInterval 元素结构

〈amount〉元素

说明:amount 元素定义权利接受者对学习资源使用相应权利时按时间付费类型的付费金额。

频度:在 FeePerInterval 元素下,该元素有且出现 1 次。

类型:由默认名称空间(即名为 http://www.w3.org/2001/XMLSchema 的名称空间)中 decimal 定义。

属性:无。

元素:无。

〈currency〉元素

说明:currency 元素定义权利接受者对学习资源使用相应权利时按时间付费类型的货币种类。

频度:在 FeePerInterval 元素下,该元素可以出现 0 次或是 1 次。

类型:由默认名称空间(即名为 http://www.w3.org/2001/XMLSchema 的名称空间)中 string 定义。

属性:无。

元素:无。

〈taxPercent〉元素

说明:taxPercent 元素定义权利接受者对学习资源使用相应权利时按时间付费类型的交税税率。

频度:在 FeePerInterval 元素下,该元素可以出现 0 次或是 1 次。

类型:由默认名称空间(即名为 http://www.w3.org/2001/XMLSchema 的名称空间)中 decimal 定义。

属性:无。

元素:无。

〈per〉元素

说明:per 元素定义权利接受者对学习资源使用相应权利时按时间付费类型的时间间隔。

频度:在 FeePerInterval 元素下,该元素有且出现 1 次。

类型:由默认名称空间(即名为 http://www.w3.org/2001/XMLSchema 的名称空间)中 duration 定义。

属性:无。

元素:无。

〈feePerUse〉元素

说明:feePerUse 元素表示权利接受者对学习资源使用相应权利时的付费类型为按次数付费。

类型:FeePerUse。

〈FeePerUse〉元素

说明:FeePerUse 元素(如图 16 所示)定义表示权利接受者对学习资源使用相应权利时按次数付费的信息。

类型:复杂类型(complexType)。

属性:无。

元素:amount,currency,taxPercent。

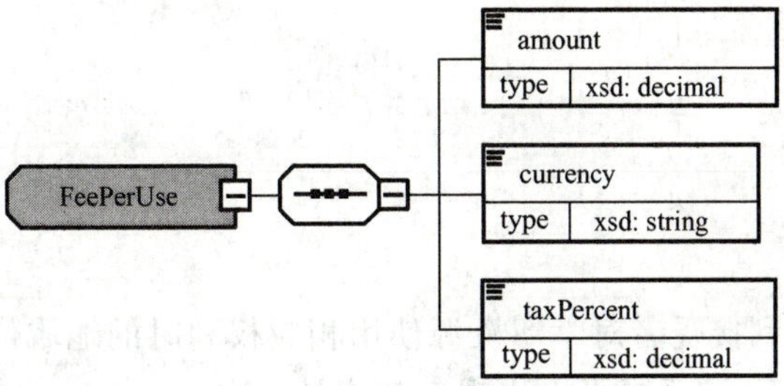

图 16　**FeePerUse 元素结构**

〈territory〉元素

说明:territory 元素表示权利接受者对学习资源使用相应权利时的地域位置约束。

类型:Territory。

〈Territory〉元素

说明:Territory 元素(如图 17 所示)定义权利接受者对学习资源使用相应权利时的地域位置约束信息。

类型:复杂类型(complexType)。

属性:无。

元素:country,city,street,postalcode。

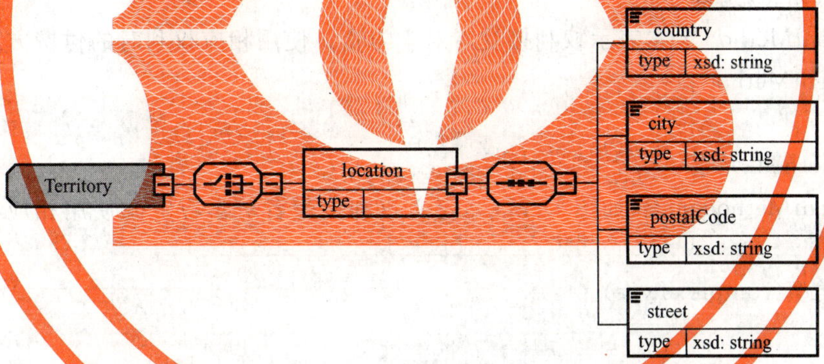

图 17　**Territory 元素结构**

〈country〉元素

说明:country 元素定义权利接受者对学习资源使用相应权利时的地域位置约束中的国家信息。

频度:在 Territory 元素下,该元素可以出现 0 次或是 1 次。

类型:由默认名称空间(即名为 http://www.w3.org/2001/XMLSchema 的名称空间)中 string 定义。

属性:无。

元素:无。

〈city〉元素

说明:city 元素定义权利接受者对学习资源使用相应权利时的地域位置约束中的城市信息。

频度:在 Territory 元素下,该元素可以出现 0 次或是 1 次。

类型:由默认名称空间(即名为 http://www.w3.org/2001/XMLSchema 的名称空间)中 string

定义。

属性:无。

元素:无。

〈street〉元素

说明:street 元素定义权利接受者对学习资源使用相应权利时的地域位置约束中的街区信息。

频度:在 Territory 元素下,该元素可以出现 0 次或是 1 次。

类型:由默认名称空间(即名为 http://www.w3.org/2001/XMLSchema 的名称空间)中 string 定义。

属性:无。

元素:无。

〈postalcode〉元素

说明:postalcode 元素定义权利接受者对学习资源使用相应权利时的地域位置约束中的邮编信息。

频度:在 Territory 元素下,该元素可以出现 0 次或是 1 次。

类型:由默认名称空间(即名为 http://www.w3.org/2001/XMLSchema 的名称空间)中 string 定义。

属性:无。

元素:无。

〈paymentMethod〉元素

说明:paymentMethod 元素表示权利接受者对学习资源使用相应权利时的付费方式约束。

类型:PaymentMethod。

〈PaymentMethod〉元素

说明:PaymentMethod 元素(如图 18 所示)定义权利接受者对学习资源使用相应权利时的具体付费方式信息。

类型:复杂类型(complexType)。

属性:无。

元素:prepay,postpay,peruse。

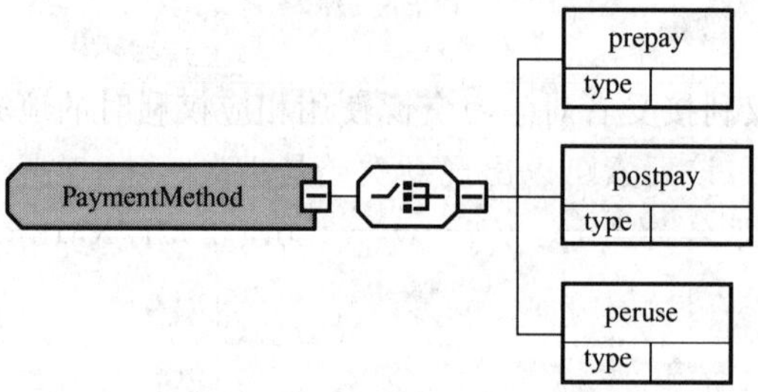

图 18　**PaymentMethod 元素结构**

〈prepay〉元素

说明:元素表示权利接受者对学习资源使用相应权利时的付费方式为提前付费。

类型:无。

〈postpay〉元素

说明:postpay 元素表示权利接受者对学习资源使用相应权利时的付费方式为使用后付费。

类型:无。

〈peruse〉元素

说明:peruse 元素表示权利接受者对学习资源使用相应权利时的付费方式为每次使用时付费。

类型:无。

〈validityRange. 〉元素

说明:validityRange 元素表示权利接受者对学习资源使用相应权利时的有效范围约束。

类型:ValidityRange。

〈ValidityRange〉元素

说明:ValidityRange 元素(如图 19 所示)定义权利接受者对学习资源使用相应权利时的有效范围信息。

类型:复杂类型(complexType)。

属性:无。

元素:min,max。

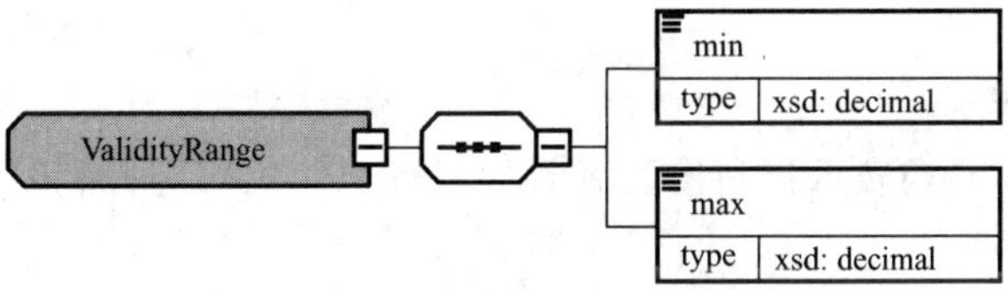

图 19　ValidityRange 元素结构

〈min〉元素

说明:min 元素定义权利接受者对学习资源使用相应权利时的有效范围的下限值。

频度:在 ValidityRange 元素下,该元素可以出现 0 次或是 1 次。

类型:由默认名称空间(即名为 http://www.w3.org/2001/XMLSchema 的名称空间)中 decimal 定义。

属性:无。

元素:无。

〈max〉元素

说明:max 元素定义权利接受者对学习资源使用相应权利时的有效范围的上限值。

频度:在 ValidityRange 元素下,该元素可以出现 0 次或是 1 次。

类型:由默认名称空间(即名为 http://www.w3.org/2001/XMLSchema 的名称空间)中 decimal 定义。

属性:无。

元素:无。

〈validityTime〉元素

说明:validityTime 元素表示权利接受者对学习资源使用相应权利时的有效累计时间约束。

类型:ValidityTime。

〈ValidityTime〉元素

说明：ValidityTime 元素(如图 20 所示)定义权利接受者对学习资源使用相应权利时的有效累计时间约束信息。

类型：复杂类型(complexType)。

属性：无。

元素：accumulatedTime。

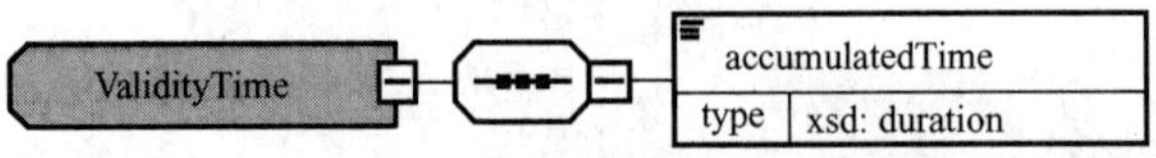

图 20 ValidityTime 元素结构

〈accumulatedTime〉元素

说明：accumulatedTime 元素定义权利接受者对学习资源使用相应权利时的有效累计时间。

频度：在 ValidityRange 元素下，该元素可以出现 0 次或是 1 次。

类型：由默认名称空间(即名为 http://www.w3.org/2001/XMLSchema 的名称空间)中 duration 定义。

属性：无。

元素：无。

〈validityDuration〉元素

说明：validityDuration 元素表示权利接受者对学习资源使用相应权利时的有效期持续时间约束。

类型：ValidityDuration。

〈ValidityDuration〉元素

说明：ValidityDuration 元素(如图 21 所示)定义权利接受者对学习资源使用相应权利时的有效期持续时间约束信息。

类型：复杂类型(complexType)。

属性：无。

元素：duration。

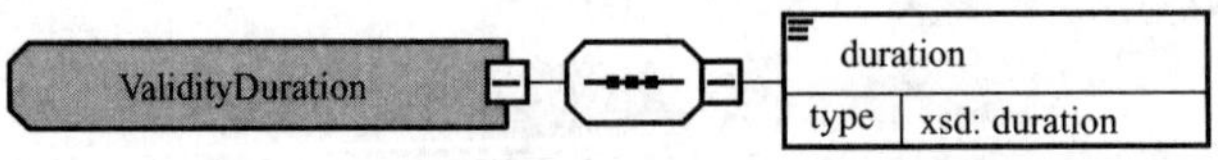

图 21 ValidityDuration 元素结构

〈duration〉元素

说明：duration 元素定义权利接受者对学习资源使用相应权利时的有效期持续时间。

频度：在 ValidityDuration 元素下，该元素可以出现 0 次或是 1 次。

类型：由默认名称空间(即名为 http://www.w3.org/2001/XMLSchema 的名称空间)中 duration 定义

属性：无。

元素：无。

附 录 A
（资料性附录）
权利描述语言示例

A.1 概述

本附录介绍了2个典型应用于学习、教育和培训领域的权利描述语言应用示例，代表了在2个典型的应用领域和虚拟场景，可以在学习、教育和培训领域的信息化系统开发和使用过程中得到采用。这2个示例展示了权利描述语言在学习资源交换与共享、学习资源数字版权保护和用户权利保护等方面的有效作用，同时还体现了本标准定义的数字权利描述语言的简单、易用的特点。

为方便程序语言的处理和数据在不同系统间的交互，在这2个示例中皆采用了可扩展置标语言（XML）来进行数据绑定，采用XML绑定可以使权利描述语言的使用更为便利，有利于技术实现。在此给出的仅为资料性附录，本标准只规定权利描述语言的信息模型，不涉及技术实现方案。

在这2个示例中，例1为无偿查看图书馆书籍服务；例2为订购杂志。

A.2 例1：提供无偿查看图书馆书籍服务

例1表示某一大学向其所有学生提供无偿查看其图书馆的任何电子图书的机会。若学生决定接受此项无偿提供，大学的许可服务需先验证消费者是否是学生。首先学生向许可服务器提供学生证明，验证通过后许可服务器便会生成一个消费许可证。此例中消费许可证指定规定的学习者A有使用规定的电子图书——英语书的权利，过程如图A.1所示。

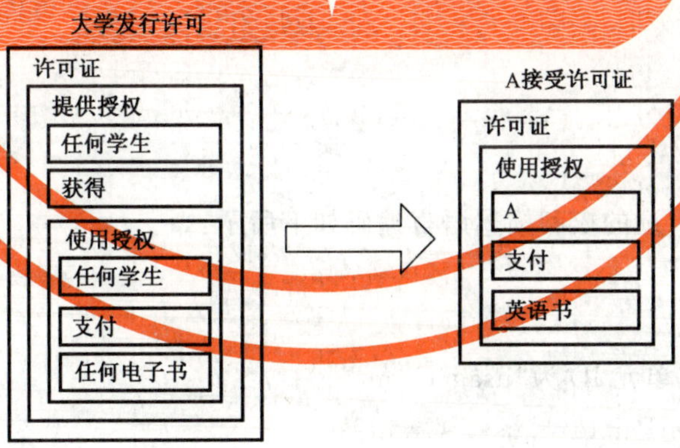

图 A.1 大学向学习者A发行许可证

例1中大学提议的权利描述语言编码如下所示：

```
〈license licenseId="libraryLicense"〉
  〈!—授权单元，该授权单元ID为“offerGrant”--〉
      〈grantPart grantPartId="offerGrant"〉
      〈!--描述权利接受者信息，表示该学习资源被授权给“anyStudent”--〉
```

```
            〈principal principalId ="anyStudent"/〉
        〈! --授权单元,该授权单元 ID 为“usageGrant”--〉
            〈grantPart grantPartId="usageGrant"〉
            〈! --描述权利接受者信息,表示该学习资源被授权给“anyStudent”--〉
                〈principal principalIdRef ="anyStudent"/〉
            〈right〉
                〈! --被授权的权利为“play”--〉
                〈play/〉
            〈/right〉
            〈! --学习资源的 ID 为“anyBook”--〉
                〈learningResource resourceId="anyBook"/〉
            〈/grantPart〉
        〈/grantPart〉
        〈issuer issuerId="University" /〉
〈/license〉
```

例 1 中学习者 A 的学生证明的权利描述语言编码如下所示:

```
〈license licenseId="Certificate"〉
    〈! --授权单元,该授权单元 ID 为“A-student-certificate”--〉
        〈grantPart grantPartId="A-student-certificate"〉
            〈! --学习资源的 ID 为“anyBook”--〉
                〈learningResource resourceId="anyBook"/〉
        〈/grantPart〉
        〈issuer/〉
〈/license〉
```

例 1 中最终的消费许可证的权利描述语言编码如下所示:

```
〈license licenseId="Use"〉
    〈! --授权单元,该授权单元 ID 为“usageGrant”--〉
        〈grantPart grantPartId="usageGrant"〉
            〈right〉
                〈! --被授权的权利为“play”--〉
                〈play/〉
            〈/right〉
            〈! --
            描述学习资源的 ID 为“anyBook”
            学习资源的具体信息参看为“http://www.myu.edu/library/ABCBook.spd”
            --〉
            〈learningResource resourceId="anyBook"
```

```
                resourceInfo ="http://www.myu.edu/library/ABCBook.spd"〉
        〈/learningResource〉
    〈/grantPart〉
    〈issuer/〉
〈/license〉
```

说明：上例中缺乏收费约束表明这项提供是免费的。本标准定义的数字权利描述语言允许对使用授权约束进行规范，将其提供扩展为需要付费约束的收费约束编码如下所示：

```
〈! --付费类型为按次数付费--〉
〈feePerUse〉
        〈! --需付费金额--〉
        〈amount〉1.00〈/ amount〉
         〈! --货币单位--〉
        〈currency〉RMB〈/ currency〉
        〈! --交税税率--〉
        〈taxPercent〉0.1〈/taxPercent〉
〈/feePerUse〉
```

A.3 例 2：订购杂志

a) 准予订阅的授权

设定在线教育杂志发行商为顾客提供 3 种订阅选择：杂志的年度订阅；基于不同地域的不同认购率；学校和图书馆的认购折扣率。

b) 批准一年的订阅

例 2 中，在线教育杂志出版商提供给消费者一年的杂志订阅，费用为 15 元。

图 A.2 阐释了出版商向消费者提供服务的许可证的结构。

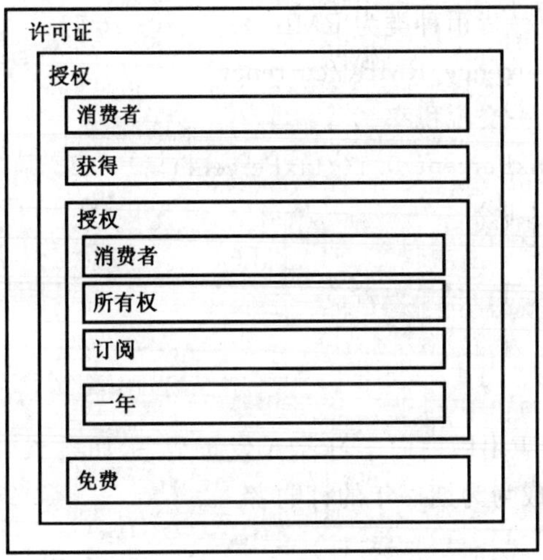

图 A.2 出版商向消费者提供服务的许可证

在线教育杂志出版商提供给用户一年的杂志订阅的权利描述语言编码如下：

```
〈license licenseId="MagazineBook"〉
    〈! --授权单元的 ID 为"MagazineUse"--〉
        〈grantPart grantPartId="MagazineUse"〉

                〈condition〉
                    〈! --描述学习资源的使用有效期的持续时间--〉
                    〈validityIntervalDurationPattern〉
                        〈! --有效期持续时间为一年--〉
                        〈duration〉P1Y〈/duration〉
                    〈/validityIntervalDurationPattern〉
                〈/condition〉
                〈! --授权单元的 ID 为"Consumer"--〉
                〈grantPart grantPartId="Consumer"〉
                    〈condition〉
                        〈! --描述学习资源的使用有效期的持续时间--〉
                        〈validityIntervalDurationPattern〉
                            〈! --有效期持续时间为一年--〉
                            〈duration〉P1Y〈/duration〉
                        〈/validityIntervalDurationPattern〉
                    〈/condition〉
                〈/grantPart〉
            〈condition〉
                〈! --付费方式--〉
                〈feePerUse〉
                    〈! --付费金额为 15.00--〉
                    〈amount〉15.00〈/ amount〉
                    〈! --货币种类为 RMB--〉
                    〈currency〉RMB〈/currency〉
                    〈! --交税税率--〉
                    〈taxPercent〉0.1〈/taxPercent〉
                〈/ feePerUse〉
            〈/condition〉
        〈/grantPart〉
        〈issuer/〉
〈/license〉
```

图 A.3 表示在线教育杂志出版商向学习者 A 发布杂志，如果 A 接受这个邀请并支付 15 元的费用，则许可证授权学习者 A 可成为为期一年的订购者。

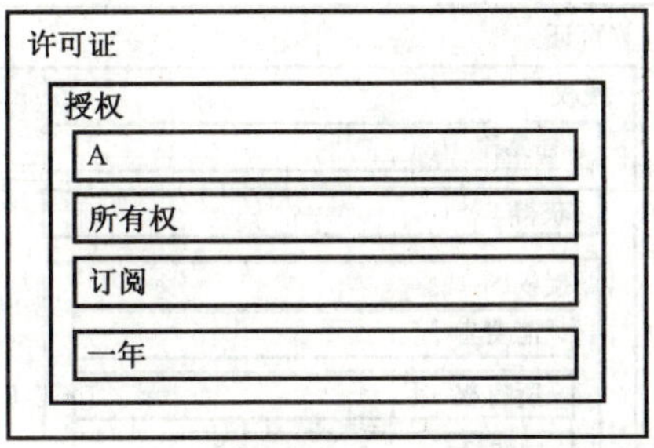

图 A.3　授权学习者 A 为期一年的订购者的许可证

以下为在线教育杂志出版商授权为期一年的订阅的权利描述语言编码：

```
〈license licenseId="EducationMagazine"〉
    〈! --授权单元 ID 为"MagazineIssue"--〉
        〈grantPart grantPartId="MagazineIssue"〉
            〈condition〉
                〈! --有效期--〉
                〈validityInterval〉
                    〈! --有效期起始时间为 2010-02-03T17:26:00--〉
                    〈notBefore〉2010-02-03T17:26:00〈/notBefore〉
                    〈! --有效期截止时间为 2010-06-03T17:25:00--〉
                    〈notAfter〉2010-06-03T17:25:00〈/notAfter〉
                〈/validityInterval〉
            〈/condition〉
        〈/grantPart〉
        〈issuer/〉
〈/license〉
```

c)　订购率取决与地域

在线教育杂志出版商向消费者提供一年的杂志订阅，要求是在北京的消费者支付 15 元而在武汉的消费者则需要支付 17 元的费用。

图 A.4 阐释了出版商向消费者提供产品的许可证结构图。此许可证在 2 个方面不同于“批准一年的订阅”中描述的许可证：消费者可以获取这个许可证提供的 2 个授权，一个授权是面向在北京的用户而另一个是面向在武汉的用户。

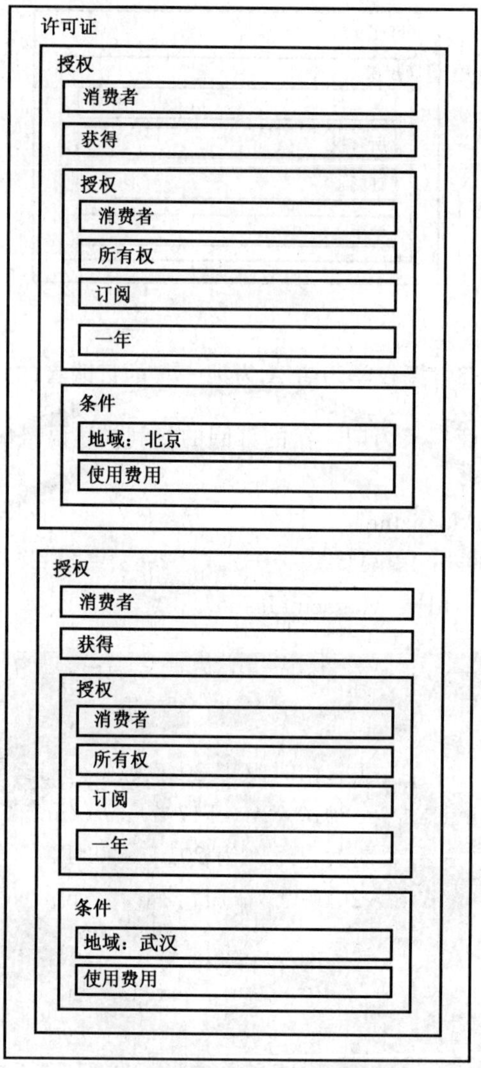

图 A.4　改变后的许可证

以下为表示与地域相关的在线教育杂志出版商认购率的权利描述语言编码：

```
〈license licenseId="NewMagazineBook"〉
        〈! --授权单元 ID 为"NewMagazineIssue"--〉
                〈grantPart grantPartId="NewMagazineIssue"〉
                        〈! --描述学习资源的 ID 为“urn:onlineEdMag:subscriber”--〉
                        〈learningResource resourceId ="urn:onlineEdMag:subscriber"/〉
                        〈condition〉
                                〈! --描述学习资源的使用有效期的持续时间--〉
                                〈validityIntervalDurationPattern〉
                                        〈! --有效期持续时间为一年--〉
                                                〈duration〉P1Y〈/duration〉
                        〈/validityIntervalDurationPattern〉
                        〈! --描述权利使用的地域范围条件--〉
                        〈territory〉
```

```
                〈! --位置条件--〉
                〈location〉
                    〈! --国家限定为中国--〉
                    〈country〉China〈/country〉
                     〈! --城市限定为北京--〉
                    〈city〉Beijing〈/city〉
                     〈! —街区限定为海淀区--〉
                    〈street〉Hai Dian〈/street〉
                     〈! -邮编限定为 100088--〉
                    〈postalcode〉100088〈/ postalcode〉
                    〈/location〉
                〈/territory〉
                〈! --付费类型为按次数付费--〉
                〈feePerUse〉
                     〈! --付费金额为 15.00--〉
                    〈amount〉15.00〈/amount〉
                    〈! --货币种类为 RMB--〉
                    〈currency〉RMB〈/currency〉
                    〈! --交税税率--〉
                    〈taxPercent〉0.1〈/taxPercent〉
                〈/feePerUse〉
            〈/condition〉
        〈/grantPart〉

        〈! --授权单元--〉
        〈grantPart grantPartId="UseOneYear"〉
            〈! --描述学习资源 ID 为"urn:onlineEdMag:subscriber"--〉
            〈learningResource resourceId ="urn:onlineEdMag:subscriber"/〉
            〈condition〉
                〈! --描述学习资源的使用有效期的持续时间--〉
                〈validityIntervalDurationPattern〉
                    〈! --有效期持续时间为一年--〉
                    〈duration〉P1Y〈/duration〉
                    〈/validityIntervalDurationPattern〉
            〈/condition〉
            〈! --描述权利使用的地域范围条件--〉
            〈territory〉
                    〈! --位置条件--〉
                    〈location〉
                        〈! --国家限定为中国--〉
                        〈country〉China〈/country〉
                        〈! --城市限定为武汉--〉
                        〈city〉Wuhan〈/city〉
```

```
                        〈！—街区限定为路瑜区-->
                        〈street〉Luo Yu〈/street〉
                        〈！--城市限定为武汉-->
                        〈postalcode〉410073〈/postalcode〉
                    〈/location〉
            〈/territory〉
            〈！--付费类型为按次数付费-->
            〈feePerUse〉
                    〈！--付费金额为 17.00-->
                    〈amount〉17.00〈/amount〉
                    〈！--货币种类为 RMB-->
                    〈currency〉RMB〈/currency〉
                    〈！--交税税率-->
                    〈taxPercent〉0.1〈/taxPercent〉
              〈/feePerUse〉
        〈/grantPart〉
        〈issuer/〉
〈/license〉
```

如果学习者 A 接受这个提供协议并且支付了相应的费用，在线教育杂志出版商会发放“准予订阅的授权”中描述的许可证，许可证授权学习者 A 成为为期一年的用户。

参 考 文 献

[1] GB/T 18793—2002 信息技术 可扩展置标语言(XML)1.0

ICS 35.240.99
L 67

中华人民共和国国家标准

GB/T 28825—2012

信息技术　学习、教育和培训 学习对象分类代码

Information technology—Learning, education and training—Classification code of learning object

2012-11-05 发布　　2013-02-01 实施

中华人民共和国国家质量监督检验检疫总局
中国国家标准化管理委员会　发布

前　言

本标准按照 GB/T 1.1—2009 给出的规则起草。

请注意本文件的某些内容可能涉及专利。本文件的发布机构不承担识别这些专利的责任。

本标准由全国信息技术标准化技术委员会(SAC/TC 28)提出并归口。

本标准起草单位:华中科技大学、华中师范大学、中国电子技术标准化研究所。

本标准主要起草人:吴砥、张屹、刘颖、张荫芬、隋媛、章建方、杨晓露、赵姝、徐建、彭娴、宝艳、冯颖、余云涛。

引　言

信息技术的发展带来了学习、教育和培训技术的全面革新，数字化学习越来越广为人接受，成为传统学习、教育和培训模式的新发展。

数字化学习的基础部分是学习对象分类，它服务于信息技术学习、教育和培训领域中学习对象服务的各个环节，用于对学习对象数据的整理以及建立特定的学习对象数据库，实现信息化学习对象的有效管理，将学习对象进行分类和编码可以更方便的对其进行检索和共享，另外，结合学习对象的自身特点和使用场景分析，本标准提出了一套学习对象的分类代码体系，综合考虑了适用对象、资源格式和学科分类三个维度的需求，更有利于学习对象在网络教育领域的发布和搜索，提高了学习对象服务质量，使得对学习对象的应用更加高效和合理。

本标准重点解决信息技术学习、教育和培训标准体系中的学习对象分类和编码问题。

信息技术　学习、教育和培训 学习对象分类代码

1　范围

本标准规定了信息技术学习、教育和培训领域的学习对象分类代码，包括学习对象学科分类代码、学习对象适用对象分类代码和学习对象媒体格式分类代码。

本标准适用于学习、教育和培训领域对学习对象数据的整理、建库、汇编、发布、搜索和查询。

2　术语和定义

下列术语和定义适用于本文件。

2.1

学习对象　learning object

信息技术学习、教育和培训领域中用于促进学习的一切信息及组织。

2.2

学科　subject

教育教学中按逻辑程序组织的一定知识和技能范围的单位。如小学的数学、物理、语文、音乐等；高等学校心理学系的普通心理学、儿童心理学、教育心理学等。

2.3

适用对象　applicable object

学习对象所针对的受用者。

2.4

资源格式　resource format

资源所包含数据的呈现形式，如“视频”、“音频”、“文本”等。

3　学习对象学科分类代码

3.1　学习对象学科分类代码结构

学习对象学科分类代码结构，如图1所示。

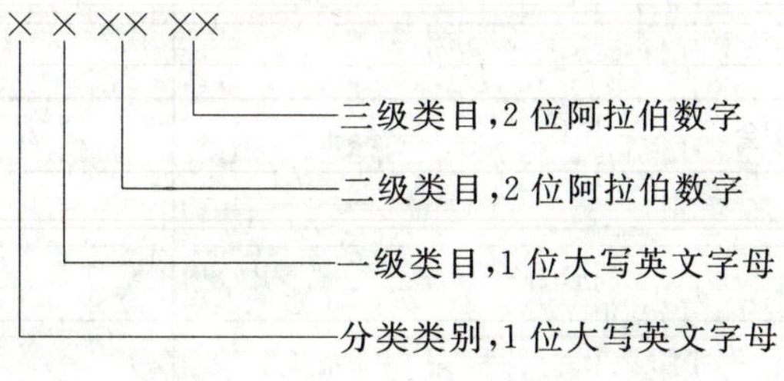

图1　学习对象学科分类代码结构示意图

学习对象学科分类代码采用层次码结构，由4部分6位标识码组成。

第 1 层:分类类别,用 1 位大写英文字母“S”表示,代表学科分类代码。

第 2 层:一级类目代码,用 1 位大写英文字母表示,其中“B”表示基础学科;“H”表示高等学科;“K”代表用户自定义扩展学科分类。

第 3 层:二级类目代码,用 2 位阿拉伯数字表示,代表基础学科与高等学科下属的一级学科类目。如“SB01”代表基础学科中“语言与文字”一级学科;“SH01”代表高等学科中“数学”一级学科。

第 4 层:三级类目代码,用 2 位阿拉伯数字表示,为学习对象学科分类的最小分类类目。

示例:

“SB0101”表示“语文”学科,其代码标识的顺序意义为:学科分类—基础学科—语言与文字—语文。

“SH0101”表示“数学史”学科,其代码标识的顺序意义为:学科分类—高等学科—数学—数学史。

3.2 学习对象学科分类代码表

学习对象学科分类代码如表 1 所示。

表 1 学习对象学科分类代码表

代码	名 称	说 明
SB	基础学科	
SB01	语言与文字	
SB0101	语文	
SB0102	英语	
SB0103	俄语	
SB0104	日语	
SB0105	德语	
SB0106	法语	
SB0107	其他外语	
SB0108	中国少数民族语文	
SB02	数学	
SB0201	数学	
SB03	人文与社会科学	
SB0301	政治	
SB0302	思想品德	
SB0303	品德	
SB0304	品德与社会	
SB0305	社会	
SB0306	历史与社会	
SB0307	历史	
SB0308	地理	
SB04	自然科学	
SB0401	物理	
SB0402	化学	

表 1（续）

代码	名　　称	说　　明
SB0403	生物	
SB0404	科学	
SB05	技术	
SB0501	劳动与技术教育	
SB0502	信息技术教育	
SB0503	职业技术教育	
SB0504	通用技术教育	
SB06	艺术	
SB0601	艺术	
SB0602	音乐	
SB0603	美术	
SB07	体育与健康	
SB0701	体育	
SB0702	体育与健康	
SB08	综合实践活动	
SB0801	综合实践活动	
SB0802	研究性学习	
SB0803	社区服务与社会实践	
SB09	跨区域的学习活动	
SB0901	其他课程	
SH	高等学科	
SH01	数学	
SH0101	数学史	
SH0102	数理逻辑与数学基础	
SH0103	数论	
SH0104	代数学	
SH0105	代数几何学	
SH0106	几何学	
SH0107	拓扑学	
SH0108	数学分析	
SH0109	非标准分析	
SH0110	函数论	
SH0111	常微分方程	
SH0112	偏微分方程	

表 1（续）

代码	名　称	说　明
SH0113	动力系统	
SH0114	积分方程	
SH0115	泛函分析	
SH0116	计算数学	
SH0117	概率论	
SH0118	数理统计学	
SH0119	应用统计数学	
SH0120	运筹学	
SH0121	组合数学	
SH0122	离散数学	
SH0123	模糊数学	
SH0124	计算机数学	
SH0125	应用数学	
SH0126	数学其他学科	
SH02	信息科学与系统科学	
SH0201	信息科学与系统科学基础学科	
SH0202	系统学	
SH0203	控制理论	
SH0204	系统评估与可行性分析	
SH0205	系统工程方法论	
SH0206	信息科学与系统科学其他学科	
SH03	力学	
SH0301	基础力学	
SH0302	固体力学	
SH0303	振动与波	
SH0304	流体力学	
SH0305	流变学	
SH0306	爆炸力学	
SH0307	物理力学	
SH0308	生物力学	包括生物流体力学与生物流变学等
SH0309	统计力学	
SH0310	应用力学	包括力学理论研究及工程应用等
SH0311	力学其他学科	
SH04	物理学	

表 1（续）

代码	名　　称	说　　明
SH0401	物理学史	
SH0402	理论物理学	
SH0403	声学	
SH0404	热学	
SH0405	光学	
SH0406	电磁学	
SH0407	无线电物理	
SH0408	电子物理学	
SH0409	凝聚态物理学	
SH0410	等离子体物理学	
SH0411	原子分子物理学	
SH0412	原子核物理学	
SH0413	高能物理学	
SH0414	计算物理学	
SH0415	应用物理学	
SH0416	物理学其他学科	
SH05	化学	
SH0501	化学史	
SH0502	无机化学	
SH0503	有机化学	
SH0504	分析化学	
SH0505	物理化学	
SH0506	化学物理学	
SH0507	高分子物理	
SH0508	高分子化学	
SH0509	核化学	
SH0510	应用化学	
SH0511	化学生物学	
SH0512	材料化学	
SH0513	化学其他学科	
SH06	天文学	
SH0601	天文学史	
SH0602	天体力学	
SH0603	大体物理学	
SH0604	宇宙化学	原名“天体化学”

表 1（续）

代码	名　　称	说　　明
SH0605	天体测量学	
SH0606	射电天文学	
SH0607	空间天文学	
SH0608	天体演化学	
SH0609	星系与宇宙学	
SH0610	恒星与银河系	
SH0611	太阳与太阳系	
SH0612	天体生物学	
SH0613	天文地球动力学	
SH0614	时间测量学	
SH0615	天文学其他学科	
SH07	地球科学	
SH0701	地球科学史	
SH0702	大气科学	
SH0703	固体地球物理学	
SH0704	空间物理学	
SH0705	地球化学	
SH0706	大地测量学	
SH0707	地图学	
SH0708	地理学	
SH0709	地质学	
SH0710	水文学	
SH0711	海洋科学	
SH0712	地球科学其他学科	
SH08	生物学	
SH0801	生物数学	
SH0802	生物物理学	
SH0803	生物力学	
SH0804	生物化学	
SH0805	细胞生物学	
SH0806	免疫学	
SH0807	生理学	
SH0808	发育生物学	
SH0809	古生物学	

表 1（续）

代码	名　称	说　明
SH0810	遗传学	
SH0811	放射生物学	
SH0812	分子生物学	
SH0813	专题生物学研究	
SH0814	生物进化论	
SH0815	生态学	
SH0816	神经生物学	
SH0817	植物学	
SH0818	昆虫学	
SH0819	动物学	
SH0820	微生物学	
SH0821	病毒学	
SH0822	人类学	
SH0823	生物学其他学科	
SH09	农学	
SH0901	农业史	
SH0902	农业基础学科	
SH0903	农艺学	
SH0904	园艺学	
SH0905	农产品贮藏与加工	
SH0906	土壤学	
SH0907	植物保护学	
SH10	林学	
SH1001	林业基础学科	
SH1002	林木遗传育种学	
SH1003	森林培育学	
SH1004	森林经理学	
SH1005	森林保护学	
SH1006	野生动物保护与管理	
SH1007	防护林学	
SH1008	经济林学	
SH1009	园林学	
SH10010	林业工程	
SH1011	森林统计学	

表 1（续）

代码	名　称	说　明
SH1012	林业经济学	
SH1013	林学其他学科	
SH11	畜牧、兽医科学	
SH1101	畜牧、兽医科学基础学科	
SH1102	畜牧学	
SH1103	兽医学	
SH1104	畜牧、兽医科学其他学科	
SH12	水产学	
SH1201	水产学基础学科	
SH1202	水产增殖学	
SH1203	水产养殖学	
SH1204	水产饲料学	
SH1205	水产保护学	
SH1206	捕捞学	
SH1207	水产品贮藏与加工	
SH1208	水产工程学	
SH1209	水产资源学	
SH1210	水产经济学	
SH1211	水产学其他学科	
SH13	基础医学	
SH1301	医学史	
SH1302	医学生物化学	
SH1303	人体解剖学	
SH1304	医学细胞生物学	
SH1305	人体生理学	
SH1306	人体组织胚胎学	
SH1307	医学遗传学	
SH1308	放射医学	
SH1309	人体免疫学	
SH1310	医学寄生虫学	
SH1311	医学微生物学	
SH1312	医学病毒学	
SH1313	病理学	
SH1314	药理学	

表1(续)

代码	名　称	说　明
SH1315	医学实验动物学	
SH1316	医学心理学	
SH1317	医学统计学	
SH1318	基础医学其他学科	
SH14	临床医学	
SH1401	临床诊断学	
SH1402	保健医学	
SH1403	理疗学	
SH1404	麻醉学	
SH1405	内科学	
SH1406	外科学	
SH1407	妇产科学	
SH1408	儿科学	
SH1409	眼科学	
SH1410	耳鼻咽喉科学	
SH1411	口腔医学	
SH1412	皮肤病学	
SH1413	性医学	
SH1414	神经病学	
SH1415	精神病学	包括精神卫生及行为医学等
SH1416	重症医学	
SH1417	急诊医学	
SH1418	核医学	含放射治疗学
SH1419	全科医学	
SH1420	肿瘤学	
SH1421	护理学	
SH1422	临床医学其他学科	
SH15	预防医学与公共卫生学	原名“预防医学与卫生学”
SH1501	营养学	
SH1502	毒理学	
SH1503	消毒学	
SH1504	流行病学	
SH1505	媒介生物控制学	
SH1506	环境医学	亦称“环境卫生学”

表 1（续）

代码	名　　称	说　　明
SH1507	职业病学	
SH1508	地方病学	
SH1509	热带医学	
SH1510	社会医学	
SH1511	卫生检验学	
SH1512	食品卫生学	
SH1513	少儿与学校卫生学	原名“少儿卫生学”
SH1514	妇幼卫生学	
SH1515	环境卫生学	
SH1516	劳动卫生学	
SH1517	放射卫生学	
SH1518	卫生工程学	
SH1519	卫生经济学	
SH1520	卫生统计学	
SH1521	计划生育学	
SH1522	优生学	
SH1523	健康促进与健康教育学	
SH1524	卫生管理学	
SH1525	预防医学与公共卫生学其他学科	
SH16	军事医学与特种医学	
SH1601	军事医学	
SH1602	特种医学	
SH1603	军事医学与特种医学其他学科	
SH17	药学	
SH1701	药物化学	
SH1702	生物药物学	
SH1703	微生物药物学	
SH1704	放射性药物学	
SH1705	药剂学	
SH1706	药效学	
SH1707	药物管理学	
SH1708	药物统计学	
SH1709	药学其他学科	
SH18	中医学与中药学	

表 1（续）

代码	名　　称	说　　明
SH1801	中医学	
SH1802	民族医学	
SH1803	中西医结合医学	
SH1804	中药学	
SH1805	中医学与中药学其他学科	
SH19	工程与技术科学基础学科	
SH1901	工程数学	
SH1902	工程控制论	
SH1903	工程力学	
SH1904	工程物理学	
SH1905	工程地质学	
SH1906	工程水文学	
SH1907	工程仿生学	
SH1908	工程心理学	
SH1909	标准科学技术	又名“标准学”
SH1910	计量学	
SH1911	工程图学	
SH1912	勘查技术	
SH1913	工程通用技术	
SH1914	工业工程学	
SH1915	工程与技术科学基础学科其他学科	
SH20	测绘科学技术	
SH2001	大地测量技术	
SH2002	摄影测量与遥感技术	
SH2003	地图制图技术	
SH2004	工程测量技术	
SH2005	海洋测绘	
SH2006	测绘仪器	
SH2007	测绘科学技术其他学科	
SH21	材料科学	
SH2101	材料科学基础学科	
SH2102	材料表面与界面	
SH2103	材料失效与保护	
SH2104	材料检测与分析技术	

表 1（续）

代码	名　　称	说　　明
SH2105	材料实验	
SH2106	材料合成与加工工艺	
SH2107	金属材料	
SH2108	无机非金属材料	
SH2109	有机高分子材料	
SH2110	复合材料	
SH2111	生物材料	
SH2112	纳米材料	
SH2113	材料科学其他学科	包括纳米材料、纳米信息、纳米存储材料等
SH22	矿山工程技术	
SH2201	矿山地质学	
SH2202	矿山测量	
SH2203	矿山设计	
SH2204	矿山地面工程	
SH2205	井巷工程	
SH2206	采矿工程	
SH2207	选矿工程	
SH2208	钻井工程	
SH2209	油气田井开发工程	
SH2210	石油、天然气储存与运输工程	
SH2211	矿山机械工程	
SH2212	矿山电气工程	
SH2213	采矿环境工程	
SH2214	矿山安全	
SH2215	矿山综合利用工程	
SH2216	矿山工程技术其他学科	
SH23	冶金工程技术	
SH2301	冶金物理化学	
SH2302	冶金反应工程	
SH2303	冶金原料与预处理	
SH2304	冶金热能工程	
SH2305	冶金技术	
SH2306	钢铁冶金	
SH2307	有色金属冶金	

表 1（续）

代码	名　称	说　明
SH2308	轧制	
SH2309	冶金机械及自动化	
SH2310	冶金工程技术其他学科	
SH24	机械工程	
SH2401	机械史	
SH2402	机械学	
SH2403	机械设计	
SH2404	机械制造工艺与设备	
SH2405	刀具技术	
SH2406	机床技术	
SH2407	流体传动与控制	包括气动液压、控制技术等
SH2408	机械制造自动化	
SH2409	机械工程其他学科	
SH25	动力与电气工程	
SH2501	工程热物理	
SH2502	热工学	
SH2503	动力机械工程	
SH2504	制冷与低温工程	
SH2505	电气工程	
SH2506	动力与电气工程其他学科	
SH26	能源科学技术	
SH2601	能源化学	
SH2602	能源地理学	
SH2603	能源计算与测量	
SH2604	储能技术	
SH2605	节能技术	包括工业节能、生活节能、建筑节能等
SH2606	一次能源	
SH2607	二次能源	
SH2608	能源系统工程	
SH2609	能源经济学	
SH2610	能源科学技术其他学科	
SH27	核科学技术	
SH2701	辐射物理与技术	
SH2702	核探测技术与核电子学	

表 1（续）

代码	名　　称	说　　明
SH2703	放射性计量学	
SH2704	核仪器、仪表	
SH2705	核材料与工艺技术	
SH2706	粒子加速器	
SH2707	裂变堆工程技术	
SH2708	核聚变工程技术	
SH2709	核动力工程技术	
SH2710	同位素技术	
SH2711	核爆炸工程	
SH2712	核安全	
SH2713	乏燃料后处理技术	
SH2714	辐射防护技术	
SH2715	核设施退役技术	
SH2716	放射性三废处理、处置技术	
SH2717	核科学技术其他学科	
SH28	电子与通信技术	
SH2801	电子技术	
SH2802	光电子学与激光技术	
SH2803	半导体技术	
SH2804	信息处理技术	
SH2805	通信技术	
SH2806	广播与电视工程技术	
SH2807	雷达工程	
SH2808	电子与通信技术其他学科	
SH29	计算机科学技术	
SH2901	计算机科学技术基础学科	
SH2902	人工智能	
SH2903	计算机系统结构	
SH2904	计算机软件	
SH2905	计算机工程	
SH2906	计算机应用	
SH2907	计算机科学技术其他学科	
SH30	化学工程	
SH3001	化学工程基础学科	

表 1（续）

代码	名　称	说　明
SH3002	化工测量技术与仪器仪表	
SH3003	化工传递过程	
SH3004	化学分离工程	
SH3005	化学反应工程	
SH3006	化工系统工程	
SH3007	化工机械与设备	
SH3008	无机化学工程	
SH3009	有机化学工程	
SH3010	电化学工程	
SH3011	高聚物工程	
SH3012	煤化学工程	
SH3013	石油化学工程	
SH3014	精细化学工程	
SH3015	造纸技术	
SH3016	毛皮与制革工程	
SH3017	制药工程	
SH3018	生物化学工程	
SH3019	天然气化学工程	
SH3020	化学工程其他学科	
SH31	纺织科学技术	
SH3101	纺织科学技术基础学科	
SH3102	纺织材料	
SH3103	纤维制造技术	
SH3104	纺织技术	
SH3105	染整技术	
SH3106	服装技术	
SH3107	纺织机械与设备	
SH3108	纺织科学技术其他学科	
SH32	食品科学技术	
SH3201	食品科学技术基础学科	
SH3202	食品加工技术	
SH3203	食品包装与储藏	
SH3204	食品机械	
SH3205	食品加工的副产品加工与利用	

表 1（续）

代码	名　称	说　明
SH3206	食品工业企业管理学	
SH3207	食品工程与粮油工程	
SH3208	食品科学技术其他学科	
SH33	土木建筑工程	
SH3301	建筑史	
SH3302	土木建筑工程基础学科	
SH3303	土木建筑工程测量	
SH3304	建筑材料	
SH3305	工程结构	
SH3306	土木建筑结构	
SH3307	土木建筑工程设计	
SH3308	土木建筑工程施工	
SH3309	土木工程机械与设备	
SH3310	市政工程	
SH3311	建筑经济学	
SH3312	土木建筑工程其他学科	
SH34	水利工程	
SH3401	水利工程基础学科	
SH3402	水利工程测量	
SH3403	水工材料	
SH3404	水工结构	亦称“水工建筑物”
SH3405	水力机械	
SH3406	水利工程施工	
SH3407	水处理	不包括废水处理
SH3408	河流泥沙工程学	
SH3409	海洋工程	
SH3410	水利管理	
SH3411	防洪工程	
SH3412	水利经济学	
SH3413	水利工程其他学科	
SH35	交通运输工程	
SH3501	道路工程	
SH3502	公路运输	
SH3503	铁路运输	

表 1（续）

代码	名 称	说 明
SH3504	水路运输	
SH3505	船舶、舰船工程	
SH3506	航空运输	
SH3507	交通运输系统工程	
SH3508	交通运输安全工程	
SH3509	交通运输工程其他学科	
SH36	航空、航天科学技术	
SH3601	航空、航天科学技术基础学科	
SH3602	航空器结构与设计	
SH3603	航天器结构与设计	
SH3604	航空、航天推进系统	
SH3605	飞行器仪表、设备	
SH3606	飞行器控制、导航技术	
SH3607	航空、航天材料	
SH3608	飞行器制造技术	
SH3609	飞行器试验技术	
SH3610	飞行器发射与回收、飞行技术	
SH3611	航空航天地面设施、技术保障	
SH3612	航空、航天系统工程	
SH3613	航空、航天科学技术其他学科	
SH37	环境科学技术及资源科学技术	
SH3701	环境科学技术基础学科	
SH3702	环境学	
SH3703	环境工程学	
SH3704	资源科学技术	包括资源管理
SH3705	环境科学技术及资源科学技术其他学科	原名“环境科学技术其他学科”
SH38	安全科学技术	
SH3801	安全科学技术基础学科	
SH3802	安全社会科学	
SH3803	安全物质学	
SH3804	安全人体学	
SH3805	安全系统学	
SH3806	安全工程技术科学	原名“安全工程”
SH3807	安全卫生工程技术	原名“职业卫生工程”

表 1（续）

代码	名 称	说 明
SH3808	安全社会工程	
SH3809	部门安全工程理论	
SH3810	公共安全	
SH3811	安全科学技术其他学科	
SH39	管理学	
SH3901	管理思想史	
SH3902	管理理论	
SH3903	管理心理学	
SH3904	管理计量学	
SH3905	部门经济管理	
SH3906	区域经济管理	
SH3907	科学学与科技管理	
SH3908	企业管理	
SH3909	管理工程	
SH3910	人力资源开发与管理	
SH3911	未来学	
SH3912	可持续发展管理	
SH3913	管理学其他学科	
SH40	马克思主义	
SH4001	马、恩、列、斯思想研究	
SH4002	毛泽东思想研究	
SH4003	马克思主义思想史	
SH4004	科学社会主义	
SH4005	社会主义运动史	
SH4006	国外马克思主义研究	
SH4007	马克思主义其他学科	
SH41	哲学	
SH4101	马克思主义哲学	
SH4102	自然辩证法	亦称“科学技术哲学”
SH4103	中国哲学史	
SH4104	东方哲学史	
SH4105	西方哲学史	
SH4106	现代外国哲学	
SH4107	逻辑学	

表 1（续）

代码	名　称	说　明
SH4108	伦理学	
SH4109	美学	
SH4110	哲学其他学科	
SH42	宗教学	
SH4201	宗教学理论	
SH4202	无神论	
SH4203	原始宗教	
SH4204	古代宗教	
SH4205	佛教	
SH4206	基督教	
SH4207	伊斯兰教	
SH4208	道教	
SH4209	印度教	
SH4210	犹太教	
SH4211	祆教	
SH4212	摩尼教	
SH4213	锡克教	
SH4214	耆那教	
SH4215	神道教	
SH4216	中国民间宗教与民间信仰	
SH4217	中国少数民族宗教	
SH4218	当代宗教	
SH4219	宗教学其他学科	
SH43	语言学	
SH4301	普通语言学	
SH4302	比较语言学	
SH4303	语言地理学	
SH4304	社会语言学	
SH4305	心理语言学	
SH4306	应用语言学	
SH4307	汉语研究	
SH4308	中国少数民族语言文字	
SH4309	外国语言	
SH4310	语言学其他学科	

表 1（续）

代码	名　称	说　明
SH44	文学	
SH4401	文学理论	
SH4402	文艺美学	
SH4403	文学批评	
SH4404	比较文学	
SH4405	中国古代文学	原名“中国古代文学史”
SH4406	中国近代文学	
SH4407	中国现代文学	
SH4408	中国各体文学	
SH4409	中国民间文学	
SH4410	中国儿童文学	
SH4411	中国少数民族文学	
SH4412	世界文学史	
SH4413	东方文学	
SH4414	俄国文学	包括原苏联文学
SH4415	英国文学	
SH4416	法国文学	
SH4417	德国文学	
SH4418	意大利文学	
SH4419	北欧文学	
SH4420	美国文学	
SH4421	东欧文学	
SH4422	拉美文学	
SH4423	非洲文学	
SH4424	大洋洲文学	
SH4425	文学其他学科	
SH45	艺术学	
SH4501	艺术心理学	包括绘画心理学、书法心理学、音乐心理学等
SH4502	音乐	
SH4503	戏剧	
SH4504	戏曲	
SH4505	舞蹈	
SH4506	电影	
SH4507	广播电视文艺	

表 1（续）

代码	名　　称	说　　明
SH4508	美术	
SH4509	工艺美术	
SH4510	书法	
SH4511	摄影	
SH4512	艺术学其他学科	
SH46	历史学	
SH4601	史学史	
SH4602	史学理论	
SH4603	历史文献学	
SH4604	中国通史	
SH4605	中国古代史	
SH4606	中国近代史、现代史	
SH4607	世界通史	
SH4608	亚洲史	
SH4609	非洲史	
SH4610	美洲史	
SH4611	欧洲史	
SH4612	澳洲、大洋洲史	
SH4613	专门史	
SH4614	历史学其他学科	
SH47	考古学	
SH4701	考古理论	
SH4702	考古学史	
SH4703	考古技术	
SH4704	中国考古	
SH4705	外国考古	
SH4706	专门考古	
SH4707	考古学其他学科	
SH48	经济学	
SH4801	政治经济学	
SH4802	宏观经济学	
SH4803	微观经济学	
SH4804	比较经济学	
SH4805	经济地理学	包括工业地理学、农业地理学等

表 1（续）

代码	名　　称	说　　明
SH4806	发展经济学	
SH4807	生产力经济学	
SH4808	经济思想史	
SH4809	经济史	
SH4810	世界经济学	
SH4811	国民经济学	
SH4812	管理经济学	
SH4813	数量经济学	
SH4814	会计学	
SH4815	审计学	
SH4816	技术经济学	
SH4817	生态经济学	
SH4818	劳动经济学	
SH4819	城市经济学	
SH4820	资源经济学	
SH4821	环境经济学	
SH4822	可持续发展经济学	
SH4823	物流经济学	
SH4824	工业经济学	
SH4825	农村经济学	
SH4826	农业经济学	
SH4827	交通运输经济学	
SH4828	商业经济学	
SH4829	价格学	
SH4830	旅游经济学	
SH4831	信息经济学	
SH4832	财政学	
SH4833	金融学	原名“货币银行学”
SH4834	保险学	
SH4835	国防经济学	
SH4836	经济学其他学科	
SH49	政治学	
SH4901	政治学理论	
SH4902	政治制度	

表 1（续）

代码	名　称	说　明
SH4903	行政学	
SH4904	国际政治学	
SH4905	政治学其他学科	
SH50	法学	
SH5001	理论法学	
SH5002	法律史学	
SH5003	部门法学	
SH5004	国际法学	
SH5005	法学其他学科	
SH51	军事学	
SH5101	军事理论	
SH5102	军事史	
SH5103	军事心理学	
SH5104	战略学	
SH5105	战役学	
SH5106	战术学	
SH5107	军队指挥学	
SH5108	军制学	
SH5109	军队政治工作学	
SH5110	军事后勤学	
SH5111	军事地学	
SH5112	军事技术	
SH5113	军事学其他学科	
SH52	社会学	
SH5201	社会学史	
SH5202	社会学理论	
SH5203	社会学方法	
SH5204	实验社会学	
SH5205	数理社会学	
SH5206	应用社会学	
SH5207	比较社会学	
SH5208	社会地理学	
SH5209	文化社会学	
SH5210	历史社会学	

表 1（续）

代码	名　称	说　明
SH5211	经济社会学	
SH5212	军事社会学	
SH5213	公共关系学	
SH5214	社会人类学	
SH5215	组织社会学	
SH5216	发展社会学	
SH5217	福利社会学	
SH5218	人口学	
SH5219	劳动科学	
SH5220	社会学其他学科	
SH53	民族学与文化学	原名“民族学”
SH5301	民族问题理论	
SH5302	民族史学	
SH5303	蒙古学	
SH5304	藏学	
SH5305	新疆民族研究	含维吾尔学
SH5306	文化人类学与民俗学	
SH5307	世界民族研究	
SH5308	文化学	
SH5309	民族学与文化学其他学科	原名“民族学其他学科”
SH54	新闻学与传播学	
SH5401	新闻理论	
SH5402	新闻史	
SH5403	新闻业务	
SH5404	新闻事业经营管理	
SH5405	广播与电视	
SH5406	传播学	
SH5407	新闻学与传播学其他学科	
SH55	图书馆、情报与文献学	
SH5501	图书馆学	
SH5502	文献学	
SH5503	情报学	
SH5504	档案学	
SH5505	博物馆学	

表 1（续）

代码	名　称	说　明
SH5506	图书馆、情报与文献学其他学科	
SH56	教育学	
SH5601	教育史	
SH5602	教育学原理	
SH5603	教学论	
SH5604	德育原理	
SH5605	教育社会学	
SH5606	教育经济学	
SH5607	教育管理学	
SH5608	比较教育学	
SH5609	教育技术学	
SH5610	军事教育学	
SH5611	学前教育学	
SH5612	普通教育学	
SH5613	高等教育学	
SH5614	成人教育学	
SH5615	职业技术教育学	
SH5616	特殊教育学	
SH5617	教育学其他学科	
SH57	体育科学	
SH5701	体育史	
SH5702	体育理论	
SH5703	运动生物力学	包括运动解剖学
SH5704	运动生理学	
SH5705	运动心理学	
SH5706	运动生物化学	
SH5707	体育保健学	
SH5708	运动训练学	
SH5709	体育教育学	
SH5710	武术理论与方法	
SH5711	体育管理学	
SH5712	体育经济学	
SH5713	体育科学其他学科	
SH58	统计学	

表 1（续）

代码	名　　称	说　　明
SH5801	经济统计学	
SH5802	科学技术统计学	
SH5803	社会统计学	
SH5804	人口统计学	
SH5805	环境与生态统计学	
SH5806	生物与医学统计学	
SH5807	统计学其他学科	
SH59	心理学	
SH5901	心理学史	
SH5902	认知心理学	
SH5903	社会心理学	
SH5904	实验心理学	
SH5905	发展心理学	
SH5906	医学心理学	
SH5907	人格心理学	
SH5908	临床与咨询心理学	
SH5909	心理测量	
SH5910	心理统计	
SH5911	生理心理学	
SH5912	工业心理学	
SH5913	管理心理学	
SH5914	应用心理学	
SH5915	教育心理学	
SH5916	法制心理学	
SH5917	心理学其他学科	
SH60	信息与系统科学相关工程与技术	
SH6001	控制科学与技术	
SH6002	仿真科学技术	
SH6003	信息安全技术	
SH6004	信息技术系统性应用	
SH6005	信息与系统科学相关工程与技术其他学科	
SH61	自然科学相关工程与技术	
SH6101	物理学相关工程与技术	
SH6102	光学工程	

表 1（续）

代码	名　　称	说　　明
SH6103	海洋工程与技术	
SH6104	生物工程	
SH6105	农业工程	
SH6106	生物医学工程学	
SH62	产品应用相关工程与技术	
SH6201	仪器仪表技术	
SH6202	兵器科学与技术	
SH6203	产品应用专用性技术	
SH6204	产品应用相关工程与技术其他学科	
SK…		

4　学习对象适用对象分类代码

4.1　学习对象适用对象分类代码结构

学习对象适用对象分类代码结构如图 2 所示。

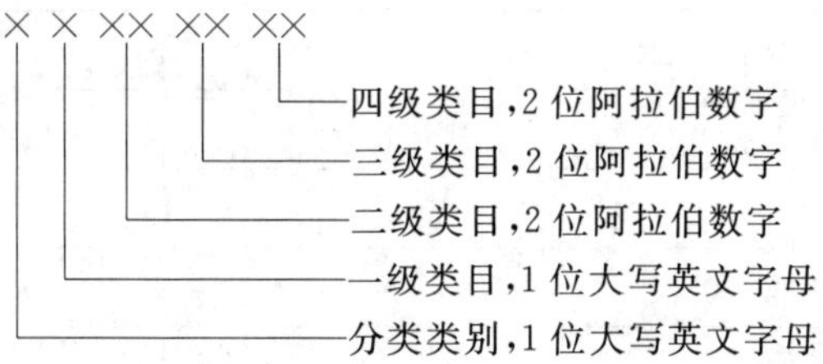

图 2　学习对象适用对象分类代码结构示意图

学习对象适用对象分类代码采用层次码结构，由 5 部分 8 位标识码组成。

第 1 层：分类类别，用 1 位大写英文字母“O”表示，代表适用对象分类代码。

第 2 层：一级类目代码，适用对象按照“正规教育”与“非正规教育”分为两大类，分别用 1 位大写英文字母“N”、“A”表示。

第 3 层：二级类目代码，适用对象的第二层分类，正规教育分为 12 类，非正规教育分为 3 类，均用 2 位阿拉伯数字表示。

第 4 层：三级类目代码，适用对象的第三层分类，用 2 位阿拉伯数字表示，如果本级类目代码为“00”，则表明该三级类下面没有进行进一步的分类。

第 5 层：四级类目代码，适用对象的第四层分类，用 2 位阿拉伯数字表示，为学习对象适用对象分类的最小分类类目。

示例：

“ON010100”表示“0～2 岁”学习对象适用对象，其代码标识的顺序意义为：适用对象分类—正规教育—学前—0～2 岁，“00”表示该三级类目下没有进一步的分类。

“OA020104”表示“资产评估师”学习对象适用对象，其代码标识的顺序意义为：适用对象分类—非正规教育—职业教育—财经类—资产评估师。

4.2 学习对象适用对象分类代码表

学习对象适用对象分类代码如表2所示。

表2 学习对象适用对象分类代码表

代码	名 称	说 明
ON	正规教育	
ON01	学前	
ON010100	0～2岁	
ON010200	2～6岁	
ON02	小学	
ON020100	小学一年级	
ON020200	小学二年级	
ON020300	小学三年级	
ON020400	小学四年级	
ON020500	小学五年级	
ON020600	小学六年级	
ON03	初中	
ON030100	初中一年级	
ON030200	初中二年级	
ON030300	初中三年级	
ON04	高中	
ON040100	高中一年级	
ON040200	高中二年级	
ON040300	高中三年级	
ON05	职业高中	
ON050100	职高一年级	
ON050200	职高二年级	
ON050300	职高三年级	
ON06	中专	
ON060100	中专一年级	
ON060200	中专二年级	
ON060300	中专三年级	
ON07	技工学校	
ON070100	技校一年级	
ON070200	技校二年级	
ON070300	技校三年级	

表 2（续）

代码	名　称	说　明
ON08	高职	
ON080100	高职一年级	
ON080200	高职二年级	
ON080300	高职三年级	
ON09	大专	
ON090100	大专一年级	
ON090200	大专二年级	
ON090300	大专三年级	
ON10	大本	
ON100100	大本一年级	
ON100200	大本二年级	
ON100300	大本三年级	
ON100400	大本四年级	
ON11	硕士	
ON110100	硕士一年级	
ON110200	硕士二年级	
ON110300	硕士三年级	
ON12	博士	
ON120100	博士一年级	
ON120200	博士二年级	
ON120300	博士三年级	
OA	非正规教育	
OA01	继续教育	
OA010100	继续师范教育	
OA010200	继续工程教育	
OA010300	其他专业继续教育	
OA02	职业教育	
OA0201	财经类	
OA020101	注册会计师	
OA020102	单证员	
OA020103	国际商务师	
OA020104	资产评估师	
OA020105	外销员	
OA020106	企业法律顾问	

表 2（续）

代码	名　称	说　明
OA020107	注册税务师	
OA020108	价格鉴证师	
OA020109	外贸跟单员	
OA020110	国际货运代理考试	
OA020111	证券从业资格考试	
OA020112	银行从业考试	
OA020113	经济师	
OA020114	报检员	
OA020115	报关员	
OA020116	会计从业	
OA020117	会计职称	
OA020118	审计师	
OA020119	统计师	
OA020120	管理咨询师	
OA020121	其他财经类教育	
OA0202	卫生类	
OA020201	执业药师	
OA020202	中医师	
OA020203	护理（护士/护师/主管护师）	
OA020204	卫生职称	
OA020205	护理	
OA020206	临床执业医师	
OA020207	临床助理医师	
OA020208	口腔执业医师	
OA020209	执业药师	
OA020210	其他卫生类教育	
OA0203	职业类	
OA020301	物流师	
OA020302	基金销售从业考试	
OA020303	公共营养师考试	
OA020304	心理咨询师	
OA020305	秘书	
OA020306	理财规划师	
OA020307	教师资格	

表 2（续）

代码	名　称	说　明
OA020308	出版资格	
OA020309	职称评定	
OA020310	导游证	
OA020311	企业培训师	
OA020312	营销师	
OA020313	职业经理人	
OA020314	社会工作者	
OA020315	银行从业考试	
OA020316	证券从业资格	
OA020317	期货从业资格	
OA020318	人力资源管理	
OA020319	其他职业教育	
OA0204	计算机类	
OA020401	计算机职业资格	
OA020402	计算机等级	
OA020403	计算机软件专业技术资格和水平	
OA020404	其他计算机类教育	
OA0205	工程类	
OA020501	建造师	
OA020502	质量工程师	
OA020503	造价工程师	
OA020504	造价员	
OA020505	安全工程师	
OA020506	房地产估价师	
OA020507	咨询工程师	
OA020508	注册环保工程师考试	
OA020509	建筑师	
OA020510	房地产经纪人	
OA020511	土地登记代理人	
OA020512	公路监理工程师	
OA020513	物业管理师	
OA020514	城市规划师	
OA020515	环境影响评价师	
OA020516	监理工程师	

表 2（续）

代码	名称	说明
OA020517	安全评价师	
OA020518	设备监理师	
OA020519	岩土工程师	
OA020520	土地估价师	
OA020521	结构工程师	
OA020522	投资建设项目管理师	
OA020523	公路造价公程师	
OA020524	其他工程类教育	
OA0206	外语类	
OA020601	职称英语	
OA020602	公共英语	
OA020603	新概念英语	
OA020606	商务英语	
OA020607	职称日语	
OA020608	自考英语	
OA020609	英语四级	
OA020610	英语六级	
OA020611	在职申硕英语	
OA020612	翻译资格考试	
OA020613	零起点日语	
OA020614	韩语	
OA020615	在职攻硕英语	
OA020616	成人英语三级	
OA020617	德语	
OA020618	日语等级	
OA020619	零起点英语	
OA020620	法语	
OA020621	俄语	
OA020622	其他外语类教育	
OA0207	法律类	
OA020701	国家司法考试	
OA020702	企业法律顾问考试	
OA020703	专利代理人考试	
OA020704	其他法律类教育	

表 2（续）

代码	名　　称	说　　明
OA0208	公务员	
OA020801	国家公务员考试	
OA020802	各省市自治区公务员考试	
OA020803	其他公务员考试	
OA03	社会文化生活教育	
OA04	企业认证	

5　学习对象媒体格式分类代码

5.1　学习对象媒体格式分类代码结构

学习对象媒体格式分类代码结构如图 3 所示。

图 3　学习对象媒体格式分类代码结构示意图

学习对象媒体格式分类代码采用层次码结构，由 3 部分 4 位标识码组成。

第 1 层：分类类别代码，用 1 位大写英文字母“F”表示，代表资源媒体格式分类代码。

第 2 层：一级类目代码，用 1 位阿拉伯数字表示，代表资源的基本格式，如“0”代表“文本格式”。

第 3 层：二级类目代码，用 2 位数字表示，代表资源的具体格式，如“01”表示文本格式中的 PDF 格式。

示例：

某学习对象格式为文本格式中的 PDF 格式，则其格式分类代码为“F001”。

5.2　学习对象媒体格式分类代码表

学习对象媒体格式分类代码如表 3 所示。

表 3　学习对象媒体格式分类代码表

代码	名　　称	说　　明
F0	文本格式	
F001	TXT(Text File)	
F002	RTF(Rich Text Format)	
F003	DOC	
F004	ODF(Open Document Format)	

表 3（续）

代码	名　称	说　明
F005	UOF(Unified Office Document Format)	
F006	PDF(Portable Document Format)	
F007	UMD(Universal Mobile Document)	
F008	HTML(Hyper Text Markup Language)	
F009	XML(Extensible Markup Language)	
F010	XPS (XML Paper Specification)	
F011	PPT(PowerPoint)	
F012	WPS	
F013	EIO	
F014	XLS	
F015	CLL	
F016	Postscript	
F017	WordPerfect	
F099	其他文本格式	
F1	音频格式	
F101	WAV(Wave)	
F102	MP3(MPEG Audio Layer 3)	
F103	RA(RealAudio)	
F104	MIDI(Musical Instrument Digital Interface)	
F105	WMA(Windows Media Audio)	
F106	WAM	
F107	OGG(Ogg Vorbis)	
F108	AIFF(Audio Interchange File Format)	
F109	FLAC (Free Lossless Audio Code)	
F110	SND(Sound)	
F111	VOC(Voice)	
F112	MOD(Module)	
F113	S3M(Screamtracker Modules)	
F114	XM(Xpress Music)	
F115	MTM	
F116	FAR	
F117	KAR	
F118	CD(Compact Disc)	

表 3（续）

代码	名　称	说　明
F119	VQF(Transform-domain WeightedI Nterleave Vector Quantization)	
F120	ASF(Advanced Streaming Format)	
F121	RM(RealMedia)	
F122	APE	
F123	AVS	
F124	MP4(MPEG-4 Part 14)	
F199	其他音频格式	
F2	视频格式	
F201	MPEG(Moving Pictures Experts Group)	
F202	AVI(Audio Video Interleaved)	
F203	RV(Real Video)	
F204	RM(Real Media)	
F205	RMVB(Real Media Variable Bitrate)	
F206	WMV(Windows Media Video)	
F207	ASF(Advanced Systems Format)	
F208	MOV	
F209	DIV	
F210	DIVX	
F211	FLV(Flash Video)	
F212	DVD(Digital Versatile Disc)	
F213	VCD(Video Compact Disc)	
F214	3GP	
F215	DAT(Data)	
F216	RA(RealAudio)	
F217	RAM(Random Access Memory)	
F299	其他视频格式	
F3	图形/图像	
F301	JPEG(Joint Photographic Experts Group)	
F302	GIF(Graphics Interchange Format)	
F303	BMP	
F304	TIFF(Tagged Image File Format)	
F305	PNG(Portable Network Graphic Format)	

表 3（续）

代码	名　称	说　明
F306	WMF	
F307	PSD	
F308	PCD	
F309	PCX	
F310	EPS(Encapsulated Post Script)	
F311	CGM(Computer Graphics Metafile)	
F312	EXIF(Exchangeable Image File)	
F313	TGA(Tagged Graphics)	
F314	FPX	
F315	SVG(Scalable Vector Graphics)	
F316	CDR	
F317	DXF(Drawing Exchange Format)	
F318	EPG(Electronic Program Guide)	
F399	其他图形/图像格式	
F4	动画	
F401	SWF(Shock Wave Flash)	
F402	GIF(Graphics Interchange Format)	
F403	MKV	
F499	其他动画格式	

附 录 A
（资料性附录）
学习对象分类代码使用说明

随着网络学习对象的不断开发以及各种在线学习系统的全面应用，网络学习对象的无组织性已然降低了资源利用的效率，妨碍了资源在各种系统之间的重复利用。本标准旨在指定符合众多资源受用者需求的，从理论的角度提出学习对象分类代码规则，利用统一的标准约束资源组织行为，降低资源服务成本，提高服务效率。

本标准规定了学习、教育和培训领域学习对象分类代码体系，并按照资源受用者的需求，提供了3套代码，即学习对象学科分类代码、学习对象适用对象分类代码、学习对象媒体格式分类代码，分别面向学习者、教学者、资源管理者，具体的学习对象分类代码体系如图A.1所示。

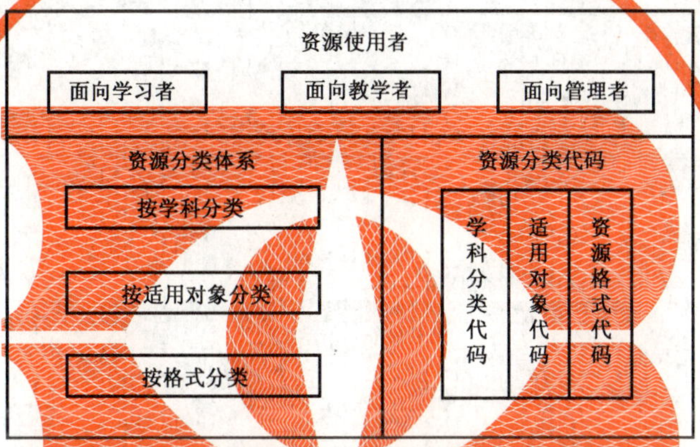

图A.1 学习对象分类代码体系

每个资源都可以从3个角度进行分类与描述，并拥有3个完全独立的代码。例如，某学习对象所属学科类别为教育社会学，则其学科分类代码为SH5605；如果其适用对象为大本三年级学生，则其适用对象分类代码为ON100300；如果其格式为MPEG视频文件，则其资源格式分类代码为F20004。基于这种分类机制，对于用户而言，他们可以按照自我角色的不同，从不同的角度选择相应的资源属性进行检索等操作，方便资源定位；从资源开发角度而言，开发者只需要赋予每个资源3种代码属性，并不涉及其他的资源组织行为，在不限制开发者对于学习对象的其他操作行为的前提下，便于实现各个系统之间资源的共享利用。

本标准结合网络学习对象的一般特性，编制具体的分类办法，通过制定相应的代码索引，在实际开发应用中，实现网络学习对象的快速精准定位，同时利用统一的规范实现学习对象组织方式共享。本标准适用于信息化学习、教育和培训领域对学习对象数据的整理、建库、汇编、发布和查询。对于任何使用本标准的机构，本标准只提供分类编码机制，不涉及技术实现方案。

参 考 文 献

［1］ GB 18030—2005 信息技术 中文编码字符集
［2］ GB/T 7027—2002 信息分类和编码的基本原则与方法
［3］ GB/T 13745—2009 学科分类与代码

ICS 35.040
L 72

中华人民共和国国家标准

GB/T 28826.1—2012

信息技术 公用生物特征识别交换格式框架 第1部分:数据元素规范

Information technology—Common biometric exchange formats framework—Part 1:Data element specification

(ISO/IEC 19785-1:2006,MOD)

2012-11-05 发布　　2013-02-01 实施

中华人民共和国国家质量监督检验检疫总局
中国国家标准化管理委员会　发布

前　言

GB/T 28826《信息技术　公用生物特征识别交换格式框架》分为下列3个部分：

——第1部分：数据元素规范；

——第2部分：生物特征识别注册机构操作规程；

——第3部分：实体格式规范。

本部分为GB/T 28826的第1部分。

本部分按照GB/T 1.1—2009给出的规则起草。

本部分使用重新起草法，修改采用国际标准ISO/IEC 19785-1：2006《信息技术　公用生物特征识别交换格式框架　第1部分：数据元素规范》及其ISO/IEC 19785-1：2006/AMD1：2010《信息技术　公用生物特征识别交换格式框架　第1部分：数据元素规范》的补篇1。

本部分与ISO/IEC 19785-1：2006相比存在技术性差异，这些差异涉及的条款已通过在其外侧页边空白位置的垂直单线(|)进行了标示：

——根据GB/T 26238—2010《信息技术 生物特征识别术语》，本部分中的术语与GB/T 26238—2010中的术语相重复的，采用其在GB/T 26238—2010中的定义；不重复的，采用其在ISO/IEC 19785-1：2006中的定义；

——根据需要，增加了参考文献。

本部分将ISO/IEC 19785-1：2006/AMD1：2010信息技术　公用生物特征识别交换格式框架　第1部分：数据元素规范》的补篇1纳入到相应条款中，并在改动过的条款的外侧页边空白位置用垂直双线(||)标示。

请注意本部分的某些内容可能涉及专利。本部分的发布机构不承担识别这些专利的责任。

本部分由全国信息技术标准化技术委员会(SAC/TC 28)提出并归口。

本部分起草单位：北京诺君安信息技术有限公司、中国电子技术标准化研究所、中国自动识别技术协会、浙江维尔生物识别技术股份有限公司、北京天诚盛业科技有限公司、上海通用识别技术研究所。

本部分主要起草人：袁理、冯敬、金倩、王里晴、韩小西、谢颖、陆捷、应骏、杨春林、安亚巍。

引　言

GB/T 28826 的本部分通过定义生物特征信息记录的标准结构、抽象数据元素的集合和能够用于创建与公用生物特征识别交换格式框架兼容的生物特征信息记录的数据头部值,来增强生物特征识别系统之间的互操作性。

信息技术
公用生物特征识别交换格式框架
第1部分:数据元素规范

1 范围

GB/T 28826 的本部分规定了公用生物特征识别交换格式框架数据元素的术语和定义、符号和缩略语、结构、格式,以及格式之间的转换方式和符合性要求。

1.1 本部分定义了生物特征信息记录的结构和数据元素。

1.2 本部分定义了使用域的概念,以建立符合 CBEFF 要求的标准或规范的适用性。

1.3 本部分定义了实体格式的概念,实体格式是由实体指定的、符合 CBEFF 要求的生物特征信息记录的格式规范。

1.4 本部分定义了一组可以用于定义 CBEFF 实体格式的 CBEFF 数据元素的抽象值(和相关语义)。

1.5 本部分详细说明了 CBEFF 实体使用 CBEFF 数据元素定义包含在生物特征信息记录中的标准生物特征识别数据头的内容和编码(例如,定义 CBEFF 实体格式)。

1.6 本部分提供了标识生物特征信息记录中生物特征数据块格式的方法,但是生物特征数据块的标准化和互用性不在本标准的范围内。本标准提供了让生物特征信息记录中的生物特征数据块携带加密信息(安全块)的方法,但是安全块结构和内容是由 CBEFF 实体负责定义的,不在本标准的范围内;生物特征数据块加密机制的规范和生物特征信息记录完整性机制的规范不在本标准范围内。

1.7 本部分详细说明了从一个 CBEFF 实体格式到另一个不同 CBEFF 实体格式的转换。

1.8 在 CBEFF 实体格式规范中使用的 CBEFF 数据元素的抽象值的编码不在本标准范围内。

1.9 ISO/IEC 19785-2 详细说明了生物特征识别注册机构发行生物特征识别组织标识符和注册 BDB 格式、CBEFF 兼容实体格式、安全块格式、生物特征识别产品、采集装置、特征项提取算法、比对算法、质量算法和压缩算法的操作程序。

1.10 ISO/IEC 19785-3 详细说明了几种 ISO/IEC JTC 1 SC 37 CBEFF 实体的实体格式规范。

1.11 个人隐私的保护,防止不恰当的散布和使用生物特征数据的规定不在本部分的范围内,但可能属于国家法规的管理范畴。

2 符合性

2.1 一个符合规范的实体应满足以下条件:

a) 按照本部分 6.2(定义简单生物特征信息记录结构)或 6.3(定义复杂生物特征信息记录结构)的要求定义 CBEFF 实体格式。

b) 在实体格式规范中应包含:

1) CBEFF 实体的名称,该名称是可以人工解读的;

2) ISO/IEC 19785-2 中生物特征识别注册机构分配的实体标识符的十进制或十六进制值;

3) 实体格式的名称,该名称是可以人工解读的;

4) CBEFF 实体为该实体格式分配的实体格式标识符的十进制或十六进制值;

5) 该实体格式的完整的 ASN.1 对象标识符,该标识符应同时以 ASN.1 和 XML 格式标记;

6) 使用域的描述；

7) 实体格式的版本标识符；

8) 定义实体格式遵循的 CBEFF 版本；

9) 支持的 CBEFF 定义的数据元素和抽象值的说明；

10) 支持的附加的、实体定义的数据元素和抽象值的说明。

c) 在实体格式规范中应包含完整的实体格式符合性声明。

2.2 一个符合规范的生物特征转换应按照 6.4 的要求，转换一个 CBEFF 实体格式中的生物特征信息记录到相同或不同 CBEFF 实体格式中的生物特征信息记录。

2.3 一个执行可以声明支持一个(或指定的)CBEFF 实体格式，只要该执行能够为这个(或指定的)CBEFF 实体格式编码抽象值或从这个(或指定的)CBEFF 实体格式中解码抽象值。

3 规范性引用文件

下列文件对于本文件的应用是必不可少的。凡是注明日期的引用文件，仅注日期的版本适用于本文件。凡是不注日期的引用文件，其最新版本(包括所有的修改单)适用于本文件。

GB 13000—2010 信息技术 通用多八位编码字符集(UCS)(ISO/IEC 10646-2003，IDT)

ISO 8601:2004 数据元和交换格式 信息交换 日期和时间表示法(Data elements and interchange formats—Information interchange—Representation of dates and times)

ISO/IEC 19784 信息技术 生物特征识别应用程序接口(Information technology—the BioAPI specification)

ISO/IEC 19785-2 信息技术 公用生物特征识别交换格式框架 第 2 部分：生物特征识别注册机构操作规程(Information technology—Common Biometric Exchange Formats Framework—Part 2: Procedures for the Operation of the Biometrics Registration Authority)

ISO/IEC 19785-3 信息技术 公用生物特征识别交换格式框架 第 3 部分：实体格式规范(Information technology—Common Biometric Exchange Formats Framework—Part 3: Patron Format Specifications)

4 术语和定义

下列术语和定义适用于本文件。

4.1

生物特征数据块格式标识符 BDB format identifier

在生物特征识别组织内唯一的、生物特征数据块格式的标识符。该生物特征数据块格式已经被称为生物特征数据块格式所有者(见 6.2.2)的生物特征识别组织完整定义。

4.2

生物特征数据块格式所有者 biometrics data block format owner

定义生物特征数据块格式并分配生物特征数据块格式标识符的生物特征识别组织。

4.3

生物特征识别(的) biometric

生物特征(的)

与生物特征识别领域有关的。

注："biometric"不被用作名词。

【GB/T 26238—2010，定义 2.1.1】

4.4

生物特征识别　biometrics

基于个体的行为特征和生物学特征,对该个体进行的自动识别。

注:"个体"限指人。

【GB/T 26238—2010,定义 2.1.2】

4.5

生物特征数据块　biometrics data block

具有定义格式的数据块,包括一个或多个生物特征样本活生物特征模板。

注:生物特征数据块通常对标准特征识别数据头的处理过程是不透明的,同时自己是不划定界限的。

4.6

生物特征信息记录　biometric information record

包含一个或多个生物特征数据块、标识生物特征数据块格式的信息和可能的其他信息(如生物特征数据块是否加密等)的数据结构。

4.7

生物特征识别产品　biometric product

带有生物特征识别产品标识符的软件或硬件产品,或者软件和硬件的组合。

4.8

生物特征识别产品标识符　biometric product identifier

分配给生物特征识别产品的标识符。

4.9

生物特征识别产品所有者　biometric product owner

给生物特征识别产品分配标识符的生物特征识别组织。

生物特征识别产品所有者可以是产品的制造商,也可以不是产品的制造商。

4.10

生物特征样本　biometric sample

先于生物特征项提取,且从生物特征采集子系统获得模拟的或数字的生物识别特征的表示。

【GB/T 26238—2010,定义 2.2.2.2.2.10】

4.11

生物特征模板　biometric template

参考的生物特征项的集合。

已存储的生物特征项的集合,可直接与探针生物特征样本的生物特征项进行比对。

注 1:生物特征参考包括图像或其他被采集的生物特征样本,它的原始、增强或压缩形式都不是生物特征模板。

注 2:生物特征项一般不被看作是生物特征模板,除非它们被存储用作参考。

【GB/T 26238—2010,定义 2.2.2.2.2.9.2】

4.12

生物特征转换　biometric transformation

将源实体格式的生物特征信息记录转换为目标实体格式的生物特征信息记录的过程。

注:生物特征转换可以包含对生物特征数据块内容的处理,但不是必须包含。

4.13

CBEFF 生物特征识别组织　CBEFF biometric organization

在符合 ISO/IEC 19785-2 的生物特征识别注册机构进行注册的组织。

注:生物特征识别组织可以定义生物特征数据块格式、为生物特征数据块分配标识符、为生物特征识别产品指定标识符、为采集装置分配采集装置标识符、为特征项提取算法分配特征项提取算法标识符、为比对算法分配比对算法标识符、为质量算法分配质量算法标识符、为压缩算法分配压缩算法标识符、定义安全块格式、分配安全块格式标识符。如果该组织又被承认为 CBEFF 实体,则允许其定义 CBEFF 实体格式。

4.14

生物特征识别组织标识符　biometric organization identifier

在符合ISO/IEC 19785-2的生物特征识别注册机构注册时，分配给CBEFF生物特征识别组织的唯一标识符。

4.15

CBEFF实体　CBEFF patron

在符合ISO/IEC 19785-2的生物特征识别注册机构进行注册，已被承认的标准化机构、工作组或工业协会等，可以制定一个或多个CBEFF实体格式。

4.16

CBEFF实体格式　CBEFF patron format

由CBEFF实体完整定义的生物特征信息记录格式(见6.2和6.3)。

4.17

CBEFF根数据头　CBEFF root header

在复杂生物特征信息记录结构中处于最顶层的标准生物特征识别数据头。

4.18

CBEFF子数据头　CBEFF sub-header

在复杂生物特征信息记录结构中位于CBEFF根数据头之后，在其后紧随生物特征数据块或者在其后跟随有其它CBEFF子数据头的标准生物特征识别数据头(见6.3)。

4.19

复杂生物特征信息记录结构　complex CBEFF biometric information record structure

由多个包含标准生物特征识别数据头的生物特征数据块和表示生物特征数据块相互关系的标准生物特征识别数据头组成的生物特征信息记录结构，该记录结构中还可包含安全块(见6.3)。

4.20

使用域　domain of use

由CBEFF实体定义的CBEFF实体格式的应用空间。

4.21

中间生物特征样本　intermediate biometric sample

通过处理原始生物特征样本获取的生物特征样本，这些样本可以用来进行后续处理。

4.22

最终生物特征样本　processed biometric sample

适用于进行比对的生物特征样本。

4.23

原始生物特征样本　raw biometric sample

直接从生物特征采集装置获得的生物特征样本。

4.24

安全块　security block

生物特征信息记录中具有已定义格式的、包括生物特征信息记录中生物特征数据块加密相关信息和生物特征信息记录完整性相关信息的数据块。

4.25

安全块格式标识符　security block format identifier

由安全块格式所有者定义的、在该所有者范围内唯一的安全块格式标识符。

4.26

安全块格式所有者　security block format owner

定义安全块格式并分配安全块格式标识符的生物特征识别组织。

4.27

简单生物特征信息记录结构　simple CBEFF biometric information record structure

由一个标准生物特征识别数据头和一个生物特征数据块组成的生物特征信息记录结构，该记录结构中还可包含安全块(见6.2)。

4.28

源生物特征信息记录　source biometric information record

在转换中作为输入信息的生物特征信息记录。

4.29

标准生物特征识别数据头　standard biometric header

生物特征信息记录结构的组成部分，可提供CBEFF数据元素抽象值的编码，包含生物特征信息记录中的生物特征数据块的格式信息。

注：生物特征数据块不必须是(且一般不是)自标识的，通过CBEFF数据元素标识生物特征数据块格式。

4.30

目标生物特征信息记录　target biometric information record

在转换中作为输出信息的生物特征信息记录。

4.31

采集装置　capture device

由CBEFF生物特征识别组织分配采集装置标识符的硬件产品或软件与硬件的组合。

4.32

采集装置标识符　capture device identifier

由采集装置所有者分配给一个采集装置的标识符。通过标识符，采集装置所有者可以明确地识别采集装置。

4.33

采集装置所有者　capture device owner

一个CBEFF生物特征识别组织，它为采集装置分配采集装置标识符。

注：该组织可以是采集装置的制造商。

4.34

特征项提取算法　feature extraction algorithm

由一个CBEFF生物特征识别组织分配特征项提取算法标识符的一种算法。

4.35

特征项提取算法标识符　feature extraction algorithm identifier

分配给一个特征项提取算法的标识符，通过该标识符可以(对指定的特征项提取算法所有者)明确识别算法。

4.36

特征项提取算法所有者　feature extraction algorithm owner

一个CBEFF生物特征识别组织，为特征项提取算法分配特征项提取算法标识符。

注：该组织可以是特征项提取算法的知识产权所有者。

4.37

比对算法　comparision algorithm

由一个CBEFF生物特征识别组织分配比对算法标识符的一种算法。

4.38

比对算法标识符　comparision algorithm identifier

分配给一个比对算法的标识符，通过该标识符可以(对指定的比对算法所有者)明确识别算法。

4.39

比对算法所有者 comparision algorithm owner

一个 CBEFF 生物特征识别组织，为比对算法分配比对算法标识符。

注：该组织可以是比对算法的知识产权所有者。

4.40

质量算法 quality algorithm

由一个 CBEFF 生物特征识别组织分配质量算法标识符的一种算法。

4.41

质量算法标识符 quality algorithm identifier

分配给一个质量算法的标识符，通过该标识符可以（对指定的质量算法所有者）明确识别算法。

4.42

质量算法所有者 quality algorithm owner

一个 CBEFF 生物特征识别组织，为质量算法分配质量算法标识符。

注：该组织可以是质量算法的知识产权所有者。

4.43

压缩算法 compression algorithm

由一个 CBEFF 生物特征识别组织分配压缩算法标识符的一种算法。

4.44

压缩算法标识符 compression algorithm identifier

分配给一个压缩算法的标识符，通过该标识符可以（对指定的压缩算法所有者）明确识别算法。

4.45

压缩算法所有者 compression algorithm owner

一个 CBEFF 生物特征识别组织，为压缩算法分配压缩算法标识符。

注：该组织可以是质量算法的知识产权所有者。

5 符号和缩略语

BDB：生物特征数据块（Biometric Data Block）

BIR：生物特征信息记录（Biometric Information Record）

BSP：生物特征识别服务提供体（Biometric Service Provider）

CBEFF：公用生物特征识别交换格式框架（Common Biometric Exchange Formats Framework）

MAC：信息效验码（Message Authentication Code）

SB：安全块（Security Block）

SBH：标准生物特征识别数据头（Standard Biometric Header）

UTC：协调世界时（Coordinated Universal Time）

6 要求

6.1 一般要求

6.1.1 CBEFF 允许 CBEFF 实体格式规范基于简单 CBEFF 生物特征信息记录结构（见 6.2）或复杂 CBEFF 生物特征信息记录结构（见 6.3）。

6.1.2 CBEFF 实体格式可以进行注册并拥有生物特征识别注册机构分配的实体标识符（见 ISO/IEC 19785-2）。

注：注册的实体格式在对生物特征信息记录有互用性或转换要求的环境下可能无法使用。

6.1.3 在通常情况下，在一个给定的使用域内只包含一个 CBEFF 实体格式，因此，可以使用实体格式标识符明确地进行标识。如果给定使用域需要一个以上的 CBEFF 实体格式，可以使用已经注册的实体格式标识符，或由 CBEFF 实体发布的、可用于该使用域的标识符等标识多个实体格式。

6.1.4 CBEFF 生物特征识别组织可以定义生物特征数据块格式和安全块格式，并为它们分配标识符。数据块格式标识符和安全块格式标识符应是在 1 到 65535 范围内的整数。每个标识符在该生物特征识别组织定义的生物特征数据块格式和安全块格式中应当是唯一的。该生物特征识别组织被称为生物特征数据块格式所有者和安全块格式所有者。数据块格式通过数据块格式所有者和数据块格式标识符两个数据元素确定，安全块格式通过安全块格式所有者和安全块格式标识符两个数据元素确定。数据块格式所有者和安全块格式所有者可以(但不是必须)依照 ISO/IEC 19785-2 标准注册数据块格式标识符和安全块格式标识符。

6.1.5 CBEFF 的一个目标是可以唯一标识生物特征信息记录中的每个生物特征数据块格式和安全块格式。通过数据块格式所有者和数据块格式标识符可以唯一标识生物特征信息记录内的每个数据块格式；通过安全块格式所有者和安全块格式标识符可以唯一标识生物特征信息记录内的每个安全块格式。

6.1.6 CBEFF 的另一个目标是通过实体格式中的数据块产品所有者和数据块产品标识符能够唯一标识生物特征信息记录内数据块的创建者。由 CBEFF 生物特征识别组织分配软件或硬件产品的生物特征识别产品标识符，该生物特征识别组织被称作生物特征识别产品所有者，生物特征识别产品可以(但不是必须的)是由生物特征识别组织生产或定义；生物特征识别产品所有者可以根据 ISO/IEC 19785-2 注册生物特征识别产品标识符，生物特征识别产品标识符是 1 到 65535 范围内的整数，该标识符在该生物特征识别产品所有者内是明确定义的。

6.1.7 CBEFF 的另一个目标是能够唯一标识用于产生一个生物特征数据块的采集装置、特征项提取算法、比对算法、质量算法和压缩算法(可能在其生命周期的不同阶段)。采用采集装置所有者标识符和采集装置标识符(特征项提取算法所有者标识符和特征项算法标识符等)可以唯一标识生成生物特征数据块的采集装置(特征项提取算法等)。由生物特征识别组织分配采集装置的采集装置标识符，该生物特征识别组织被称作采集装置所有者，采集装置可以(但不是必须)是由生物特征识别组织生产或定义的；采集装置所有者可以根据 ISO/IEC 19785-2 注册采集装置标识符，采集装置标识符是 1 到 65535 范围内的整数，该标识符在该生物特征采集装置所有者内是明确定义的。引用一个未注册的采集装置标识符是被禁止的。本条款同样适用于特征项提取算法、比对算法、质量算法和压缩算法，以及它们各自的所有者和标识符，只需将本条款中术语采集装置更换为特征项提取算法等。

6.1.8 不能将抽象值“NO VALUE AVAILABLE”赋值给实体规范中定义为必选项的数据元素，实体格式规范不能为必选数据元素增加该抽象值。

6.1.9 对于定义为可选项的数据元素，在实体格式中可以被包含，也可以不被包含，或者只在特定的条件下被包含。如果实体格式需要某个数据元素永远不被包括，那么该实体格式应定义该数据元素无抽象值或无编码，转换该实体格式时，将假定该数据元素的抽象值为“NO VALUE AVAILABLE”。如果该实体格式需要该数据元素总是或特定条件下被包括，那么抽象值“NO VALUE AVAILABLE”的编码应被定义，CBEFF 数据元素的其他抽象值的编码可被定义为实体格式的可选项。在包括可选项数据元素的 CBEFF 实体格式中，应列举出该实体格式支持的、CBEFF 定义的抽象值。

6.1.10 在实体格式规范中，对数据元素的顺序没有要求。

6.1.11 标准生物特征识别数据头不应被加密，除非所有信息都被加密。通过未加密的标准生物特征识别数据头中编码的数据元素，生物特征数据的应用不必检查生物特征数据块本身的内容，就能够很容易确定它们是否需要处理某种生物特征数据块。

注：CBEFF 允许在应用没有确定生物特征数据块被处理前，其数据元素的加解密可一直不被处理。见 6.5.8 和6.5.22。

6.1.12 对于需要使用消息验证码或数字签名进行完整性检查的简单生物特征信息记录，消息验证码或数字签名的数据范围包括标准生物特征识别数据头和生物特征数据块。对于需要使用消息验证码或数字签名进行完整性检查的复杂生物特征信息记录，完整性检查可应用于整个复杂生物特征信息记录，也可以分别应用于复杂生物特征信息记录包括的每个简单或复杂生物特征信息记录。

6.1.13 CBEFF 实体格式规范可以要求生物特征信息记录中的生物特征数据块使用指定的加密算法进行加密（在安全块中动态定义，或在生物特征信息记录中静态指定），或生物特征数据块不被加密、或生物特征数据块的加密是可选的（可使用指定的加密算法或使用任何动态或静态标识的加密算法）。

注：指定使用的加解密或完整性通常需要对加密或完整性算法进行标识，并需要各方就这些算法相关的参数和密钥达成协议。国际标准没有预定对这些加密或完整性参数达成协议的方法，但是它为使用的加解密和完整性算法的规范提供了 CBEFF 数据元素安全块，以及识别安全块格式和内容的 CBEFF 数据元素。

6.1.14 生物特征数据块的长度应是 8 比特的整数倍，但是不需要一定是自分割的。

注：没有用来确定生物特征数据块定义长度的数据元素，因为这是编码层的问题，与抽象层无关。

6.2 使用简单生物特征信息记录结构定义 CBEFF 实体格式

在使用简单生物特征信息记录结构的生物特征信息记录的 CBEFF 实体格式中，与 CBEFF 数据元素相应的字段应作为单一标准生物特征识别数据头内容的一部分。标准生物特征识别数据头之后应有包含单一的、标准化或厂商自定义格式的生物特征信息数据块字段。生物特征信息数据块之后可以包含一个安全块（见 6.2.3）。简单生物特征信息记录结构如图 1 所示。

SBH	BDB	SB(可选)

图 1 简单生物特征信息记录结构

6.2.1 标准生物特征识别数据头

在简单生物特征信息记录结构中，生物特征信息记录所包含的标准生物特征识别数据头如下：

6.2.1.1 标准生物特征识别数据头应是 CBEFF 数据元素抽象值的全定义编码，以及包括可选的、由 CBEFF 实体定义的附加抽象值，并包括生物特征数据块和安全块的长度定义。

6.2.1.2 在简单生物特征信息记录结构的标准生物特征识别数据头中，应对以下 CBEFF 数据元素进行编码：

a) CBEFF_BDB_format_owner（生物特征数据块格式所有者，见 6.5.1）；

b) CBEFF_BDB_format_type（生物特征数据块格式类型，见 6.5.2）；

c) CBEFF_BDB_encryption_options（生物特征数据块加密选项，见 6.5.3）；

d) CBEFF_BIR_integrity_options（生物特征信息记录完整性选项，见 6.5.4）。

注：如果实体格式要求所有生物特征数据块加密或不加密，那么实体格式可以定义 CBEFF_BDB_encryption_option（生物特征数据块加密选项）数据元素的编码为零长度字段；针对完整性验证，生物特征信息记录的 CBEFF_BIR_integrity_options（生物特征信息记录完整性选项）数据元素的定义遵循同样规则。

6.2.2 生物特征数据块

生物特征数据块是已经定义格式的块数据，含有一个或多个生物特征样本或生物特征模板。在标准生物特征识别数据头中编码的 CBEFF_BDB_format_owner（生物特征数据块格式所有者，见 6.5.1）数据元素和 CBEFF_BDB_format_type（生物特征数据块格式类型，见 6.5.2）数据元素的值可标识生物特征数据块的格式。

注：生物特征数据块格式可以是由卖方指定的，或者可以是标准化组织或工业协会定义的，这些标准化组织、工业

协会或卖方应按照 ISO/IEC 19785-2 标准获得生物特征识别组织标识符、定义生物特征数据块格式，并为该数据块格式分配生物特征数据块格式标识符。

6.2.3 安全块

6.2.3.1 安全块为顶层结构，由安全块格式所有者定义，使用安全块格式标识符进行标识。该标识符对于安全块格式所有者是唯一的。

6.2.3.2 如果以下两个或任何一个抽象值有效，CBEFF 实体格式规范应规定安全块的表示：

a) CBEFF_BIR_integrity_options（生物特征信息记录完整性选项）的抽象值为“INTEGRITY”；

b) CBEFF_BDB_encryption_options（生物特征数据块加密选项）的抽象值为“ENCRYPTION”。

6.3 使用复杂生物特征信息记录结构定义 CBEFF 实体格式

6.3.1 CBEFF 实体可定义复杂生物特征信息记录结构的 CBEFF 实体格式。该实体格式中，一个生物特征信息记录可包含多个相同或不同生物特征数据类型（例如，指纹、人脸和声音，或从多个手指得到的指纹生物特征数据块）的生物特征数据块。图 2 是一个复杂生物特征信息记录结构实体格式的示例，包括手指细节点数据和虹膜数据。

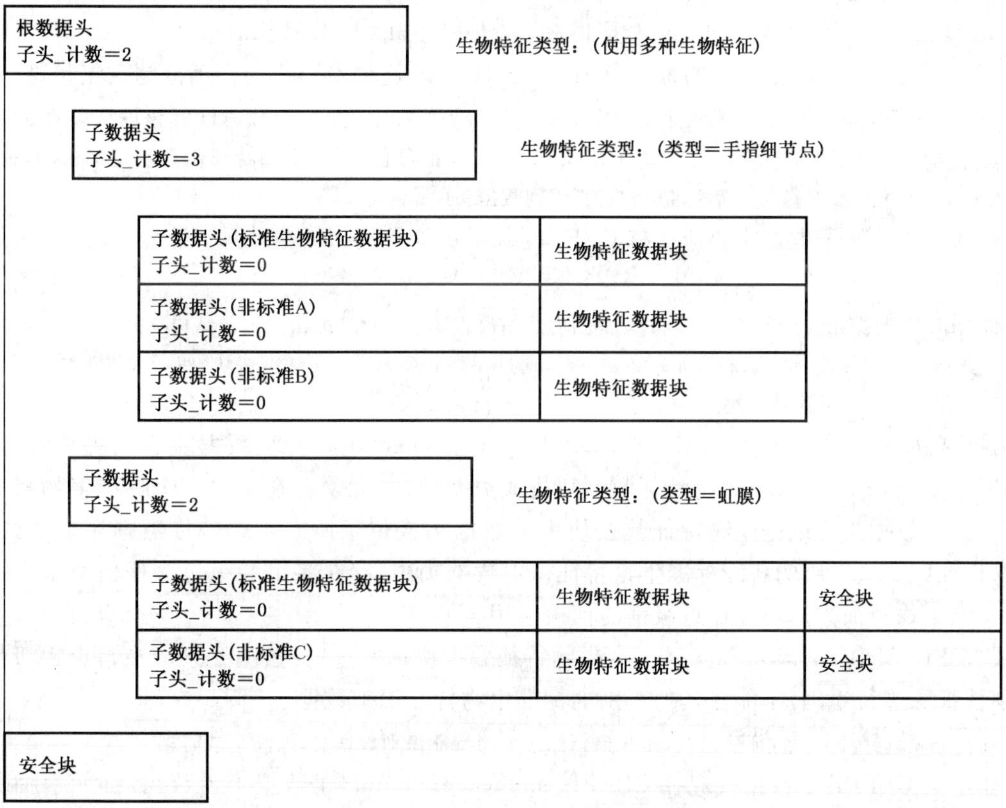

图 2 复杂生物特征信息记录结构实体格式示例

6.3.2 复杂生物特征信息记录结构的 CBEFF 实体格式依次包括：

a) 一个初始 CBEFF 根数据头（一个 SBH）。

b) 或者

1) 一个或多个子数据头块；

2) 一个或多个零级子数据头块。

c) 安全块（可选）。如果实体格式包括这个安全块，那么根数据头应支持 CBEFF_BIR_integrity_

options(生物特征信息记录完整性选项)数据元素的抽象值“INTEGRITY”。该安全块的作用范围是整个复杂生物特征信息记录。

注：6.3.5 中要求在根数据头中不支持 CBEFF_BDB_encryption_options(生物特征数据块加密选项)数据元素。

6.3.2.1 非零级子数据头块依次包括：

a) 一个初始 CBEFF 子数据头(一个 SBH)。

b) 或者

1) 一个或多个零级子数据头块；

2) 一个或多个非零级子数据头块。

6.3.2.2 零级子数据头块依次包括：

注：一个零级的子数据头块符合简单生物特征信息记录结构。因为一个简单生物特征信息记录可以是一个复杂生物特征信息记录的一部分，指定简单生物特征信息记录实体格式的 CBEFF 实体应当考虑是否接受从一个复杂生物特征信息记录高层次中继承(见 6.3.7)抽象值。如果继承某些值是不可以被接受的，简单生物特征信息记录实体格式应当支持非继承的数据元素和抽象值。

a) 一个 CBEFF_subheader_count(子数据头计数)数据元素编码的抽象值为“ZERO”的 SBH；

b) 一个 BDB；

c) 安全块(可选)。如果实体格式包括这种安全块，支持零级块的完整性验证，那么该零级块的子数据头或更上级子数据头，但不是根头，应支持 CBEFF_BIR_integrity_options (生物特征信息记录完整性)数据元素的抽象值 INTEGRITY。这种安全块的作用范围仅仅是这个零级块。

注：即使一个零级块(见 6.3.7)从一个上级子数据头中继承的抽象值为 INTEGRITY，该安全块的范围仅是零级块。同样，需注意的是 6.3.5 防止继承 ENCRYPTION 抽象值，如果生物特征数据块是加密的，抽象值 ENCRYPTION 应被编码在零级标准生物特征识别数据头中。

6.3.3 根数据头块和子数据头块应支持 CBEFF_subheader_count(子数据头计数)数据元素的所有抽象值的编码。

注：该 CBEFF 数据元素抽象值是 0 至 255 范围内的整数。复杂生物特征信息记录结构支持任意级，但是在一级中子数据头块的最大个数是 255，如果必要，可以通过在高一级中插入子数据头块，使子数据头技术重新开始，以容纳超过 255 的子数据头块。

6.3.4 在生物特征信息记录中，CBEFF_BDB_format_owner(生物特征数据块格式所有者)数据元素和 CBEFF_BDB_format_type(生物特征数据块格式类型)数据元素应在至少一个标准生物特征识别数据头中出现，该数据头可以是生物特征数据块中的数据头或位于所有生物特征数据块上层的数据头。如果生物特征数据块上层的各级标准生物特征识别数据头中，存在多个层级包含任何两个数据元素之一，那么与该生物特征数据块最接近级别的值被采用。

6.3.5 CBEFF_BDB_encryption_options(生物特征数据块加密选项)数据元素应在每个零级标准生物特征识别数据头进行编码，不能在其他级别的标准生物特征识别数据头编码。

注：加密选项只针对生物特征数据块，而非整个标准生物特征识别数据头，以满足该需求。

6.3.6 非零级 CBEFF 子数据头应在 CBEFF_subheader_count(子数据头计数)数据元素抽象值中编码下一级别的子数据头块数。

6.3.7 采用复杂生物特征信息记录结构的 CBEFF 实体格式，要求生物特征信息记录的编码遵循以下要求：

a) 缺省情况下，每个低级别数据元素应继承上一更高级别数据元素的抽象值(见 6.3.5)；

b) 如果数据元素的编码出现在子结构中，该编码忽略它的缺省值。

6.4 生物特征信息记录转换

应用系统可以将生物特征信息记录从一个实体格式转换为使用相同实体格式或不同实体格式的目标生物特征信息记录。

6.4.1 枚举型抽象值的转换

带有枚举列表抽象值的 CBEFF 数据元素，无论是必选的或可选的，应按照 a)和 b)中的要求进行映射，除非在 6.5 中有不同的要求。

a) 如果目标生物特征信息记录实体格式支持源生物特征信息记录中的抽象值，那么该抽象值相应映射到目标生物特征信息记录；

b) 如果目标生物特征信息记录实体格式不支持源生物特征信息记录中的抽象值，那么该抽象值应映射到目标生物特征信息记录的抽象值为“NO VALUE AVAILABLE”。

注：当目标生物特征信息记录中编码的抽象值是作为转换应用的局部输入，而不是依赖与源生物特征信息记录的抽象值时，在 6.5 中会有不同的要求。

6.4.2 非枚举型数据元素值的转换

对于抽象值为字符串、字节串、日期或十进制值的 CBEFF 数据元素，无论是必选的或可选的，数据元素值映射方法在 6.5 数据元素的转换要求中规定。

6.5 CBEFF 数据元素

本条规定了每个数据元素的定义和抽象值。

注：本条将按照如下的顺序：必选数据元素按照数据元素名称英文字母顺序，可选数据元素按照数据元素名称英文字母顺序。由于类型和子类型具有层次关系，所以 CBEFF_BDB_biometric_type 数据元素排列在 CBEFF_BDB_biometric_subtype 之前。对实体格式规范中数据元素的排列顺序没有要求(见 6.1)。

6.5.1 CBEFF_BDB_format_owner(生物特征数据块格式所有者)

6.5.1.1 属性

选　项：必选项。

抽象值：从 0 到 65535 的整数。

内　容：该数据元素的编码标识标准实体、工作组、工业协会或者其他的 CBEFF 生物特征识别组织，该组织定义了与包含本编码的标准生物特征识别数据头相关的生物特征数据块格式。CBEFF 要求这些定义生物特征数据块格式的组织在生物特征识别组织注册，以获得唯一的标识符。该唯一标识符是一个 16 比特的非负整数。该数据元素的抽象值是该标识符的所有可能值的集合，所有这些值应被所有实体格式支持。

注：CBEFF_BDB_format_owner 数据元素中使用的生物特征识别组织标识符和 CBEFF_BDB_format_type(见 6.5.2)中使用的生物特征数据块格式标识符可以唯一标识一个生物特征数据块格式(见 ISO/IEC 19785-2)。生物特征数据块格式属生物特征识别组织。生物特征数据块格式规范可以公开发布，也可不公开发布。其标识符可以(但不必须)被注册(见 6.5.2)。

6.5.1.2 转换要求

将源生物特征信息记录转换为目标生物特征信息记录时，如果生物特征数据块不进行转换，CBEFF_BDB_format_owner 数据元素和 CBEFF_BDB_format_type 数据元素的抽象值应进行复制；如果生物特征数据块也进行转换，目标生物特征信息记录应识别该目标的生物特征数据块格式所有者和格式类型。

注：是否转换生物特征数据块格式是一个执行选项。

6.5.2 CBEFF_BDB_format_type(生物特征数据块格式类型)

6.5.2.1 属性

选　项：必选项。

抽象值:从 0 到 65535 的整数。

内　容:该数据元素的编码可标识 CBEFF_BDB_format_owner 数据元素指定的生物特征识别组织定义的生物特征数据块格式。生物特征数据块格式标识符的注册是可选的。无论是否进行注册,该标识符是一种 16 比特非负整数,能够在生物特征识别组织标识符内明确识别。该数据元素的抽象值是这种标识符的所有值的集合,所有这些值都应得到支持。

6.5.2.2　转换要求

符合 6.5.1.2 的要求。

6.5.3　CBEFF_BDB_encryption_options(生物特征数据块加密选项)

6.5.3.1　属性

选　项:必选项(见 6.5.3.2)。

抽象值:NO ENCRYPTION(无加密):生物特征数据块没有加密。

ENCRYPTION(加密):生物特征数据块加密。

内　容:本数据元素的编码定义了生物特征数据块是否加密。

6.5.3.2　实体格式规范的要求

应满足以下要求:

a)　CBEFF 实体格式至少支持一个抽象值;

注:如果实体格式仅支持该数据元素的一个抽象值,它可能编码该抽象值为零长度字段。

b)　如果实体格式支持"ENCRYPTION",那么 CBEFF_SB_format_owner 和 CBEFF_SB_format_type 数据元素应被支持,除非该实体格式规范对所有这样的信息进行了预定义;

c)　在数据元素不适用,或者有其他方式表达所使用安全选项的场合,CBEFF 实体格式可不支持该数据元素;

d)　在复杂生物特征信息记录中,仅在零级子数据头块中支持该数据元素。

6.5.3.3　转换要求

将源生物特征信息记录转换为目标生物特征信息记录时,如果生物特征数据块的加密状态不变,该数据元素的抽象值应进行复制;如果生物特征数据块的加密状态被修改时,目标生物特征信息记录应编码目标生物特征数据块加密状态。如果生物特征数据块加密状态是"ENCRYPTED",那么目标生物特征信息记录的标准生物特征识别数据头应符合 6.5.3.2 中 b)的要求。

注:是否转换生物特征数据块加密状态是一个执行选项。

6.5.4　CBEFF_BIR_integrity_options(生物特征信息记录完整性选项)

6.5.4.1　属性

选　项:必选项。

抽象值:NO INTEGRITY(不完整):完整性不适用于生物特征信息记录。

INTEGRITY(完整):完整性适用于生物特征信息记录。

内　容:该数据元素的编码定义了完整性是否适用于生物特征信息记录。

6.5.4.2　实体格式规范的要求

应满足以下要求:

a) CBEFF 实体格式至少支持一个抽象值;

注:如果一个实体格式对于数据元素只支持一种抽象值,它可以作为一个零长度字段编码在该数据元素中。

b) 如果实体格式支持抽象值"INTEGRITY",那么 CBEFF_SB_format_owner 和 CBEFF_SB_format_type 数据元素应被支持,除非该实体格式规范预先确定了所有这些信息。

6.5.4.3 转换要求

将生物特征信息记录从初始实体格式转换为目标实体格式时,在目标生物特征信息记录中编码的该数据元素的抽象值应定义适用于目标生物特征信息记录的完整性选项。如果该目标生物特征信息记录的完整性状态是"INTEGRITY",该目标生物特征信息记录的标准生物特征识别数据头应符合6.5.4.2b)的要求。

6.5.5 CBEFF_subheader_count(子数据头计数)

选 项:在复杂生物特征信息记录结构的实体格式中为必选项(见6.3)。

在简单生物特征信息记录结构的实体格式中为可选项(见6.2)。

抽象值:从0到255的整数。

内 容:该数据元素的编码定义了根数据头或当前子数据头下一级别的子数据头块的数目(见6.3.3)。在复杂生物特征信息记录结构的最低级别或简单生物特征信息记录结构中,该数据元素的抽象值应为零。

6.5.6 CBEFF_BDB_biometric_type(生物特征数据块生物特征识别类型)

6.5.6.1 属性

选 项:可选项。

抽象值:符合表1。

内 容:该数据元素的编码表示生物特征或行为特征数据的类型,这些数据存储在简单生物特征信息记录结构的生物特征数据块中,或复杂生物特征信息记录结构的零级子数据头块的生物特征数据块中。

表1 生物特征数据块生物特征识别类型的抽象值

已命名的抽象值	是否具有一个相关的子类型?(见6.5.7)
NO VALUE AVAILABLE(无可用值)	否
MULTIPLE BIOMETRIC TYPES(多生物特征识别类型)	否
DNA(脱氧核糖核酸)	否
EAR(耳朵)	是
FACE(人脸)	否
FINGER(手指)	是
FOOT(足)	是
GAIT(步态)	否
HAND-GEOMETRY(手形)	是
IRIS(虹膜)	是
KEYSTROKE(按键)	否
LIP MOVEMENT(唇动)	否

表 1（续）

已命名的抽象值	是否具有一个相关的子类型？（见 6.5.7）
RETINA(视网膜)	是
SCENT(气味)	否
SIGNATURE-SIGN(签名-签字)	否
VEIN(静脉)	是
VOICE(声音)	否

6.5.6.1.1　按照特定使用域的要求，实体格式允许使用这些抽象值的任何子集和定义附加的抽象值。当"MULTIPLE BIOMETRIC TYPES"被编码时，这些附加的抽象值可能包括这些值的任意组合，这些值可能以位图表示，以精确枚举其中每个类型。

6.5.6.2　转换要求

应符合 6.4.1 的要求。

注：如果源实体格式使用位图表示附加抽象值的数目，这里附加抽象值是以上抽象值的组合（见 6.5.6.1.1），且目标实体格式不使用位图方式，那么该"MULTIPLE BIOMETRIC TYPES"抽象值应在目标实体格式中设置。

6.5.7　CBEFF_BDB_biometric_subtype（生物特征数据块生物特征识别子类型）

6.5.7.1　属性

选　项：可选项。

抽象值：如表 2 所示。

内　容：该数据元素的抽象值是应用于生物特征数据块生物特征类型抽象值的限定符。

当编码在 CBEFF_BDB_biometric_type 中的抽象值表示一种可以生成支持多个子类型的 BDB 的生物特征识别技术时，抽象值的组合是被允许的；但是抽象值"NO VALUE AVAILABLE"是不可以和其他抽象值组合的；抽象值"RIGHT"和"LEFT"可以互相组合，但不能和其他抽象值一起组合（注意"LEFT THUMB"是一个单独的抽象值，不是"LEFT"和"THUMB"的组合）。

示例 1：如果实体格式支持生物特征数据块生物特征识别类型"RETINA"，那么该实体格式可以使用生物特征数据块生物特征识别子类型的抽象值"LEFT"和"RIGHT"。

示例 2：假定一个虹膜生物特征识别装置能够产生一个包含采集对象双眼数据的单独的生物特征数据块，则抽象值"LEFT"和"RIGHT"应组合在一起以描述生物特征数据块。

表 2　生物特征数据块生物特征识别子类型的抽象值

抽　象　值	允许组合的抽象值
NO VALUE AVAILABLE(无可用值)	不可被组合
RIGHT(右)	LEFT
LEFT(左)	RIGHT
LEFT THUMB (左拇指)	除"LEFT"、"RIGHT"外皆可
LEFT POINTER FINGER (左食指)	同上
LEFT MIDDLE FINGER (左中指)	同上

表 2（续）

抽　象　值	允许组合的抽象值
LEFT RING FINGER（左无名指）	同上
LEFT LITTLE FINGER（左小拇指）	同上
RIGHT THUMB（右拇指）	同上
RIGHT POINTER FINGER（右食指）	同上
RIGHT MIDDLE FINGER（右中指）	同上
RIGHT RING FINGER（右无名指）	同上
RIGHT LITTLE FINGER（右小拇指）	同上
LEFT PALM(左手掌)	同上
LEFT BACK OF HAND(左手背)	同上
LEFT WRIST(左手腕)	同上
RIGHT PALM(右手掌)	同上
RIGHT BACK OF HAND(右手背)	同上
RIGHT WRIST(右手腕)	同上
注：生物特征数据块格式规范确定了哪一个限定符(如果存在)适用于该生物特征数据块格式。	

6.5.7.2 转换要求

应符合 6.4.1 的要求。

6.5.8 CBEFF_BDB_challenge_response（生物特征数据块质询-响应）

6.5.8.1 属性

选　项：可选项。

抽象值：NO VALUE AVAILABLE(无可用值)；

0、1、或多字节的数据。

内　容：该数据元素的编码包括用于向尝试使用生物特征数据块中的生物特征模板进行生物特征验证的用户表示询问或提示的数据。实体格式规范允许该数据元素的内容采用该实体格式或相关安全块定义的加密技术进行加密。

示例：如果生物特征类型是用于说话者识别的声音，那么数据元素可被用来存储该系统要求该对象发出声音的短语，或可以存储该短语包含的数据库的一个指示字。包含该数据元素的值而非 NO VALUE AVAILABLE 的实体格式，应详细说明透明数据的内容。

6.5.8.2 转换要求

质询-响应数据元素可能专门针对生物特征数据块的内容。一种转换应用应直接从源生物特征信息记录向目标生物特征信息记录复制内容，除非该目标的实体格式只支持“NO VALUE AVAILABLE”。

注：转换为“NO VALUE AVALIABLE”将导致生物特征数据块不可用。

6.5.9 CBEFF_BDB_creation_date(生物特征数据块创建日期)

6.5.9.1 属性

选　项:可选项。

抽象值:NO VALUE AVAILABLE(无可用值);

2000-01-01T00∶00∶00Z 到 3000-12-31T23∶59∶59Z。

内　容:该数据元素定义生物特征数据块中的生物特征数据被采集的 UTC 日期和时间(见 ISO 8601:2004)。实体格式规范支持抽象值的精确度到 1 s。

注 1:ISO 8601:2004 中扩展日期-时间格式可用于日期-时间抽象值规范。

注 2:UTC 是在 ISO 8601:2004 中定义的协调世界时的简写。字符"Z"作为 UTC 日期和时间的标志符。

注 3:实体格式规范还对某些区域提出了更严格的要求,注意类似的应用要求。

注 4:不是要求日期-时间精确到秒的 CBEFF 实体可以定义它们自己的数据元素和抽象值。

注 5:实体格式编码在特殊情况下可能使用二进制格式等的抽象日期-时间值。

6.5.9.2 转换要求

应符合 6.4.1 的要求。

注:如果目标实体格式定义具有不同时间精度的抽象值,那么这些抽象值与 5.5.9.1 定义的抽象值截然不同。但是目标实体格式规范可以定义从较大或较小精度的抽象值到它提供的抽象值的映射。如果没有定义这样的映射,那么"NO VALUE AVAILABLE"应被用作映射。

6.5.10 CBEFF_BDB_index(生物特征数据块索引)

6.5.10.1 属性

选　项:可选项。

抽象值:NO VALUE AVAILABLE(无可用值);

一个标识符。

内　容:该数据元素是一个对象的标识符,该对象和与其相关的生物特征数据块有联系,但与其分离。实体格式规范应定义此处需要编码的抽象值。如果该数据元素包括在复杂生物特征信息记录实体格式中,该格式应在复杂结构的不同层次定义该数据元素的解释。

注:该数据元素包含数据库中一个记录的索引,该记录对应人的生物特征数据存储在生物特征数据块中。实体格式允许为该数据元素定义任何相似的内容。

6.5.10.2 转换要求

当从源实体格式向目标实体格式转换生物特征信息记录时,在该数据元素中编码的值应与该目标使用域的情况相符。该值依赖于目标实体格式的使用域以及转换应用的本地信息,可能为"NO VALUE AVAILABLE"。

6.5.11 CBEFF_BDB_processed_level(生物特征数据块处理级别)

6.5.11.1 属性

选　项:可选项。

抽象值:NO VALUE AVAILABLE(无可用值);

RAW (原始)(见 4.23);

INTERMEDIATE(中间)(见 4.21);

PROCESSED (最终)(见 4.22)。

内　容:该数据元素的编码表示生物特征数据块中生物特征采样或模板的处理状态(见 ISO/IEC 19784-1)。

6.5.11.2　转换要求

当从源实体格式向目标实体格式转换生物特征信息记录时,目标生物特征信息记录中的抽象值应传达目标生物特征数据块的处理级别。如果转换应用没有对生物特征数据块做任何处理,该目标生物特征信息记录中的值应从源生物特征信息记录中进行复制,如果复制的值不被支持,则将其置为"NO VALUE AVAILABLE"。

6.5.12　CBEFF_BDB_product_owner(生物特征数据块产品所有者)

6.5.12.1　属性

选　项:可选项,除非实体格式包括生物特征数据块产品类型,否则该数据元素应不包括在实体格式中(见 6.5.13)

抽象值:NO VALUE AVAILABLE(无可用值);

1 到 65535 的整数。

内　容:该数据元素可以识别创建了生物特征数据块的、拥有该产品的、已注册的生物特征识别组织。生物特征数据块产品所有者的内容应是生物特征识别组织标识符(一个 16 比特的正整数,由生物特征识别注册机构分配)。

注 1:在可选数据元素 CBEFF_BDB_product_owner(如果存在)中编码的生物特征识别组织标识符可以和必选数据元素 CBEFF_BDB_format_owner 中编码的标识符相同,也可以不同。

注 2:生物特征识别注册机构不能将零值(十六进制 0000)分配给任何生物特征识别组织,实体格式规范可以使用 NO VALUE AVAILABLE 值。

6.5.12.2　转换要求

当从源实体格式向目标实体格式转换生物特征信息记录时,如果转换应用修改了生物特征数据块的内容,那么目标生物特征信息记录中的 CBEFF_BDB_product_owner 应识别拥有转换应用本身的生物特征识别组织,除非该转换应用需要在这种目标数据元素中编码"NO VALUE AVAILABLE"。如果该转换应用没有修改生物特征数据块,那么源生物特征信息记录抽象值应映射该目标数据元素。

6.5.13　CBEFF_BDB_product_type(生物特征数据块产品类型)

6.5.13.1　属性

选　项:可选项,除非实体格式包括 CBEFF_BDB_product_owner,否则该数据元素不应包括在实体格式中(见 6.5.12)。

抽象值:NO VALUE AVAILABLE(无可用值);

1 至 65535 范围内的整数。

内　容:该数据元素可识别创建生物特征数据块的产品。该产品标识符是一个 16 比特的正整数,由开发或拥有该产品的、已注册的生物特征识别组织分配,由 CBEFF_BDB_product_owner 数据元素进行识别。

6.5.13.2　转换要求

如果该转换改变了 CBEFF_BDB_product_owner 中的值,那么目标生物特征信息记录中的该数据元素应能够识别转换应用本身,或应为"NO VALUE AVAILABLE",否则,源生物特征信息记录的值应映射到目标生物特征信息记录,或应为"NO VALUE AVAILABLE"。

6.5.14 CBEFF_BDB_purpose(生物特征数据块用途)

6.5.14.1 属性

选　项:可选项。

抽象值:NO VALUE AVAILABLE(无可用值);
VERIFY(验证);
IDENTIFY(识别);
ENROLL(注册);
ENROLL FOR VERIFICATION ONLY(仅用于验证的注册);
ENROLL FOR IDENTIFICATION ONLY(仅用于识别的注册);
AUDIT(审计)。

内　容:该数据元素定义了生物特征数据块的用途(参见 ISO/IEC 19784 BioAPI 和 GB/T 16649)。

6.5.14.2 转换要求

当从源实体格式向目标实体格式转换生物特征信息记录时,目标生物特征信息记录中的值应传达目标生物特征数据块的目的。如果该转换没有进行这种处理,目标生物特征信息记录中的值应从源生物特征信息记录中进行复制,或者如果目标生物特征信息记录不支持,使用"NO VALUE AVAILABLE"。

6.5.15 CBEFF_BDB_quality(生物特征数据块质量)

6.5.15.1 属性

选　项:可选项。

抽象值:NO VALUE AVAILABLE(无可用值);
QUALITY NOT SUPPORTED BY BDB CREATOR(生物特征数据块创建者不支持的质量);
QUALITY SUPPORTED BY BDB CREATOR BUT NOT SET(生物特征数据块创建者支持,但未设置的质量);
0 到 100 范围内的整数质量值,这里 100 是最高质量。

内　容:该数据元素定义了生物特征数据块中生物特征数据的质量(参见 ISO/IEC 19784 BioAPI)。

6.5.15.2 转换要求

应符合 6.4.1 的要求。

6.5.16 CBEFF_BDB_validity_period(生物特征数据块有效期)

6.5.16.1 属性

选　项:可选项。

抽象值:NO VALUE AVAILABLE(无可用值);
2000-01-01 到 3000-12-31/2000-01-01 到 3000-12-31。

内　容:该数据元素表示生物特征数据块有效的时间范围(不早于到不迟于)。

应符合 6.5.9 对时间表示的要求和其他需考虑的因素。

注 1：两个时间之间的字符"/"表示时间段的起点和终点。

注 2：要求日期时间精度不是精确到 1d 的 CBEFF 实体，可以定义它自己的数据元素和抽象值。

注 3：实体格式编码可以使用非扩展日期时间格式作为日期时间抽象值。

6.5.16.2 转换要求

对生物特征数据块有效期的要求源于以下两项要求中的一个：

a) 由于管理要求需要指定一个有效期，例如，可以指定一个有效期，在该有效期内，用户有使用生物特征数据块进行验证的权限，一旦该有效期过期，无需修改应用验证的指纹模板，用户需要重新申请下一个有效期；

b) 和生物特征模板退化有关的技术要求，例如可以指定一个有效期，超过该有效期后，继续使用生物特征数据块中的数据将降低比对精度。

当用于目标生物特征信息记录时，包括该数据元素的实体格式规范应定义该数据元素的转换规则。

6.5.17 CBEFF_BIR_creation_date（生物特征信息记录创建日期）

6.5.17.1 属性

选　项：可选项。

抽象值：NO VALUE AVAILABLE（无可用值）；

2000-01-01T00：00：00Z 到 3000-12-31T23：59：59Z。

内　容：该数据元素定义了由 BSP 或转换应用创建生物特征信息记录的 UTC 日期和时间（参见 ISO 8601:2004）。要求实体格式规范支持该数据元素抽象值的精确度为 1 s。应符合 6.5.9 对时间表示的要求和其他需考虑的因素。

6.5.17.2 转换要求

当从源实体格式向目标实体格式转换生物特征信息记录时，目标生物特征信息记录中的该数据元素的抽象值应是目标生物特征信息记录创建的日期和时间，或者应是"NO VALUE AVAILABLE"。

6.5.18 CBEFF_BIR_creator（生物特征信息记录创建者）

6.5.18.1 属性

选　项：可选项。

抽象值：NO VALUE AVAILABLE（无可用值）；

由来自 GB 13000 字符集的字符串组成的可人工解读的名称。

注：在实际的生物特征信息记录里编码的那些字符是由该实体格式决定的。

内　容：该数据元素识别了负责创建生物特征信息记录的组织。

示例：机读旅行文件中的生物特征数据可能由美国国务院或澳大利亚护照创建。

6.5.18.2 转换要求

当从源实体格式向目标实体格式转换生物特征信息记录时，目标生物特征信息记录中这种数据元素的抽象值应识别负责转换应用的组织，或应为"NO VALUE AVAILABLE"。

6.5.19 CBEFF_BIR_index（生物特征信息记录索引）

6.5.19.1 属性

选　项：可选项。

抽象值:NO VALUE AVAILABLE(无可用值);

一个标识符。

内　容:除非已识别的外部对象关系整个生物特征信息记录而不是单个生物特征数据块,否则该数据元素与生物特征数据块索引相类似。见 6.5.10。

6.5.19.2　转换要求

当从源实体格式向目标实体格式转换生物特征信息记录时,该数据元素的值应与目标域的情况相符。该值依赖于转换应用信息,可能是"NO VALUE AVAILABLE"。

6.5.20　CBEFF_BIR_patron_format_owner(生物特征信息记录实体格式所有者)

6.5.20.1　属性

选　项:可选项。除非实体格式也包括 CBEFF_BIR_patron_format_type,否则该数据元素可不包括在实体格式中(见 6.5.21)。

抽象值:NO VALUE AVAILABLE(无可用值);

1 到 65535 范围内的整数。

内　容:该数据元素的编码可识别生物特征识别组织,该生物特征识别组织负责定义当前标准生物特征识别数据头之外的标准生物特征识别数据头的实体格式。该组织在生物特征识别注册机构进行注册,获得在该数据元素中编码的唯一标识符(参见 ISO/IEC 19785-2)。这个唯一标识符是一个 16 比特的正整数。该数据元素的抽象值是该标识符的所有可能的值的集合,且要求所有这些值都被支持。

注:如果没有实体格式自身的识别,数据头是无法被编码的,所以无法使用该数据元素来自标识实体格式。

6.5.20.2　转换要求

当从源实体格式向目标实体格式转换生物特征信息记录时,目标生物特征信息记录中的抽象值应符合目标生物特征信息记录中实体格式的要求;可能是"NO VALUE AVAILABLE"。

6.5.21　CBEFF_BIR_patron_format_type(生物特征信息记录实体格式类型)

6.5.21.1　属性

选　项:可选项,除非实体格式也包括 CBEFF_BIR_patron_format_owner,否则在实体格式中可不包括该数据元素(见 6.5.20)。

抽象值:NO VALUE AVAILABLE(无可用值);

1 到 65535 范围内的整数。

内　容:该数据元素的编码定义了相对于当前生物特征信息记录而言,属于外部生物特征信息记录的 CBEFF 实体格式标识符。负责引用实体格式的 CBEFF 实体分配实体格式标识符值,并在生物特征识别注册机构进行注册。这种唯一的标识符是一个 16 比特的正整数。该数据元素的抽象值是这种标识符的所有可能值的集合,且要求所有这些值都被支持。

6.5.21.2　转换要求

应符合 6.5.20.2 的要求。

6.5.22　CBEFF_BIR_payload(生物特征信息记录有效载荷)

6.5.22.1　属性

选　项:可选项。

抽象值:NO VALUE AVAILABLE(无可用值);

字节串。

内　容:该数据元素的编码包括任意数据。数据的格式和用法不在公用生物特征交换格式框架中指定。

注:任意数据可以是,例如,一个字符串;可以是被加密的;可以完整地应用于数据元素中;可以代表一个结构。公用生物特征交换格式框架中没有对这些数据的编码设置任何限制因素。

6.5.22.2 转换要求

当从源实体格式向目标实体格式转换生物特征信息记录时,目标生物特征信息记录中该数据元素的编码应与该目标生物特征信息记录的实体格式要求相符;可能是"NO VALUE AVAILABLE"。

6.5.23 CBEFF_BIR_validity_period(生物特征信息记录有效期)

6.5.23.1 属性

选　项:可选项。

抽象值:NO VALUE AVAILABLE(无可用值);

2000-01-01 到 3000-12-31/2000-01-01 到 3000-12-31。

内　容:该数据元素规定了生物特征信息记录有效的时间范围(不早于到不迟于)。应符合 6.5.9.1 对时间表示的 CBEFF 要求和其他需考虑的因素。应符合 6.5.16 中 CBEFF 要求的区间表示。

6.5.23.2 转换要求

当在目标生物特征信息记录中使用时,CBEFF 要求包括该数据元素的实体格式规范定义该数据元素的转换规则。

注:有效期转换应考虑的因素见 6.5.16。对生物特征识别技术的考虑不适用于生物特征信息记录有效期。

6.5.24 CBEFF_patron_header_version(实体头版本号)

6.5.24.1 属性

选　项:可选项。

抽象值:NO VALUE AVAILABLE(无可用值);

由实体格式规范定义的、用来识别实体格式版本的抽象值。

内　容:该数据元素的编码识别与生物特征信息记录一致的实体格式规范版本号。

注 1:实体格式规范可以(但不必)定义该数据元素只包含主要版本,或者有主版本和次要版本。

注 2:为了确定版本号,版本 1 的实施解码后续版本的编码序列,所以除非版本号出现在版本 1 编码中(版本 2 编码与版本 1 编码非常相似),否则有可能无法成功使用版本号。

6.5.24.2 转换要求

当从源实体格式向目标实体格式转换生物特征信息记录时,目标生物特征信息记录中的抽象值应反映目标实体格式规范的版本。

6.5.25 CBEFF_SB_format_owner(安全块格式所有者)

6.5.25.1 属性

选　项:可选项。除非实体格式中也包括安全块格式类型,否则实体格式可不包括该数据元素(见 6.5.26)。

抽象值:NO VALUE AVAILABLE(无可用值);

1 到 65535 范围内的整数。

内　容:该数据元素的编码识别安全块格式所有者,该安全块格式所有者对属于当前生物特征信息记录组成部分的安全块的格式负责。要求安全块格式所有者在生物特征识别注册机构进行注册,获得该数据元素编码的唯一标识符(见 ISO/IEC 19785-2)。这种唯一的标识符是一个 16 比特正整数。该数据元素的抽象值是这种标识符的所有可能值的集合,且要求所有这些值都被支持。

6.5.25.2　转换要求

当从源实体格式向目标实体格式转换生物特征信息记录时,目标生物特征信息记录中的抽象值应与目标生物特征信息记录中的实体格式要求相符,可能是"NO VALUE AVAILABLE"。

6.5.26　CBEFF_SB_format_type(安全块格式类型)

6.5.26.1　属性

选　项:可选项。除非实体格式中包括安全块格式所有者,否则实体格式中可不包括该数据元素(见 6.5.25)。

抽象值:NO VALUE AVAILABLE(无可用值);

1 到 65535 范围内的整数。

内　容:该数据元素的编码定义了作为当前生物特征信息记录组成部分的安全块格式的标识符。安全块格式所有者负责为引用的格式分配安全块格式标识符值,并可在生物特征识别注册机构进行注册。这种唯一的标识符是一个 16 比特正整数。该数据元素的抽象值是这种标识符的所有可能的值的集合,且要求所有这些值都被支持。

6.5.26.2　转换要求

应符合 6.5.25.2 要求。

6.5.27　CBEFF_version(版本号)

6.5.27.1　属性

选　项:可选项。

抽象值:NO VALUE AVAILABLE(无可用值);

主版本号为 1 到 15 的整数,次版本号为 0 到 15 的整数。

内　容:该数据元素的编码表示该 CBEFF 实体格式规范中使用的版本。对本标准而言,这些值是:

主版本号="02"

次版本号="00"

注:主版本号"01"已在早期版本中使用。

6.5.27.2　转换要求

该目标生物特征信息记录中的值应反映该版本基于哪个目标实体格式版本。

6.5.28　CBEFF_BDB_capture_device_owner(生物特征数据块采集装置所有者)

6.5.28.1　属性

选　项:可选项。除非实体格式包括生物特征数据块采集装置类型,否则该数据元素应不包括在实体格式中(见 6.5.29)。

抽象值:NO VALUE AVAILABLE(无可用值);

1 到 65535 的整数。

内　容:该数据元素用于识别已注册的生物特征识别组织,该组织可拥有用于创建生物特征数据块的采集装置。CBEFF_BDB_capture_device_owner 的内容应是生物特征识别组织标识符(一个 16 比特的正整数,由生物特征识别注册机构分配)。

注:生物特征识别注册机构不能将零值(十六进制 0000)分配给任何生物特征识别组织,实体格式规范可以使用 NO VALUE AVAILABLE 值。

6.5.28.2　转换要求

当从源实体格式向目标实体格式转换生物特征信息记录时,目标生物特征信息记录中的数据元素的编码应与目标生物特征信息记录中的实体格式要求相符,可能是“NO VALUE AVAILABLE”。

6.5.29　CBEFF_BDB_capture_device_type(生物特征数据块采集装置类型)

6.5.29.1　属性

选　项:可选项。除非实体格式包括 CBEFF_BDB_capture_device_owner,否则该数据元素应不包括在实体格式中(见 6.5.28)。

抽象值:NO VALUE AVAILABLE(无可用值);

1 到 65535 的整数。

内　容:该数据元素用于识别创建生物特征数据块的采集装置。该采集装置标识符是一个 16 比特的正整数,由开发或拥有该采集装置的、由 CBEFF_BDB_capture_device_owner 数据元素识别的已注册生物特征识别组织分配。

6.5.29.2　转换要求

当从源实体格式向目标实体格式转换生物特征信息记录时,目标生物特征信息记录中的数据元素的编码应与目标生物特征信息记录中的实体格式要求相符,可能是“NO VALUE AVAILABLE”。

6.5.30　CBEFF_BDB_feature_extraction_algorithm_owner(生物特征数据块特征项提取算法所有者)

6.5.30.1　属性

选　项:可选项。除非实体格式包括 CBEFF_BDB_feature_extraction_algorithm_type,否则该数据元素应不包括在实体格式中(见 6.5.31)。

抽象值:NO VALUE AVAILABLE(无可用值);

1 到 65535 的整数。

内　容:该数据元素用于识别已注册的生物特征识别组织,该组织可拥有用于创建生物特征数据块的特征项提取算法。CBEFF_BDB_feature_extraction_algorithm_owner 的内容应是生物特征识别组织标识符(一个 16 比特的正整数,由生物特征识别注册机构分配)。

注:生物特征识别注册机构不能将零值(十六进制 0000)分配给任何生物特征识别组织,实体格式规范可以使用 NO VALUE AVAILABLE 值。

6.5.30.2　转换要求

当从源实体格式向目标实体格式转换生物特征信息记录时,目标生物特征信息记录中的数据元素的编码应与目标生物特征信息记录中的实体格式要求相符,可能是“NO VALUE AVAILABLE”。

6.5.31 CBEFF_BDB_feature_extraction_algorithm_type(生物特征数据块特征项提取算法类型)

6.5.31.1 属性

选　项:可选项。除非实体格式包括 CBEFF_BDB_feature_extraction_algorithm_owner,否则该数据元素应不包括在实体格式中(见 6.5.30)。

抽象值:NO VALUE AVAILABLE(无可用值);

1 到 65535 的整数。

内　容:该数据元素用于识别创建生物特征数据块的特征项提取算法。该特征项提取算法标识符是一个 16 比特的正整数,由开发或拥有该特征项提取算法的、CBEFF_BDB_feature_extraction_algorithm_owner 数据元素识别的已注册的生物特征识别组织分配。

6.5.31.2 转换要求

当从源实体格式向目标实体格式转换生物特征信息记录时,目标生物特征信息记录中的数据元素的编码应与目标生物特征信息记录中的实体格式要求相符,可能是"NO VALUE AVAILABLE"。

6.5.32 CBEFF_BDB_comparison_algorithm_owner(生物特征数据块比对算法所有者)

6.5.32.1 属性

选　项:可选项。除非实体格式包括 CBEFF_BDB_comparison_algorithm_type,否则该数据元素应不包括在实体格式中(见 6.5.33)。

抽象值:NO VALUE AVAILABLE(无可用值);

1 到 65535 的整数。

内　容:该数据元素用于识别已注册的生物特征识别组织,该组织可拥有用于创建生物特征数据块的比对算法。CBEFF_BDB_comparison_algorithm_owner 的内容应是生物特征识别组织标识符(一个 16 比特的正整数,由生物特征识别注册机构分配)。

注:生物特征识别注册机构不能将零值(十六进制 0000)分配给任何生物特征识别组织,实体格式规范可以使用 NO VALUE AVAILABLE 值。

6.5.32.2 转换要求

当从源实体格式向目标实体格式转换生物特征信息记录时,目标生物特征信息记录中的数据元素的编码应与目标生物特征信息记录中的实体格式要求相符,可能是"NO VALUE AVAILABLE"。

6.5.33 生物特征数据块比对算法类型

6.5.33.1 属性

选　项:可选项。除非实体格式包括生物特征数据块比对算法所有者,否则该数据元素应不包括在实体格式中(见 6.5.32)。

抽象值:NO VALUE AVAILABLE(无可用值);

1 到 65535 的整数。

内　容:该数据元素用于识别创建生物特征数据块的比对算法。该比对算法标识符是一个 16 比特的正整数,由开发或拥有该比对算法的、CBEFF_BDB_comparison_algorithm_owner 数据元素识别的已注册的生物特征识别组织分配。

6.5.33.2 转换要求

当从源实体格式向目标实体格式转换生物特征信息记录时,目标生物特征信息记录中的数据元素的编码应与目标生物特征信息记录中的实体格式要求相符，可能是“NO VALUE AVAILABLE”。

6.5.34 **CBEFF_BDB_quality_algorithm_owner（生物特征数据块质量算法所有者）**

6.5.34.1 **属性**

选　项：可选项。除非实体格式包括 CBEFF_BDB_quality_algorithm_type，否则该数据元素应不包括在实体格式中（见 6.5.35）。

抽象值：NO VALUE AVAILABLE（无可用值）；

1 到 65535 的整数。

内　容：该数据元素用于识别已注册的生物特征识别组织，该组织可拥有用于创建生物特征数据块的质量算法。CBEFF_BDB_quality_algorithm_owner 的内容应是生物特征识别组织标识符（一个 16 比特的正整数，由生物特征识别注册机构分配）。

注：生物特征识别注册机构不能将零值（十六进制 0000）分配给任何生物特征识别组织，实体格式规范可以使用 NO VALUE AVAILABLE 值。

6.5.34.2 **转换要求**

当从源实体格式向目标实体格式转换生物特征信息记录时，目标生物特征信息记录中的数据元素的编码应与目标生物特征信息记录中的实体格式要求相符，可能是“NO VALUE AVAILABLE”。

6.5.35 **CBEFF_BDB_quality_algorithm_type（生物特征数据块质量算法类型）**

6.5.35.1 **属性**

选　项：可选项。除非实体格式包括 CBEFF_BDB_quality_algorithm_owner，否则该数据元素应不包括在实体格式中（见 6.5.34）。

抽象值：NO VALUE AVAILABLE（无可用值）；

1 到 65535 的整数。

内　容：该数据元素用于识别创建生物特征数据块的质量算法。该质量算法标识符是一个 16 比特的正整数，由开发或拥有该质量算法的、CBEFF_BDB_quality_algorithm_owner 数据元素识别的已注册的生物特征识别组织分配。

6.5.35.2 **转换要求**

当从源实体格式向目标实体格式转换生物特征信息记录时，目标生物特征信息记录中的数据元素的编码应与目标生物特征信息记录中的实体格式要求相符，可能是“NO VALUE AVAILABLE”。

6.5.36 **CBEFF_BDB_compression_algorithm_owner（生物特征数据块压缩算法所有者）**

6.5.36.1 **属性**

选　项：可选项。除非实体格式包括 CBEFF_BDB_compression_algorithm_type，否则该数据元素应不包括在实体格式中（见 6.5.37）。

抽象值：NO VALUE AVAILABLE（无可用值）；

1 到 65535 的整数。

内　容：该数据元素用于识别已注册的生物特征识别组织，该组织可拥有用于创建生物特征数据块的压缩算法。CBEFF_BDB_compression_algorithm_owner 的内容应是生物特征识别组织标识符（一个 16 比特的正整数，由生物特征识别注册机构分配）。

注：生物特征识别注册机构不能将零值（十六进制 0000）分配给任何生物特征识别组织，实体格式规范可以使用 NO VALUE AVAILABLE 值。

6.5.36.2 转换要求

当从源实体格式向目标实体格式转换生物特征信息记录时,目标生物特征信息记录中的数据元素的编码应与目标生物特征信息记录中的实体格式要求相符,可能是"NO VALUE AVAILABLE"。

6.5.37 **CBEFF_BDB_compression_algorithm_type**(生物特征数据块压缩算法类型)

6.5.37.1 属性

选 项:可选项。除非实体格式包括 CBEFF_BDB_compression_algorithm_owner,否则该数据元素应不包括在实体格式中(见 6.5.36)。

抽象值:NO VALUE AVAILABLE(无可用值);

1 到 65535 的整数。

内 容:该数据元素用于识别创建生物特征数据块的压缩算法。该压缩算法标识符是一个 16 比特的正整数,由开发或拥有该压缩算法的、CBEFF_BDB_compression_algorithm_owner 数据元素识别的已注册的生物特征识别组织分配。

6.5.37.2 转换要求

当从源实体格式向目标实体格式转换生物特征信息记录时,目标生物特征信息记录中的数据元素的编码应与目标生物特征信息记录中的实体格式要求相符,可能是"NO VALUE AVAILABLE"。

附 录 A
（规范性附录）
实体格式符合性声明的格式和内容

A.1 要求

发布符合本标准要求的 CBEFF 实体格式的注册 CBEFF 实体应将 A.2 定义的实体格式符合性声明(PFCS)融入已发布的实体格式规范中。

完整的实体格式符合性声明说明哪一个可选数据元素的抽象值被支持，以及在该实体格式规范中是否包括附加的抽象值。

另外，完整的实体格式符合性声明还说明了非本标准的抽象值是否已被定义和确定，作为本标准定义值以外的值，或作为本标准定义值的替换值。

实体格式符合性声明有许多用途，其中包括：

——被 CBEFF 实体用作检查清单，通过检查减少违反本部分的风险；

——被实体规范的用户(或潜在用户)用作实体格式功能的详细指标；

——被实施的用户(或潜在用户)用作初次检查本实体格式和其他一些实体格式相互转换时可能发生的信息损失的基础。当不同的实体格式之间进行转换时，信息损失不能被阻止，但这种损失通常可通过不兼容实体格式的实体格式符合性声明进行预测；

——被协议测试者用作选择合适的测试工具集的根据，该测试工具集用于评估创建或处理实体格式的实施符合性。

A.2 实体格式符合性声明的要素

实体格式符合性声明应包括以下的因素。

A.2.1 识别信息

表 A.1 给出满足实体格式符合性声明的要求，可用于确认实体格式规范是否包括所需要的识别信息。斜体字表明 CBEFF 实体提供的信息所在的单元。

表 A.1

所 需 信 息	实体格式引用
1) 实体名称	*见[相应条款]*
2) 实体标识符(十进制和十六进制)	*见[相应条款]*
3) 实体格式名称	*见[相应条款]*
4) 实体格式标识符(十进制和十六进制)	*见[相应条款]*
5) 实体格式 ASN.1 对象标识符	*见[相应条款]*
6) 使用域描述	*见[相应条款]*
7) 实体格式版本	*见[相应条款]*
8) CBEFF 版本	*见[相应条款]*
9) 支持 CBEFF 定义的数据元素和抽象值	*见[相应条款]*
10) 实体定义的数据元素和抽象值	*见[相应条款]*

A.2.2 CBEFF 定义的数据元素和抽象值

表 A.2 满足实体格式符合性声明，用于提供 CBEFF 定义的数据元素的信息。斜体字单元表明信息是由 CBEFF 实体提供的。本示例中，对于 CBEFF 兼容的实体格式的实体格式符合性声明，表 A.2 中所有包含“是或否”的单元均填“是”。

表 A.2

CBEFF 数据元素名称	必选/可选	实体格式字段名称	规定抽象值	规定编码
生物特征数据块格式所有者	必选项	*相应字段的名称*	是或否	是或否
生物特征数据块格式类型	必选项	*相应字段的名称*	是或否	是或否
生物特征数据块加密选项	必选项	*相应字段的名称*	是或否	是或否
生物特征信息记录完整性选项	必选项	*相应字段的名称*	是或否	是或否
在实体格式定义为必选项的可选数据元素	必选项	*相应字段的名称*	是或否	是或否
在实体格式定义为可选项的可选数据元素	可选项	*相应字段的名称*	是或否	是或否
……				

A.2.3 实体定义数据元素和抽象值

表 A.3 满足实体格式符合性声明，用于提供实体定义的数据元素的信息。斜体字单元表明信息是由 CBEFF 实体提供的。本示例中，对于 CBEFF 兼容实体格式的符合性声明，表 A.3 中所有包含“是或否”的单元均填“是”。

表 A.3

实体格式数据元素名称	必选/可选	实体格式字段名称	规定抽象值	规定编码
数据元素 1	必选项或可选项	相应字段的名称	是或否	是或否
数据元素 2	必选项或可选项	相应字段的名称	是或否	是或否
……				

附 录 B
（资料性附录）
CBEFF 名称的约定

B.1 数据元素名称

本部分和实体格式规范（除了抽象语法记法 ASN.1 中说明的格式规范）中，数据元素名称的格式使用以下约定：

a) 初始部分由“CBEFF_”构成；

b) 第二部分要用大写字母加上下划线来指明数据元素所描述的生物特征信息记录的结构（如，CBEFF_SBH_、CBEFF_BDB_或 CBEFF_SB_），当指明的数据元素不是生物特征信息记录的三个基本部分时，要使用规则 c）的方式（如，CBEFF_patron_header_version、CBEFF_version）；

c) 最后一部分是数据元素内容的摘要，全部是小写字母。如果有多个单词，则单词间用下划线隔开（如，CBEFF_BDB_biometric_type，CBEFF_BIR_index）。

在 ASN.1 中用实体格式规范确定的数据元素的名称，其命名规则用下面的约定来确定：

a) ASN.1 数据元素名称的最后一部分（仅仅这部分）指明它的摘要内容。它是由一个或多个自然语言单词组成，每个单词都是首字母大写，其他字母小写。若有多个字母，则只需顺序写出（如，SBFormatOwner，SBFormatType，ProcessedLevel）；

b) 如果数据元素有一个描述生物特征信息记录的一个属性的实例，且（或）有另一个描述生物特征数据块的实例，且（或）另有一个描述安全块的实例（例如，生物特征信息记录格式所有者、生物特征数据块格式所有者和安全块格式所有者），或如果数据元素描述 CBEFF 标准本身的一个属性（如，CBEFF 版本），那么名称的第一个部分要用大写字母来标识它所标识的主体或子结构（如，BDBIndex，BIRIndex，CBEFFVersion）。

B.2 抽象值名称

本部分和实体格式规范（除了那些在 ASN.1 中说明的）中，抽象值的名称仅仅使用大写字母，如果有多个单词，则直接用空格分开（如，FINGER，RIGHT POINTER FINGER）。

ASN.1 中的实体格式规范规定：抽象值的名字只能使用小写字母，当有多个单词时，单词间需用连接字符分开（如，finger，right-pointer-finger）。

参 考 文 献

［1］ GB/T 16649　识别卡　集成电路卡
［2］ GB/T 26238—2010　信息技术　生物特征识别术语

ICS 35.080
L 77

中华人民共和国国家标准

GB/T 28827.1—2012

信息技术服务　运行维护
第1部分：通用要求

Information technology service—Operation and maintenance—Part 1：General requirements

2012-11-05 发布　　2013-02-01 实施

中华人民共和国国家质量监督检验检疫总局
中国国家标准化管理委员会　发布

前　言

GB/T 28827《信息技术服务　运行维护》分为6个部分：

——第1部分：通用要求；

——第2部分：交付规范；

——第3部分：应急响应规范；

——第4部分：数据中心服务规范；

——第5部分：桌面及外围设备服务规范；

——第6部分：应用系统服务规范。

本部分为GB/T 28827的第1部分。

本部分按照GB/T 1.1—2009给出的规则起草。

请注意本文件的某些内容可能涉及专利。本文件的发布机构不承担识别这些专利的责任。

本部分由全国信息技术标准化技术委员会(SAC/TC 28)提出并归口。

本部分起草单位：神州数码系统集成服务有限公司、中国电子技术标准化研究院、上海宝信软件股份有限公司、北京信城通数码科技有限公司、山东浪潮齐鲁软件产业股份有限公司、广州南天电脑系统有限公司、太极计算机股份有限公司、中国软件评测中心、快威科技集团有限公司、成都勤智数码科技有限公司、中金数据系统有限公司、武汉太阳花网络安全维护有限公司、上海天玑科技股份有限公司、北京中油瑞飞信息技术有限责任公司、用友软件股份有限公司、东软集团股份有限公司、中国软件与技术服务股份有限公司。

本部分主要起草人：白璐、周平、王春涛、刘玲、王志鹏、杨满荣、李娜、宋晓东、马洪杰、张帆、范勇、范凯、杜远、金桥、李慧敏子、李良、来亮、孙志华、柯亮、庞爱民、周健、周一兵、梁昭、许克勤、张大鹏、吴余龙、张晓东、潘纯峰、左天祖、连雄伟、韩丽芳、曾硝、孙桂明。

引　言

随着各行业、各领域信息化工作的深入开展,越来越多的信息系统进入运行维护阶段。然而,提供运行维护服务的各类组织的能力水平参差不齐,需方缺乏评价或选择供方的方法、手段及规范。本标准对不同服务对象、服务过程和服务需求的能力要素进行抽象,并通过关键指标对服务能力进行评价;同时针对运行维护服务过程、服务交付内容及特定服务需求的要求;另外还针对不同服务对象的运行维护服务提出了要求。各部分之间的关系如图1所示。

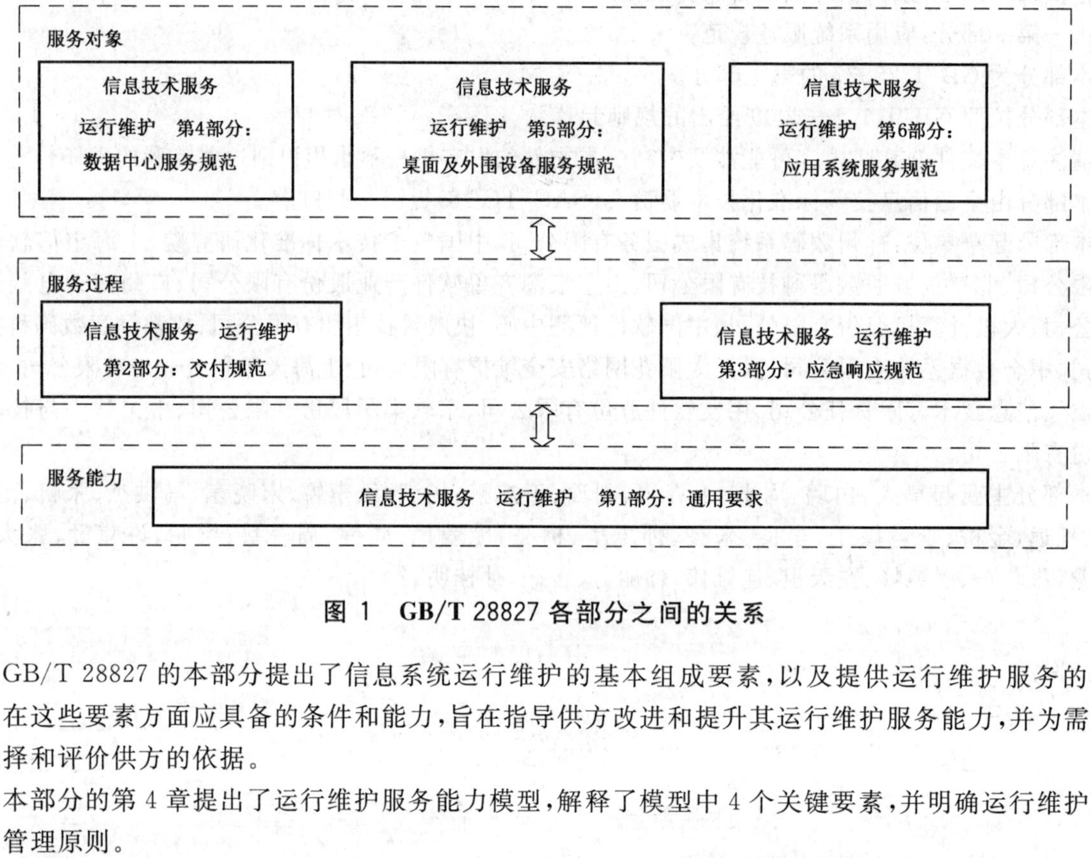

图1　GB/T 28827 各部分之间的关系

GB/T 28827 的本部分提出了信息系统运行维护的基本组成要素,以及提供运行维护服务的各类组织在这些要素方面应具备的条件和能力,旨在指导供方改进和提升其运行维护服务能力,并为需方提供选择和评价供方的依据。

本部分的第4章提出了运行维护服务能力模型,解释了模型中4个关键要素,并明确运行维护服务能力管理原则。

本部分的第5章对运行维护服务能力的策划、实施、检查和改进提出管理要求。

本部分的第6章规定了人员管理、岗位结构、知识、技能和经验要求及关键指标。

本部分的第7章规定了运行维护工具、服务台、知识库和备件库要求及关键指标。

本部分的第8章规定了技术研发以及与发现和解决问题相关的技术要求及关键指标。

本部分的第9章规定了服务级别管理、服务报告、事件管理、问题管理、配置管理、变更管理、发布管理和信息安全管理要求及关键指标。

本部分的附录A给出了运行维护服务对象和内容。

本部分的附录B给出了实施指南。

本部分的制定是为相关的国家和地方法律法规、行业管理办法(如,《计算机信息系统集成资质管理办法(试行)》(信部规[1999]1047号)贯彻实施提供支持。

信息技术服务　运行维护
第1部分:通用要求

1　范围

GB/T 28827 的本部分提供了一个运行维护服务能力模型,规定了运行维护服务组织在人员、资源、技术和过程方面应具备的条件和能力。

本部分适用于:

a)　计划提供运行维护服务的组织建立运行维护服务能力体系;

b)　运行维护服务供方评估自身条件和能力;

c)　运行维护服务需方评价和选择运行维护服务供方;

d)　第三方评价和认定运行维护服务组织能力。

由于在多数情况下运行维护和运营是同时存在的两个活动,而运行维护为运营提供保障。因此,本部分同样适用于提供运营服务的组织建立运营服务能力体系、评价和改进自身的运行维护服务能力。

本部分不适用于电信基础设施和电信业务系统的运行维护。

2　规范性引用文件

下列文件对于本文件的应用是必不可少的,凡是注日期的引用文件,仅注日期的版本适用于本文件。凡是不注日期的引用文件,其最新版本(包括所有的修改单)适用于本文件。

GB/T 24405.1—2009　信息技术　服务管理　第1部分:规范

3　术语和定义

下列术语和定义适用于本文件。

3.1

运行维护服务　operation maintenance service

采用信息技术手段及方法,依据需方提出的服务级别要求,对其所使用的信息系统运行环境、业务系统等提供的综合服务。

3.2

运行维护服务对象　operation and maintenance service object

运行维护服务的受体。

注:运行维护服务对象通常指机房环境、网络通信、硬件、软件、数据和应用等。

3.3

运行维护服务内容　operation and maintenance service content

根据需方需求和服务级别协议承诺,向需方提供的例行操作、响应支持、优化改善和调研评估等服务。

3.4

关键指标　key index

用于评估、衡量供方服务能力的关键参数。

3.5

人员　people

供方从事运行维护服务的人。

注：不包含需方及分包方的人。

3.6

资源　resource

为了保证运行维护服务的正常交付所依存和产生的有形及无形资产。

注：主要包括运行维护工具、服务台、知识库和备件库等。

3.7

技术　technology

供方为了保证运行维护服务的正常交付应具备的关键能力。

3.8

运行维护工具　operation and maintenance tool

为完成特定运行维护服务所必备的工具。

注：可以是专用软件，也可以是专业设备。

3.9

服务台　service desk

面向用户的、完成大部分支持工作的支持组。

[GB/T 24405.1—2009，定义 2.12]

3.10

备件　spare parts

为保证失效部件或设备得到替换，所预先准备的，能够提供正常功能的部件或设备。

3.11

服务级别协议　service level agreement(SLA)

运行维护服务供方与需方之间签署的、描述服务和约定服务级别的协议。

4　运行维护服务能力模型

4.1　概述

运行维护服务是供方依据需方提出的服务级别要求，采用相关的方法、手段、技术、制度、过程和文档等，针对运行维护服务对象(运行维护服务对象参见附录 A)提供的综合服务。

为确保提供的运行维护服务符合与需方约定的质量要求，供方应具备提供服务的条件和能力。

本部分提出通用的运行维护服务能力模型(以下简称模型)，如图 2 所示。

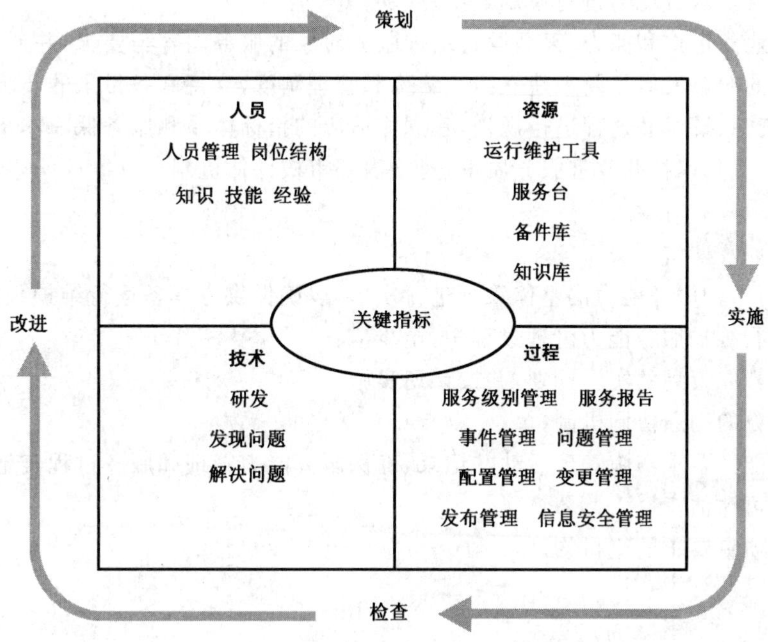

图 2 运行维护服务能力模型

4.2 要素

模型给出运行维护服务能力的 4 个关键要素:人员、资源、技术和过程,每个要素通过关键指标反映应具备的条件和能力。

模型的各组成要素反映了人员利用资源、运用技术,通过规定的过程为需方提供运行维护服务。

要素可用于评价或选择运行维护服务供方,但本部分不提供具体方法。

4.3 关键指标

关键指标是运行维护服务所涉及到的核心能力参数,在本部分中主要体现在人员、资源、技术、过程4 个方面,并应用于供方的运行维护服务能力评价。

4.4 管理原则

在运行维护服务提供过程中,供方通过策划、实施、检查和改进实现运行维护服务能力的持续提升。

5 运行维护服务能力管理

5.1 概述

供方应对运行维护服务能力进行整体策划,为实施运行维护服务能力管理和按 SLA 规定交付服务内容(运行维护服务内容见附录 A)提供必要的资源支持,保证交付质量满足 SLA 要求,对运行维护服务结果、服务交付过程以及相关管理体系进行监督、测量、分析和评审,并实施改进。

5.2 策划

目的:对运行维护服务能力进行整体策划并提供必要的资源支持,以确保供方有能力提供运行维护服务。

供方应对运行维护服务能力进行策划，至少应：

a）根据自身业务定位和能力，策划运行维护服务对象的服务内容与要求，并形成服务目录；

b）依据组织的业务发展需要来建立组织结构和管理制度，支持服务目录的实施或实现；

c）对人员、资源、技术和过程进行规划，建立相适应的指标体系和服务保障体系；

d）策划如何管理、审核并改进服务质量，建立内部审核评估机制。

5.3 实施

目的：按照运行维护服务能力的整体策划进行实施，以确保供方具备运行维护服务的能力。

供方在实施运行维护服务能力管理过程中，至少应：

a）制定满足整体策划的实施计划，并按计划实施；

b）建立与需方的沟通协调机制；

c）按照服务能力要求实施管理活动并记录，确保服务能力管理和服务过程实施可追溯，服务结果可计量或可评估；

d）提交满足质量要求的交付物。

5.4 检查

目的：检查运行维护服务能力管理活动符合计划要求和质量目标。

供方应对运行维护服务能力管理过程和实施结果进行监控、测量、分析和评审。至少应：

a）定期评审服务过程及相关管理体系，以确保服务能力的适宜性和有效性；

b）调查需方满意度，并对服务能力策划实施的结果进行统计分析；

c）检查各项指标达成情况。

5.5 改进

目的：改进运行维护服务能力管理过程中的不足，持续提升运行维护服务能力。

供方应不断总结经验和教训，修改和优化运行维护服务能力管理计划和规程。至少应：

a）建立服务能力管理改进机制；

b）对不符合策划要求的行为进行总结分析；

c）对未达成的指标进行调查分析；

d）根据分析结果确定改进措施，制定服务能力改进计划。

6 人员

6.1 目的

确保提供运行维护服务的人员具备应有的能力。

为保证故障响应、解决问题和交付结果可控，供方应在人员管理、岗位结构和人员的知识、技能、经验、安全意识等方面达到应有的水平。

6.2 人员管理

6.2.1 要求

供方应从以下方面着手人员的管理：

a）人员储备

供方应建立与运行维护服务相关的人员储备计划和机制，确保有足够的人员，以满足与需方约定的当前和未来的运行维护服务需求。

b） 人员培训

供方应建立与运行维护服务相关的培训体系或机制，在制定培训计划时应识别培训要求，并提供及时和有效的培训。

c） 绩效考核

供方应建立与运行维护服务相关的绩效考核体系或机制，并能够有效组织实施。

6.2.2 关键指标

衡量人员管理的关键指标至少应包括：

a） 人员储备计划和机制；

b） 人员绩效考核体系或机制；

c） 培训计划和培训实施记录。

6.3 岗位结构

6.3.1 要求

在供方的组织内应有专职团队负责运行维护服务的工作，如有参与运行维护服务的分包方，供方应具备对分包方的有效管理。

供方应对运行维护服务中的不同角色有明确分工和职责定义，为了保障运行维护服务交付的顺利实施，需方也应提供必要的接口。

一个完整的运行维护服务团队应包括管理、技术支持、操作等主要岗位：

a） 管理岗职责为：

1） 在运行维护服务中负责管理运行维护服务；

2） 与需方建立顺畅的沟通渠道，准确地将需方的需求传递到运行维护服务团队；

3） 规划、检查运行维护服务的各个过程，对运行维护服务能力的策划、实施、检查、改进的范围、过程、信息安全和成果负责。

b） 技术支持岗职责为：

1） 在运行维护服务中负责技术支持，包括网络、操作系统、数据库、中间件、应用开发、硬件、集成、信息安全等；

2） 对运行维护服务过程中的请求、事件和问题做出响应，保障信息安全并对处理结果负责。

c） 操作岗职责为：

1） 在运行维护服务中负责日常操作的实施；

2） 根据规范和手册，执行运行维护服务各过程，并对其执行结果负责。

6.3.2 关键指标

衡量岗位结构的关键指标至少应包括：

a） 主要岗位的人员数量；

b） 岗位职责说明书；

c） 岗位备份制度，包括岗位备份制度文档及记录。

6.4 知识

6.4.1 要求

供方应保证服务人员在学历教育基础上具备运行维护服务相关知识，包括：

a) 基础知识

与信息技术相关的基本知识。

b) 专业知识

从事运行维护服务所必备的知识,应具有较为系统的内容体系和知识范围。如网络技术人员应具备网络专业知识。

c) 综合知识

与运行维护服务相关的组织和行业知识。

6.4.2 关键指标

衡量运行维护服务人员知识的关键指标至少应包括:

a) 掌握相关知识的证明文件;

b) 符合要求的人员数量及比例。

6.5 技能

6.5.1 要求

在运行维护服务过程中应关注运行维护服务人员的技能,包括:

a) 确定运行维护服务人员在运行维护服务中所必备的能力;

b) 要求运行维护服务人员具备从事相关运行维护服务的资格;

c) 特殊环境运行维护服务人员应具备相关资格。

6.5.2 关键指标

衡量运行维护服务人员技能的关键指标至少应包括:

a) 运行维护服务人员技能考核制度及记录;

b) 具备相关行业、专业资格人员的数量。

6.6 经验

6.6.1 要求

在运行维护服务过程中应关注运行维护服务人员的经验,包括:

a) 运行维护服务人员应具备所从事运行维护服务活动的经验;

b) 供方应具备一定的从事运行维护服务活动的经验。

6.6.2 关键指标

衡量经验的关键指标至少应包括:

a) 从事运行维护服务的时间;

b) 主持或参与运行维护服务项目的项目数量、项目金额、项目规模以及在项目中的角色作用等。

7 资源

7.1 目的

确保供方具备提供足够资源的能力,以满足与需方约定的及需方未来的运行维护服务需求。

7.2 运行维护工具

7.2.1 要求

供方宜使用有效工具实施和管理运行维护服务，包括：

a) 监控工具，对运行维护服务对象进行数据的采集和监控，评估可能导致运行维护服务对象故障的因素；

b) 过程管理工具，按照商定的SLA管理运行维护服务的交付过程，过程管理工具宜包括日常运行维护管理、记录、测量、监督和评估等功能；

c) 专用工具，根据服务要求配备的安全工具和用于特殊要求的工具。

7.2.2 关键指标

衡量运行维护工具的关键指标至少应包括：

a) 与工具功能匹配的使用手册；

b) 工具使用日志记录等；

c) 工具的使用效果自评估报告。

7.3 服务台

7.3.1 要求

供方应使用有效手段和方法受理需方的运行维护服务请求，及时跟踪服务请求的处理进展，确保实现SLA要求，包括：

a) 设置专门的沟通渠道作为与需方的联络点，沟通渠道可以是热线电话、传真、网站、电子邮箱等；

b) 设定专人负责服务请求的处理；

c) 针对沟通渠道整合服务过程，建立管理制度，包括服务请求的接收、记录、跟踪和反馈等机制，以及日常工作的监督和考核。

7.3.2 关键指标

衡量服务台的关键指标至少应包括：

a) 服务台管理制度；

b) 日常工作记录的完整性；

c) 用户评价记录。

7.4 备件库

7.4.1 要求

供方应具备并有效管理运行维护服务活动所需的备件资源，为所运行维护的设备或系统提供备件服务，按照SLA要求恢复设备或系统的正常运行。

对备件库的管理要求包括：

a) 备件响应方式和级别定义，能够满足SLA所约定的备件支持；

b) 备件供应商管理：能够规范备件的采购过程，对供应商进行选择和评价；

c) 备件出入库管理：能够对入库备件进行标识，规范备件的使用和核销，备件物品的账务管理；

d) 备件可用性管理：能够定期对备件状态进行检测，以确保其功能满足运行维护需求。

7.4.2 关键指标

衡量备件库的关键指标至少应包括：

a) 备件库信息真实有效；

b) 备件运作管理规范；

c) 备件库出入库账务管理制度；

d) 备件可用率。

7.5 知识库

7.5.1 要求

供方应具备运行维护服务活动相关的知识积累，以保证在整个组织内收集、共享、重复使用所积累的知识和信息，包括：

a) 针对常见问题的描述、分析和解决方法建立知识库；

b) 确保整个组织内的知识是可用的、可共享的；

c) 选择一种合适的知识管理策略；

d) 知识库具备知识的添加、更新和查询功能；

e) 针对知识管理要求制定相关管理制度，并进行知识生命周期管理。

7.5.2 关键指标

衡量知识库的关键指标至少应包括：

a) 知识库的覆盖范围；

b) 知识库的可用性和有效性，如知识的复用率和访问量；

c) 入库管理和审批记录。

8 技术

8.1 目的

确保供方具备与运行维护服务策划相适应的技术和手段。

在运行维护服务实施过程中，可能面临各种问题（如硬件故障）、风险（如安全漏洞）以及新技术和前沿技术应用所提出的新要求，供方应根据需方要求或技术发展趋势，具备发现和解决问题、风险控制、技术储备以及研发、应用新技术和前沿技术的能力。

8.2 技术研发

8.2.1 要求

供方应：

a) 根据业务和市场分析，制定研发规划，包括新技术和前沿技术的应用、技术储备等；

b) 配备与规划相适应的研发环境；

c) 配备与规划相适应的研发队伍。

8.2.2 关键指标

衡量技术研发的关键指标至少应包括：

a) 研发投入经费；

b） 研发成果数量。

8.3 与发现问题相关的技术

8.3.1 要求

与发现问题相关的技术是指供方经过采集、诊断、分析，最终定位问题和潜在风险的技术或手段。供方应：

a） 具有信息采集和监控的手段；

b） 具有诊断和分析问题的方法。

8.3.2 关键指标

与发现问题相关技术的关键指标至少应包括：

a） 信息采集手段的有效性；

b） 核心技术的掌握程度；

c） 诊断方案或手册的可用性。

8.4 与解决问题相关的技术

8.4.1 要求

与解决问题相关的技术是指供方使运行维护服务对象恢复到设定要求的技术或手段。供方应建立：

a） 解决问题的技术指标或标准；

b） 解决问题的方案或手册；

c） 测试环境、测试标准和方法。

8.4.2 关键指标

与解决问题相关技术的关键指标至少应包括：

a） 解决问题的技术指标或标准的有效性；

b） 解决问题方案或手册的可用性；

c） 测试环境与需方运行维护环境的匹配度；

d） 测试标准和方法的有效性。

9 过程

9.1 概述

本章描述了运行维护服务管理的过程要求。为了确保供方具备相应的服务管理能力并发挥其效能，至少应建立以下过程：

a） 服务级别管理；

b） 服务报告；

c） 事件管理；

d） 问题管理；

e） 配置管理；

f） 变更管理；

g） 发布管理；

h） 信息安全管理。

GB/T 24405.1—2009 提供了过程目标和要求的描述，本部分中仅规定供方实施过程化管理后应达到的能力要求和关键指标。

对已按照 GB/T 24405.1—2009 要求建立运行维护服务管理体系的组织，宜按照本部分的要求对已建立的过程实施改进。

9.2 服务级别管理

9.2.1 要求

确保供方通过定义、签订和管理 SLA，满足需方对服务质量的要求。供方应：

a） 建立服务目录；

b） 与需方签订 SLA；

c） 根据需方的考核评估要求，建立 SLA 考核自评估机制，包括 SLA 完成情况、达成率等；

d） 在 SLA 评估后制定改进内容及改进措施。

9.2.2 关键指标

服务级别的关键指标至少应包括：

a） 服务目录定义的完整性；

b） 签订 SLA 文件的规范性；

c） SLA 考核评估机制的有效性和完整性。

9.3 服务报告

9.3.1 要求

供方应通过及时、准确、可靠的报告与需方建立有效的信息沟通，为双方管理层提供决策支持。

供方应建立：

a） 与服务报告过程一致的活动，包括建立、审批、分发、归档等；

b） 服务报告计划，包括提交方式、时间、需方接收对象等；

c） 服务报告模板，包括格式、提纲等。

9.3.2 关键指标

服务报告的关键指标至少应包括：

a） 服务报告过程的完整性；

b） 服务报告的及时性、准确性。

9.4 事件管理

9.4.1 要求

确保供方具有检测事件、尽快解决事件的能力。供方应根据事件管理的过程要求建立：

a） 与事件管理过程一致的活动，包括事件受理、分类和初步支持、调查和诊断、解决、进展监控与跟踪、关闭等；

b） 事件分类、分级机制；

c） 事件升级机制；

d） 满意度调查机制；

e） 事件解决评估机制，包括事件解决率、事件平均解决时间等。

9.4.2 关键指标

事件管理的关键指标至少应包括：

a） 事件管理过程的完整性、有效性；

b） 事件解决评估机制的有效性。

9.5 问题管理

9.5.1 要求

供方通过识别引起事件的原因并解决问题，预防同类事件重复发生。供方应根据问题管理的过程要求建立：

a） 与问题管理过程一致的活动，包括问题建立、分类、调查和诊断、解决、关闭等；

b） 问题分类管理机制，包括问题的影响范围、重要程度、紧急程度并确定优先级；

c） 问题导入知识库机制；

d） 问题解决评估机制，包括问题解决率、问题平均解决时间等。

9.5.2 关键指标

问题管理的关键指标至少应包括：

a） 问题管理过程的完整性；

b） 问题解决评估机制的有效性。

9.6 配置管理

9.6.1 要求

供方维护运行维护服务对象的必要记录，并保证配置数据的可靠性和时效性，关联支持其他服务过程。供方应根据配置管理的过程要求建立：

a） 与配置管理过程一致的活动，包括识别、记录、更新和审核等；

b） 配置数据库管理机制；

c） 配置项审核机制。

9.6.2 关键指标

配置管理的关键指标至少应包括：

a） 配置管理过程的完整性；

b） 配置数据的准确、完整、有效、可用、可追溯；

c） 配置项审核机制的有效性。

9.7 变更管理

9.7.1 要求

供方通过管理、控制变更的过程，确保变更有序实施。供方应根据变更管理的过程，要求：

a） 建立与变更管理过程一致的活动，包括请求、评估、审核、实施、确认和回顾等；

b） 建立变更类型和范围的管理机制；

c） 对变更完成情况进行统计分析，包括未经批准变更数量及占比、不同类型的变更数量及占比、不成功的变更数量及占比、取消的变更数量及占比、变更关联的配置数。

9.7.2 关键指标

变更管理的关键指标至少应包括：

a) 变更管理过程的完整性；

b) 变更记录的完整性。

9.8 发布管理

9.8.1 要求

为确保一个或多个变更的成功导入，供方应根据发布管理的过程，要求：

a) 建立与发布管理过程一致的活动，包括规划、设计、建设、配置和测试等；

b) 建立发布类型和范围的管理机制；

c) 制定完整的方案，包括发布计划、回退方案、发布记录等；

d) 对发布完成情况进行统计分析，包括发布成功率、发布及时率、是否更新配置管理数据库等。

9.8.2 关键指标

发布管理的关键指标至少应包括：

a) 发布管理过程的完整性；

b) 发布过程记录的完整性、准确性。

9.9 信息安全管理

9.9.1 要求

供方应建立运行维护服务过程中的信息安全管理过程，要求：

a) 符合相关法律法规的规定，满足需方对运行维护服务过程的信息安全需求和供方本身信息安全需求；

b) 建立与信息安全管理过程一致的活动，包括识别、评估、处置和改进等。

9.9.2 关键指标

信息安全管理的关键指标包括：

a) 运行维护服务过程中信息的保密性；

b) 运行维护服务过程中信息的可用性；

c) 运行维护服务过程中信息的完整性。

附　录　A
（资料性附录）
运行维护服务对象和内容

A.1　概述

运行维护服务是供方按照需方的要求，在相关信息技术资产上进行的服务活动。运行维护服务对象和内容如图A.1所示。

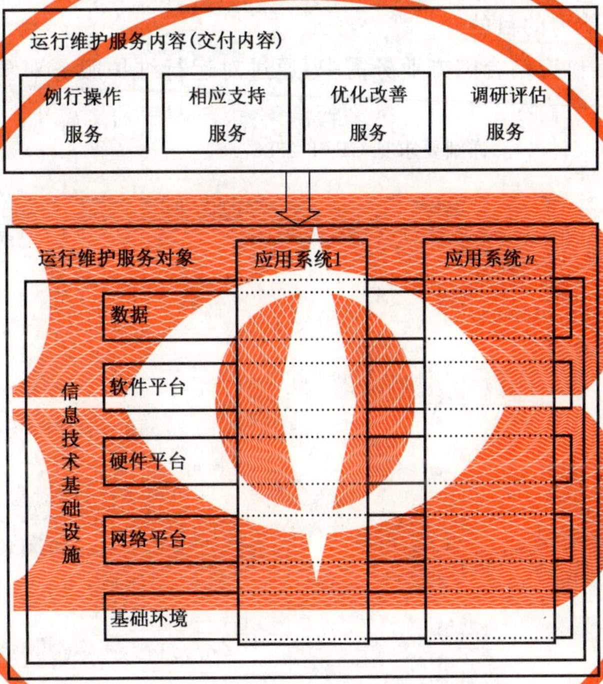

图 A.1　运行维护服务对象和内容

A.2　运行维护服务对象

运行维护服务对象是运行维护服务的受体，是运行维护服务供方按服务需求所提供的运行维护服务相关的信息技术资产，运行维护服务可以以应用系统为对象，也可以以信息技术基础设施的组成要素为对象来组织。运行维护服务对象包括应用系统、基础环境、网络平台、硬件平台、软件平台、数据等。

a)　应用系统，是指由相关信息技术基础设施组成的，完成特定业务功能的系统，如邮件系统、文件分发系统等。

b)　基础环境，是指为应用系统运行提供基础运行环境的相关设施，如安防系统、弱电智能系统等。

c)　网络平台，是指为应用系统提供安全网络环境相关的网络设备、电信设施，如路由器、交换机、防火墙、入侵检测器、负载均衡器、电信线路等。

d)　硬件平台，是指构成应用系统的计算机设备，如服务器、存储设备等。

e)　软件平台，是指安装运行在计算机硬件中，构成应用系统的软件程序，如系统软件、支持软件、应用软件等。

f) 数据，是指应用系统支持业务运行过程中产生的数据和信息，如账务数据、交易记录等。

A.3 运行维护服务内容

运行维护服务根据其工作目标、工作内容、交付结果分为四大类，包括：

a) 例行操作服务，是供方提供的预定的例行服务，以及时获得运行维护服务对象状态，发现并处理潜在的故障隐患。

b) 响应支持服务，是供方接到需方服务请求或故障申告后，在 SLA 的承诺内尽快降低和消除对需方业务的影响。

c) 优化改善服务，是供方为适应需方业务要求，通过提供调优改进服务，达到提高运行维护服务对象性能或管理能力的目的。

d) 调研评估服务，是供方结合需方业务需求，通过对运行维护服务对象的调查研究或分析评价，给出报告或建议。

注：运行维护服务内容(交付内容)详细要求见 GB/T 28827.2。

附　录　B
（资料性附录）
实施指南

本附录提供了本部分的实施指南，见表 B.1。

表 B.1　实施指南

章条号	类型	内　容	实 施 建 议
5.2　策划	要求	a)　根据自身业务定位和能力，策划运行维护服务对象的服务内容与要求，并形成服务目录； b)　依据组织的业务发展需要来建立组织结构和管理制度，支持服务目录的实施或实现； c)　对人员、资源、技术和过程进行规划，建立相适应的指标体系和服务保障体系； d)　策划如何管理、审核并改进服务质量，建立内部审核评估机制	a)　对所能提供的运行维护服务制定服务目录和说明性文件。服务目录内容宜详细描述服务种类、服务级别等信息，便于需方选择所需的服务； b)　建立与运行维护服务匹配的组织架构和管理制度； c)　按照四要素的具体要求策划如何落实和持续改进，建立相关的管理指标、考核体系和配套的管理制度； d)　所有管理制度和要求可以编写在一个手册中，也可以分别编写。宜在组织内公示； e)　保留所有管理文档和过程实施记录
5.3　实施	要求	a)　制定满足整体策划的实施计划，并按计划实施； b)　建立与需方的沟通协调机制； c)　按照服务能力要求实施管理活动并记录，确保服务能力管理和服务过程实施可追溯，结果可计量或可评估； d)　提交满足质量要求的交付物	a)　为了具备策划所要求的能力，保证质量，实施前宜重点关注 5.3a)和 b)的要求，保留实施计划和供需双方共同定制的沟通协调机制文档； b)　实施中宜按照计划和 5.3c)的要求执行并记录，保留记录文档。实施部分宜体现对运行维护服务能力管理和服务内容两方面，在对需方服务实施中有助于发现能力不足，便于持续改进； c)　实施后宜有总结评估和问题改进工作，保留过程文档； d)　交付物宜与策划要求相一致
5.4　检查	要求	a)　定期评审服务过程及相关管理体系，以确保服务能力的适宜性和有效性； b)　调查需方满意度，并对服务能力策划实施的结果进行统计分析； c)　检查各项指标达成情况	a)　首先保证制定了针对服务能力管理过程和实施结果检查的管理要求或制度； b)　其次按照制度或要求对实施结果和过程的执行监测、评审并记录，保留记录文档； c)　再次对检查结果进行分析评估，提供持续改进建议， d)　保留所有管理文档、分析报告和过程实施记录

表 B.1（续）

章条号	类型	内　容	实施建议
5.5　改进	要求	a）建立服务能力管理改进机制； b）对不符合策划要求的行为进行总结分析； c）对未达成的指标进行调查分析； d）根据分析结果确定改进措施，制定服务能力改进计划	a）制定与服务能力管理改进相关的管理要求或制度； b）对 5.4 分析评估结果中需要改进的项确定改进目标和改进计划，以评估改进的有效性； c）对改进过程进行监控管理；宜保留所有管理文档、分析报告和过程实施记录
6.2　人员管理	要求	a）人员储备 供方应建立与运行维护服务相关的人员储备计划和机制，确保有足够的人员，以满足与需方约定的当前和未来的运行维护服务需求。 b）人员培训 供方应建立与运行维护服务相关的培训体系或机制，在制定培训计划时应识别培训要求，并提供及时和有效的培训。 c）绩效考核 供方应建立与运行维护服务相关的绩效考核体系或机制，并能够有效组织实施	a）参照供需双方签署的 SLA，制定相关人员储备计划（包括确保人员稳定性的机制或措施等）、培训计划和绩效考核管理制度等； b）在服务提供过程中要按照计划和管理制度严格执行，并保留过程记录； c）定期对人员管理计划的执行情况进行阶段评估和总结（建议周期为月度或季度）； d）参照人员管理计划、制度、过程和结果文档进行阶段回顾，并提出优化改进建议
	关键指标	a）人员储备计划和机制； b）人员绩效考核体系或机制； c）培训计划和培训实施记录	
6.3　岗位结构	要求	a）管理岗职责为： 1）在运行维护服务中负责管理运行维护服务； 2）与需方建立顺畅的沟通渠道，准确地将需方的需求传递到运行维护服务团队； 3）规划、检查运行维护服务的各个过程，对运行维护服务能力的策划、实施、检查、改进的范围、过程、信息安全和成果负责。 b）技术支持岗职责为： 1）在运行维护服务中负责技术支持，包括网络、操作系统、数据库、中间件、应用开发、硬件、集成、信息安全等； 2）对运行维护服务过程中的请求、事件和问题做出响应，保障信息安全并对处理结果负责。 c）操作岗职责为： 1）在运行维护服务中负责日常操作的实施； 2）根据规范和手册，执行运行维护服务各过程，并对其执行结果负责	a）参照供需双方签署的 SLA，规划并制定管理岗、技术支持岗和操作岗的岗位职责体系（至少包括组织结构，岗位职责、人员数量和能力要求等）以及岗位备份制度文档； b）在服务提供过程中按照岗位职责体系和岗位备份制度严格执行，并保留过程记录； c）定期对岗位职责体系和岗位备份制度的合理性和有效性进行阶段评估和总结（建议周期为季度或半年）； d）参照体系规划、制度、过程和结果文档进行阶段回顾，并提出优化改进建议
	关键指标	a）主要岗位的人员数量； b）岗位职责说明书； c）岗位备份制度，包括岗位备份制度文档及记录	

表 B.1（续）

章条号	类型	内 容	实施建议
6.4 知识	要求	a) 基础知识 与信息技术相关的基本知识。 b) 专业知识 从事运行维护服务所必备的知识，应具有较为系统的内容体系和知识范围。如网络技术人员应具备网络专业知识。 c) 综合知识 与运行维护服务相关的组织和行业知识	a) 参照供需双方签署的 SLA、岗位职责体系和运行维护服务供方的业务特点，规划具备相关知识（包括学历教育知识、信息技术相关基础知识、专业知识以及与服务相关的组织和行业知识等）、技能（包括运行维护服务基本能力、专项技术能力等）和经验（至少包括参与运行维护服务相关的项目数量、规模及角色等）的人员需求及考核管理办法和制度等； b) 在服务提供过程中按照人员需求规划和考核管理办法及制度严格执行，并保留过程记录（包括人员简历、从业资格证明、专业认证和相关考核管理文档等）； c) 定期对人员知识、技能和经验与运行维护服务项目的匹配度进行阶段评估和总结（建议周期为半年或年度）； d) 参照人员需求规划、制度、过程和结果文档进行阶段回顾，并提出优化改进建议
	关键指标	a) 掌握相关知识的证明文件； b) 符合要求的人员数量及比例	
6.5 技能	要求	a) 确定运行维护服务人员在运行维护服务中所必备的能力； b) 要求运行维护服务人员具备从事相关运行维护服务的资格； c) 特殊环境运行维护服务人员应具备相关资格	
	关键指标	a) 运行维护服务人员技能考核制度及记录； b) 具备相关行业、专业资格人员的数量	
6.6 经验	要求	a) 运行维护服务人员应具备所从事运行维护服务活动的经验； b) 供方应具备一定的从事运行维护服务活动的经验	
	关键指标	a) 从事运行维护服务的时间； b) 主持或参与运行维护服务项目的项目数量、项目金额、项目规模以及在项目中的角色作用等	
7.2 运行维护工具	要求	a) 监控工具，对运行维护服务对象进行数据的采集和监控，评估可能导致运行维护服务对象故障的因素； b) 过程管理工具，按照商定的 SLA 管理运行维护服务的交付过程，过程管理工具宜包括日常运行维护管理、记录、测量、监督和评估等功能； c) 专用工具，根据服务要求配备的安全工具和用于特殊要求的工具	a) 选择能够满足要求的运行维护工具，以保证运行维护工作的效率和效果； b) 针对运行维护工具制定相应的使用手册及管理制度； c) 对工具的使用情况留下记录； d) 定期对工具的使用效果进行评估； e) 对使用中发现的问题，及时进行整改，以保证运行维护工具能持续满足要求
	关键指标	a) 与工具功能匹配的使用手册； b) 工具使用日志记录等； c) 工具的使用效果自评估报告	

表 B.1（续）

章条号	类型	内容	实施建议
7.3 服务台	要求	a) 设置专门的沟通渠道作为与需方的联络点，沟通渠道可以是热线电话、传真、网站、电子邮箱等； b) 设定专人负责服务请求的处理； c) 针对沟通渠道整合服务过程，建立管理制度，包括服务请求的接收、记录、跟踪和反馈等机制，以及日常工作的监督和考核	a) 建立服务台相关管理制度； b) 设置专人按照管理制度的要求进行服务请求的处理工作，并留下记录； c) 定期对服务台工作情况进行总结与评估； d) 对发现的问题及时进行整改，以保证服务台能持续满足要求
	关键指标	a) 服务台管理制度； b) 日常工作记录的完整性； c) 用户评价记录	
7.4 备件库	要求	a) 备件响应方式和级别定义，能够满足SLA所约定的备件支持； b) 备件供应商管理：能够规范备件的采购过程，对供应商进行选择和评价； c) 备件出入库管理：能够对入库备件进行标识，规范备件的使用和核销，备件物品的账务管理； d) 备件可用性管理：能够定期对备件状态进行检测，以确保其功能满足运行维护需求	a) 建立备件响应方式，划分响应级别，并制定备件供应商管理、出入库管理和可用性管理等相关管理制度和流程； b) 备件库可以是实体的或虚拟的库； c) 按照制定的相关制度、流程对备件供应商、出入库、可用性等要求执行并记录，保留记录文档；（相关记录文档包括：备件供货商信息、合同信息、备件维护保养、登记、备件的收、发、消耗量、备件的使用频率、使用质量、库存状态等信息）； d) 定期对备件管理相关过程进行总结分析，根据分析结果提出相应整改措施
	关键指标	a) 备件库信息真实有效； b) 备件运作管理规范； c) 备件库出入库账务管理制度； d) 备件可用率	
7.5 知识库	要求	a) 针对常见问题的描述、分析和解决方法建立知识库； b) 确保整个组织内的知识是可用的、可共享的； c) 选择一种合适的知识管理策略； d) 知识库具备知识的添加、更新和查询功能； e) 针对知识管理要求制定相关管理制度，并进行知识生命周期管理	a) 建立组织知识库，并制定相关管理策略及制度； b) 根据知识库管理策略及制度的要求对知识进行管理，并留下记录； c) 定期对知识管理情况进行总结与评估； d) 对知识管理过程中发现的问题及时进行整改，以保证知识库的可用性和有效性
	关键指标	a) 知识库的覆盖范围； b) 知识库的可用性和有效性，如知识的复用率和访问量； c) 入库管理和审批记录	

表 B.1（续）

章条号	类型	内　容	实施建议
8.2　技术研发	要求	a) 根据业务和市场分析，制定研发规划，包括新技术和前沿技术的应用、技术储备等； b) 配备与规划相适应的研发环境； c) 配备与规划相适应的研发队伍	a) 根据自身的业务定位，制定年度研发规划（至少包括研发环境和人员的配备计划、资金投入计划、研发进度计划和质量管理计划等）； b) 在技术研发过程中要按照研发规划严格执行，并保留过程记录； c) 定期对研发规划的执行情况进行阶段评估和总结（建议周期为月度或季度）； d) 参照研发规划、过程记录和结果文档进行阶段回顾，并提出优化改进建议
	关键指标	a) 研发投入经费； b) 研发成果数量	
8.3　与发现问题相关的技术	要求	a) 具有信息采集和监控的手段； b) 具有诊断和分析问题的方法	a) 根据自身的业务定位，并结合运行维护服务需方的实际需求，采用自主研发或购买等方式掌握发现和解决问题的相关核心技术，并形成核心技术说明文档和等诊断方案； b) 在运行维护服务提供过程中熟练应用发现和解决问题的技术及方案以确保运行维护服务的可用性，并保留应用记录； c) 定期对核心技术相关文档及方案的应用情况进行阶段评估和总结（建议周期为季度或半年）； d) 参照技术方案、应用记录和结果分析文档进行阶段回顾，并提出优化改进建议
	关键指标	a) 信息采集手段的有效性； b) 核心技术的掌握程度； c) 诊断方案或手册的可用性	
8.4　与解决问题相关的技术	要求	a) 解决问题的技术指标或标准； b) 解决问题的方案或手册； c) 测试环境、测试标准和方法	
	关键指标	a) 解决问题的技术指标或标准的有效性； b) 解决问题方案或手册的可用性； c) 测试环境与需方运行维护环境的匹配度； d) 测试标准和方法的有效性	
9.2　服务级别管理	要求	a) 建立服务目录； b) 与需方签订 SLA； c) 根据需方的考核评估要求，建立 SLA 考核自评估机制，包括 SLA 完成情况、达成率等； d) 在 SLA 评估后制定改进内容及改进措施	a) 规范服务级别管理过程，并形成文件，建立服务级别管理相关制度； b) 按照文件要求进行服务级别管理并留下记录； c) 定期对服务级别管理情况进行总结与评估； d) 对发现的问题进行整改，以保证服务级别管理过程持续改进
	关键指标	a) 服务目录定义的完整性； b) 签订 SLA 文件的规范性； c) SLA 考核评估机制的有效性和完整性	

表 B.1（续）

章条号	类型	内　容	实施建议
9.3　服务报告	要求	a)　与服务报告过程一致的活动，包括建立、审批、分发、归档等； b)　服务报告计划，包括提交方式、时间、需方接收对象等； c)　服务报告模板，包括格式、提纲等	a)　规范服务报告管理过程，并形成文件，建立服务报告管理相关制度； b)　按照文件要求进行服务报告管理并留下记录； c)　定期对服务报告管理情况进行总结与评估； d)　对发现的问题进行整改，以保证服务报告管理过程持续改进
	关键指标	a)　服务报告过程的完整性； b)　服务报告的及时性、准确性	
9.4　事件管理	要求	a)　与事件管理过程一致的活动，包括事件受理、分类和初步支持、调查和诊断、解决、进展监控与跟踪、关闭等； b)　事件分类、分级机制； c)　事件升级机制； d)　满意度调查机制； e)　事件解决评估机制，包括事件解决率、事件平均解决时间等	a)　规范事件管理过程，并形成文件，建立事件管理相关制度； b)　按照文件要求进行事件管理并留下记录； c)　定期对事件管理情况进行总结与评估； d)　对发现的问题进行整改，以保证事件管理过程持续改进
	关键指标	a)　事件管理过程的完整性、有效性； b)　事件解决评估机制的有效性	
9.5　问题管理	要求	a)　与问题管理过程一致的活动，包括问题建立、分类、调查和诊断、解决、错误评估、关闭等； b)　问题分类管理机制，包括问题的影响范围、重要程度、紧急程度并确定优先级； c)　问题导入知识库机制； d)　问题解决评估机制，包括问题解决率、问题平均解决时间等	a)　规范问题管理过程，并形成文件，建立问题管理相关制度； b)　按照文件要求进行问题管理并留下记录； c)　定期对问题管理情况进行总结与评估； d)　对发现的问题进行整改，以保证问题管理过程持续改进
	关键指标	a)　问题管理过程的完整性； b)　问题解决评估机制的有效性	
9.6　配置管理	要求	a)　与配置管理过程一致的活动，包括识别、记录、更新和审核等； b)　配置数据库管理机制； c)　配置项审核机制	a)　规范配置管理过程，并形成文件，建立配置管理相关制度； b)　按照文件要求进行配置管理并留下记录； c)　定期对配置管理情况进行总结与评估； d)　对发现的问题进行整改，以保证配置管理过程持续改进
	关键指标	a)　配置管理过程的完整性； b)　配置数据的准确、完整、有效、可用、可追溯； c)　配置项审核机制的有效性	

表 B.1（续）

章条号	类型	内　容	实施建议
9.7　变更管理	要求	a）建立与变更管理过程一致的活动，包括请求、评估、审核、实施、确认和回顾等； b）建立变更类型和范围的管理机制； c）对变更完成情况进行统计分析，包括未经批准变更数量及占比、不同类型的变更数量及占比、不成功的变更数量及占比、取消的变更数量及占比、变更关联的配置数	a）规范变更管理过程，并形成文件，建立变更管理相关制度； b）按照文件要求进行变更管理并留下记录； c）定期对变更管理情况进行总结与评估； d）对发现的问题进行整改，以保证变更管理过程持续改进
	关键指标	a）变更管理过程的完整性； b）变更记录的完整性	
9.8　发布管理	要求	a）建立与发布管理过程一致的活动，包括规划、设计、建设、配置和测试等； b）建立发布类型和范围的管理机制； c）制定完整的方案，包括发布计划、回退方案、发布记录等； d）对发布完成情况进行统计分析，包括发布成功率、发布及时率、是否更新配置管理数据库等	a）规范发布管理过程，并形成文件，建立发布管理相关制度； b）按照文件要求进行发布管理并留下记录； c）定期对发布管理情况进行总结与评估； d）对发现的问题进行整改，以保证发布管理过程持续改进
	关键指标	a）发布管理过程的完整性； b）发布过程记录的完整性、准确性	
9.9　信息安全管理	要求	a）符合相关法律法规的规定，满足需方对运行维护服务过程的信息安全需求和供方本身信息安全需求； b）建立与信息安全管理过程一致的活动，包括识别、评估、处置和改进等	a）规范信息安全管理过程，并形成文件，建立信息安全管理相关制度； b）按照文件要求进行信息安全管理并留下记录； c）定期对信息安全管理情况进行总结与评估； d）对发现的问题进行整改，以保证信息安全管理过程持续改进
	关键指标	a）运行维护服务过程中信息的保密性； b）运行维护服务过程中信息的可用性； c）运行维护服务过程中信息的完整性	

参 考 文 献

［1］ GB/T 4754—2011 国民经济行业分类
［2］ GB/T 24405.2—2010 信息技术 服务管理 第2部分:实践规则
［3］ ITIL Version 3 Service Strategy
［4］ ITIL Version 3 Service Design
［5］ ITIL Version 3 Service Transition
［6］ ITIL Version 3 Service Operation
［7］ ITIL Version 3 Service Improvement

ICS 35.080
L 77

中华人民共和国国家标准

GB/T 28827.2—2012

信息技术服务　运行维护
第2部分：交付规范

Information technology service—Operation and maintenance—
Part 2: Delivery specification

2012-11-05 发布　　2013-02-01 实施

中华人民共和国国家质量监督检验检疫总局
中国国家标准化管理委员会　发布

前　言

GB/T 28827《信息技术服务　运行维护》分为6个部分：

——第1部分：通用要求；

——第2部分：交付规范；

——第3部分：应急响应规范；

——第4部分：数据中心服务规范；

——第5部分：桌面及外围设备服务规范；

——第6部分：应用系统服务规范。

本部分为GB/T 28827的第2部分。

本部分按照GB/T 1.1—2009给出的规则起草。

请注意本文件的某些内容可能涉及专利。本文件的发布机构不承担识别这些专利的责任。

本部分由全国信息技术标准化技术委员会(SAC/TC 28)提出并归口。

本部分起草单位：神州数码系统集成服务有限公司、上海宝信软件股份有限公司、用友软件股份有限公司、成都勤智数码科技有限公司、深圳市中域通计算机服务外包有限公司、星网锐捷网络有限公司、北京紫光华宇软件股份有限公司、中国电子技术标准化研究院。

本部分主要起草人：宋晓东、白璐、张星宇、马洪杰、庞爱民、李娜、柯亮、金桥、李慧敏子、张寅、冯建中、陈湘林、张军、王春涛、周健、胡职强、马建召、冯晋阳、余涛、米坤、周平、王志鹏。

引　言

随着各行业、各领域信息化工作的深入开展，越来越多的信息系统进入运行维护阶段。然而，提供运行维护服务的各类组织的能力水平参差不齐，需方缺乏评价或选择供方的方法、手段及规范。本标准对不同服务对象、服务过程和服务需求的能力要素进行抽象，并通过关键指标对服务能力进行评价；同时针对运行维护服务过程、服务交付内容及特定服务需求的要求；另外还针对不同服务对象的运行维护服务提出了要求。各部分之间的关系如图1所示。

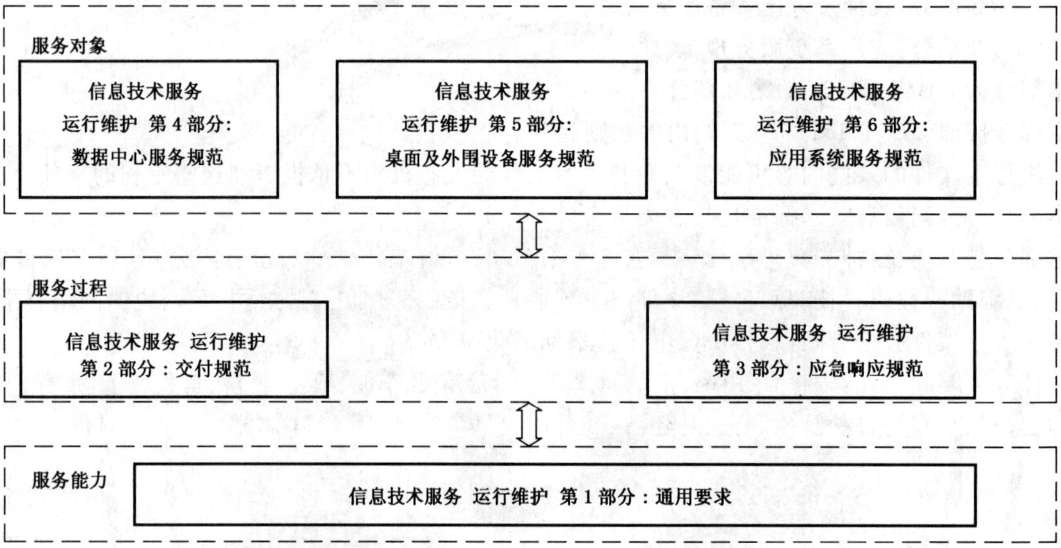

图1　GB/T 28827 各部分之间的关系

GB/T 28827 的本部分旨在为运行维护服务交付过程中涉及的交付管理、交付内容、交付方式、交付成果提供指导，可作为需方选择供方的依据，也可作为供方改进运行维护服务交付能力的指南。

本部分的第4章提出了运行维护服务的交付框架，介绍了框架中4个关键组成部分的内容。

本部分的第5章对交付管理过程中的交付策划、交付实施、交付检查和交付改进提出管理要求。

本部分的第6章对交付内容包含的例行操作、响应支持、优化改善和调研评估等服务提出交付要求。

本部分的第7章对交付方式中采用的现场交付和远程交付方式，提出交付过程中各阶段的关注要点。

本部分的第8章对交付管理过程中、不同交付内容会产生的交付成果做了描述和建议。

本部分的附录A提供了服务目录示例。

本部分的附录B提供了服务级别协议框架。

本部分的附录C提供了响应支持申报处理的相关定义。

信息技术服务　运行维护
第2部分:交付规范

1　范围

GB/T 28827的本部分规定了运行维护服务交付框架,规定了从服务级别协议签署到结束的过程中,供方向需方交付运行维护服务时的内容、方式和成果。

本部分适用于:

a)　使需方和供方对运行维护服务交付达成一致;

b)　为需方和供方提供运行维护服务交付的最佳实践和质量评价依据。

本部分也适用于运行维护服务的评价和审计。

本部分不适用于电信基础设施和电信业务系统的运行维护。

2　规范性引用文件

下列文件对于本文件的应用是必不可少的,凡是注日期的引用文件,仅注日期的版本适用于本文件。凡是不注日期的引用文件,其最新版本(包括所有的修改单)适用于本文件。

GB/T 28827.1—2012　信息技术服务　运行维护　第1部分:通用要求

GB/T 28827.3—2012　信息技术服务　运行维护　第3部分:应急响应规范

3　术语和定义

GB/T 28827.1—2012中界定的以及下列术语和定义适用于本文件。

3.1

(运行维护服务)交付　(operation and maintenance service)delivery

供方在服务级别协议有效期内向需方提供服务级别协议中承诺的运行维护服务。

3.2

(运行维护服务)供方　(operation and maintenance service)supplier

提供运行维护服务的内、外部组织或机构。

3.3

(运行维护服务)需方　(operation and maintenance service)acquirer

需要运行维护服务的组织或机构。

3.4

例行操作　routine operation

供方日常提供的预定服务。

注:如巡检、监控、备份和测试等。

3.5

响应支持　response support

供方对服务请求或故障申报提供的即时服务。

注:如突发事件处理等。

3.6

优化改善 optimization and improvement

供方对运行维护服务对象提供功能和性能的调优服务。

注：如数据库优化、网络优化等。

3.7

调研评估 investigation and evaluation

供方通过对运行维护服务对象的调查研究或分析评价，给出报告或建议。

注：如系统调研、IT 连续性评估等。

3.8

SLA 服务级别协议 service level agreement

运行维护服务供方与需方之间签署的描述符合和约定服务级别的协议。

[GB/T 24405.1—2009，定义 2.13]

3.9

应急事件 emergency event

导致或即将导致运行维护服务对象运行中断、运行质量降低，以及需要实施重点时段保障的事件。

[GB/T 28827.3—2012，定义 3.2]

4 运行维护服务交付框架

运行维护服务交付框架包括交付管理、交付内容、交付方式和交付成果，如图 2 所示。

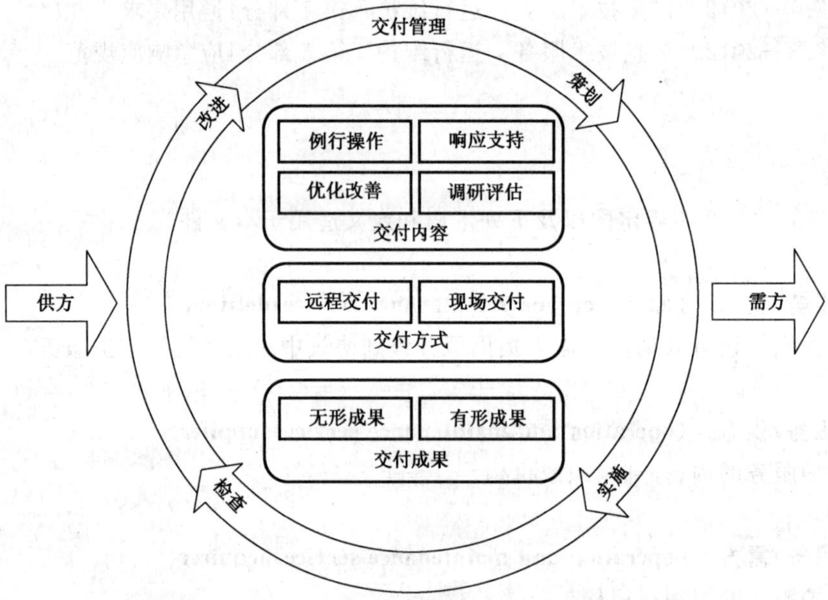

图 2 运行维护服务交付框架

交付管理：供需双方通过对服务交付的策划、实施、检查和改进以保障服务级别协议的达成。

交付内容：供方根据服务级别协议要求，向需方提供的例行操作服务、响应支持服务、优化改善服务和调研评估服务。

交付方式：供方根据服务级别协议要求，采用现场交付和远程交付方式向需方提供服务。

交付成果：供方根据服务级别协议要求，向需方提供的无形和有形的交付成果。

交付管理确保交付内容、交付方式和交付成果达成服务级别协议要求，并实现持续改进，交付内容通过不同的交付方式提供给需方,交付成果在交付内容实施过程中产生。

5 交付管理

5.1 总则

供方在向需方提供运行维护服务的过程中通过交付策划、交付实施、交付检查和交付改进等管理动作,确保交付质量得到有效控制,以满足服务级别协议要求。

5.2 交付策划

根据需方需求和供方自身能力,双方协商签署服务级别协议;供方做好必要的交付准备,制定交付计划,确保服务正常提供。

a) 交付策划过程中供方应:
   1) 依据服务目录与需方确认服务级别协议;
      注:服务目录示例见附录 A,服务级别协议框架见附录 B。
   2) 确保服务级别协议内容完整准确;
   3) 编制交付实施计划、交付检查计划和交付改进计划;
   4) 编制预算;
   5) 配备符合能力要求的管理人员和专业人员;
   6) 明确职责分工、服务流程和关键技术要求,必要时提供服务手册和技术手册;
   7) 准备必要的资源,如备件、工具、服务台和知识库;
   8) 明确考核要求、计算办法和奖惩措施;
   9) 明确服务交付过程中的安全要求,并采取保障措施,如签署保密协议等;
   10) 明确服务交付过程中可能存在的各种风险,制定风险规避计划;
   11) 与需方就必要信息达成共识,如时间计划、人员配备、投诉受理渠道及流程等;
   12) 明确供需双方产生异议的处理原则;
   13) 明确供需双方在交付过程中产生遗留问题的处理原则;
   14) 针对应急事件制定预案,详见 GB/T 28827.3—2012。
b) 交付策划过程中需方应:
   提供服务需求,并与供方达成服务级别协议。

5.3 交付实施

供方按照交付策划向需方提供运行维护服务,完成服务级别协议规定内容。

a) 交付实施过程中供方应:
   1) 按照交付策划的要求实施;
   2) 对关键服务信息有记录,如内容、过程、状态、人员和时间等;
   3) 保证关键信息及时传递到供需双方相关人员,如项目经理、上级主管、技术主管等;
   4) 记录和统计衡量服务级别协议所需信息,如响应时间、现场支持时间等;
   5) 按照管理要求和服务承诺提交服务报告;
   6) 在组织内建立并使用知识库,及时归档文件,分享经验;
   7) 确保人员、操作、数据以及工具等符合交付策划中对安全的要求;
   8) 根据风险规避计划及时处理实施过程中发现的风险。
b) 交付实施过程中需方应:
   完成交付实施所需的协助工作,如提供资源配置、故障信息、审批相关申请等。

5.4 交付检查

供需双方通过交付策划与交付实施的对比检查，确认完成情况，并对发现的问题提出改进建议。

a) 交付检查过程中供方应：
   1) 依据交付策划对交付实施情况进行检查；
   2) 向需方调查满意度；
   3) 对服务交付的情况做审计评估，如策划的执行情况、服务交付的规范程度、文档的归档情况、交付过程信息的记录情况等；
   4) 检查交付过程中遗留问题的处理情况；
   5) 检查评估交付各过程中的安全情况和风险规避情况。
b) 交付检查过程中需方应：
   组织或参与交付检查工作，提供反馈。

5.5 交付改进

供方通过对交付各过程的总结分析，提出建议并改进，以提高效率，提升需方满意度。

a) 交付改进过程中供方应：
   1) 总结分析不符合服务级别协议的服务交付，提出并实施改善建议，跟踪反馈；
   2) 调查分析需方投诉或满意度低分项，与需方确认不满意的具体内容，提出并实施改善意见，跟踪反馈；
   3) 对需要规避的安全问题和风险提出并实施改进措施，跟踪反馈；
   4) 按照交付改进计划持续改进。
b) 交付改进过程中需方应：
   参与交付改进工作，确认改进措施，反馈成效。
c) 双方应在必要时协商修订服务级别协议。

6 交付内容

6.1 总则

供方通过向需方提供例行操作、响应支持、优化改善和调研评估等交付内容，以满足运行维护服务的服务级别协议要求。

6.2 例行操作

例行操作过程中：

a) 供方应：
   1) 根据运行维护服务对象的特点，制定交付的目标、内容、范围、周期和人员安排。
   2) 编制指导手册，并指定专人负责更新和完善。指导手册中应包括：
      - 任务清单；
      - 各项任务的操作步骤及说明；
      - 运行状态是否正常的判定标准；
      - 运行状态信息的记录要求；
      - 异常状况处置流程，包括角色定义、处置方法、流转过程和结束要求；
      - 报告模版。
   3) 确保人员、操作、数据以及工具等符合安全的要求。

4) 在必要时创建与响应支持、优化改善和调研评估服务的接口，启动和完善相应服务交付过程。

b) 需方应：

完成例行操作所需的协助工作，如提供访问权限、工作环境等。

6.3 响应支持

响应支持过程中：

a) 供方应：

1) 公示受理的渠道，如电话、传真、邮件或网络方式等；
2) 提供服务承诺，如工作时间、响应时间等；
3) 与需方就响应级别、报警升级条件等内容达成共识；
4) 记录响应支持的关键交付过程；
5) 针对有效申报进行分类，分配优先级，分发给相应人员，分配优先级时可以参照附录C确定，申报优先级应成为响应支持的一部分。附录C所列的申报优先级表不包含所有的优先级，供方也可以制定其他的优先级分配方式；
6) 在处理过程中设置预警、报警机制以及升级流程，相关设置可以参照附录C确定，相关机制应成为响应支持的一部分。附录C所列的预警、报警和升级流程并不包含所有预警、报警和升级流程，供方也可以制定其他的预警、报警机制和升级流程；
7) 在处理过程中的各个关键环节，将进展信息及时通知供需双方相关人员；
8) 在需方同意的情况下结束支持；
9) 确保人员、操作、数据以及工具等符合安全的要求；
10) 在必要时创建与例行操作、优化改善和调研评估服务的接口，启动和完善相应服务交付过程。

b) 需方应：

完成响应支持所需的协助工作，如提供故障信息、确认支持效果。

6.4 优化改善

优化改善过程中：

a) 供方应：

1) 编写优化改善方案，方案中宜包含目标、内容、步骤、人员、预算、进度、考核指标、风险预案和回退方案；
2) 对方案进行必要的评审，包括内外部评审；
3) 按优化改善方案实施并有观察期的安排；
4) 对遗留问题制定改进措施并跟进；
5) 在优化改善完成后进行必要的回顾总结；
6) 确保人员、操作、数据以及工具等符合安全的要求；
7) 在必要时创建与例行操作、响应支持和调研评估服务的接口，启动和完善相应服务交付过程。

b) 需方应：

完成优化改善所需的协助工作，如提出建议、确认方案等。

6.5 调研评估

调研评估过程中：

a) 供方应：
   1) 在调研评估开展前提供计划，包括目标、内容、步骤、人员、预算、进度、交付成果和沟通计划等；
   2) 编写调研评估报告，如现状评估、访谈调研、需求分析、后续建议等；
   3) 制定报告的评审制度，包括组织内部评审和需方评审，并进行记录；
   4) 持续跟踪调研评估的落地执行情况；
   5) 确保人员、操作、数据以及工具等符合安全的要求；
   6) 在必要时创建与例行操作、响应支持和优化改善服务的接口，启动和完善相应服务交付过程。
b) 需方应：
   完成调研评估所需的协助工作，如提出需求、组织评审等。

7 交付方式

7.1 总则

供方采用现场交付或远程交付的交付方式，确保运行维护服务的正常提供，以满足服务级别协议要求。

7.2 现场交付

现场交付过程中供方应：

a) 在到达需方现场前：
   1) 了解现场交付的内容、到达时间要求、之前的支持情况以及遗留问题，并与需方确认；
   2) 对复杂或存在风险的工作做好预案，经审核后实施；
   3) 准备必要的资料和工具；
   4) 根据安全要求，做好准备工作。
b) 在到达需方现场后：
   1) 及时通知需方并确认到达现场时间；
   2) 与需方确认服务内容、操作流程和可能的风险后实施；
   3) 严格遵守需方现场的管理制度；
   4) 根据安全要求提供现场交付服务，并做好相关服务记录；
   5) 完成确认的工作内容；
   6) 遇到无法解决的问题或需方提出额外要求时，通知上级，得到授权后再做处理。
c) 在离开需方现场前：
   1) 与需方确认工作完成情况，必要时签署服务单；
   2) 就遗留问题的处理建议和需方达成共识；
   3) 根据需方要求恢复服务现场原状并保持整洁；
   4) 做必要的安全检查，如清除本次服务临时账号等；
   5) 获得需方的离场许可。
d) 在离开需方现场后：
   1) 调查客户满意度；
   2) 更新服务记录；
   3) 就遗留问题寻找解决方案，跟踪解决。

7.3 远程交付

远程交付过程中供方应：

a) 在提供远程交付前：
   1) 了解需要远程交付的内容、支持时间要求、之前的支持情况以及遗留问题，并与需方确认；
   2) 对复杂或存在风险的工作做好预案，经供需双方审核后实施；
   3) 确保远程交付所需的工作条件满足安全、稳定和可用的要求。

b) 在远程交付过程中：
   1) 按照约定的时间提供远程交付；
   2) 与需方确认服务内容、操作流程和可能的风险后实施；
   3) 严格遵守需方的管理制度；
   4) 根据安全要求提供远程交付服务，并做好相关服务记录；
   5) 完成确认的工作内容；
   6) 遇到无法解决的问题或需方提出额外要求时，通知上级，得到授权后再做处理。

c) 在结束远程交付前：
   1) 就遗留问题的处理建议和需方达成共识；
   2) 做必要的安全检查，如清除本次服务临时账号等；
   3) 获得需方结束许可。

d) 在结束远程交付后：
   1) 调查客户满意度；
   2) 更新服务记录；
   3) 就遗留问题寻找解决方案，跟踪解决。

8 交付成果

8.1 总则

供方在提供运行维护服务交付的过程中，通过向需方提供无形的（如状态恢复、性能提升等）或有形的（如过程记录、服务报告、现场备件等）交付成果，以满足服务级别协议要求。

8.2 交付成果管理

交付成果管理过程中供方应：

a) 制定成果的编制、审核、发布、归档等管理流程。

b) 明确受众、内容、时间或频度要求。

c) 明确安全管理要求：
   1) 无形成果：对安全风险的控制；
   2) 有形成果：对生命周期的安全控制，如加密存储、授权访问、脱密共享、数据粉碎等。

d) 确保无形成果产生的效用满足服务级别协议要求。

e) 确保有形成果的规格或格式满足服务级别协议要求。

f) 明确无形和有形成果之间的关系，如性能提升通过服务报告体现。

8.3 例行操作成果

供方在提供例行操作服务交付的过程中，通过向需方提供无形的或有形的交付成果，以满足服务级别协议要求。

a) 无形成果包括但不限于：
   1) 运行维护服务对象当前运行状态(正常/异常/存在潜在风险等)；
   2) 运行状态从异常到正常的状态恢复；
   3) 对潜在风险的消除；
   4) 需方满意度的提升。
b) 有形成果包括但不限于：
   1) 运行状态信息记录；
   2) 运行状态异常处理记录；
   3) 趋势分析及可能的风险消除建议；
   4) 运行维护服务对象配置信息记录；
   5) 需方满意度调查和分析报告。

8.4 响应支持成果

供方在提供响应支持服务交付的过程中,通过向需方提供无形的或有形的交付成果,以满足服务级别协议要求。

a) 无形成果包括但不限于：
   1) 运行状态从异常到正常的状态恢复；
   2) 运行维护知识的传递；
   3) 需方满意度的提升。
b) 有形成果包括但不限于：
   1) 响应支持记录；
   2) 响应支持关键指标数据记录(服务级别协议达成情况、数量、分布、趋势)；
   3) 重大事件(故障)的分析改进报告；
   4) 运行维护服务对象配置信息更新记录；
   5) 需方满意度调查和分析报告。

8.5 优化改善成果

供方在提供优化改善服务交付的过程中,通过向需方提供无形的或有形的交付成果,以满足服务级别协议要求。

a) 无形成果包括但不限于：
   1) 运行维护服务对象运行性能的提升；
   2) 运行维护服务对象实现功能的完善；
   3) 需方满意度的提升。
b) 有形成果包括但不限于：
   1) 优化改善方案及相关评审记录；
   2) 优化改善实施方案及相关评审记录；
   3) 优化改善实施的变更和发布报告；
   4) 运行维护服务对象配置信息更新记录；
   5) 需方满意度调查和分析报告。

8.6 调研评估成果

供方在提供调研评估服务交付的过程中,通过向需方提供无形的或有形的交付成果,以满足服务级别协议要求。

a）无形成果包括但不限于：

需方满意度的提升。

b）有形成果包括但不限于：

1）调研评估计划书；

2）调研评估分析报告；

3）调研评估的规划方案或建议及评审记录；

4）需方满意度调查和分析报告。

附 录 A
（资料性附录）
服务目录示例

本附录提供了服务目录示例。

服务目录一般由两部分组成，分别是服务目录列表和服务详述，如表 A.1 和表 A.2 所示。

表 A.1 服务目录列表示例

服务对象	服务分类	服务代码	服务名称	服务简介
软件平台	例行操作	001-01	数据库巡检服务	按约定周期定期对数据库运行状态进行检查和分析，完成巡检报告
	响应支持	001-02	数据库远程排障服务	对客户申报的数据库故障提供远程支持，尽快修复故障，提供报告
	优化改善	001-03	数据库调优服务	针对客户当前数据库运行情况，给出优化建议并实施，提升性能
	调研评估	001-04	数据库性能评估服务	根据客户业务发展趋势，评估数据库当前及应有性能，提出性能建议
硬件平台	例行操作	002-01	服务器巡检服务	按约定周期定期对服务器运行状态进行检查和分析，完成巡检报告
	响应支持	002-02	服务器远程排障服务	对客户申报的服务器故障提供远程支持，尽快修复故障，提供报告
	优化改善	002-03	服务器调优服务	针对客户当前服务器运行情况，给出优化建议并实施，提升性能
	调研评估	002-04	服务器性能评估服务	根据客户业务发展趋势，评估服务器当前及应有性能，提出性能建议
网络平台	例行操作	003-01	网络设备巡检服务	按约定周期定期对网络设备运行状态进行检查和分析，完成巡检报告
	响应支持	003-02	网络设备远程排障服务	对客户申报的网络设备故障提供远程支持，尽快修复故障，提供报告
	优化改善	003-03	网络设备调优服务	针对客户当前网络设备运行情况，给出优化建议并实施，提升性能
	调研评估	003-04	网络设备性能评估服务	根据客户业务发展趋势，评估网络设备当前及应有性能，提出建议
基础环境	例行操作	004-01	机房巡检服务	按约定周期定期对机房运行状态进行检查和分析，完成巡检报告
	响应支持	004-02	机房远程排障服务	对客户申报的机房故障提供远程支持，尽快修复故障，提供报告
	优化改善	004-03	机房调优服务	针对客户当前机房运行情况，给出优化建议并实施，提升性能
	调研评估	004-04	机房性能评估服务	根据客户业务发展趋势，评估机房当前及应有性能，提出性能建议

表 A.1（续）

服务对象	服务分类	服务代码	服务名称	服务简介
应用系统	例行操作	005-01	应用软件巡检服务	按约定周期定期对应用软件运行状态进行检查和分析，完成巡检报告
	响应支持	005-02	应用软件远程排障服务	对客户申报的应用软件故障提供远程支持，尽快修复故障，提供报告
	优化改善	005-03	应用软件调优服务	针对客户当前应用软件运行情况，给出优化建议并实施，提升性能
	调研评估	005-04	应用软件性能评估服务	根据客户业务发展趋势，评估应用当前及应有性能，提出性能建议

表 A.2　服务详述示例

服务对象：软件平台

服务分类：例行操作

服务代码：XXXXXX

服务名称：数据库巡检服务

服务简介：

- 按约定周期定期对数据库运行状态进行检查和分析，完成巡检报告。

服务目标/价值：

- 确保数据库运行正常，及时发现隐患并改进。

服务描述：

服务对象	数据库
服务内容	检查和分析数据库运行状态，如表空间状态、碎片状态、错误日志等信息，并完成检查和分析报告
频度	1次/月
服务时间	每月第一周周五或双方协商
交付方式	现场/远程
交付成果	《数据库巡检报告》

服务价格：

- XXXX元/次

附 录 B
（资料性附录）
服务级别协议框架

本附录提供的服务级别协议包含关键内容、示例和说明，如表B.1所示。

表B.1 服务级别协议框架表

要 素	说明和示例
需方	需方单位名称
供方	供方单位名称
第三方	第三方单位名称
项目名称	运行维护服务项目全称
生效时间	协议生效时间
终止时间	协议终止时间
服务简介	提供项目的背景、项目的目标和项目的重要性等
服务范围	如设备清单等
服务时间	约定可提供服务的时间，需明确例外时间段以及对例外时间段提供服务的协商方式，如5 d×8 h或7 d×24 h等
服务受理渠道	客服热线电话、客服邮箱、网上问题提交地址等；如有必要可增加非工作时间服务通道及方式等
投诉渠道	投诉热线等
服务交付计划	启动会时间、巡检时间、总结时间等
服务交付方式	现场交付要求，远程交付要求等
服务交付内容	例行操作、响应支持、优化完善、调研评估等具体服务交付内容
供方人员	需明确参与服务的人员岗位、职责、姓名和联系方式等，如客户经理、项目经理、服务工程师等
需方接口	需明确接口服务的人员岗位、职责、姓名和联系方式等，如项目经理、责任工程师等
第三方接口	需明确接口服务的人员岗位、职责、姓名和联系方式等，如项目经理、责任工程师等
供方服务流程	故障申报流程、巡检流程、升级上报流程等
第三方服务流程	第三方支持流程等
服务交付成果	需明确服务阶段中需要提交的各类交付成果等，如故障报告、总结报告、巡检记录等
保密要求	相关信息严禁透露，服务人员应签署保密协议等要求
服务考核要求	服务质量考核的时间周期、考核的关键要素、考核好坏对应的奖惩条款等
协议变更控制	协议内容变更的流程和要求等
各方代表签字	供需双方代表签字，如需要第三方签字，可增加签字方；需提供姓名、职务和签署时间等

附　录　C
（资料性附录）
响应支持申报处理的相关定义

本附录提供了响应支持处理过程遵循的申报优先级、预警、报警机制和升级流程。

C.1　定义

申报处理优先级需要按照申报的紧急程度和重要程度进行定义：

a）申报紧急程度：申报的时间属性，如不紧急、紧急和非常紧急；

b）申报重要程度：涉及的运行维护服务对象在需方信息技术或业务系统中的重要性，如不重要、重要和非常重要；

c）紧急程度与重要程度叠加形成优先级。其中，优先级分为 4 级，用数字表示，数字越小优先级越高，如表 C.1 所示。

表 C.1　申报优先级

		紧急程度		
		一般	紧急	非常紧急
重要程度	一般	4	3	2
	重要	4	2	1
	非常重要	3	2	1

C.2　流程

申报处理的预警、报警机制和升级流程包括：

a）预警：在承诺时间即将到达，支持尚未结束时，需提前预警或升级，以通知相关人员关注，确保按时解决问题；

b）报警：在承诺时间到达，支持尚未结束，需给予报警和升级，以通知相关人员关注，确保尽快解决问题；

c）升级：当承诺时间内存在无法解决客户问题风险时触发优先级上调，可以包含两个升级渠道：

1）通知预先设定好的上级管理者，以调动更多资源解决该事件；

2）通知预先设定好的高级专家，以调动更专业的人员解决该事件。

参 考 文 献

［1］ GB/T 19000—2008 质量管理体系 基础和术语

［2］ GB/T 24405.1—2009 信息技术 服务管理 第1部分:规范

［3］ GB/T 24405.2—2010 信息技术 服务管理 第2部分:实践规则

［4］ A Guide to the Project Management Body of Knowledge(PMBOK 2000),Project Management Institute,2001

［5］ ITIL Version 3 Service Strategy

［6］ ITIL Version 3 Service Design

［7］ ITIL Version 3 Service Transition

［8］ ITIL Version 3 Service Operation

［9］ ITIL Version 3 Service Improvement

ICS 35.080
L 77

中华人民共和国国家标准

GB/T 28827.3—2012

信息技术服务　运行维护
第3部分：应急响应规范

Information technology service—Operation and maintenance—
Part 3：Emergency response specification

2012-11-05 发布　　2013-02-01 实施

中华人民共和国国家质量监督检验检疫总局
中国国家标准化管理委员会　发布

前　言

GB/T 28827《信息技术服务　运行维护》分为6个部分：

——第1部分：通用要求；

——第2部分：交付规范；

——第3部分：应急响应规范；

——第4部分：数据中心服务规范；

——第5部分：桌面及外围设备服务规范；

——第6部分：应用系统服务规范。

本部分为GB/T 28827的第3部分。

本部分按照GB/T 1.1—2009给出的规则起草。

请注意本文件的某些内容可能涉及专利。本文件的发布机构不承担识别这些专利的责任。

本部分由全国信息技术标准化技术委员会(SAC/TC 28)提出并归口。

本部分起草单位：太极计算机股份有限公司、山东浪潮齐鲁软件产业股份有限公司、东软集团股份有限公司、中国电子技术标准化研究院、神州数码系统集成服务有限公司、北京信城通数码科技有限公司、成都勤智数码科技有限公司、武汉太阳花网络安全维护有限公司、成都信息化技术应用发展中心、万达信息股份有限公司。

本部分主要起草人：范凯、张帆、潘纯峰、马英恺、陈强、王志鹏、白璐、李娜、刘玲、王春涛、陈涛、杨凯欐、顾峻。

引　言

随着各行业、各领域信息化工作的深入开展，越来越多的信息系统进入运行维护阶段。然而，提供运行维护服务的各类组织的能力水平参差不齐，需方缺乏评价或选择供方的方法、手段及规范。GB/T 28827《信息技术服务　运行维护》规定了提供信息技术运行维护服务的组织应具备的能力、服务交付形式和内容，以及运行维护服务中的应急响应过程和管理方法等。各部分之间的关系如图1所示。

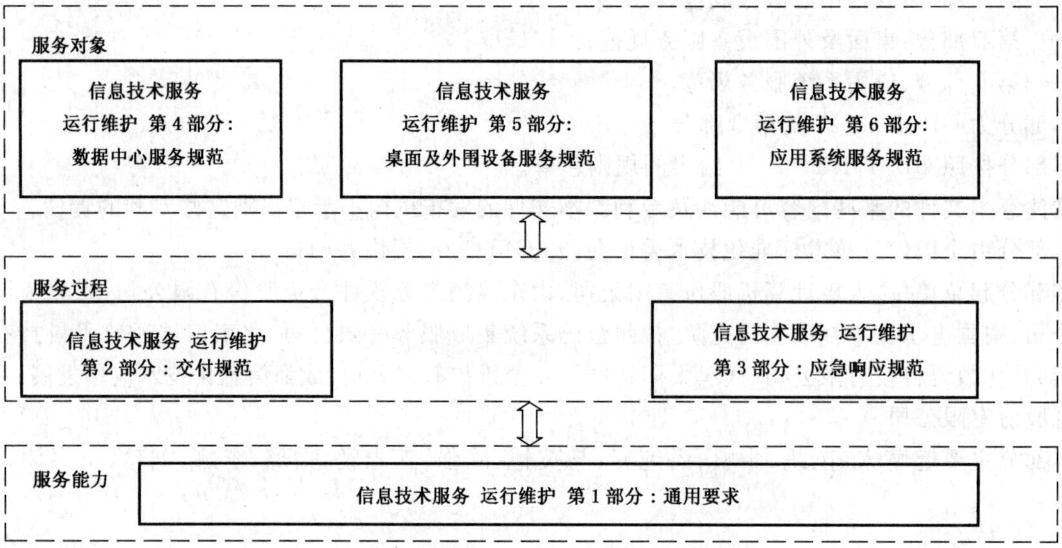

图1　GB/T 28827 各部分之间的关系

本部分提出了应急响应的基本过程，以及过程管理要求，旨在提升组织的应急响应能力，提前发现隐患，及时解决问题，降低应急事件可能带来的不良影响。

本部分与突发事件应对所涉及的领域是有区别的。一般来说，前者主要涉及信息技术服务领域；而后者主要涉及自然灾害、事故灾难、公共卫生事件和社会安全事件等突发事件应对的业务领域。

本部分不涉及信息系统的建设，但在信息系统运行维护阶段，通过应急响应的实施，可以反馈系统使用效果，并根据业务发展不断进行系统适应性调整，用以指导信息系统完善和升级改造工作的开展。

本部分的第4章提出了运行维护服务中应急响应的过程，将过程划分为4个主要阶段，并对各阶段工作内容进行了描述。

本部分的第5章规定了应急准备阶段的工作要求。

本部分的第6章规定了监测与预警阶段的工作要求。

本部分的第7章规定了应急处置阶段的工作要求。

本部分的第8章规定了总结改进阶段的工作要求。

本部分的附录A给出了应急事件级别划分要素和定级步骤。

本部分的附录B给出了应急响应各阶段的工作内容与日常工作、故障响应、重点时段保障等不同类型活动的对应关系。

信息技术服务　运行维护
第3部分：应急响应规范

1　范围

GB/T 28827 的本部分规定了应急响应过程的基本活动和任务。

本部分适用于指导在经济建设、社会管理、公共服务以及生产经营等领域重要信息系统运行维护中实施和管理应急响应。

本部分也适用于组织为满足应急响应实施需要而开展的信息系统完善和升级改造工作。

本部分不适用于电信基础设施和电信业务系统的运行维护。

2　规范性引用文件

下列文件对于本文件的应用是必不可少的，凡是注日期的引用文件，仅注日期的版本适用于本文件。凡是不注日期的引用文件，其最新版本（包括所有的修改单）适用于本文件。

GB/T 28827.1—2012　信息技术服务　运行维护　第1部分：通用要求

3　术语和定义

GB/T 28827.1—2012 中界定的以及下列术语和定义适用于本文件。

3.1

重点时段保障　important period assurance

提升服务级别以确保某一时间段内重要活动或重点业务的开展所采取的措施和活动。

3.2

应急事件　emergency event

导致或即将导致运行维护服务对象运行中断、运行质量降低，以及需要实施重点时段保障的事件。

3.3

应急响应　emergency response

组织为预防、监控、处置和管理应急事件所采取的措施和活动。

4　应急响应过程概述

4.1　应急响应过程的阶段划分

本部分将运行维护服务中应急响应过程划分为4个主要阶段：应急准备、监测与预警、应急处置和总结改进。如图2所示。

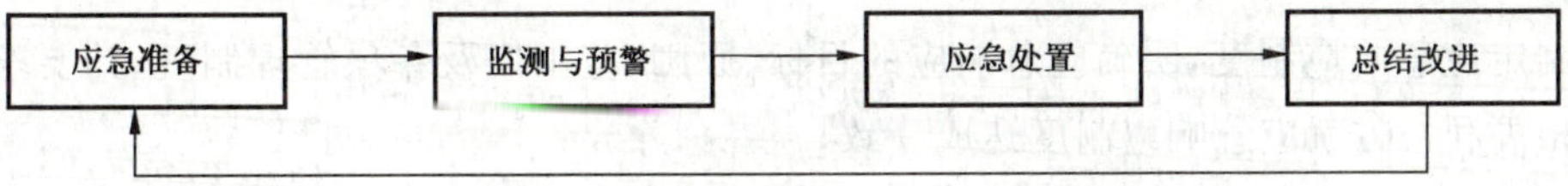

图2　运行维护服务应急响应过程

4.2 应急响应各阶段的工作内容

应急响应各阶段的工作内容如下：

a) 应急准备阶段的工作包括：组建应急响应组织，确定应急响应制度，系统性识别运行维护服务对象及运行维护活动中可能出现的风险，定义应急事件级别，制定预案，开展培训和演练；

b) 监测与预警阶段的工作包括：进行日常监测，及时发现应急事件并有效预警，进行核实和评估，以规定的策略和程序启动预案，并保持对应急事件的跟踪；

c) 应急处置阶段的工作包括：采取必要的应急调度手段，基于预案开展故障排查与诊断，对故障进行有效、快速的处理与系统恢复，及时通报应急事件，提供持续性服务保障，进行结果评价，关闭事件；

d) 总结改进阶段的工作包括：对应急事件发生原因、处理过程和结果进行总结分析，持续改进应急工作，完善信息系统。

应将信息系统所支撑业务的数据采集、使用和管理纳入应急响应过程中。在应急准备阶段，结合业务领域突发事件级别和运维活动中的应急事件级别，制定总体预案，开展培训和演练。在监测与预警阶段，从运行维护对象和数据两个角度开展监测预警。在应急处置阶段，根据业务数据变化情况采取相应措施。在总结改进阶段，也应该对业务数据采集、使用和管理体系进行完善。

注：应急响应各阶段的工作内容与日常工作、故障响应、重点时段保障等不同类型活动的对应关系见附录 B。

5 应急准备

5.1 建立应急响应组织

运行维护服务的组织由相关利益方组成，包括服务需方、服务供方、分包方、供应商等。

应在运行维护服务组织基础上建立应急响应组织，要求如下：

a) 应急响应组织的人员应属于运行维护服务组织的人员，也可包括其他机构的专家和人员；

b) 应规定运行维护服务及应急响应所有相关利益方的角色及职责，并为关键角色提供备份人选。应明确：

   1) 应急响应责任者：可由服务需方的信息化部门最高管理者担任，统筹协调应急响应工作；

   2) 现场负责人：由应急响应责任者授权，负责应急事件监测与预警、应急处置等现场工作；

   3) 分组负责人：可在组织内成立多个分项小组并设定负责人，承担应急响应中各专业性工作；

   4) 值班人员：组织内承担现场值守工作的人员；

c) 应就应急响应服务的范围、要求等与相关利益方达成一致，确定沟通流程和方式，并形成记录；

d) 运行维护过程中涉及组织和人员的变更应与相关利益方达成一致，并形成记录；

e) 应建立对应急响应组织内人员的考核机制，明确考核指标及方法。考核至少每年进行一次，以确保组织能持续满足应急响应要求。

5.2 制定应急响应制度

组织应制定应急响应制度，明确应急响应的目标、原则、范围以及各项管理制度，并要求：

a) 与相关利益方就应急响应制度达成 致；

b) 定期对应急响应制度进行评审；

c) 在组织战略、业务流程、客户要求等发生重大变化时对应急响应制度进行调整。

5.3 风险评估与改进

5.3.1 风险评估

组织应按照确定的方法和流程对重要信息系统实施风险评估，确保组织了解其在运行维护过程中的关键活动、所需资源、限制条件及信息系统面临的各种风险要素。组织应了解当风险演变为应急事件时所产生的影响和后果，以及信息系统服务中断所带来的损失。

组织应授权组织内或组织外的服务供方进行风险识别，并将授权通知到所有相关利益方。

被授权的服务供方应结合具体的信息系统现状和要求，从技术和管理等方面确定风险要素。

应对风险要素进行评估，形成风险评估报告，报告内容应包括：

a） 结论摘要；

b） 背景及现状；

c） 风险要素；

d） 识别出的风险及风险分析；

e） 建议的应对措施。

应在需方授权范围内对风险评估报告进行评审和沟通，并达成一致。

5.3.2 改进

对于识别出的各种风险，组织应该制定明确的控制策略，必要时应对信息系统进行升级改造。可供选择的风险控制策略包括：风险规避、风险转移、风险降低、风险接受。

根据风险评估报告，组织应该形成改进方案并实施，以利于：

a） 降低风险转变为应急事件的可能性；

b） 缩短应急事件的持续时间；

c） 限制应急事件的影响范围。

5.4 划分应急事件级别

5.4.1 参考要素

应急事件分级的主要参考要素为：信息系统的重要程度、信息系统服务时段、信息系统受损程度。

a） 重要程度

重要程度主要应考虑信息系统所支撑的业务的重要性，以及信息系统内信息资产的重要性和信息系统服务的重要性。

b） 服务时段

服务时段主要应考虑应急事件发生时系统提供服务的状态。

c） 受损程度

受损程度主要应考虑应急事件发生时信息系统功能和性能等方面的影响程度。

5.4.2 级别划分

组织可按照 5.4.1 中的要素对可能发生的应急事件进行级别划分（级别划分方法见附录 A）。

组织应结合自身的业务要求，对应急事件级别对应的响应时间、处置完成时间等达成一致。

组织应根据应急事件级别配置响应的保障措施，如人员、资金和设备等。

5.5 应急响应预案制定

5.5.1 预案制定与评审

组织应根据应急事件级别制定应急响应预案。

应急响应预案可以分为总体预案和针对某个核心系统的专项预案。

应急响应预案的格式应该能够为应急响应组织进行系统恢复操作提供快速明确的指导。

应急响应预案应该明确、简洁，易于在紧急情况下执行，并使用检查列表。

应急响应预案的内容应包括：

a） 应急响应预案的编制目的、依据和适用范围；

b） 具体的组织体系结构及人员职责；

c） 应急响应的监测和预警机制；

d） 应急响应预案的启动；

e） 应急事件级别及对应的处置流程、方法；

f） 应急响应的保障措施；

g） 应急预案的附则。

服务需方应组织对应急响应预案进行评审，并与相关利益方达成一致。

5.5.2 预案发布

经过评审确认的应急响应预案，应由应急响应责任者负责发布。

应急响应预案应进行版本控制。

5.6 培训与演练

5.6.1 培训

组织应制定应急响应培训计划，并组织相关人员参与。应急响应预案应作为培训的主要内容。

培训应使得组织及人员明确其在应急响应过程中的责任范围、接口关系，明确应急处置的操作规范和操作流程。

培训应至少每年举办一次。

5.6.2 演练

为检验应急响应预案的有效性，同时使相关人员了解运行维护预案的目标和内容，熟悉应急响应的操作规程，组织应进行应急演练，应：

a） 预先制定演练计划、演练脚本；

b） 演练的整个过程应有详细的记录，并形成报告；

c） 演练不能影响业务的正常运行。

为提升应急响应能力，组织可采用无脚本演练。

必要时，组织可根据演练的效果，对应急响应预案进行完善。

6 监测与预警

6.1 日常监测与预警

6.1.1 范围

组织应持续开展日常监测活动，实施有效预警，范围如下：

a） 组织应该对运行维护服务对象的运行情况进行监测与预警，以跟踪和判别以下对象的容量、可用性和连续性：

  1） 应用系统；

  2） 支撑应用系统运行的系统软件、工具软件；

3) 网络及网络设备；
4) 安全设备；
5) 主机、存储、外设、终端等设备；
6) 电力、空调、消防等基础环境。

b) 组织应对信息系统所承载的业务数据进行监测，以跟踪和判别业务数据是否超出了预警条件。

6.1.2 手段与工具

组织应结合运行维护服务级别协议和应急响应预案，开展日常监测与预警活动，包括：

a) 设立服务台并保持运营；
b) 建立知识库并保持更新；
c) 确定监测项、监测时间间隔与阈值；
d) 确定活动中的人员、角色和职责。

组织可以采用运行维护工具与人工相结合的方式开展日常监测与预警活动。

6.1.3 记录与报告

组织应建立监测、预警的记录和报告制度，并按照约定的形式和时间间隔上报现场负责人。发现应急事件时，值班人员应提交报告，报告内容应包括：

a) 应急事件发生及发现的时间、位置；
b) 现象描述；
c) 影响的范围；
d) 初步原因分析；
e) 报告人。

报告应及时提交给现场负责人。报告方式包括电话、邮件、传真或书面文件等，并确认对方收到报告。

值班人员应采取必要措施，开展应急事件的先期处置，以提高应急响应效率，避免次生、衍生事件的发生。

应该对应急事件保持持续性跟踪。

6.2 核实与评估

6.2.1 核实

现场负责人应对报告内容进行逐项核实。

核实确认后的应急事件报告，应提交给应急响应责任者。

应急事件报告应作为事件级别评估的输入。

重点时段保障需求也应作为事件级别评估的输入。

6.2.2 事件级别评估

现场负责人应根据事件级别定义，初步确定应急事件所对应的事件级别。

应将事件级别置于动态调整控制中。

6.3 应急响应预案启动

6.3.1 预案启动

组织应建立、审议应急响应预案启动的策略和程序，以控制预案启动的授权和实施。

组织应就应急响应预案启动可能造成的影响进行评估。

相关利益方之间应就启动何种类型预案达成一致，包括当事件升级时，与之相对应的预案调整的方式。

可根据先期处置要求进行应急响应预案的自动启动，或由应急响应责任者或现场负责人启动预案。

应记录应急响应预案启动的过程和结果。

重点时段保障应启动的应急响应预案可参考同级别预案确定。

6.3.2 信息通报

现场负责人应向相关利益方通报应急响应预案启动信息，内容应包括：

a) 预案启动的原因；

b) 事件级别；

c) 事件对应的预案；

d) 要求采取的技术应对措施或处置的目标；

e) 实现目标所应采取的保障措施，如人员、资金和设备等；

f) 对应急处置过程及结果的报告要求，如报告程序、报告内容、报告频率等；

g) 信息通报的范围和接收者。

信息通报应选取适当的方式，如电话、邮件、传真、书面文件等。

所有相关利益方应对收到的通报信息进行确认和反馈。

6.3.3 监测与预警状态的调整

通报信息应作为监测与预警状态调整的输入，调整内容包括监测范围、监测频率等。

监测与预警状态的调整应通知各相关利益方。

7 应急处置

7.1 应急调度

按照预案，开展统一的应急调度，包括人员、资金和设备等。

应急调度中应：

a) 获取现场信息；

b) 组织必要人员进行勘察、分析；

c) 下达调度命令并保持跟踪；

d) 保护可追查的相关线索。

7.2 排查与诊断

7.2.1 基本流程

故障排查与诊断的流程应包含以下内容：

a) 现场负责人调度处置人员进行现场故障排查；

b) 现场处置人员进行故障排查和诊断，必要时可寻求组织其他人员以现场或远程方式进行支持，在此过程中可借助各类排查诊断分析工具，如应用软件、电子分析工具、故障排查知识库等；

c) 现场处置人员应随时向现场负责人汇报故障排查情况、诊断信息、故障定位结果等；

d) 将排查与诊断的过程与结果信息进行整理与归档。

7.2.2 问题沟通与确认

处置过程中，现场负责人应及时与相关利益方进行沟通，沟通的内容主要包括系统故障点、造成故障的原因、排查诊断状况等。

现场负责人应组织相关利益方对问题进行确认。

问题确认过程不应延误处理与恢复工作的开展。

7.3 处理与恢复

应基于应急响应预案、配置管理数据库、知识库等进行故障处理和系统恢复，处理与恢复的原则包括：

a） 应在满足事件级别处置时间要求的前提下，尽快恢复服务；

b） 采用的方法、手段不应造成次生、衍生事件的发生。

必要时可启用备品备件、灾备系统等。

应该对过程及结果信息进行记录，并及时告知相关利益方。

现场负责人应组织对处理与恢复的结果进行初步确认。

7.4 事件升级

7.4.1 升级

组织应建立、审议应急事件升级的策略和程序，以控制应急事件升级的授权和实施。

当实际处置时间超过事件级别处置时间要求时，应作为事件升级的参考要素。

组织应该对事件升级可能造成的影响进行评估，并在相关利益方之间达成一致。

升级内容应包含预案调整、人员调整、资金调整以及设备调整。

事件升级的实施授权应由现场负责人启动。

应该对事件升级的过程和结果信息进行整理与归档。

7.4.2 信息通报

现场负责人应向相关利益方通报事件升级信息，内容应包括：

a） 事件升级的原因；

b） 事件升级后的级别；

c） 事件升级后与之对应的预案；

d） 对升级事件处置过程及结果的报告要求，如报告程序、报告对象、报告内容、报告频率等；

e） 信息通报的范围和涉及的接受者。

信息通报应选择适当的方式，如电话、邮件、传真、书面文件等形式。

事件升级信息应作为处理与恢复的参考要素。

7.5 持续服务

完成处理与恢复后，应组织运行维护人员提供持续性服务。

组织应对持续性服务的效果进行评价。

持续服务的评价结果，应作为应急事件关闭的输入。

7.6 事件关闭

7.6.1 申请

组织应建立、审议事件关闭的策略和程序，以控制事件关闭的授权和实施。

应该对应急事件处置的过程文档进行整理。

事件关闭申请应由相关的分组负责人提出，并提交相关文档资料。

事件关闭申请和文档资料，应作为事件关闭核实的参考要素。

7.6.2 核实

现场负责人接到事件关闭申请后，应逐项核实报告内容，以判别应急事件处置过程和结果信息是否属实。

7.6.3 调查和取证

当应急事件涉及到责任认定、赔偿或诉讼时，应收集、保留和呈递证据。证据可能用于：

a） 内部问题分析；

b） 用作合同违约或其他纠纷的法律取证；

c） 与相关方谈判赔偿事宜。

7.6.4 关闭通报

组织应建立、审议应急事件关闭通报制度。

现场负责人应向相关利益方通报事件关闭信息，内容应包括：

a） 事件发生的原因、事件级别及影响范围；

b） 事件对应的预案；

c） 事件的处置过程和方法；

d） 事件的调整升级情况；

e） 持续性服务情况；

f） 事件处置评价；

g） 事件关闭申请的处理意见；

h） 关闭通报的范围和涉及接受者。

应急事件发生的原因、处置过程和方法应记入知识库。

8 总结改进

8.1 应急工作总结

组织应定期对应急响应工作进行分析和回顾，总结经验教训，并采取适当的后续措施。

对应急响应工作的分析和回顾应考虑以下方面：

a） 应急响应工作的绩效；

b） 应急准备工作的充分性和有针对性；

c） 应急事件发生原因、数量及频率；

d） 应急事件处置的经验得失；

e） 应急事件的趋势信息；

f） 信息系统中潜在的类似隐患。

对应急响应工作的分析和回顾应形成总结报告，并将总结报告作为改进应急响应工作及信息系统的重要依据。

8.2 应急工作审核

为保证应急响应的有效性和时效性，应急响应责任者应定期组织对应急响应工作的评审，以确保应急响应过程和管理符合预定的标准和要求。审核的结果应该正式存档并通知给相关利益方。评审应至少每年举行一次。

a） 审核时应考虑的要素包括：
   1） 相关利益方的要求和反馈；
   2） 组织所采纳的用于支持应急响应的各种资源和流程；
   3） 风险评估的结果及可接受的风险水平；
   4） 应急预案的测试结果及实际执行效果；
   5） 上次评审的后续活动跟踪；
   6） 可能影响应急响应的各种业务变更；
   7） 近期在处置应急事件过程中总结的经验和教训；
   8） 培训的结果和反馈。
b） 审核的输出结果应该包括：
   1） 改进目标；
   2） 改进的具体工作内容；
   3） 所需的各种资源，包括人员、资金和设备等。

8.3 应急工作改进

应急事件总结、应急工作审核的结果应该作为应急准备阶段各项工作的改进要素。组织应根据总结报告中给出的建议项和评审结果，完善信息系统，深化应急准备工作。

附 录 A
（资料性附录）
应急事件级别划分指南

A.1 参考要素的赋值

应急事件分级的主要参考要素为：信息系统的重要程度、信息系统服务时段、信息系统受损程度。

a) 信息系统的重要性由以下要素决定：
   1) 信息系统所属类型，即信息系统资产的安全利益主体。
   2) 信息系统主要处理的业务信息类别。
   3) 信息系统服务范围，包括服务对象和服务网络覆盖范围。
   4) 业务对信息系统的依赖程度。

其中第1)、2)个要素决定信息系统内信息资产的重要性，第3)、4)个要素决定信息系统所提供服务的重要性，而信息资产及信息系统服务的重要性决定了信息系统的重要性。

信息系统的重要程度划分为4级，对应赋值1～4。由其在经济建设、社会管理、公共服务以及生产经营中的重要程度决定。其划分方法参见GB/T 22240—2008。

b) 信息系统服务时段划分为3级。依据应急事件发生的不同时间，对信息系统恢复正常服务所需的时间要求而确定，具体划分方法见表A.1。

表 A.1 信息系统服务时段赋值表

赋 值	描 述
1	非系统服务时段（不含系统服务时段即将开始）
2	系统服务时段或系统服务时段即将开始
3	系统处于重点时段保障或处于服务高峰时段

c) 应急事件造成的信息系统损失程度划分为3级。依据故障发生对信息系统提供的服务能力的下降程度而确定，具体划分方法见表A.2。

表 A.2 信息系统损失程度赋值表

系统性能	系统功能		
	功能无损	部分损失	全部损失
小于阈值	—	1	3
大于或等于阈值	1	2	3
注：重点时段保障的损失程度赋值为3。			

A.2 事件定级步骤

首先为应急事件的3个定级要素赋值，然后将3个要素赋值相乘，得到应急事件具体分值 Π。其范围在1～36。建议将分值在1～6区间的定义为三级事件，分值在8～18区间的定义为二级事件，分值在 24～36 区间的定义为一级事件。级别定义步骤如图 A.1 所示。

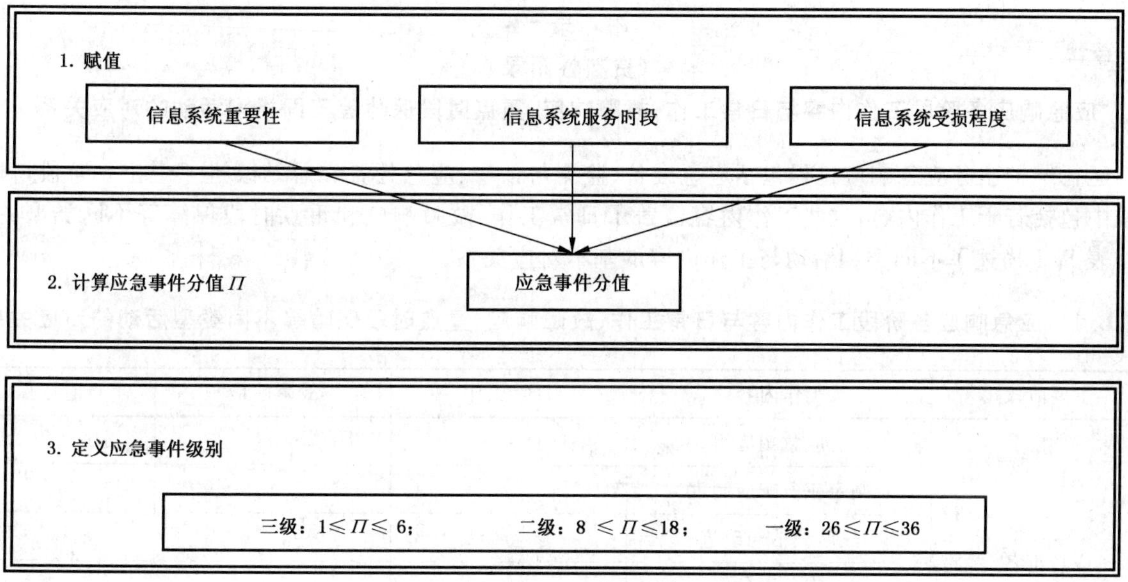

图 A.1　应急事件级别定义步骤

附 录 B
（资料性附录）
应急响应各阶段工作内容与日常工作、故障响应、重点时段保障等不同类型活动的对应关系

运行维护服务应急响应过程包括应急准备、监测与预警、应急处置和总结改进 4 个主要阶段，每个阶段中包括若干工作内容，这些工作内容覆盖了日常工作、故障响应和重点时段保障等不同类型的活动。表 B.1 描述了不同类型活动与工作内容的基本对应关系。

表 B.1 应急响应各阶段工作内容与日常工作、故障响应、重点时段保障等不同类型活动的对应关系

主要阶段	工作内容	日常工作	故障响应	重点时段保障
应急准备	建立应急响应组织	√		
	制定应急响应制度	√		
	风险评估与改进	√		
	划分应急事件级别	√		
	预案制定	√		√
	培训与演练	√		√
监测与预警	日常监测与预警	√	√	√
	核实与评估		√	√
	预案启动		√	√
应急处置	应急调度		√	√
	排查与诊断		√	
	处理与恢复		√	
	事件升级		√	√
	持续服务		√	√
	事件关闭		√	√
总结改进	应急工作总结		√	√
	应急工作审核		√	√
	应急工作改进	√	√	√

参 考 文 献

[1] GB/T 19000—2008 质量管理体系 基础和术语
[2] GB/T 22080—2008 信息技术 安全技术 信息安全管理体系 要求
[3] GB/T 22240—2008 信息安全技术 信息系统安全等级保护定级指南
[4] GB/T 22239—2008 信息安全技术 信息系统安全等级保护基本要求
[5] GB/T 25058—2010 信息安全技术 信息系统安全等级保护实施指南
[6] GB/T 24405.1—2009 信息技术 服务管理 第1部分:规范
[7] GB/T 24405.2—2010 信息技术 服务管理 第2部分:实践规则
[8] ITIL Version 3 Service Strategy
[9] ITIL Version 3 Service Design
[10] ITIL Version 3 Service Transition
[11] ITIL Version 3 Service Operation
[12] ITIL Version 3 Service Improvement

ICS 35.040
L 80

中华人民共和国国家标准化指导性技术文件

GB/Z 28828—2012

信息安全技术 公共及商用服务信息系统 个人信息保护指南

Information security technology—Guideline for personal information protection within information system for public and commercial services

2012-11-05 发布 2013-02-01 实施

中华人民共和国国家质量监督检验检疫总局
中国国家标准化管理委员会 发布

前　言

本指导性技术文件按照 GB/T 1.1—2009 给出的规则起草。

本指导性技术文件由全国信息安全标准化技术委员会(SAC/TC 260)提出并归口。

本指导性技术文件起草单位:中国软件评测中心、北京赛迪信息技术评测有限公司、中国信息安全测评中心、中国电子技术标准化研究院、大连软件行业协会、中国软件行业协会、中国互联网协会、中国通信企业协会通信网络安全专业委员会、北京金山安全软件有限公司、深圳市腾讯计算机系统有限公司、北京奇虎科技有限公司、北京新浪互联信息服务有限公司、北京百合在线科技有限公司、上海花千树信息科技有限公司、北京百度网讯科技有限公司。

本指导性技术文件主要起草人:高炽扬、李守鹏、朱璇、杨建军、罗锋盈、何伟起、郭涛、彭勇、严霄凤、刘陶、朱信铭、王芳、郭臣、唐刚、张宏伟、唐旺、刘淑鹤、张博、王颖、孙鹏、曹剑、尹宏、王开红。

本指导性技术文件为首次制定。

引　言

随着信息技术的广泛应用和互联网的不断普及，个人信息在社会、经济活动中的地位日益凸显，滥用个人信息的现象随之出现，给社会秩序和个人切身利益带来了危害。为促进个人信息的合理利用，指导和规范利用信息系统处理个人信息的活动，制定本指导性技术文件。

信息安全技术
公共及商用服务信息系统
个人信息保护指南

1 范围

本指导性技术文件规范了全部或部分通过信息系统进行个人信息处理的过程，为信息系统中个人信息处理不同阶段的个人信息保护提供指导。

本指导性技术文件适用于指导除政府机关等行使公共管理职责的机构以外的各类组织和机构，如电信、金融、医疗等领域的服务机构，开展信息系统中的个人信息保护工作。

2 规范性引用文件

下列文件对于本文件的应用是必不可少的。凡是注日期的引用文件，仅注日期的版本适用于本文件。凡是不注日期的引用文件，其最新版本(包括所有的修改单)适用于本文件。

GB/Z 20986—2007 信息安全技术 信息安全事件分类分级指南

3 术语和定义

GB/Z 20986—2007 中界定的以及下列术语和定义适用于文件。

3.1

信息系统 information system

计算机信息系统，由计算机(含移动通信终端)及其相关的和配套的设备、设施(含网络)构成的，按照一定的应用目标和规则对信息进行采集、加工、存储、传输、检索等处理的人机系统。

注：改写 GB/Z 20986—2007，定义 2.1。

3.2

个人信息 personal information

可为信息系统所处理、与特定自然人相关、能够单独或通过与其他信息结合识别该特定自然人的计算机数据。

注：个人信息可以分为个人敏感信息和个人一般信息。

3.3

个人信息主体 subject of personal information

个人信息指向的自然人。

3.4

个人信息管理者 administrator of personal information

决定个人信息处理的目的和方式，实际控制个人信息并利用信息系统处理个人信息的组织和机构。

3.5

个人信息获得者 receiver of personal information

从信息系统获取个人信息，并对获得的个人信息进行处理的个人、组织和机构。

3.6

第三方测评机构　third party testing and evaluation agency

独立于个人信息管理者的专业测评机构。

3.7

个人敏感信息　personal sensitive information

一旦遭到泄露或修改，会对标识的个人信息主体造成不良影响的个人信息。

注：各行业个人敏感信息的具体内容根据接受服务的个人信息主体意愿和各自业务特点确定。个人敏感信息可以包括身份证号码、手机号码、种族、政治观点、宗教信仰、基因、指纹等。

3.8

个人一般信息　personal general information

除个人敏感信息以外的个人信息。

3.9

个人信息处理　personal information handling

处置个人信息的行为，包括收集、加工、转移、删除。

3.10

默许同意　tacit consent

在个人信息主体无明确反对的情况下，认为个人信息主体同意。

3.11

明示同意　expressed consent

个人信息主体明确授权同意，并保留证据。

4　个人信息保护概述

4.1　角色和职责

4.1.1　综述

信息系统个人信息保护实施过程中涉及的角色主要有个人信息主体、个人信息管理者、个人信息获得者和第三方测评机构，其职责见4.1.2～4.1.5。

4.1.2　个人信息主体

在提供个人信息前，要主动了解个人信息管理者收集的目的、用途等信息，按照个人意愿提供个人信息；发现个人信息出现泄露、丢失、篡改后，向个人信息管理者投诉或提出质询，或向个人信息保护管理部门发起申诉。

4.1.3　个人信息管理者

负责依照国家法律、法规和本指导性技术文件，规划、设计和建立信息系统个人信息处理流程；制定个人信息管理制度、落实个人信息管理责任；指定专门机构或人员负责机构内部的个人信息保护工作，接受个人信息主体的投诉与质询；制定个人信息保护的教育培训计划并组织落实；建立个人信息保护的内控机制，并定期对信息系统个人信息的安全状况、保护制度及措施的落实情况进行自查或委托独立测评机构进行测评。

管控信息系统个人信息处理过程中的风险，对个人信息处理过程中可能出现的泄露、丢失、损坏、篡改、不当使用等事件制定预案；发现个人信息遭到泄露、丢失、篡改后，及时采取应对措施，防止事件影响进一步扩大，并及时告知受影响的个人信息主体；发生重大事件的，及时向个人信息保护管理部门通报。

接受个人信息保护管理部门对个人信息保护状况的检查、监督和指导，积极参与和配合第三方测评机构对信息系统个人信息保护状况的测评。

4.1.4 个人信息获得者

依据个人信息主体的意愿处理个人信息。

当个人信息的获取是出于对方委托加工等目的，个人信息获得者要依照本指导性技术文件和委托合同，对个人信息进行加工，并在完成加工任务后，立即删除相关个人信息。

4.1.5 第三方测评机构

从维护公众利益角度出发，根据个人信息保护管理部门和行业协会的授权，或受个人信息管理者的委托，依据相关国家法律、法规和本指导性技术文件，对信息系统进行测试和评估，获取个人信息保护状况，作为个人信息管理者评价、监督和指导个人信息保护的依据。

4.2 基本原则

个人信息管理者在使用信息系统对个人信息进行处理时，宜遵循以下基本原则：

a) 目的明确原则——处理个人信息具有特定、明确、合理的目的，不扩大使用范围，不在个人信息主体不知情的情况下改变处理个人信息的目的。

b) 最少够用原则——只处理与处理目的有关的最少信息，达到处理目的后，在最短时间内删除个人信息。

c) 公开告知原则——对个人信息主体要尽到告知、说明和警示的义务。以明确、易懂和适宜的方式如实向个人信息主体告知处理个人信息的目的、个人信息的收集和使用范围、个人信息保护措施等信息。

d) 个人同意原则——处理个人信息前要征得个人信息主体的同意。

e) 质量保证原则——保证处理过程中的个人信息完整、准确、可用，并处于最新状态。

f) 安全保障原则——采取适当的、与个人信息遭受损害的可能性和严重性相适应的管理措施和技术手段，保护个人信息安全，防止未经个人信息管理者授权的检索、披露及丢失、泄露、损毁和篡改个人信息。

g) 诚信履行原则——按照收集时的承诺，或基于法定事由处理个人信息，在达到既定目的后不再继续处理个人信息。

h) 责任明确原则——明确个人信息处理过程中的责任，采取相应的措施落实相关责任，并对个人信息处理过程进行记录以便于追溯。

5 信息处理过程中的个人信息保护

5.1 概述

信息系统中个人信息的处理过程可分为收集、加工、转移、删除 4 个主要环节。对个人信息的保护贯穿于 4 个环节中：

a) 收集指对个人信息进行获取并记录。

b) 加工指对个人信息进行的操作，如录入、存储、修改、标注、比对、挖掘、屏蔽等。

c) 转移指将个人信息提供给个人信息获得者的行为，如向公众公开、向特定群体披露、由于委托他人加工而将个人信息复制到其他信息系统等。

d) 删除指使个人信息在信息系统中不再可用。

5.2 收集阶段

5.2.1 收集个人信息要具有特定、明确、合理的目的。

5.2.2 收集前要采用个人信息主体易知悉的方式，向个人信息主体明确告知和警示如下事项：

a) 处理个人信息的目的；

b) 个人信息的收集方式和手段、收集的具体内容和留存时限；

c) 个人信息的使用范围，包括披露或向其他组织和机构提供其个人信息的范围；

d) 个人信息的保护措施；

e) 个人信息管理者的名称、地址、联系方式等相关信息；

f) 个人信息主体提供个人信息后可能存在的风险；

g) 个人信息主体不提供个人信息可能出现的后果；

h) 个人信息主体的投诉渠道；

i) 如需将个人信息转移或委托于其他组织和机构，要向个人信息主体明确告知包括但不限于以下信息：转移或委托的目的，转移或委托个人信息的具体内容和使用范围，接受委托的个人信息获得者的名称、地址、联系方式等。

5.2.3 处理个人信息前要征得个人信息主体的同意，包括默许同意或明示同意。收集个人一般信息时，可认为个人信息主体默许同意，如果个人信息主体明确反对，要停止收集或删除个人信息；收集个人敏感信息时，要得到个人信息主体的明示同意。

5.2.4 只收集能够达到已告知目的的最少信息。

5.2.5 要采用已告知的手段和方式直接向个人信息主体收集，不采取隐蔽手段或以间接方式收集个人信息。

5.2.6 持续收集个人信息时提供相关功能，允许个人信息主体配置、调整、关闭个人信息收集功能。

5.2.7 不直接向未满 16 周岁的未成年人等限制民事行为能力人或无行为能力人收集个人敏感信息，确需收集其个人敏感信息的，要征得其法定监护人的明示同意。

5.3 加工阶段

5.3.1 不违背收集阶段已告知的使用目的，或超出告知范围对个人信息进行加工。

5.3.2 采用已告知的方法和手段。

5.3.3 保证加工过程中个人信息不被任何与处理目的无关的个人、组织和机构获知。

5.3.4 未经个人信息主体明示同意，不向其他个人、组织和机构披露其处理的个人信息。

5.3.5 保证加工过程中信息系统持续稳定运行，个人信息处于完整、可用状态，且保持最新。

5.3.6 个人信息主体发现其个人信息存在缺陷并要求修改时，个人信息管理者要根据个人信息主体的要求进行查验核对，在保证个人信息完整性的前提下，修改或补充相关信息。

5.3.7 详细记录个人信息的状态，个人信息主体要求对其个人信息进行查询时，个人信息管理者要如实并免费告知是否拥有其个人信息、拥有其个人信息的内容、个人信息的加工状态等，除非告知成本或者请求频率超出合理的范围。

5.4 转移阶段

5.4.1 不违背收集阶段告知的转移目的，或超出告知的转移范围转移个人信息。

5.4.2 向其他组织和机构转移个人信息前，评估其是否能够按照本指导性技术文件的要求处理个人信息，并通过合同明确该组织和机构的个人信息保护责任。

5.4.3 保证转移过程中，个人信息不被个人信息获得者之外的任何个人、组织和机构所获知。

5.4.4 保证转移前后，个人信息的完整性和可用性，且保持最新。

5.4.5 未经个人信息主体的明示同意，或法律法规明确规定，或未经主管部门同意，个人信息管理者不得将个人信息转移给境外个人信息获得者，包括位于境外的个人或境外注册的组织和机构。

5.5 删除阶段

5.5.1 个人信息主体有正当理由要求删除其个人信息时，及时删除个人信息。删除个人信息可能会影响执法机构调查取证时，采取适当的存储和屏蔽措施。

5.5.2 收集阶段告知的个人信息使用目的达到后，立即删除个人信息；如需继续处理，要消除其中能够识别具体个人的内容；如需继续处理个人敏感信息，要获得个人信息主体的明示同意。

5.5.3 超出收集阶段告知的个人信息留存期限，要立即删除相关信息；对留存期限有明确规定的，按相关规定执行。

5.5.4 个人信息管理者破产或解散时，若无法继续完成承诺的个人信息处理目的，要删除个人信息。删除个人信息可能会影响执法机构调查取证时，采取适当的存储和屏蔽措施。

参 考 文 献

[1] 中华人民共和国计算机信息系统安全保护条例(国务院令第147号),1994
[2] 中华人民共和国计算机信息网络国际联网管理暂行规定(国务院令第195号),1996
[3] 中华人民共和国计算机信息网络国际联网管理暂行规定实施办法,1997
[4] 欧盟电子通讯领域个人数据处理及个人隐私保护指令 2002/58/EC, 2002
[5] OECD关于保护隐私和个人数据跨国流通的建议,2007

ICS 03.100.20
A 10

中华人民共和国国家标准

GB/T 28829—2012

超市等级划分要求

Requirements for supermarket classification

2012-11-05 发布　　2012-12-01 实施

中华人民共和国国家质量监督检验检疫总局
中国国家标准化管理委员会　发布

前　言

本标准按照GB/T 1.1—2009给出的规则起草。

本标准由中华人民共和国商务部提出并归口。

本标准起草单位:中国连锁经营协会、北京京客隆商业股份有限公司、利群集团股份有限公司、华润万家有限公司。

本标准主要起草人:杨青松、高京生、狄同伟、王维勇、吕菲、李满。

超市等级划分要求

1 范围

本标准规定了超市等级划分的基本要求内容。

本标准适用于超市门店。

2 规范性引用文件

下列文件对于本文件的应用是必不可少的。凡是注日期的引用文件，仅注日期的版本适用于本文件。凡是不注日期的引用文件，其最新版本（包括所有的修改单）适用于本文件。

GB/T 10001.5 标志用公共信息图形符号 第5部分：购物符号

GB/T 18883 室内空气质量标准

GB/T 23650 超市购物环境

JGJ 48 商店建筑设计规范

JGJ 50 城市道路和建筑物无障碍设计规范

3 等级划分

本标准根据对超市的各项要求目标，将超市划分为达标超市和金鼎超市。

4 达标超市划分要求

4.1 安全

4.1.1 食品安全

4.1.1.1 质量管理机制

超市应有完善的商品质量管理机制并保障执行，具体要求如下：

a) 执行与食品安全相关的政策法规；

b) 店内有健全的食品安全管理制度并设立相应的管理机构；

c) 有专人负责和协调店内食品安全工作；

d) 食品类商品符合国家食品卫生和食品安全标准。

4.1.1.2 流程及人员

超市应有健全的食品安全的工作流程和人员管理规定，具体要求如下：

a) 食品运输、加工、储存、销售及垃圾处理流程应符合相关法律法规的规定；

b) 从事食品经营相关人员需经过培训，持证上岗，并保持良好的个人卫生；

c) 与食品经营相关工作人员服务方式、操作流程适当，保证食品卫生安全；

d) 与食品经营相关工作人员按规定着装，保持整洁。

4.1.1.3 设备设施

超市应有良好的保障食品安全的设备设施,具体要求如下:

a) 具备保证食品质量所需的设施设备;

b) 有消毒、防蝇、防尘等设施,并处于良好使用状态;

c) 配备相应清洗设备,操作工具齐全;

d) 散装食品包装设备采用国家安全认证设备,采用对人体无害材料。

4.1.2 消费安全

4.1.2.1 消防安全

超市应有健全的消防安全管理制度,具体要求如下:

a) 设有负责消防的管理部门,并配备相应的专业人员;

b) 有消防应急预案;

c) 有消防责任制并落实到个人;

d) 对全体员工进行消防知识培训,定期进行演练,有详细记录;

e) 建立消防档案,一年内无重大火灾事故。

4.1.2.2 设施设备安全

超市的设施设备应完好、安全,各种标示应明确,具体要求如下:

a) 保证建筑物和设备设施的牢固稳定,保证电力系统的安全运行,有相应的检查记录;

b) 按规定配备消防设施、器材,定期检查,维护管理,保持完好,并有记录;

c) 安全通道出口数量、疏散距离等符合国家标准,并保持畅通;

d) 配备电力应急设备,在出入口、紧急通道、主要通道装置应急灯;

e) 在电梯、出入口、通道等设施设置疏散标志、导向标志、警示标志以及告知性标志,对顾客给予引导、提示;

f) 地面平整,应分出高低层次的,高低部分过渡平缓,台阶式过渡应有醒目提示;

g) 地面选择防滑、防压、承重、耐磨、易清洗材料铺设;

h) 墙面布景悬挂不超过墙壁承重能力;

i) 通道垂直平行交叉布局,保持各方向通畅;

j) 货架由易清洗、有韧性且环保材料制作,符合环保和消防标准。

4.1.2.3 促销安全

超市应保证促销活动的安全开展,具体要求如下:

a) 促销活动具备相应的安全设备和管理措施,保证良好购物秩序,防止交通拥堵、秩序混乱等问题发生;

b) 大型促销活动有安全应急预案;

c) 促销活动的宣传内容真实、合法,不利用虚构原价或使人误解的标价形式欺骗、诱导消费者;

d) 保证促销商品的质量和售后服务水平;

e) 大型促销活动按规定备案。

4.1.3 企业安保

4.1.3.1 治安管理部门健全,安全防范制度完善,有处理突发事件预案。

4.1.3.2 遵循“顾客安全第一”的理念,培养员工处置突发事件的能力,定期演练预案并有记录。

4.1.3.3 配备防盗防抢设施,保证企业财产安全。

4.2 服务

4.2.1 管理制度

4.2.1.1 具备商品、财务、营运、人事管理的相关制度。

4.2.1.2 具备各类设备使用、保养、维修和报废制度。

4.2.1.3 有完善的服务体系和保证服务质量的规章制度,并正确执行。

4.2.2 商品服务

4.2.2.1 重点经营商品突出,陈列便于消费者购买。

4.2.2.2 严格执行相关法律法规规定。

4.2.2.3 有商品质量保证制度。商品质量管理部门和人员有完善奖惩制度。

4.2.2.4 对商品进货、验收、上柜、销售各环节严格把关。

4.2.2.5 执行国家环保标准,商品具备国家规定检测部门出具的质量检验合格证书。

4.2.2.6 家电、家具、厨具等大件耐用消费品提供中文使用、安装说明书。

4.2.2.7 家电商品须有3C认证书。

4.2.2.8 所有商品都有证明商品质量合格的资质文件。

4.2.2.9 自检或第三方机构抽检商品质量合格率95%以上。

4.2.2.10 有物价、计量管理制度和完善的监督机制,专门的管理部门和人员。

4.2.2.11 商品实行明码标价,一货一签,价签填写内容真实、字迹清晰,有价格管理部门盖章。

4.2.2.12 称量设备采用符合国家标准计量器具,定期年检。

4.2.3 信息服务

4.2.3.1 提供真实、有效的商品价格信息。

4.2.3.2 提供营业时间、服务措施、退换货规定、保修规定等与经营相关的必要信息。

4.2.4 人员服务

4.2.4.1 有良好的服务意识和服务水平。

4.2.4.2 店内工作人员均经过服务培训。

4.2.4.3 员工着装统一、整洁,佩戴胸卡,服务用语规范。

4.2.4.4 设有服务台,配有专门服务人员。

4.3 环境

4.3.1 购物环境

超市购物环境应符合GB/T 23650的规定和要求。

4.3.2 经营环境

4.3.2.1 超市布局

超市应布局合理,标识明确,具体要求如下:

a) 出入口设计合理,标识清晰,晚间营业有足够照明度,便于消费者进出;
b) 对经营场所内商品及不同区域的导向性标志和告知性标志明确、清晰,对顾客给予引导、提示;
c) 各类公共标识符合 GB/T 10001.5 的规定;
d) 电梯口、安全出口、收银台、卫生间等处,均设置相应标识。

4.3.2.2 卫生环境

超市应环境整洁、卫生良好,具体要求如下:

a) 建筑设计符合 JGJ 48 的规定,空气质量符合 GB/T 18883 及其他相关法律法规的要求;
b) 保持卖场空气流通,新风量在 30 m^3/(h·人)以上;
c) 卖场内噪声控制在 60 dB 以下;
d) 温湿度执行国家及当地政府制定的相关规定;
e) 保持营业场所清洁,有专职保洁人员,卫生无死角。

4.3.2.3 商品陈列

超市商品应陈列美观,便于顾客选择,具体要求如下:

a) 根据商品特性,配备相应的展示陈列设备;
b) 货架密度适中,便于顾客选择。

4.3.2.4 垃圾处理

超市垃圾应妥善存放,及时处理,具体要求如下:

a) 垃圾密闭暂存,及时处理;
b) 所有废料要有销毁记录。

4.3.3 设施设备

4.3.3.1 附属设施设备

超市附属设施设备应满足消费者需要,具体要求如下:

a) 设置与卖场面积和客流量相匹配的收银区面积和 POS 机数量;
b) 收银台设计便于客流移动,其中刷卡通道与非刷卡通道数量比不低于 1∶4;
c) 设有顾客服务中心(服务台)及相关投诉电话;
d) 多层店堂有电动扶梯、货梯;
e) 有停车场或停车位(位于步行街视同有停车位);
f) 上下水设施及污水处理设施与经营规模相匹配。

4.3.3.2 库房管理

超市库房应分区合理,便于商品存放,具体要求如下:

a) 建立完整的商品档案,便于实现商品追溯;
b) 库存商品分类存放,标识清晰;
c) 有专门破损商品区,及时清理变质、问题商品;
d) 库存商品隔墙离地,按先进先出、生熟分开原则存放;
e) 冷库货架、地面及商品包装箱和容器清洁,设备正常。库存生鲜品应保留必要的间隔和回风空间。

4.3.3.3 无障碍设施

超市无障碍设施符合有关规定，具体要求如下：

a) 无障碍设施符合 JGJ 50 的要求；

b) 经营场所出入口、通道、电梯、卫生间、停车场等处有无障碍通道，保持畅通。

4.4 诚信

4.4.1 消费者权益

4.4.1.1 维护消费者合法权益，执行对消费者的各项服务承诺。

4.4.1.2 设专门投诉接待部门或人员，有投诉完结记录，完结率 100%。

4.4.1.3 定期对消费者满意度进行测评，投诉处理满意率在 95%以上。

4.4.2 供应商关系

4.4.2.1 执行公平交易相关的法律法规要求，维护公平交易秩序。

4.4.2.2 执行与供应商协议约定的货款支付的期限约定，支付期限最长不超过收货后 60 天。

4.4.2.3 向供应商收取促销服务费等，应事先征得供应商的同意，订立合同。

4.4.3 监管部门认可

4.4.3.1 在工商、质检、税务部门记录良好。

4.4.3.2 在卫生、环保监督管理部门记录良好。

4.4.4 员工权益

4.4.4.1 执行劳动关系的相关法律法规要求，维护员工合法权益。

4.4.4.2 建立劳动关系超过一个月的员工，均签订书面劳动合同。

4.4.4.3 按期给员工缴纳国家规定的保险，有劳动保护管理制度。

4.5 节能

4.5.1 制度保证

4.5.1.1 水、电、气、包装物等主要能源消耗有节能目标。

4.5.1.2 有相应的部门或人员负责店内节能工作。

4.5.2 落实措施

4.5.2.1 店内制定有节能操作规范和节能措施。

4.5.2.2 使用具有节能技术的设备设施。

4.5.2.3 定期对空调、供热、照明灯进行检查、调试和维护。

4.5.3 宣传教育

4.5.3.1 对员工进行节能宣传和培训，提高员工的节能意识和技能。

4.5.3.2 积极推广节能环保商品。

4.6 其他要求

当年发生火灾、重大商品质量事故、重大食品安全事故、重大价格欺诈事故、重大环保事故、伤亡事故等的超市门店一票否决。

5 金鼎超市划分要求

5.1 基础要求

金鼎超市在达标超市的基础上产生,并需满足以下条目的要求内容。

5.2 经营指标

5.2.1 年销售额 2 000 万元(含税)以上。

5.2.2 营业面积在 1 000 m^2 以上。

5.2.3 年平均坪效不低于 2 万元/m^2。

5.2.4 年平均人效不低于 50 万元/人。

5.2.5 年平均利润率不低于 2%。

5.2.6 客单价不低于 30 元。

5.2.7 日均来客数不低于 2 000 人。

5.3 企业管理

5.3.1 规章制度

5.3.1.1 商品管理制度

超市应具有完备的商品管理制度并执行,具体要求如下:

a) 商品流转各环节责任明确,有负责人;

b) 自检或第三方机构抽检商品质量合格率 100%;

c) 商品陈列丰满,补货及时。

5.3.1.2 具有健全的财务管理制度并执行。

5.3.1.3 具有完整的工作规章制度及流程并执行。

5.3.1.4 具有设施、设备养护管理规定并保存记录。

5.3.1.5 具有完备的人力资源管理规章制度并执行。

5.3.2 信息化

5.3.2.1 内部管理使用局域网。

5.3.2.2 销售和库存数据实时更新,实现与总部联网管理。

5.3.2.3 门店人员可随时上网进行商品销售及供应商信息查询。

5.3.2.4 门店与配送中心实现联网管理。

5.4 服务水平

5.4.1 收银区

5.4.1.1 出、入口分别设置。

5.4.1.2 设有快速结账通道。

5.4.1.3 设有未购物出口。

5.4.1.4 提供刷卡结算服务。

5.4.2 服务中心

5.4.2.1 有专门接待咨询、投诉的工作人员，100%进行处理并有记录。

5.4.2.2 正常投诉的处理满意率100%。

5.4.2.3 提供存放物品服务或设有寄物柜。

5.4.2.4 提供其他附加服务。

5.4.3 购物筐及手推车

5.4.3.1 满足顾客需要，数量适当。

5.4.3.2 状态良好，保持清洁。

5.4.4 退换货

对有质量问题的商品实行无障碍退换货制度。

5.4.5 信息沟通

5.4.5.1 沟通方式

应采用多种方式与消费者进行沟通，具体方式如下：

a) 提供商品信息；

b) 提供服务信息；

c) 提供会员服务；

d) 提供顾客意见箱或意见簿；

e) 提供其他沟通方式和手段。

5.4.5.2 采用适当的方式进行店内、外宣传。

5.4.5.3 定期或不定期开展与顾客互动活动。

5.4.6 停车服务

提供自行车或汽车的停车场。

5.4.7 无障碍设施

卖场内通道、电梯、楼梯等处实现无障碍。

5.5 商品采购

5.5.1 商品统一采购率不低于80%。

5.5.2 生鲜商品具备稳定的货源渠道。

5.5.3 经营有自有品牌商品。

5.6 节能降耗措施

5.6.1 使用节能的能耗设备、照明设备及生鲜食品储存和加工设备。

5.6.2 能耗设备使用系统节能方案。

5.6.3 具有包装物回收制度。

5.6.4 采用中水系统，使用中水冲厕、清洗、喷灌等。

5.6.5 宣传节能意义及推广节能型新产品有措施及相关记录。

5.7 企业文化

5.7.1 店内、外企业标识清晰。

5.7.2 员工熟知企业文化及经营理念。

5.7.3 员工有丰富的业余生活。

5.7.4 积极参加社会公益活动。

参 考 文 献

[1] GB/T 18106—2004 零售业态分类.

[2] SB/T 10465—2008 连锁经营术语.

[3] 《公共场所卫生管理条例》.国务院,国发[1987]24 号,1987 年 4 月 1 日.

[4] 《中华人民共和国消费者权益保护法》,中华人民共和国主席令第十一号,1993 年 10 月 31 日.

[5] 《中华人民共和国产品价格法》,中华人民共和国主席令第九十二号,1997 年 12 月 29 日.

[6] 《中华人民共和国产品质量法》,中华人民共和国主席令第三十三号,2000 年 7 月 8 日.

[7] 《散装食品卫生管理规范》.卫生部,卫法检发[2003]180 号,2003 年 7 月 2 日.

[8] 《公共场所集中空调通风系统卫生管理办法》.卫生部,卫监督发[2006]53 号,2006 年 2 月 10 日.

[9] 《超市食品安全操作规范》.商务部,2006 年 12 月 25 日.

[10] 《零售商供应商公平交易管理办法》.商务部,2006 年第 17 号令,2006 年 10 月 12 日.

[11] 《中华人民共和国劳动合同法》,中华人民共和国主席令第六十五号,2007 年 6 月 29 日.

[12] 《中华人民共和国食品安全法》,中华人民共和国主席令第九号,2009 年 2 月 28 日.

ICS 01.040.03
A 22

中华人民共和国国家标准

GB/T 28830—2012

特许经营术语

Franchise glossary

2012-11-05 发布　　2012-12-01 实施

中华人民共和国国家质量监督检验检疫总局
中国国家标准化管理委员会　发布

前　言

本标准按照 GB/T 1.1—2009 给出的规则起草。

本标准由中华人民共和国商务部提出。

本标准由全国连锁经营专业标准化技术委员会(SAC/TC 439)归口。

本标准起草单位：中国连锁经营协会、北京凯朗伯思咨询顾问有限公司。

本标准主要起草人：裴亮、杨青松、苏霜、陈实、张华亮、李满。

特 许 经 营 术 语

1 范围

本标准确定了特许经营的基础术语及其定义。

本标准适用于从事与商业特许经营有关的教学、科研、营运和管理及其相关活动。

2 规范性引用文件

下列文件对于本文件的应用是必不可少的。凡是注日期的引用文件，仅注日期的版本适用于本文件。凡是不注日期的引用文件，其最新版本(包括所有的修改单)适用于本文件。

SB/T 10465—2008 连锁经营术语

3 特许经营基础

3.1

特许经营 franchise

拥有经营模式、注册商标、企业标志、专利、专有技术等经营资源的企业(特许人)，以合同形式将其拥有的经营资源许可其他经营者(被特许人)使用，被特许人按合同约定在统一的经营模式下开展经营，并向特许人支付特许经营费用的经营活动。

3.2

特许人 franchisor

特许商

拥有可授予他人使用的经营模式、注册商标、企业标志、专利、专有技术等经营资源并授予他人使用的企业。

3.3

被特许人 franchisee

加盟商

获得特许人授权，使用其经营模式、注册商标、企业标志、专利、专有技术等经营资源从事经营活动的个人、企业或其他组织。

3.4

直营店 company-owned outlet

由特许人或经特许人授权的企业投资控股并统一管理经营的店铺。

3.5

加盟店 franchise outlet

特许经营中，加盟商获得特许人授权后，使用其经营模式、注册商标、企业标志、专利、专有技术等经营资源建立的店铺。

[SB/T 10465—2008，定义 3.8]

3.6

样板店　pilot outlet

示范店

特许人挑选的能够全面展示特许品牌形象，并作为特许人新产品及新营销模式的实验基地，同时供加盟商参观、学习、体验和接受培训的店铺。

4　管理

4.1

特许经营备案　franchise filing

特许人依照相关法律法规的规定，向商务主管部门提出申请，并通过商业特许经营信息管理系统，就其特许经营行为所办理的行政备案登记手续。

4.2

信息披露　information disclosure

特许人依照相关法律法规的规定，应当在规定时间，以书面形式向加盟商提供规定的信息，并提供特许经营合同文本。

4.3

特许经营管理体系　franchise management system

由特许人或经特许人授权的企业建立的对特许经营各个业务环节实行控制和管理的系统，包括加盟招募管理、知识产权管理、店铺建设管理、培训管理、督导管理、加盟商关系管理、财务管理、广告促销管理、品牌形象管理、技术标准管理等内容。

4.4

特许经营操作手册　franchise operation manual

特许人所提供的用于介绍、指导、规范、监督、考核特许经营体系的系列文件。

4.5

督导　supervisor

特许人或经特许人授权的企业对单店的品牌形象、经营理念和行为、制度、人员、产品、服务、工作流程等各个方面所进行的监督和指导。

4.6

商圈保护　regional exclusive

特许人在特许经营合同或其他有效法律文件中授权给加盟商的特定地理范围，在此范围内特许人不得对第三方进行授权或开设直营店。

4.7

委托管理　trusteeship

特许人与加盟商确立特许加盟关系后，双方通过签署委托管理合同的方式，约定加盟商将加盟店委托给特许人在一定期限内进行经营管理，加盟商按照委托管理合同向特许人支付相应报酬。

4.8

加盟商大会　franchisee congress

由特许人组织特许人及其管理团队、加盟商及其管理团队参加的定期会议。

4.9

加盟商委员会　franchisee committee

由特许人或经特许人授权的企业发起的，由加盟商代表组成的，按照组织规则参与特许经营体系营运管理的组织。

5 招商与加盟

5.1

加盟招募　franchise recruitment

特许人或经特许人授权的企业通过广告宣传、参加展会、他人介绍等形式与意向加盟商取得联系，并进一步与其开展接洽、沟通和谈判。

5.2

单店特许经营　single-unit franchise

特许人授予加盟商使用其经营模式、注册商标、企业标志、专利、专有技术等经营资源开设一家店铺的授权方式。

5.3

区域特许经营　regional franchise

特许人授予加盟商在某个地理区域内使用其经营模式、注册商标、企业标志、专利、专有技术等经营资源开设加盟店，并要求加盟商在规定的时间内开设规定数量的特许加盟店的授权方式。

5.4

二级特许经营　master franchise

特许人授予加盟商在某个地理区域内使用其经营模式、注册商标、企业标志、专利、专有技术等经营资源，并以加盟商的名义开展特许经营二次授权活动的授权方式。

5.5

特许经营权　franchise right

是特许人授予被特许人在一定的时间和地域范围内，使用特许人的经营模式、注册商标、企业标志、专利、专有技术等经营资源开展特许经营活动的权利。

5.6

加盟意向书　letter of intent

在签订正式的特许经营合同之前，加盟申请人和特许人之间就加盟事宜达成的意向文件，该意向书主要表明双方意欲在未来某个约定的时间、地点签订特许经营合同。

5.7

意向加盟商　franchise candidate

与特许人签订了加盟意向书，但还没签订正式特许经营合同的加盟申请人。

5.8

特许经营合同　franchise agreement

特许人和加盟商之间签订的用于规定双方在特许经营关系过程中的权利义务、确定双方特许经营关系的法律文件。

5.9

加盟期　term of agreement

加盟商取得特许人的授权，利用特许人的经营资源开展经营活动的期限。

5.10

特许经营权转让　franchise right transfer

加盟商将受许的特许经营权转让给他人的行为，通常表现为将加盟店的单店特许经营权、区域特许经营权或者二级特许经营权转让给他人。

5.11

回购　redemption

特许人将加盟商投资经营的加盟店收购，转为直营店。

5.12

竞业禁止 non-compete

根据特许经营合同的约定，加盟商在特许经营合同终止后的一定期限内，不得从事与该特许经营体系相同行业的经营活动。

6 费用

6.1

特许经营费 franchise fee

加盟商为获得特许人的经营模式、注册商标、企业标志、专利、专有技术等经营资源的使用权而向特许人支付的费用。包括:加盟费、特许经营权使用费、广告基金及其他约定的费用。

6.1.1

加盟费 initial fee

加盟商为获得特许人的经营模式、注册商标、企业标志、专利、专有技术等经营资源的使用权而向特许人支付的一次性费用。

6.1.2

特许经营权使用费 royalty fee

加盟商在使用特许经营权过程中按一定的标准或比例向特许人定期支付的费用。

6.1.3

市场推广基金 advertising fund

广告基金

特许人或经特许人授权的企业按加盟商营业额或利润的一定比例，或者按照双方敲定的固定数额向加盟商定期或不定期收取的费用所组成的基金。该基金应用于特许经营体系(包括特许人或加盟商)的市场推广和对外广告宣传。

6.2

保证金 guarantee fee

为确保加盟商履行特许经营合同，特许人或经特许人授权的企业向加盟商收取的履行保证款项。合同到期后，按合同约定退还加盟商。

参 考 文 献

[1] GB/T 18106—2004 零售业态分类

[2] SB/T 10410—2007 特许经营管理体系指南

[3] 《商业特许经营管理条例》.商务部,2007

[4] 《商业特许经营备案管理办法》.商务部,2007

[5] 《商业特许经营信息披露管理办法》.商务部,2007

[6] 中国连锁经营协会.律师解析特许经营.北京:中国商业出版社,2004

[7] 中国连锁经营协会.商业特许经营加盟商投资指南.北京:中国商业出版社,2007

[8] 马秀红.商业特许经营管理制度理解与适用.北京:北京商务出版社,2008

中 文 索 引

英 文 索 引

A

C

F

G

I

L

M

N